JN449334

고객관계관리와 데이터마이닝

CRM and Data Mining

-사례 연구 중심으로-

김연형 · 김재훈 · 이석원 지음

KYOWOO CO. Publishing 敎友社

머리말

CRM and Data Mining

지금 세계적으로 CRM에 대한 관심이 폭발적으로 급속도로 모든 산업체에 번지고 있다. 과연 CRM이 수년전 ERP가 그랬듯이 또 하나의 중심 솔루션으로 자리잡을 수 있을까?

기업내부적인 필요와 더불어 고객들의 요구 역시 CRM붐을 가져오는 또 하나의 주요 원인이 되었다. 또한 인터넷의 등장으로 CRM은 더욱더 요구되는 상황이었다. 고객의 선택 폭이 과거에 비해 훨씬 더 넓어졌기 때문이다.

이러한 때에 저자는 정보통신부의 용역과제인 "우체국 금융의 선진마케팅 구축을 위한 CRM 구축방안"을 연구하게 되었다. 여기에서 발표되었던 내용을 중심으로 "지식정보와 CRM"이란 강의를 몇 년간 하게 되었다. 강의를 하면서 느꼈던 점은 한 학기 강의 교재로 마땅한 교과서가 없고 또한 실무자들이 실제로 현업에서 이용할 수 있는 CRM 교과서가 없다는 점이다.

이러한 현실에 그래도 가깝게 접근할 수 있는 내용을 생각하게 되어 감히 제자들과 함께 공동으로 저술하게 되었다. 아무쪼록 부족한 책이지만 계속해서 문제점을 보완을 하면서 개정할 것을 약속한다.

본 서의 구성은 총 8개의 장으로 구성되어 있다.

제 1장에서는 고객에 대한 개념과 가치, 그리고 가치평가 모형 등을 기술하였다.

제 2장에서는 CRM에 대한 필요성을 설명하였다.

제 3장에서는 e-CRM과 웹로그분석을 설명하였다.

제 4장에서는 CRM 정보시스템의 구축, CRM 프로세스, e-CRM 솔루션 등에 대하여 설명하였다.

제 5장에서는 CRM을 위한 데이터마이닝에 관한 기본적인 활용방법을 설명하였으며 이에 대한 사례를 들어 설명하였다.

제 6장에서는 데이터마이닝의 분석방법인 연관성분석, RFM, 그리고 신경망 등을 예제를 들어 설명하였다.

제 7장에서는 데이터마이닝의 전반적인 과정을 설명하기 위하여 통신회사의 고객세분화를 위한 데이터마이닝 분석을 실시하였다.

제 8장에서는 CRM을 이용한 프로젝트의 제안을 위한 방법에 대해 설명하기 위하여 PS은행의 CRM 프로세스와 전략을 예를 들어 설명하였으며 우체국금융의 CRM 실증적 구축방안을 제안하였다. CRM의 구축방법, 환경분석, 고객분석, CRM 프로세스분석, 분석적 CRM, CRM 단계별 구축방안 등을 설명하였다.

끝으로 출판사정이 여의치 않음에도 불구하고, 이 책을 맡아 출판해 주신 교우사 오판근 사장과 편집부의 노고에 대하여 깊은 감사를 드린다.

2007. 3

천잠산 연구동에서

CRM and Data Mining

차례

Chapter 1

고객에 대한 인식전환

1 고객의 개념
2 고객의 분류
3 고객가치
4 고객니즈
5 고객가치와 고객니즈의 관계

1 고객에 대한 인식전환

1 고객의 개념

고객에 대한 이해의 첫걸음은 본질적으로 고객이 하나가 아니라는 점이다. 고객은 저마다 다른 가치를 가지고 있다. 따라서 고객은 수많은 개별 덩어리로 나뉘어 질 수 밖에 없다. 기업도 나뉘어진 각각의 고객집단에 적합한 전략을 구사할 수 밖에 없게 된 것이다. 만약 당신에게 "당신의 고객은 누구인가?"라고 물어본다면 당신은 어떻게 대답할 것인가? 영어의 고객에 해당하는 단어인 customer는 그 어원이 '반복적으로 행하는 습관과 같은 것'이라는 의미를 지닌 custom이다. 당신의 고객은 습관처럼 행하는 특정 행동의 대상으로 당신을 인식하고 있다는 의미이며, 그러한 습관은 오랜 관계를 통해 형성된다. 보다 구체적으로 특정 기업의 고객은 그 기업의 상품을 습관적으로 구입하는 소비자가 될 것이며, 보다 일반적으로는 각종 인간관계가 반복적으로 형성되면서 서로가 서로를 고객으로 만들어 가는 현상까지 고객이 의미하는 바가 함축하고 있다고 볼 수 있다. 관계를 맺는 당사자뿐만 아니라, 습관적으로 행하는 거래 및 관계 형성이 보다 긴밀해지고 더욱 돈독해지도록 영향을 미치는 주변인 모두가 고객의 범주에 들어갈 것이며, 기업의 경우에 소비자뿐만 아니라 임직원이나 공급업자 및 협력업자, 그리고 언론 등이 확장된 의미에서의 고객에 속할 수 있다. 결국 나 이외의 모두가 고객이라고 할 수 있다.

고객의 중요성을 역설하는 구체적인 수치도 자주 언급되곤 한다. "신규고객을 획득하는 데에 소요되는 비용은 기존고객을 유지하는 비용의 5배가 든다"와 "평균적인 회사의 비즈니스 중 65%는 만족을 얻은 기존고객을 통해 이루어진다"는 말은 기존고객을 유지함으로써 얻을 수 있는 기업의 경제적 측면을 조명하고 있다. 20 : 80의 법칙으로 통용되는 파레토 법칙(상위 20%에 해당되는 고객들이 전체 매출의 80%를 차지한다)은 산업별로, 또는 기업별로 다소의 차이는 있겠지만, 우량고객의 중요성 및 우수고객에의 역량 집중에 대한 필요성을 그 무엇보다도 더 효과적으로 말하고 있다.

이처럼 고객은 더 이상 기업의 제품이나 서비스를 소비하는 단순 구매자의 측면에 동시에 모든 사고의 기본이 되어야 하고, 그 결과에 대한 평가에 있어서도 경영의 핵심적 역할을 수행할 수 있어야 한다.

고객관계관리는 '고객 재발견'이라는 인식의 변화에서 출발한다고 할 수 있다. 왜냐하면 고객관계관리를 통해 자사고객의 실체와 중요함을 인식할 수 있기 때문이다. 고객관계관리를 전개하는 과정에서 생길 수 있는 의문을 제시하면 다음과 같다.

고객 재발견을 위한 고객관계관리

① 우리회사의 고객은 누구인가?
② 핵심고객층은 어떤 사람들인가?
③ 고객은 무엇을 원하고 요구하는가?
④ 고객이 우리회사와 계속 거래하면서 장차 요구하게 될 혜택이나 서비스는 무엇인가?
⑤ 고객을 오래 유지시키고 고객의 평생가치를 극대화할 수 있는 방안은 무엇인가?
⑥ 고객의 평생가치를 극대화하여 수익성을 높일 수 있는 방안은 무엇인가?

위의 6가지 의문사항을 잘 음미해 보면 한 가지 중요한 가치를 발견할 수 있다. 즉, 이 항목들은 고객관계관리를 전개하는 프로세스를 의할수도 있지만 궁극적으로는 고객의 가치를 창출함으로써 또 하나의 고객자산가치를 증진시키는 일종의 전략적 프로그램이라는 것을 알 수 있다.

/사./례./연./구./

이탈리아 경제학자인 빌프레도 파레토(Vilfredo Federico Damaso Pareto)는 1906년 이탈리아 토지의 80%를 이탈리아 인구의 20%가 소유하고 있다는 사실을 알아냈다. 그 후 파레토는 이 80%와 20% 사이의 상관관계를 다른 분야들에도 적용하기 시작하였고, 그 결과 이러한 불균형 현상은 많은 분야에서 만연되고 있다는 사실을 깨닫게 되었다. 현재 이 80%와 20%의 상관관계는 전세계적으로 유명해져 "파레토의 원칙(Pareto Principle)", 혹은 "80:20 법칙"으로 알려지기에 이른다. 이러한 80:20 법칙의 일상적인 예로 하루종일 걸려오는 휴대전화의 80%는 20%의 친근한 지인으로부터 걸려오며, 20%의 운전자가 전체 교통위반의 80%를 차지하고, 20%의 범죄자가 전체 범죄의 80%를 저지른다는 것 등이다. 즉 적은 비율의 무언가가 대부분의 결과를 생산해 내는 것이다. 이러한 80:20 법칙의 적용은 마케팅 분야에도 예외가 아니다. 백화점 매출액의 80%는 20%의 단골손님에 의해 발생되며, 기업의 80% 수익이 전체제품의 20%에 의해서 만들어지며, 80%의 배송지연이 20%의 원인에 의해 발생하며, 80%의 고객불만이 20%의 제품 때문에 발생한다고 한다. 이것이 반드시 80%와 20%의 비율로 나타나지는 않더라도 말이다. 이는 곧 회사의 전체수익 중 상당부분은 소수의 고객에 의해 만들어지며, 소수의 제품이 전체 주문의 상당부분을 차지하고, 영업인력 중 소수가 대부분의 매출을 올리는 것을 의미한다. 즉 마케팅에서의 80:20 법칙은 불필요하고 비생산적이며 별로 중요하지 않은 부분에 많은 마케팅 시간과 비용이 투자되고 있음을 반증하고 있다고 할 수 있다. 기업에서는 마케팅 활동에서 나타나는 이러한 명백한 현실을 시정하기 위해 20:80 법칙을 적용하여 마케팅 자원(시간과 비용)의 최적배분을 유도하고 있다. 그 대표적인 예가 가장 많이 팔리는 물건을 손님들이 쉽게 찾을 수 있게 한 것인데, 이 방법도 사실은 80:20 법칙의 적용이라고 볼 수 있다.

서점에서 베스트셀러 리스트를 활용하는 이유는 무엇일까? 베스트셀러 리스트는 1942년 8월 9일 뉴욕타임스(New York Times)의 일요일자 신문에서 유래되었다. 당시 뉴욕타임즈는 그 어떤 사전예고도 없이 일요일자 신문에 베스트셀러 리스트를 싣기 시작했다. 그 이후로 뉴욕타임즈는 50년 동안 단 한번의 예외도 없이 매주 일요일 베스트셀러 목록을 신문에 게재했다. 이에 따라 뉴욕타임즈의 베스트셀러 목록 1위에 뽑힌 책들은 모두 자랑스럽게 책 표지에 "#1 New York Times Bestseller" 딱지를 붙이기 시작했다. 출판사들은 이 딱지가 붙어 있으면 사람들이, "다른 사란들이 다들 보는 책이라면 나도 한 번 사봐야지"라는 반응을 보일 것이란 사실을 미리 알았던 것이다. 이 외에도 음악 톱 10 차트, TV 시청률, 영화 박스-오피스 순위 등은 단순히 대중문화의 인기도를 반영하는 수치일 뿐만 아니라 많은 기업들에 의해 활용되고 있는 매우 강력한 마케팅 도구인 셈이다. 우리는 살아가면서 문제가 발생하는 여러 원인들이 똑같은 비중으로 작용한다면 큰 고민을 하지 않을 것이다. 그러나 현실은 다르다. 원인과 결과 혹은 노력과 성과 사이에는 불균형이 분명히 존재한다. 필요하다면 비효율적인 80%의 노력을 과감하게 버리고 가치있는 20%에 집중하는 지혜를 원하는 것이 현실적일지도 모른다. 핵심적인 20%가 80%의 성과를 낳기 때문이다. '심은대로 거둔다.'는 옛말을 믿고 묵묵히 일하는 것만이 미덕이던 시대는 점점 지나가고 있는 듯 하다.

(전주대 신문, 전기홍).

2 고객의 분류

1) 고객의 종류

(1) 내부고객

내부고객의 만족이 고객만족의 출발점이 되므로 사내고객은 가장 먼저 만족시켜야할 고객이 된다. 불만족한 사원이 고객에게 좋은 서비스를 제공해 고객을 만족시키기는 힘들기 때문이다. 사원을 내부고객으로 대우하고 만족시켜 사기를 높여주면 최종고객인 소비자를 만족시키기 위해 최상의 노력을 할 것이다. 최종소비자들의 만족도가 낮은 기업들의 공통점으로 내부고객 만족도가 낮다는 점은 이 사실을 확인해 준다. 고객의 기대를 충족시키자면 사원이 고객을 위해 당연히 해야 할 일을 하도록 사원의 사기를 관리하고 지원해야 한다. 자신에게 주어진 역할에 만족하는 사원만이 고객에게 정성과 열의에 찬 서비스를 제공할 것이기 때문이다. 고객만족적 기업으로서 경쟁력을 갖추려면 내부고객부터 만족시켜야 한다.

(2) 중간고객

소비재 생산기업은 최종고객을 직접 상대하기보다는 대부분 판매점을 두고 거래하고 있다. 따라서 판매점은 기업과 소비자 사이에 가치를 전달하는 중간고객이 된다. 중간고객, 즉 가치전달 고객에는 판매점이나 대리점 외에도 원료공급원 내지 협력업체들을 포함시킬 수 있다. 중간고객의 중요성은 바로 이들을 만족시키지 못하면 결국 최종고객인 소비자를 만족시키기 힘들다는 데에 있다.

(3) 최종고객

개별적 소비자들이 모여지면 커다란 힘으로 작용하여 기업의 변화를 주도하는 원천이 된다. 만족한 고객이 모아지면 그 기업은 성장하게 되지만, 불만족한 고객이 모아질 경우에는 어려움에 처하게 될 것이기 때문이다. 소비자는 사용자라는 점에서 가치사용 고객에 해당된다. 그런 의미에서 기업은 고객이 가장 중요한 존재인데 그 이유는 **첫째**, 고객은 기업에게 이윤을 안겨주는 존재이다. **둘째**, 고객이 기업에 의존하는 것이 아니라 기업이 고객에게 의존하는 것이다. **셋째**, 기업은 고객을 위해 존재하는 것이다. 넷째, 기업이 고객에게 서비스를 베푸는 것이 아니라 고객이 서비스할 기회를 제공해 줌으로써 호의를 베푸는 것이다. 바로 이 점들을 깨달아야 고객의 중요성을 바로 알고 있다고 할 수 있다.

이상에서 설명한 고객의 개념을 확대하여 분류하면 첫째로 일반적으로 거론되는 기업의 상품을 구매해 그 가치를 이용하는 최종고객(가치구매고객)과 둘째로 가치를 전달하는 대리점, 원료를 제공하는 원료공급원 내지 기업활동을 돕는 협력회사등의 중간고객(가치전달고객) 및 가치를 생산하는 사내고객(가치생산고객)이 있으며 이를 그림으로 나타내면 |그림 1-1|과 같다.

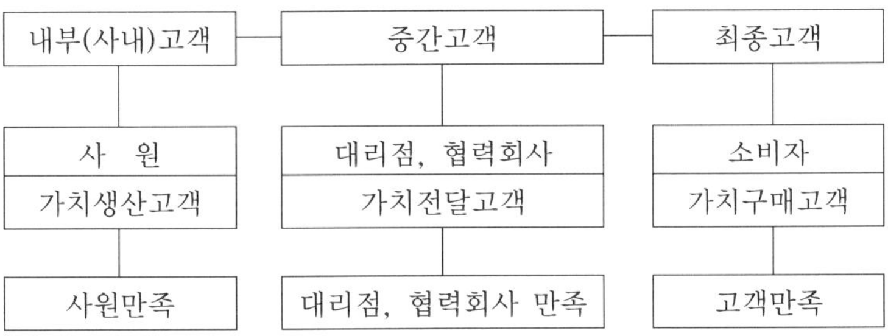

고객만족도 조사의 체계, 하이테크 마케팅 연구소, 1992

|그림 1-1| 고객의 분류

(4) 기존고객

요즘과 같이 제품의 차이가 나지 않는 시장에서 새로운 고객을 개척한다는 것은 어려운 일이다. 한편 고객의 기대에 어긋나 고객을 잃는 경우가 있는데 이를 방치하면 결과는 너무나도 불 보듯 뻔한 일이다. 이러한 상황이라면 신규고객 유치를 위해 비용을 투자하여도 아무런 도움이 되지 않을 것이다. 따라서 고객만족 경영에서는 먼저 기존의 고객을 대상으로 만족도를 향상시켜서 그들 고객을 확실히 고정화 시키는 것을 제일의 목표로 생각한다. 즉 고객만족 경영에서 만족도를 생각할 경우 그 대상은 바로 기존의 고객이다.

기존고객확보와 유지는 기업에 있어서 매우 중요한 의미이며 현재 여러 기업이 안고 있는 커다란 숙제이다.

(5) 잠재고객

잠재고객의 정의와 범위를 오프라인 상황과 온라인 상황으로 구분하여 정리하면 다음과 같다.

① 오프라인 상황에서의 잠재고객의 정의와 범위

잠재고객이라 함은 판매하고자 하는 제품이나 서비스를 구매할 수 있다고 판단되는 타겟마케팅층의 고객(신규고객확보 대상층에 놓인 고객층)을 의미하며 현재는 다른 경쟁업체를 이용하고 있거나 지금까지 단 한번도 해당기업의 제품이나 서비스를 이용한 적은 없지만, 해당기업의 제품이나 서비스에 대해 알고 있어 향후 우리 고객으로 확보할 수 있다고 판단되는 고객을 말한다. 또한 특정 제품이나 서비스에 대해 문의를 하는 소비자 중에서 자신의 신분이나 연락처를 밝히는 고객을 말한다.

② 온라인상에서의 잠재고객의 범위

오프라인상의 잠재고객과 온라인상의 잠재고객의 속성 개념과 범위의 이해는 달리하여야 한다. 온라인상의 잠재고객은 비록 특정고객이 그 사이트에 최초 방문하였거나 가입하였다 하더라도 그 고객을 곧바로 고객으로 간주한다면 매우 위험한 발상이 아닐 수 없다. 온라인상에서 정의할 수 있는 「잠재고객의 범위」는 다음과 같다.

첫째, 네티즌이 특정 인터넷 사이트에 기 가입하였으나 이용실적이나 추가적인 반복방문이 없이 일정기간 방치되어 있는 상태에 있는 고객

둘째, 웹상에서 비록 회원가입은 하지 않았지만 자주 클릭하여 접촉을 하였다고 판단되는 고객(인터넷 등에 회원가입제도가 있으나 회원가입은 보류한 채 단지 웹에 방문하기만 하고 실제 자신의 신상이나 이메일 계정을 남기지 않는 고객)

셋째, 해당기업의 e-CRM 고객타겟 대상층과 일치되는 고객층으로서 아직까지는 방문한 적이 없으나 해당상품과 서비스, 정보콘텐츠 등에 관심을 두고 있는 자

넷째, 회원가입 후 지속적으로 이용하지 않지만 과거에 몇번이고 이용한 경험이 있는자로서 최근에 이용 실적이 전혀 없어 고정고객으로 인식하기에는 불안정한 상태의 고객

(6) 불만 고객

서비스를 제공하는 과정 중에서 고객의 불만이 발생하게 되는데 이러한 불만에 대해 회사를 상대로 표현하고 해결을 요구하는 고객이 불만 고객이라 할 수 있다. 불만을 표현하는 고객은 그렇지 않은 고객보다도 상대적으로 회사의 발전과 경쟁력 향상에 없어서는 안 될 중요한 고객이라고 할 수 있다.

왜냐하면, 그들의 불만을 해결하는 과정에서 회사는 문제점과 취약점을 개선할 수 있는 기회를 얻을 수 있기 때문이다. 또한 불만처리를 통하여 만족한 고객은 재 구매율이 높을 뿐만 아니라 주변의 다른 사람에게 만족감을 홍보하여 신규고객을 창출하는 역할까지 수행하는 것이다.

고객의 불만은 제품이나 서비스의 문제점을 발견하고 개선하여 품질을 향상시킬 수 있는 대단히 좋은 정보일 뿐만 아니라, 불만을 처리하는 과정에서 고객과의 유대를 강화하여 열성팬으로 만들 수 있는 절호의 기회이다.

실제로 고객들의 불만사항을 헤아려 생산된 제품으로는 커피와 설탕량을 조절할 수 있는 커피믹스, 낙서가 잘 지워지는 장판, 쉽게 들고 다닐 수 있도록 개발된 워크맨, 삶는 효과가 있는 세탁기 등 실제로 우리 주위에서도 볼 수 있다.

고객의 불만 원인은 크게 회사문제(제도나 상품) 그리고 고객 자신의 문제, 직원에 대한 문제로 분류할 수 있다. 이중 고객 불만이 발생되게 되는 가장 큰 원인은 직원들의 고객응대 과정에서 비롯되는 것으로 조사되었다. 즉, 직원의 응대가 불친절하거나, 규정만 내세우는 안내, 업무처리 미숙, 타 부서로의 책임회피로 인한 불만이 전체 대비 65%로 가장 많이 발생되는 것으로 나타났다.

보통 직원들은 회사문제가 직원문제보다 많을 것으로 예상한다. 그러나 통계에 따르면 회사문제보다 직원문제가 더 많은 것으로 나타났다.

왜 이런 결과가 나왔을까? 자세히 살펴보면 처음에 불만 고객의 불만은 회사문제로 시작되었는데 중간에 직원의 불친절한 응대에 고객은 회사에 대한 불만은 잊어버리고 직원에 대한 불만만 쌓이게 된 것이다. 그래서 우리는 회사에 대한 불만까지 직원에게 넘기게 해서는 안 된다.

불만을 제대로 해결해 주지 못할 경우 고객은 테러리스트가 되어 나쁜 구전으로 신규고객 확보에 장애가 되며, 또한 문제를 개선할 기회를 상실하여 제품과 서비스의 품질이 저하되며 이에 따라 기업은 매출과 수익이 줄고 종업원은 수입과 사기가 줄어들어 결국은 시장에서 퇴출당하게 된다.

즉, 기업의 잘못된 불만처리는 고객과 기업 그리고 종업원간의 부정적인 연쇄

반응으로 악순환의 고리가 연출된다.

불만 고객의 정의는 보통 기업을 상대로 불만을 표현하고 해결을 요구하는 고객이 불만 고객이라 한다. 하지만, 요즘은 고객의 욕구가 높아지고, 서비스 경쟁이 심해져 고객의 마음은 조금만 상해도 회사를 이용하지 않는다. 그렇기 때문에 아주 사소한 불만, 예를 들면

"여름에 이 사무실은 왜 이렇게 더워요?"
"여기 주차장 왜 이렇게 주차하기 힘들어요?"
"여기 물먹는 곳 없어요?"
"생각보다 금액이 적어요?"

등과 같이 사소한 불만을 토론하는 것도 이제는 불만 고객으로 생각하여야 한다.

그런 것을 볼 때, 불만 고객은 우리가 생각하는 것보다 훨씬 더 많은 사람들일 수 있다. 그렇기 때문에 행동 하나하나 말 하나하나에 주의를 가지고 고객을 대하지 않으면 일반 고객 또한 불만 고객이 될 수 있다. 불평 불만을 무시하고 내버려 두면 반드시 클레임 발생으로 이어진다. 반면 사소한 불만 고객의 초기 응대를 잘 하면 큰 불만 고객이 아닌 만족 고객으로 바뀔 수 있다.

현장 서비스를 통해 접점에서 발생하는 고객 불만의 원인들을 분석해 보자.

① 고객의 기대에 못 미치는 서비스 응대
② 지연 서비스
③ 직원의 실수와 무례한 태도
④ 약속 미 이행
⑤ 단정적 거절
⑥ 책임 전가 등이었다.

고객이 표현하는 아주 사소한 불평요인이나 회사에서 제공하는 제품 및 시스템에 관한 불만은 우리 서비스 요원이나 우리가 속해 있는 회사가 반드시 해결해야 하는 과제이며, 반드시 현명한 방법으로 만족한 해결이 이루어졌을 때 오히려 단골 고객이 되는 예가 많다는 것을 우리는 꼭 기억해야 할 것이다.(네이버 블로그 helianthus3)

/사./례./연./구./ ..고객불만의 확산경로..

쇼핑에 불만을 느낀 소비자 가운데 직접 가게에 항의하는 고객은 6%에 불과한 것으로 나타났다. 불만을 느낀 고객은 대신 평균 3명에게 험담을 늘어놓고, 그 결과 100명이 불만을 느꼈을 경우 32~36명의 고객을 잃는 것으로 조사됐다. 미국 펜실베이니아대 와튼스쿨이 캐나다의 컨설팅 업체인 베르데그룹과 공동 조사한 '2006 불만 고객 연구보고서'에 따르면 직접 회사에 불만을 통보하지 않는 고객들이 더 많고 실제로 잠재고객들에게 미치는 영향이 크기 때문에 불만 고객 관리가 시급한 것으로 나타났다. 이 조사는 지난해 크리스마스 시즌을 전후해 쇼핑을 한 미국 소비자 1186명을 대상으로 실시되었다.

불만을 참지 못하고 친구나 동료에게 적극적으로 알리는 31% 쇼핑객 가운데 8%는 1명에게, 또 다른 8%는 2명에게 자신의 나쁜 경험을 알렸고 78%는 3~5명, 나머지 6%는 6명 이상에게 험담을 늘어 놓은 것으로 집계됐다. 결과적으로 불만을 느낀 쇼핑객 100명 중 31명이 적어도 90여명에게 불만을 전파한 셈이다.

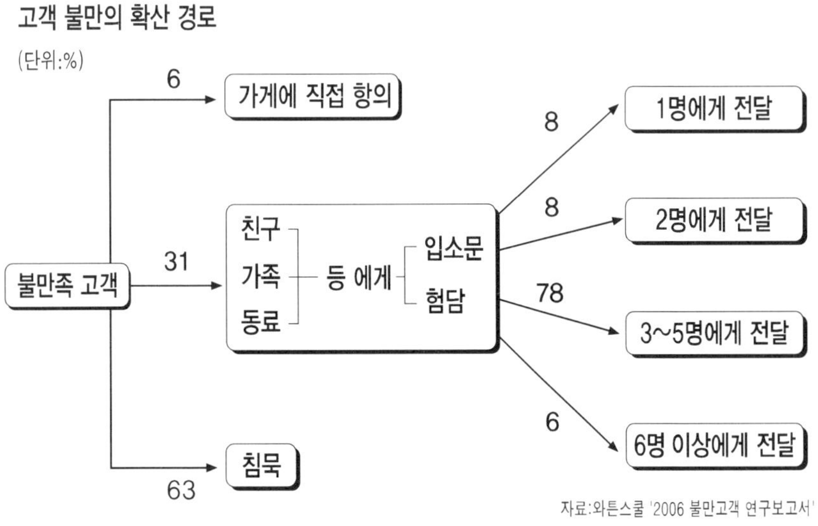

|그림 1-2| 고객불만의 확산경로

스티븐 호크 교수(와튼스쿨)는 "조사 대상 가운데 절반이 한 번 이상 나쁜 경험을 했고 평균적으로는 한 번 쇼핑에 3번 정도 불만을 느낀 것으로 나타났다"며 "불만 고객이 100명이라고 할 때 현재의 고객과 잠재고객을 합해 32~36명이 같은 매장에 방문하지 않는 것으로 조사됐다"고 설명했다.

고객들의 불만이 잠재고객 상실로 이어지는 것은 전해지는 과정에서 입소문이 눈덩이처럼 커지기 때문이다.

베르데그룹의 바울라 코트니 대표는 “쇼핑객의 불만은 실제보다 좀 더 과장돼 입소문이 퍼지게 마련이고 다른 쇼핑객들에게 커다란 영향을 준다”며 “처음엔 점원이 건방지다고 시작된 불만이 여러 사람을 거치면서 점점 심한 욕설로 변해가는 양상을 띤다”고 말했다.

그는 특히 “소문이 더욱 나쁘게 퍼져가는 이유 중 하나는 고객들이 사실을 극적으로 왜곡하는 가운데 어떤 재미를 느끼기 때문”이라고 덧붙였다.

그럼 쇼핑객들이 느끼는 불만들은 어떤 것들이 있을까? 가장 커다란 불만을 느끼는 곳은 바로 주차장이다. 조사결과에 따르면 쇼핑객 가운데 40%가 주차 시 불편함을 가장 큰 애로사항으로 지적했다.

와튼스쿨 연구책임자인 윌리엄 코디는 “주차장에서 생기는 문제가 쇼핑 중 쌓여왔던 짜증들을 분노로 만드는 결정적 원인”이라며 “주차장 관리가 소매업체의 주요 업무 중 하나로 인식돼야 한다”고 강조했다.

그 다음으로 계산을 하기 위해 기다리는 시간(33%), 점원의 도움을 받는 데 걸리는 시간(24%) 등이 불만으로 나타났다. 그 밖에 무질서하게 쌓여있는 제품들 중 원하는 아이템을 찾기가 어렵다는 불만도 다수 있었다.

일반적으로 소매업체들은 ‘어떻게 하면 소비자들을 더욱 만족시킬 수 있을까’를 중점적으로 신경써 왔을뿐 ‘어떤 것들이 고객을 불만족스럽게 만드는지’에 대해선 관심이 없었다. 게다가 직접판매나 기업 간 거래와는 달리 소매업체는 고객을 일일이 파악하기 힘들기 때문에 어떤 부문에서 고객들이 불만을 느끼는지 찾아내기가 쉽지 않은 게 현실이다.

호크 교수는 “한 주에 1억명 이상이 쇼핑하는 월마트가 고객들의 불만사항을 모두 체크하는 건 너무 어려운 일”이라고 강조했다.

그는 그러나 “고객들이 느끼는 불만을 업체가 공유할 수 있는 방법을 찾아내 잠재고객을 잃지 않도록 할 수 있는 방법은 많다”고 조언했다. 예를 들어 신용카드 전표에 쇼핑하면서 불만사항을 체크할 수 있도록 하거나 고객 불만을 접수할 수 있는 전용 전화번호 혹은 홈페이지를 운영해 고객들이 불만을 해소할 장치를 마련할 수 있는 것이다.

✐ (**한국경제신문, 신희철**).

2) 고객의 단계별 분류

고객은 제품에 대한 충성도에 따라 5단계로 나눌 수 있다.

| 제 1단계 | 인지고객

이 단계의 고객은 제품에 대한 인지정도가 고작이다. 브랜드 이름을 들어보았거나, 제품을 사용하는 사람들이 얘기하는 것을 들은 정도이다. 하지만 고객관리차원에서는 그리 중요하지 않은 단계일지는 모르지만, 마케팅에 있어서는 가장 기본적인 대상이 될 것이다. 인터넷에서 스팸메일을 사용해서라도 제품의 홍보에 열을 올리는 것도 그 이유이다. 마케팅의 프로모션기법들이 가장 많이 대상으로 삼고 있는 단계이기도 한다.

| 제 2단계 | 실명고객

실명고객은 제품에 대한 구매는 일어나지 않았지만 제품에 대한 관심표명과 함께 실명이 드러난 고객을 일컫는다. 이는 고객에 대한 접촉 시도로 이루어지기 때문에 이미 접촉이 된 즉 접촉고객이라 부르기도 하고, 구매로 발전할 수 있기 때문에 잠재고객으로 부를수도 있다. 실명고객은 제 1단계에서의 마케팅 프로모션을 통한 접촉으로 실명고객이 되기도 하지만, 고객 스스로가 웹사이트를 통해 자신을 드러내기도 한다. 실명고객은 언제든지 경쟁사를 선택할 수도 있고, 실제로 구매보다는 정보수집을 위해 접촉을 시도하는 경우가 더 많다.

| 제 3단계 | 구매고객

제품을 구매한 고객이다. 고객은 여러 경로를 통해 제품에 대한 검토를 마쳤으며, 그 결과로 제품을 선택하여 구매한 것이다. 다시 경쟁사로 옮겨갈 확률은 적지만 고객관리를 제대로 하지 않는다면 언제든지 일어날 수 있는 일이다. 고객관리 즉 CRM이 가장 필요한 고객그룹이다.

| 제 4단계 | 클럽고객

이 단계의 고객은 이미 단순한 제품구매의 차원을 넘어서서 제품 또는 회사에 대한 긍정적인 반응을 보여주는데 서슴지 않는다. 핑클과 H.O.T의 팬클럽 회원들은 단순히 음반을 구매하고 콘서트에 가는 수준을 넘어서서 노래와 가수의 홍보에 열을 올린다. 다른 경쟁가수의 팬클럽과의 결전도 불사하는 것이다.

| 제 5단계 | 매니아

매니아는 제품에 대한 구매는 물론 이를 적극 추천하는 고객이다. 매니아 제품추천은 제품을 판매하는 영업사원보다도 훨씬 효과가 있을 뿐 아니라, 또 다른 매니아를 만들어 낼 수도 있을 것이다. 다단계판매에서 그 예를 많이 볼 수 있으며, 사이비종교의 광신도들도 유사한 종류이다. 제품에 대한 매니아 즉 고객관리의 최종 목표라고 할 수 있다.

이상의 고객 5단계는 고객의 변천과정에 따른 것으로 웹로그분석만으로 이들 고객을 분석하는 데는 한계가 있다. 따라서 고객분석은 웹로그와 고객로그를 함께 분석해야 정확한 결과를 얻을 수 있다.

3 고객가치

1) 고객가치의 개념

오늘날처럼 급속한 변화, 세계화를 지향하는 시장환경에서 경영자들의 67.6%가 각각 고객의 요구 충족과 기술적 변화 및 통합을 당면한 핵심과제로 지적하고 있다. **|그림 1-3|**에서 보는 바와 같이 한때 기업 대부분의 최우선 관심사였던 비용절감을 비록 지금까지 그 관심은 유지되고 있더라도 상대적으로 그 비중은 감소되고 있다. 이와 같이 고객에 대한 중요성이 강조되면서 그 고객에 대한 가치를 올바르게 이해하는 것이 무엇보다도 중요하게 인식되고 있다.

소비자는 상품을 구매할 때 자신의 가치를 표현해 줄 수 있는 상품과 서비스를 선택하려는 경향을 가지고 있다. 즉, 가치는 개인의 소비행동을 설명할 수 있는 변수로서 소비자의 인지과정과 행동과정에 기준으로서의 역할을 하게 된다.

어떤 행위에 대한 가치란 그 행위를 통하여 얻을 수 있는 개인이 원하면서 중요한 최종목표를 나타내는 것이라 할 수 있다. 이러한 가치는 인간의 행위에 있어 기준이 되는 역할을 하므로 개인행동을 정당화 시켜줄 뿐 아니라 좀처럼 변하지 않는 지속적 신념으로서의 특징을 갖는다.

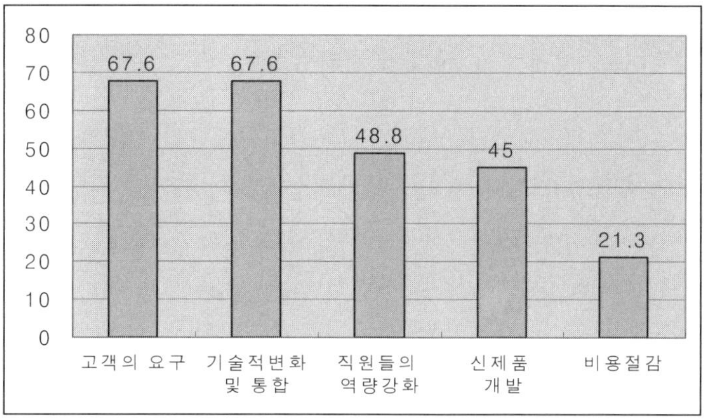

|그림 1-3| 기업의 당면과제

이러한 가치를 소비자의 구매행동에 미치는 영향을 중심으로 기능가치(functional value), 사회가치(social value), 감정가치(emmotional value), 상황가치(conditional value), 인식가치(epistemic value)의 5가지의 가치로 구분하기도 한다. 또한 Hirschman and Holbrook(1982)는 인간이 가진 소비가치는 문제해결과 획득을 위한 실용적인 면도 있지만, 그 자체로 재미를 추구하는 쾌락적(hedonic)인 측면도 있다. 소비자의 가치는 소비의 경제적 측면 뿐만 아니라 경험적인 측면도 반영하는 다차원적인 구성개념이다.

Zeithaml(1988)은 가치라는 개념을 네 가지 관점에서 정의하였다. 첫 번째 관점은 가치를 단순히 가격과 동일시하는 관점이다. 즉, "가치는 가격이다."라는 관점이다. 두 번째와 세 번째 관점은 거래관계에서 발생하는 비용(costs)과 혜택(benefits)의 상쇄(trade-off)를 통하여 가치의 역할을 살펴보는 관점인데, 우선 두 번째 관점은 가치를 "주는 것(what I give)에 대해 획득하는 것(what I get)"이라고 본다. 세 번째 관점은 좀 더 구체적인 관점인데, 가치를 "지각된 제품품질(perceived product quality)과 가격의 상쇄"라고 본다. 이와 같은 관점은 궁극적인 제품선택을 예측할 수 있게 하는 가격-품질연구에 주로 사용된다. 네 번째 관점은 가치를 "모든 관련된 평가기준을 고려하여 전반적으로 지각하는 주관적인 가치(worth)"라고 본다. 이 관점에서의 가치는 단순한 제품획득(product acquisition)을 넘어서서, 완전한 쇼핑경험(complete shopping experience)을 이루기 위한 정량적·정성적, 주관적·객관적인 모든 요인을 포함하는 것이다.

Zeithaml의 이러한 가격, 품질 및 가치를 연결하는 수단-목적 모델(means-end model)을 다음 |그림 1-4|에서 제시하였다.

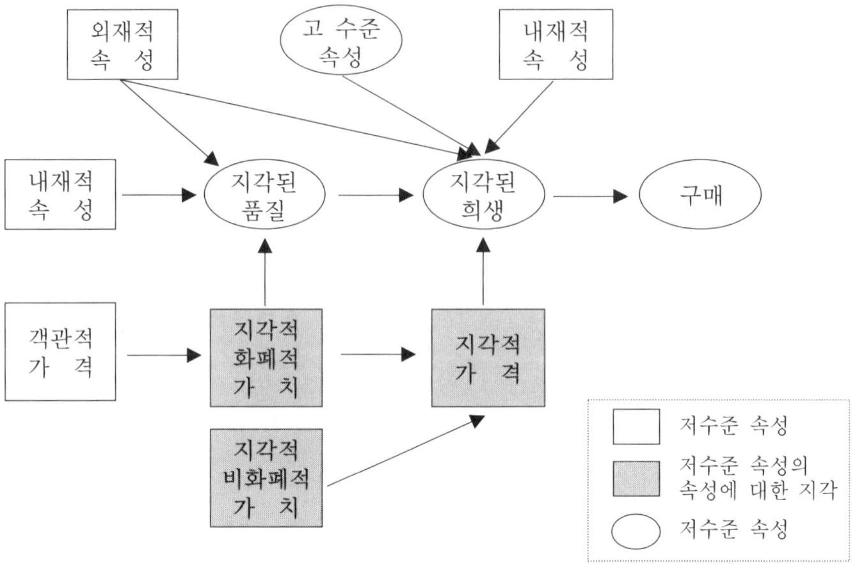

자료원 : Valarie A. Zeithaml(1988), "Consumer Perceptions of Price, Qualitym and Value : A Means-End and Synthesis of Evidence", Jeournal of Marketing, Vol. 52(July), p.4

|그림 1-4| 가격, 품질 및 가치와 관계된 수단-목적 모델(means-end model)

2000년대, Kotler는 다음 |그림 1-5|와 같이 고객의 지각된 가치(CPV(customer perceived value))란 모든 "편익(benefit)에 대해 예상되는 고객의 평가, 제공 및 지각된 대체 안들에 대한 모든 비용들간의 차이"라고 하였으며, 총 고객가치(total customer value)는 고객이 특정한 시장의 제공물로부터 기대하고 있는 경제적, 기능적, 심리적 이점들의 덩어리에 대해 지각된 화폐적 가치이다. 총 고객비용(total customer cost)이란 고객이 특정한 시장 제공물을 평가하고, 획득하고, 사용하며 또한 처리하는데 발생할 것이라고 기대하는 비용의 덩어리이다.

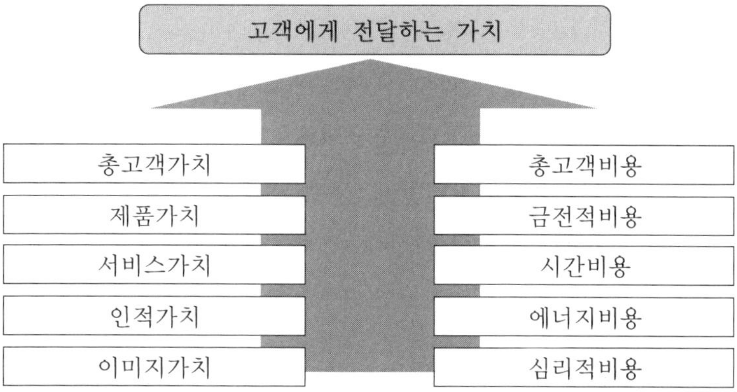

출처 : Philip Kotler(2003), Marketing Management(11), Prentice Hall, p.60.

|그림 1-5| 고객에게 전달되는 가치의 결정요인

2) 바람직한 고객가치의 조건

고객가치란 기업과 고객간의 관계속에서 기업이 고객으로부터 획득하는 부가가치를 말한다. 가치는 고객 각각이 어느 정도의 이익 기여를 할 것인가를 직접 아는 것보다는, 고객의 과거/현재/잠재가치를 바탕으로 기업의 고객을 선별하고, 고객 각각에게 차별화된 서비스를 제공하여 지속적인 관계를 형성하는데 중요한 판단기준이 된다는 점에서 커다란 의의가 있다.

이러한 고객가치의 개념에 따라서 바람직한 고객가치의 조건을 모형측면과 활용측면에서 정리, 요약한 결과는 다음과 같다.

우선 모형측면에서의 고객가치의 바람직한 조건은 다음과 같다.

첫째, 고객의 과거 및 현재의 가치와 잠재가치를 동시에 반영

둘째, 다양한 상품 및 서비스 특성 고려

셋째, 기업 고객의 거래정보, 신상정보, 형태 등 다양한 정보를 종합적으로 활용

넷째, 데이터와 알고리즘만에 의한 모형이 아닌 업무 및 마케팅 의사결정이 가능한 모형

다섯째, 지속적으로 개선 가능한 진화형 모형

다음으로 활용측면으로 다음과 같다.

첫째, 기업의 고객관리에 가장 기본이 되도록 전형적이고 범용적인 지표 수립
둘째, 기업의 모든 임직원과 고객이 이해하기 쉬운 고객가치 정의
셋째, 선별적 고객관계관리라는 목적에 부응
넷째, 데이터 및 업무현황을 고려하여 실행가능한 현실적인 접근

3) 고객가치의 종류

고객가치를 수익기여도, 이익기여도 및 평생가치개념으로 분류하여 정의와 장·단점을 설명하면 다음과 같이 정리된다.

구 분	정 의	장 점	단 점
수익 기여도 (revenue)	고객이 현재까지 또는 특정기간동안 기업과 거래한 상품 및 서비스로 인해 발생한 수익기여부분을 고객중심으로 합산한 것	▷ 의미가 명확하여 기업과 고객간에 혼란의 우려가 없음 ▷ 고객가치 산출 및 관리가 용이함 ▷ 현재시점에서 고객실적에 대한 평가 및 보상에 유리	▷ 고객의 과거실적에만 의존 ▷ 고객의 과거행동에 대한 서술에 불과 ▷ 고객이 기업에 가져다 주는 순이익으로 알 수 없음
이익기여도 (profitability)	현재까지 또는 특정기간 동안의 고객 수익기여부분에서 상품 및 서비스 이용시 발생하는 거래비용, 캠페인비용, 기타 주요 직/간접비를 차감한 순이익 기여금액	▷ 순이익 중심의 정교한 고객가치 산출 및 세분화 가능 ▷ 마케팅과 관련된 주요 비용요인을 반영함으로써 고객관리 및 마케팅 실행에 중요한 기준 제공	▷ 고객의 과거행동에 대한 서술에 불과 ▷ 고객별 비용산정에 대한 업무 및 데이터 획득의 어려움 ▷ 고객의 잠재가치를 고려하지 못함
평생가치 (lifetime value)	고객이 기업과 관계를 맺고 거래를 하는 전생애에 걸친 기대이익으로서, 고객이 기업의 가치 증진에 기여하는 금액과 기간의 복합개념을 반영하는 상대적 지표	▷ 고객관계관리의 목적에 부합하는 진정한 의미의 고객가치 ▷ 정확하게 산출될 경우, 기업의 마케팅 전략 뿐만 아니라 장기적 기업전략 수립에 중대한 기준 제시	▷ 고객이 미래에 발생시킬 수익과 비용 및 잔존기간에 대한 예측의 어려움 ▷ 제한된 정보로 인한 큰폭의 예측오차와 이로 인한 위험성 증가 및 활용성 저하 우려

4) 고객 평생가치

(1) 고객 평생가치 개념

고객의 가치를 올바로 이해하기 위해서는 고객의 '실제적' 현재가치와 고객의 '전략적' 또는 잠재적 가치라는 두 가지 개념에서 접근해야 한다.

고객의 실제 가치를 표현하는 가장 바람직한 방법은 고객의 평생 가치(lifetime value, LTV), 즉 고객의 거래에 대하여 예상되는 미래 수익의 흐름과 총비용을 적절한 비율에 따라 현재의 총가치로 조정한 것이다. 그러나 고객과 기업 간의 관계에서 생성되는 수익은 반드시 고객의 미래 구매에서만 비롯된다고 볼 수 없음을 명심해야 한다. 고객은 기업에게 거래 이외의 다른 가치를 주기도 하는데, 예를 들어 고객이 다른 사람들에게 기업을 추천할 수도 있고 다른 고객의 취향이나 선호도를 파악하는 데 도움이 되기도 하며 새로운 상품이나 서비스를 디자인하는 데 기여하기도 한다. 이러한 수익의 흐름에서 경비를 제하여야 한다. 어떤 종류의 관계이든 그것을 유지하기 위해서는 개별적 커뮤니케이션이 이루어져야 하고(전화, 팩스, 이메일, 개별판매방문 등) 이러한 상호작용을 추적하고 기억하기 위해 필요한 정보 시스템을 구축하여야 한다. 이러한 비용들을 계산하는 것도 중요하지만 가능하다면 이 비용이 발생되는 특정 고객들에게 비용을 할당하는 것도 필요하다. 고객 서비스 센터에 가장 많이 전화를 거는 고객들은 기업에 더 많은 비용을 발생시킨다는 것을 알 수 있다.

평생가치를 생각하는 것이 중요하기는 하지만 특정 고객에 대하여 정확하게 계산할 수 있는 계량적 수치가 존재한다고는 볼 수 없다. 모델링 방법이 아무리 정교하다 할지라도 고객이 상품 디자인에 기여하는 도움 등 수치화할 수 없는 변수들까지 포함하여 '모든' 변수들을 다 고려할 수는 없다. 평생가치는 사실 확률에 기반한 예측치이다. 일부 고객군에 대해서는 꽤 정확한 '평균' 평생가치를 구할 수 있겠지만, 특정 고객이 미래에 어떤 행동을 보일 것인가를 정확하게 알 수 없고 또 이에 대한 정확한 가치를 알 수도 없다. 그러나 이런 측면은 우리의 논의에서 크게 중요하지 않다. 우리의 목적은 고객들을 '비교'하는 것이고 정보기술의 발달로 더 정교한 모델링이 가능해지면 우리는 고객들을 더욱 정확하게 비교할 수 있을 것이다.

고객평생가치(lifetime value)란 평생동안 기업과의 관계에서 발생하는 고객의 이익기여도를 순 현재가치(net present value : NPV)로 환산한 것으로 일반적으로 고객평생가치는 고객의 기여수익과 유발비용을 고객생애기간(lifetime) 전체 또는 특정기간만을 고려하여 산정된다.

고객 A에게 카달로그를 우송시 2,000원을 사용하는 회사에 대해 생각해 보자. A는 5,000원의 가치가 있는 상품을 샀다고 하자. 그러면 상품의 50%를 판매비용으로 생각했을 경우, 이 고객의 고객평생가치(LTV)는 500원(=5,000(수익)−2,500(판매비용)−2,000(카달로그 발송비용))가 된다.

고객평생가치는 실현가치(realized LTV)와 잠재가치(potential LTV)로 나눌 수 있다. 실현가치는 이미 실현된 이익의 순현재 가치를 의미한다. 즉, 과거에서부터 현재시점까지 고객이 기업에게 제공한 가치의 현재가치를 말하는 것이다. 잠재가치는 실현되지 않은 미래의 잠재적 수익에 대한 순현재 가치를 의미하는 것으로, 현재부터 평생동안 기업에게 제공할 가치의 현재가치를 말한다. 기업의 입장에서 살펴보면 실현가치가 큰 고객도 중요하지만, 앞으로의 잠재가치가 큰 고객들이 매우 중요하다.

그러나 고객의 잠재가치는 기업이 수행하는 마케팅 활동에 따라 변할 수 있기 때문에 예측하거나 측정하는 것이 매우 어렵다. 따라서 이러한 잠재가치의 추정은 종종 마케팅 관리자의 직관이나 간단한 분석에 의해서 이루어지기도 하며, 이 때 고객의 실현가치는 매우 유용하게 활용되기도 한다. 즉, 기존의 고객 자료를 바탕으로 일정한 규칙이나 상관관계를 찾을 수 있고, 이를 바탕으로 미래 고객의 행동을 예측할 수 있다. 그리고 이를 바탕으로 기업은 고객의 잠재가치를 극대화하는 방향으로 마케팅 전략을 수립하고 실행할 수 있다.

이러한 고객 평생 가치 모델의 장단점을 살펴보면 다음과 같다.

먼저 장점은 다음과 같다.

첫째, 기업이 보유하고 있는 무형자산인 고객의 평균가치를 파악하고, 이해할 수 있으며 이로 인해 고객별 기업의 전체 가치에 미치는 기여도를 파악할 수 있다.

둘째, 신뢰성 있는 고객의 순위 체계를 창출하여 개별 고객 가치에 따라 고객을 차별화하고 가장 가치 있는 고객을 유지하기 위해 마케팅 시간과 노력을 전략적으로 활용할 수 있다.

셋째, 유지해야 할 고객을 정하고 이탈 고객방지를 위하여 투여할 최대 금액을 미리 산정함으로써 안정적인 재무운영이 가능하다.

반면 단점은 다음과 같다.

첫째, 전체고객에 소요되는 비용을 측정하더라도, 이를 개별 고객에게 할당하는데 어려움이 존재한다.

둘째, 고객별로 일일이 계산하게 되므로 경우에 따라서는 과다한 비용이 소요될 가능성이 존재한다.

셋째, 경쟁의 패러다임이 바뀌는 산업환경에서 고객 유지율을 측정하는 데는 어려움이 있을 수 있다.

예제 1.1

|그림 1-6|은 장거리 전화회사인 ABC 텔레콤의 고객관계로부터의 수입과 지출비용의 흐름을 보여준다. 이 회사는 고객을 유치하기 위하여 처음 고객 판촉과 광고비용으로 50,000원을 지출했다. 고객은 1년동안 장거리 전화비용으로 200,000원을 지출했다. 그러나 고객은 다른 회사 가격할인의 유혹으로 인하여 다른 회사의 장거리 전화를 사용했고, ABC회사는 고객을 다시 유치하기 위하여 고객에게 장거리 전화사용에 따른 적립포인트에 따라 아시아나 항공마일리지가 포함된 다양한 경품을 받을 수 있는 새로운 보상프로그램을 소개했다. 고객은 ABC 텔레콤으로 돌아올 것이고 1년동안 200,000원을 지출하는 고객이 될 것이다. 그리고 고객은 영원히 다른 회사로 이탈하는 경우가 없을 것이다.

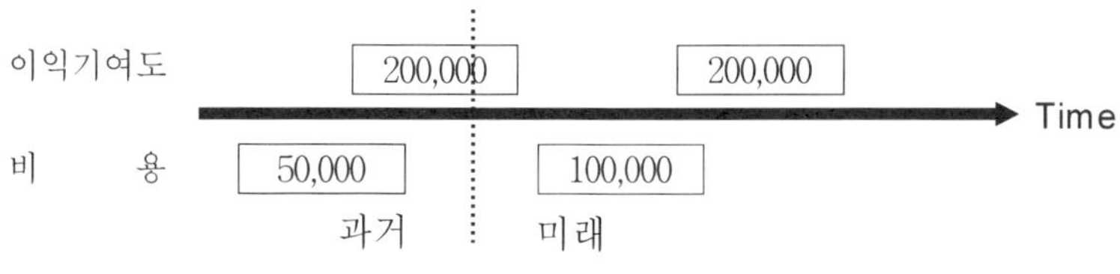

|그림 1-6| ABC 텔레콤의 고객평생가치

우리는 ABC 텔레콤으로부터 이 고객의 LTV를 추정할 수 있다. 이것은 그림에서 본질적인 수입의 순현재가치(NPV)에서 비용을 뺀 것이다. 또한 그림에서 보여준 LTV 기록은 ABC 텔레콤이 자사의 변화된 마케팅전략으로 인해 고객의 LTV가 변화할 수 있다는 것을 보여준다. 예를 들면 만약 ABC 텔레콤이 그 고객이 다른 회사를 이용한 후에 경품프로그램을 시도하지 않았더라면 그 고객은 ABC 텔레콤에 돌아오지 않을 것이며 200,000원도 소비하지 않을 것이다.

우리는 변화하는 마케팅 전략으로 인해 주어진 고객의 LTV를 조정할 수 있다.

다시 말해서, 고객의 평생가치는 기업이 수행하는 마케팅 활동의 함수이기 때문에 고객에게 제공하는 마케팅 활동에 따라 그 고객의 일생가치는 변화하게 된다.

다음의 |표 1-1|과 |표 1-2|는 이러한 부분을 개념적으로 설명한다.

|표 1-1|

	1차년도	2차년도	3차년도
수 익			
고객의 수	1,000명	300명	90명
고객 보유율	30%	30%	30%
평균 지출액	10	10	10
총수익	10,000	3,000	900
총변동비(70%)	7,000	2,100	630
이익			
총이익	3,000	900	270
할인율	1%	1.1%	1.21%
총이익의 현재가	3,000	818.182	223.140
누적이익	3,000	3,818.182	4,041.322
고객의 평생가치	3,000원	3,818원	4,041원

|표 1-2|

(단위: 천원)

	1차년도	2차년도	3차년도
수 익			
고객의 수	1,000명	500명	250명
고객 보유율	50%	50%	50%
평균 지출액	12	12	12
총수익	12,000	6,000	3,000
총변동비(70%)	8,400	4,200	2,100
서비스 증진비용(10%)	600	300	150
이익			
총이익	3,000	1,500	750
할인율	1%	1.1%	1.21%
총이익의 현재가	3,000	1,363.636	619.834
누적이익	3,000	4,363.636	4,983.87
고객의 평생가치	3,000원	4,364원	4,984원

|표 1-1|은 3년 동안의 현재기업의 평생가치이며, |표 1-2|는 고객의 평생가치를 증진시키기 위해 10%의 서비스 증진비용을 지출하였을 때의 고객가치의 증가분을 설명하고 있다.

구체화된 LTV는 사실상의 가치때문이 아니라 잠재가치(potential LTV)를 이해하기 위한 LTV의 정보적인 가치 때문에 중요한 것이다. 다시 한번 말하지만 LTV의 초점은 잠재가치에 있다.

(2) 고객평생가치 측정모형

지금까지 연구되어온 고객가치 측정에 관한 모형들은 여러 가지가 있으나, 크게 개별고객의 가치를 측정하려는 노력과 전체고객의 가치를 측정하려는 노력으로 나누어 볼 수 있다. 전자는 대부분이 평생고객가치(LTV)모형에 기초를 하고 있고, 후자는 회계학적 관점에서의 연구라고 할 수 있다. 또 하나의 새로운 연구경향은 고객기반을 자산(asset)으로 인식하여 이 관점에서 고객가치를 측정하려 한다. 이하에서는 위의 세가지 모형들 중 대표적인 것들을 살펴본다.

① Reichheld의 평생가치(LTV) 측정모형(1996)

Reichheld는 한 고객의 가치를 측정하기 위하여 4단계의 계산절차를 제시한다.

첫째단계는 한 기업내 고객의 라이프사이클 이익유형(profit patten)을 정립하는 단계로, 이를 구성하는 주요요인들은 유치비용, 기초이익, 수익증가, 유지비용, 타인추천 및 프리미엄 가격들이다. 미국의 신용카드 산업의 고객 라이프사이클 수익유형을 그림으로 그려보면 **|그림 1-7|**과 같다.

|그림 1-7|에서 평균 고객의 10년간 누적이익은 $761이다. 그러나 이것은 미래의 수익을 현재가치로 할인하기 이전의 이익이다.

두 번째 단계는 고객의 라이프사이클 이익유형에서 얻어진 미래이익을 현재가치로 할인을 해야 한다. **|그림 1-7|**에서 얻어진 10년간 유지되는 평균고객의 누적이익은 $761인데, 이를 15% 목표이익률로 할인을 하면 $303이 된다.

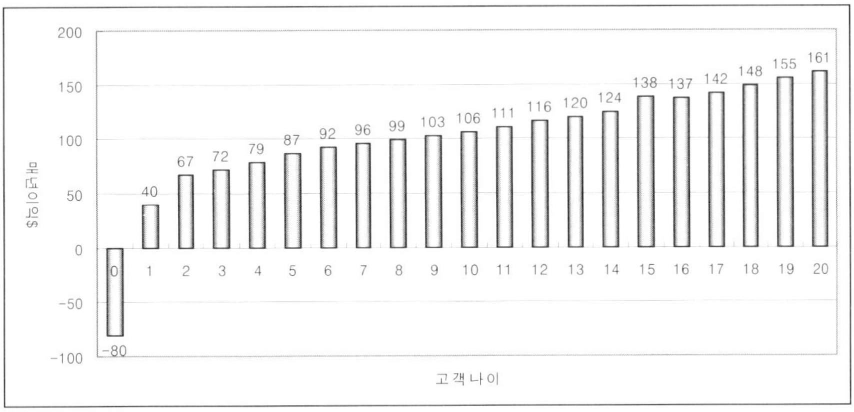

자료출처 : Reichheld The Loyalty Effect, 1996

|그림 1-7| 미국 신용카드산업의 고객 라이프사이클 이익유형

세 번째 단계는 신규고객의 예상 존속기간(expected duration)을 알아내야 개별고객의 가치를 측정할 수 있다. 즉, 첫 번째 단계와 두 번째 단계의 계산은 한 기업의 평균고객의 가치를 측정한 것으로 이를 개별고객의 가치측정에 적용하기 위해서는 개별고객의 존속기간을 알아야 한다.

그러나 대부분의 기업들은 고객의 존속기간에 대한 정보를 가지고 있지 않기 때문에 이를 추정해야만 한다. 이를 위한 가장 단순하고 효과적인 방법은 한 기업의 전체적인 이탈률(defection rate)을 계산해서 이를 역산하여 존속기간을 구하는 방법이다.

예컨대, 한 기업이 연간 1,000명의 고객중 100을 잃는다면 이탈률은 10%, 즉 1/10이 된다. 즉 매년 한 고객의 이탈확률을 10%로 보자면, 한 고객이 존족하는 기간은 10년이 된다(1/10의 역수임). **|그림 1-7|**로부터 얻어진 한 고객의 10년간 누적이익의 할인된 가치는 $303였는데, 이에 고객유지율 90%를 적용시키면 $272가 된다.

세 번째 단계까지 과정을 마치면, 한 기업은 고정이탈유형(constant defection patten)을 고려한 현재가로 할인된 고객가치를 구할 수 있다. 대부분의 기업은 이 단계까지를 거친 고객가치측정을 통하여 유효한 마케팅 전략을 수립하고 수행할 수 있을 것이다. 그러나 좀 더 정교한 고객가치측정을 위해서는 네 번째 단계가 요구된다.

지금까지는 고객이탈이 초기에 급격히 일어나지만 시간이 지남에 따라 그 이탈률이 줄어들게 된다. 다시 말하면, 고정적 고객이탈유형에 비교하여 초기에는 이탈이 더 많이 발생하는 반면에 시간이 지나면 이탈률은 고정적 유형보다 낮아지게 된다.

사례를 통하여 과정별로 추산해본 10년간 유지되는 고객가치의 변화를 표로 정리해 보면 다음과 같다.

|표 1-3| 고객 이탈률을 고려한 고객의 현재가치

측정단계	고객가치	비고
라이프사이클 이익유형	$761	평균고객의 가치
미래이익을 현재가로 할인	$303	매년 15% 목표이익률로 할인
고정적 이탈률 고려	$272	매년 10% 고객이탈률을 가정

② Peppers & Rogers의 LTV 모형

Peppers와 Rogers(1997)는 고객가치를 실 현재가치와 전략적·잠재적 가치로 나누어 설명하였다. 여기서 실 현재가치는 고객과의 거래에서 발생하는 예상 미래 이익과 순 원가를 현재가치로 할인한 것이며, 이러한 실 현재가치는 전체적인 이익의 흐름에서 소요비용을 고려한, 확률에 기초한 예측모형이라 할 수 있다.

$$LTV = \sum_{i=1}^{n}(1+d)^{-1}\pi_i$$

여기서, n=기간, d=현재가치로의 할인비율, π_i=해당년도의 순이익을 나타낸다.

다음의 |표 1-4|는 가입고객을 유지하는 한 잡지사에서 Peppers & Rogers 모형을 이용하여 LTV를 산출한 예를 보여주고 있다.

이 잡지사는 첫해 가입비를 특별할인가로 월 $35.90로 책정하고, 2년후부터는 정상가격인 $75.90로 정하고 있으며, 고객당 매년 비용은 $30로, 적정할인률은 15%로 가정하였다. 그리고 이때 고객의 실 현재가치는 다음과 같이 산출할 수 있다.

· 가입수익 = 가입비 × 전체가입자수
· 변동비용(소요비용) = 고객당 매년비용($30) × 전체가입자수
  ※변동비용을 계산하는 과정에 있어서 비용의 측정과 배분상의 문제로 약간의 차이가 나타나게 된다.
· 순 이익 = 가입수익 - 변동비용
· 15%할인 순 이익 = 예측모형으로부터 할인비율과 순 이익을 고려하여 계산한다.

여기서 주의해야 할 점은 예측모형에서 할인비율(d)은 바로 전년도의 할인비율에서 15%를 계산하여 누적되어지며, 첫해(해수=1)의 할인비율은 0이 된다는 것이다.

|표 1-4| 고객의 실 현재가치 산출

해수	전체 가입자수	재가입 비율	가입수익	변동비용	순이익	15%할인 순이익
1	1000	60%	$ 35,900	$ 30,000	$ 5,900	$ 5,900
2	600	65%	$ 45,540	$ 18,000	$ 27,540	$ 23,948
3	390	70%	$ 29,601	$ 11,700	$ 17,901	$ 13,536
4	273	75%	$ 20,721	$ 8,190	$ 12,531	$ 8,239
5	205	78%	$ 15,541	$ 6,143	$ 9,398	$ 5,373
6	160	79%	$ 12,122	$ 4,791	$ 7,330	$ 3,645
7	126	80%	$ 9,576	$ 3,785	$ 5,791	$ 2,504
8	101	80%	$ 7,661	$ 3,028	$ 4,633	$ 1,742
9	81	80%	$ 6,129	$ 2,422	$ 3,706	$ 1,212
10	65	80%	$ 4,933	$ 1,938	$ 2,995	$ 843
합계					$ 97,695	$ 66,940
개별고객 LTV						$ 66.940

즉 첫 번째 해의 할인비율=0, 두 번째 해의 할인비율=1.15, 세 번째 해의 할인비율=1.3225, 네 번째 해의 할인비율=1.52 등과 같이 계산된다.[1)]

이와 같은 방법에 의해 최종적으로 구해진 15% 할인 순 이익이 바로 개별고객의 LTV가 된다. 여기서 만약 고객유치비용(acquisition cost)을 고객 당 $50로 가정하면 실 현재 고객가치는 $16.94가 된다.[2)]

③ SAS Korea의 LTV측정 모형

SAS Korea(1998)는 LTV를 한 고객이 한 기업의 고객으로 존재하는 전체기간 동안 기업에게 제공할 것으로 추정되는 재무적 공헌도의 합계라고 정의하였다.

또한 이러한 LTV를 산출하는 방법은 크게 단순 LTV 산출방법과 개선된 LTV 산출방법으로 나눌 수 있으며, 단순 LTV는 평균구매액을 기준으로 거래기간에 대한 총 구매액을 산정하는 방식으로 'LTV = 평균구매액 × 거래기간' 으로 구해진다.

이와 같은 단순 LTV는 미래의 불확실성을 고려하지 않은 경우로서, 여기서 평

1) 세 번째 해의 할인비율 = 두 번째 해의 할인비율 + (두 번째 해의 할인비율 × 0.15)
= 1.15 + (1.15 × 0.15) = 1.3225
네 번째 해의 할인비율 = 세 번째 해의 할인비율 + (세 번째 해의 할인비율 × 0.15)
= 1.3225 + (1.3225 × 0.15) = 1.52

2) 실 현재 고객가치(LTV) = 개별고객 LTV − 고객유치비용

균구매액은 고객이 구매한 물건의 총 금액을 의미하며, 거래기간은 고객이 얼마나 오랫동안 제품을 구입하는지를 나타낸 것으로, 평균구매액의 기간(일평균, 월평균, 연평균)을 기준으로 산출된다. 즉 한 고객의 월평균 구매액이 1만원이면, 일년동안의 LTV는 '1만원 × 12개월'의 형태로 계산되는 것이다. 그러나 실제로 한 고객의 평생가치는 일정한 값을 갖는다고는 하지만, 시간의 경과에 따라 여러 가지 불확실성에 의해 변화하게 된다.[3] 따라서 개선된 LTV 산출방법은 이렇듯 발생할 수 있는 여러 가지 불확실성 즉 고객행동의 변동성, 현재가치, 이익관점 등을 고려하여 전체적인 고객의 평생가치를 높이는 방법이다.

가. 고객행동의 변동성을 고려한 LTV

고객행동의 변동은 크게 구매액의 변동과 고객유지율의 변동으로 나누어 설명할 수 있다. 여기서 고객 구매액의 변동은 $y = a + bx$ 형태의 선형회귀분석을 적용함으로써 고객의 미래구매 금액을 예측할 수 있다. 그리고 고객유지율은 특정 시점에 보유하고 있던 고객 중 다음기간에 얼마나 많은 고객이 그대로 남아있는가를 나타내는 것으로,

$$\text{고객유지율} = \frac{\text{다음해 고객수}}{\text{첫해 고객수}}$$

로 계산되며, 확률적인 의미로 해석된다. 즉 이러한 변동성을 고려하여 LTV를 산출하는 방법은 고객의 미래 구매액과 이탈률(잔존율)을 반영한다는 점에서 단순 LTV 모델보다는 효율적인 방법이라 할 수 있다.

나. 고객의 현재가치를 고려한 LTV

현재가치란 기업관점의 수익에 대해, 시간적 가치를 반영하는 적절한 할인율로 미래의 현금 흐름을 할인한 것으로, 현재가치를 산출하기 위해서는 적절한 할인율을 구하는 것이 가장 중요한 문제이다.

$$D = (1+i)^n$$

D : 할인율, i : 시장이자율, n : 기간

3) Arthur M. Hughes, Strategic Database Marketing (McGraw-Hill, 2000), pp. 57~85.

따라서 이와 같은 할인율을 LTV 산출에 적용함으로써, 우수고객에 대한 차별화된 서비스를 가능하게 할 수 있다.

다. 행동원가를 고려한 이익관점에서의 LTV

단순 LTV 모델에서는 매출액을 목표변수로 고려하기 때문에 매출이 증가해도 이익은 증가하지 않는 경우가 발생하게 된다. 따라서 기업은 이익관점에서 LTV를 파악하기 위해서 원가를 고려한 LTV 산출방식을 도입하게 되었다.

즉 이익관점에서의 LTV는 한 고객이 구입한 물건의 총 구매금액에서 기업이 고객에게 수익을 창출하기 위해서 벌인 모든 제반비용 및 물건의 원가를 뺀 나머지 금액을 말한다.

이익관점의 LTV = 구매액 – 원가(홍보비, 제품원가, 기타활동비 등)

이와 같이 다양한 관점에서 불확실성을 고려한 LTV 산출방법의 구성요소들로는 고객수, 고객유지율, 원가구조, 시장이자율, 구매율, 고객존속기간 등을 들 수 있다. 따라서 기업은 이들을 종합적으로 고려하여 자사에 맞는 개선된 통합적 LTV모델을 수립함으로서, 고객의 평생가치를 극대화할 수 있도록 해야 할 것이다.

그리고 이러한 LTV를 그래프로 나타내보면 다음의 **|그림 1-8|**과 같이 시간의 경과에 따라 감소하는 형태를 가질 것이다.[4)]

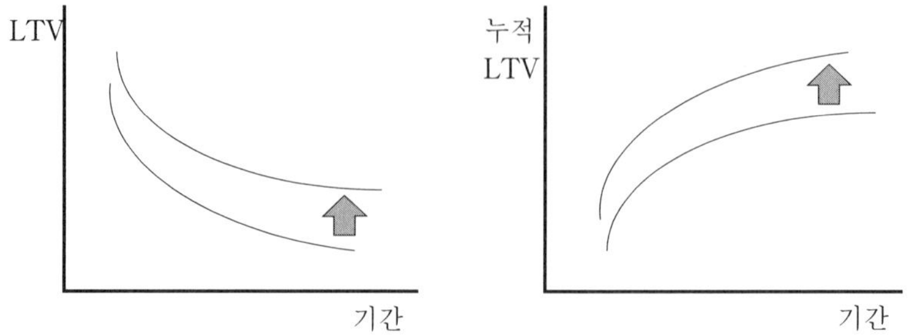

|그림 1-8| LTV 곡선과 누적 LTV 곡선

4) 김정수, 「통합 데이터베이스 마케팅 시스템」, 범우사, 1997, pp. 56.

그러나 |그림 1-8|에서와 같이 한 시점에서의 고객의 LTV는 줄어들더라도, 전체기간을 고려한 누적 LTV는 점점 증가함을 알 수 있다. 따라서 LTV의 극대화라는 기업의 목적은 결국, 고객의 LTV곡선을 보다 길고 상향적(화살표방향)으로 상승시키는 것이라고 할 수 있다.

④ 고객평생가치의 개념적 모형

우리가 고객의 잠재적 LTV를 예측하기 위해 모델을 어떻게 개발해야 하는가? 기업의 수입면에서 기업은 그 회사에 좀 더 많이 쓰고 오래 머무를 고객들을 확보하기를 원한다. 게다가 충실한 고객들은 기업의 제품이나 서비스의 혜택을 잠재적 고객들에게 광고해줄 수 있다. 즉, LTV에 속하는 이들 모든 요소들을 LTV 모델로 합병시키는 것은 극도로 복잡한 것이다. 게다가 그 모델은 기업이나 산업의 특성이 될 것이다.

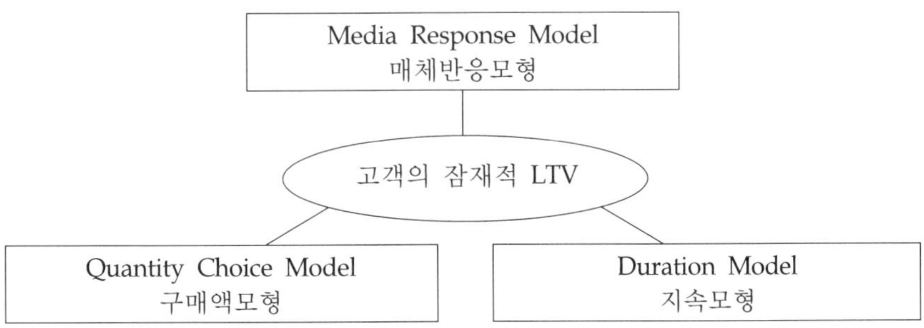

|그림 1-9| Core components for the LTV Model (LTV모델을 위한 핵심구성요소)

가. 매체반응모형(media response model)

기업이 고객의 잠재가치를 극대화한다는 목표를 가지고 고객과의 관계를 구축하고 유지하기 위해서는 세가지의 차원에서 관리를 하여야 한다. 그 첫째는 고객이 기업의 마케팅 활동에 대하여 어떠한 반응을 보이는가에 대한 철저한 이해가 필요하다. 이러한 문제를 다루는 모형이 매체반응모형이다. 고객이 TV광고, DM, TM, 인적판매 등 어떠한 매체보다 높은 반응을 보이는가에 대한 분석은 향후 기업이 마케팅 활동을 하는데 있어서 중요한 자료가 된다. 통신판매업을 하는 기업으로서는 DM에 대한 반응이 높은 고객들을 대상으로 DM을 발송함으로서 비용을 줄이려 할 것이고, 보험사의 경우, 인적판매에 대한 반응이 높은 고객들에게 보험설계사를 보냄으로서 보험설계사에 의한 방문 효율성을 높일 수 있을 것이다. 이러한 매체반응 모형을 실제 데이터에 적용해서 비선형 모형의 경우 Logit이나 Probit 등의 방법에 활용될 수 있다.

나. 구매액 모형(quantity choice model)

고객의 잠재가치를 계산하는데 사용되는 모형으로 구매액 모형이 있다. 고객이 자사의 마케팅 활동에 반응한다는 가정하에서 얼마만큼의 구매를 할 것이다 하는 구입할 제품의 총액 또는 평균 구매액을 추정, 예측하는 모형이다. 구매액 모형은 실제로 이를 계량화하는 작업은 매우 어렵다. 따라서 과거의 기업의 마케팅 활동과 관련된 구매 이력은 분석의 좋은 정보로 사용될 수 있다.

다. 지속모형(duration model)

지속모형은 고객의 LTV구성요소 중 마지막 요소인 LTV 고려기간과 관련하여, 고객이 된 후 자사고객으로 머무는 기간을 예측하는 모형이다. 신문사의 경우, 정기 구독자 개개인이 얼마나 오랫동안 자사의 신문을 구독할 수 있을 것인가를 예측함으로서 보다 효율적인 관리를 할 수 있으며, 보험사의 경우, 보험 해지 가능성이 높은 고객들을 대상으로 보험 가입기간을 늘릴 수 있도록 효과적인 마케팅 전략을 수립할 수 있다.

앞의 두 가지 모형을 실제 데이터를 통하여 매체 반응률과 구매액을 예측하기 위한 분석적 툴로서 앞에서 말한 바와 같이 전통적인 선형회귀모형이나, Logit, Probit과 같은 모형이 사용될 수 있으나, 지속모형의 경우는 절단된 정보(right-censored information)로 인하여 다른 접근방법을 필요로 한다.

예를 들어, 기존 고객의 데이터로부터 잔존기간을 결정하는 인구통계적 요인들을 발견하기 위한 분석을 한다고 가정하자. 이때, 추출되는 샘플들 중에는 이미 거래가 중단된 고객뿐만 아니라, 현재까지 지속적으로 거래가 이루어지고 있는 고객을 포함한다. 이 경우, 현재 고객이 아닌 샘플을 대상으로 지속기간을 쉽게 알 수가 있는 반면, 현재까지 고객으로 있는 샘플의 경우 언제 고객으로 시작되었는가는 알 수가 있으나 이 고객이 언제까지 자사의 고객으로 남아 있을 것인가는 불확실하다. 이러한 고객의 데이터를 통계학에서는 오른쪽으로 절단된 데이터(right-censored data)라고 부른다. 따라서, 올바른 지속기간의 분석을 위해서는 반드시 위와 같은 데이터를 제외할 필요가 있다.

(3) LTV모형의 장·단점 및 한계

먼저 LTV모형에 의한 고객가치 산정방식은 그 정확성이나 활용측면에서 다음과 같은 장점이 있다(Perppers & Rogers 1997).

먼저 LTV모형은 평생고객가치의 이해 및 전체 기업가치에 미치는 영향등을 이해하는데 도움이 된다. 그리고 LTV모형을 통하여 신뢰성 있는 고객을 유지하기 위해 마케팅 시간과 노력을 배분할 수 있게 한다. 또한 유지해야 할 고객을 정할 수 있게 하고 이탈고객 방지를 위하여 투여할 최대금액을 산정할 수 있게 하므로 고객유지전략에 기여한다.

그러나 전체 고객에 소요되는 비용을 측정하고, 이를 개별고객에게 할당하는데 따른 어려움이 있고, 경우에 따라서는 과다한 비용이 소요될 수도 있다.

LTV모형의 한계점은 이 모형에서 가장 중요한 요소 중의 하나인 고객유지율 측정에서 나타난다. 즉, 한 산업이 안정적인 경쟁구조를 가지고 그 산업내의 기업들이 일정한 역량을 유지할 경우 상대적으로 고객유지율을 산정하기는 쉬울 수 있다. 그러나 경쟁의 패러다임이 바뀌는 산업환경에서는 이를 측정하기가 매우 어려울 것이다. 예컨대, 규제에 의하여 거의 독점적으로 유지되어 오던 산업이 규제의 완화나 철폐로 인하여 경쟁에 돌입하게 될 때와 같은 시기에는 위에서 제시한 모형들을 통해서는 고객유지율을 산정하기가 매우 어려울 것으로 보인다.

5) LTV에 의한 고객세분화

(1) 고객세분화의 개념

고객세분화(customer segment)는 많은 고객들을 서로 비슷한 소비자끼리, 서로 다른 소비자끼리 서로 다른 집단끼리 분류하는 작업을 말한다. 즉, 고객들이 살고 있는 지역에 따라 데이터베이스 내의 고객을 나누는 것도 일종의 세분화 작업인 것이다.

세분화는 최종 사용자들이 보다 높은 수준의 관점에서, 즉 새들이 하늘에서 전체를 보는 것 같은 조감법처럼 전체 데이터베이스를 바라볼 수 있도록 해주기 때문에 가치가 있다고 할 수 있다. 또한 사람들로 하여금 서로 다른 세분화되어 있는 고객들을 서로 다르게 대우할 수 있도록 해준다.

고객세분화란 전체 기존고객 또는 잠재고객들의 집단을 유사한 특성을 가진 세분화된 집단으로 분류하는 과정을 의미한다. 고객세분화의 과정을 그림으로 나타내면 다음과 같다.

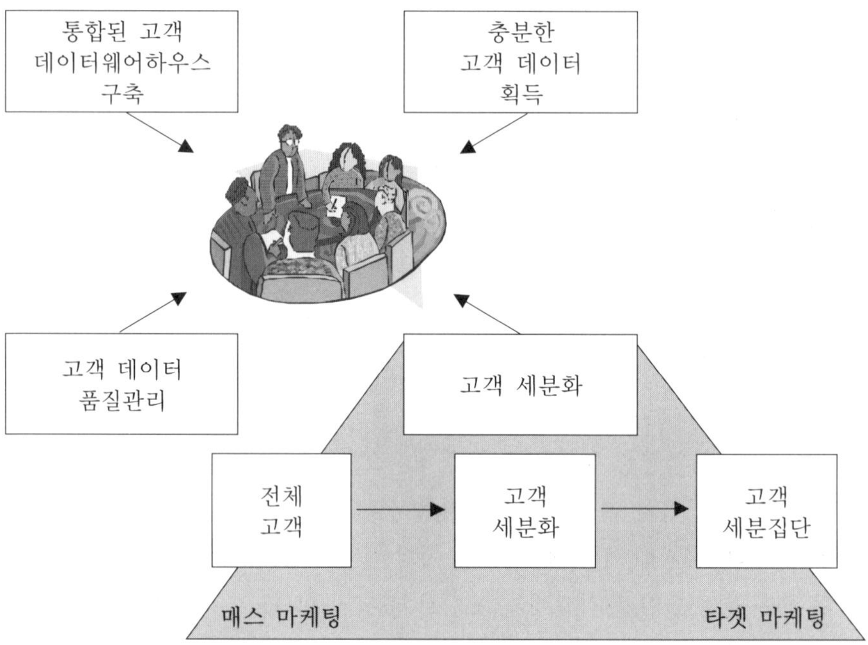

또한 고객세분화 과정상에 어려움을 요약하면 다음과 같다. 이러한 요인을 종합적으로 고려하여 고객세분화를 하여야 할 것이다.

○ 어느 정도 고객을 세분화 하는 것이 적당한가?
○ 무엇을 기준으로 세분화 할 것인가?
○ 고객세분화에 사용할 만한 데이터를 가지고 있는가?
○ 고객세분화 결과를 어떻게 활용할 것인가?

(2) 다양한 고객 세분화 접근방법

① 전통적 고객세분화 : 단일 기준에 의한 직관적 세분화	② 다 기준 스코어에 의한 세분화
○ 상품에 의한 세분화 ○ 연령에 의한 세분화 ○ 지역에 따른 세분화 ○ 구매액에 따른 세분화	○ 모델에 의한 세분화 ○ RFM에 의한 세분화 ○ LTV에 의한 세분화

예 : RFM에 의한 세분화

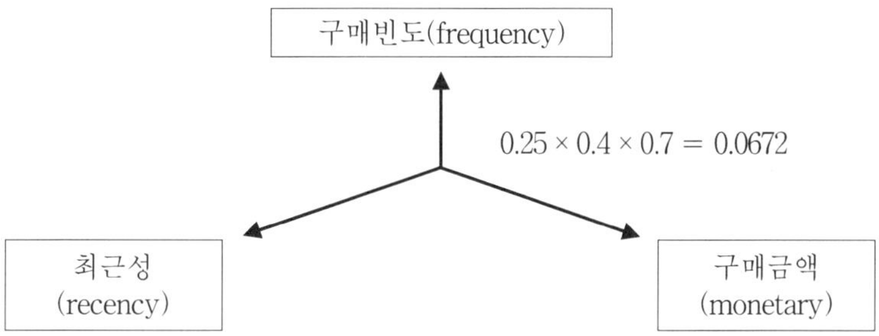

(3) 전통적인 고객 세분화의 한계

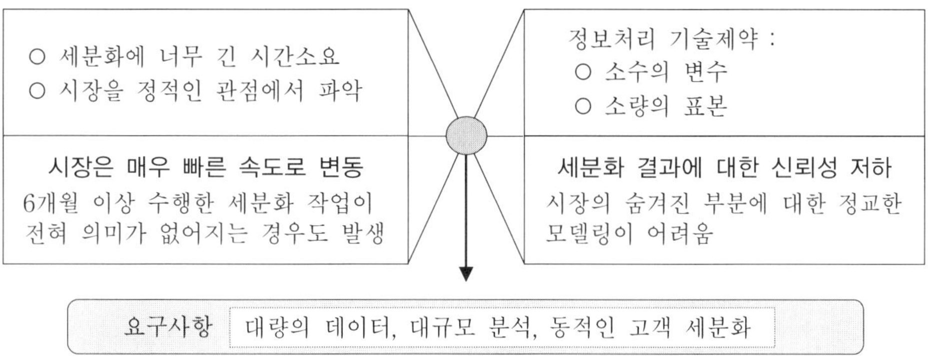

(4) LTV에 의한 고객세분화

예를 들어 1,000명의 고객에 대하여 고객평생가치를 고객별로 LTV를 산출하여 LTV 기준으로 10개 집단으로 고객을 세분화한 경우를 살펴보기로 한다. |그림 1-10|에서 보는 바와 같이 고객집단을 10개 집단에 대하여 LTV에 의한 공헌이 큰 고객 집단, 공헌이 적은 고객집단 그리고 손실을 입히는 고객집단으로 분류하

여 고객세분화를 할 수 있다. 그리고 LTV에 의한 고객세분화과정을 예시하면 |그림 1-11|과 같다.

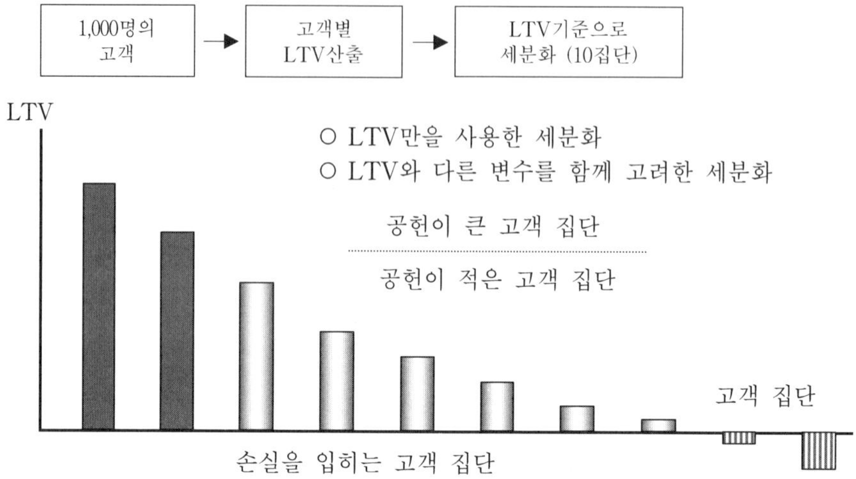

|그림 1-10| LTV에 의한 고객세분화

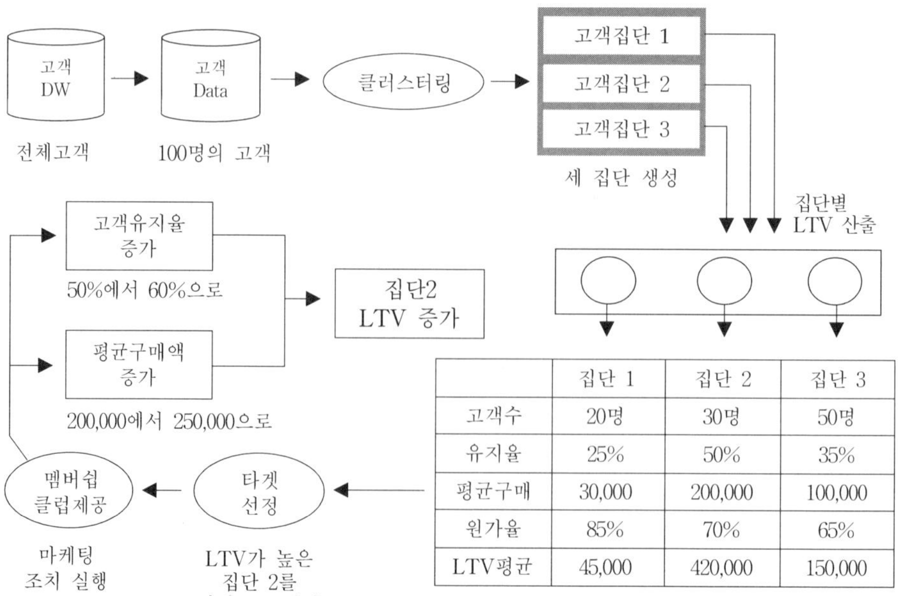

	집단 1	집단 2	집단 3
고객수	20명	30명	50명
유지율	25%	50%	35%
평균구매	30,000	200,000	100,000
원가율	85%	70%	65%
LTV평균	45,000	420,000	150,000

|그림 1-11| LTV에 의한 고객 세분화 과정 예시

(5) LTV에 의한 고객세분화 기대효과

LTV에 의한 고객세분화 기대효과는 보다 정교한 공략대상인 목표고객을 설정할 수 있으며 다음과 같은 기대효과를 가질 수 있다.

○ 이익극대화
○ 새로운 제품 및 서비스 개발
○ 촉진비용 절감
○ 유통경로 비용 절감
○ 총원가 절감

따라서 LTV에 의한 고객세분화의 활용방안으로서 CRM을 도입할 필요성이 대두되게 된다. |그림 1-12|는 고객세분화를 함으로써 활용할 수 있는 방안을 정리한 것이다.

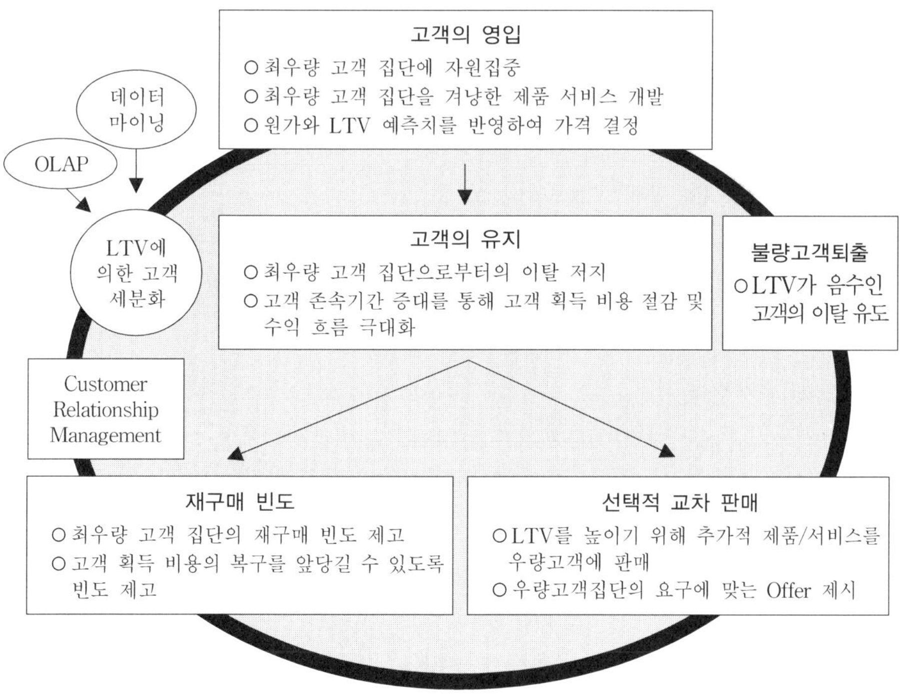

|그림 1-12| LTV에 의한 고객세분화 활용방안: CRM

/사./례./연./구./ ..AA은행의 고객가치분석..

고객가치를 분석하기 위하여 AA은행 고객의 실현가치와 고객의 잠재가치(미래)를 평가하여 AA은행의 고객가치를 산출하는 과정을 설명하고자 한다.

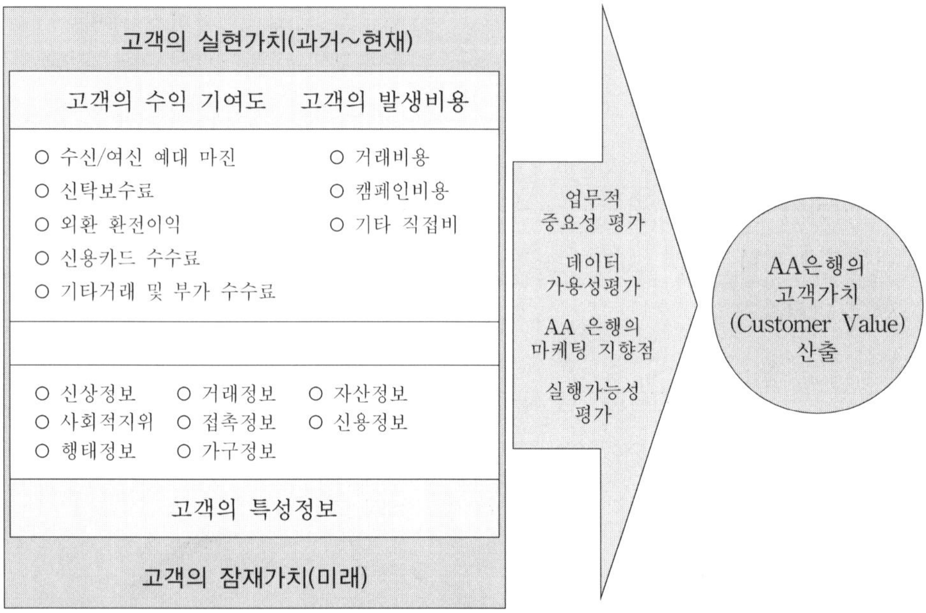

|그림 1-13| 고객가치(customer value) 분석

(1) 고객가치모형

고객가치모형은 고객의 유지기간과 미래이익기여도를 직접 예측하는 대신, 고객의 과거 수익기여도를 바탕으로 한 현재 가치에 우량성 평가에 의한 가중치를 적용함으로써 안정적이며 합리적인 잠재가치를 반영한다.

고객 i의 고객가치

$$CV_i = \underbrace{\prod_j w_j^i}_{\text{고객 } i\text{의 우량성 평가에 의한 가중치들의 곱(예)}} \times \underbrace{\sum_{t=1}^{n} P_t^i}_{N\text{기간 동안 고객 } i\text{의 수익 기여도의 합}}$$

고객 i의 우량성 평가에 의한 가중치들의 곱(예)

N기간 동안 고객 i의 수익 기여도의 합

단, P = 고객기여도
t = 시간(1, 2, 3, ⋯, n)
w = 가중치
j = 고객가치별 차별성 인자(예: 연령, 성별, 잠재자산 등)

(2) CV모형의 특성

① 고객의 실현가치와 잠재가치를 동시에 반영한다.

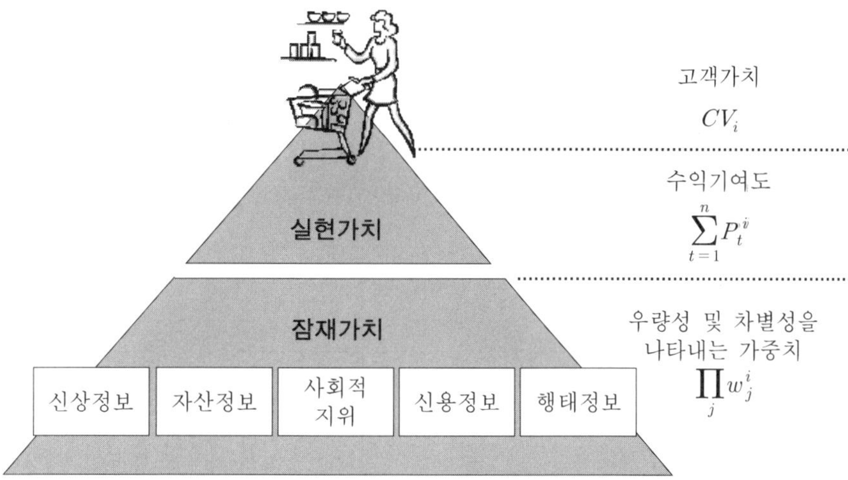

② AA은행의 마케팅/CRM 목적에 부합하는 고객가치를 정의한다.

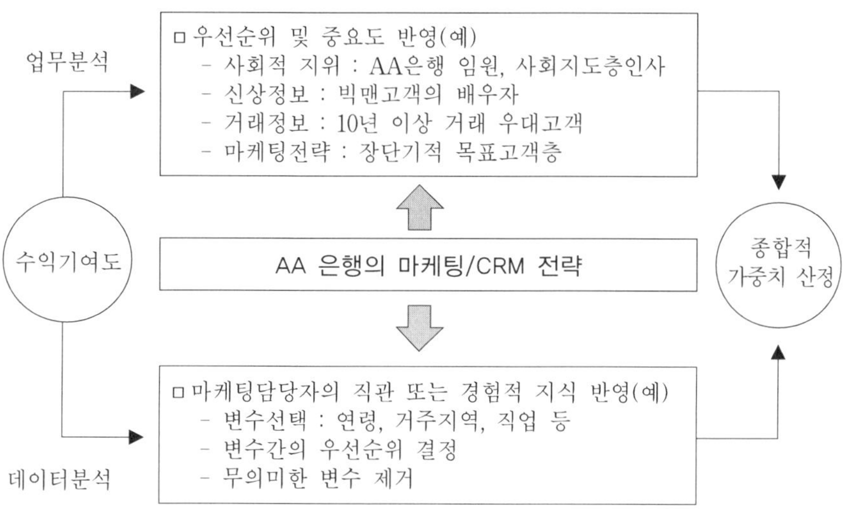

③ AA은행과 고객모두가 고객가치의 의미를 이해하기가 용이하다.

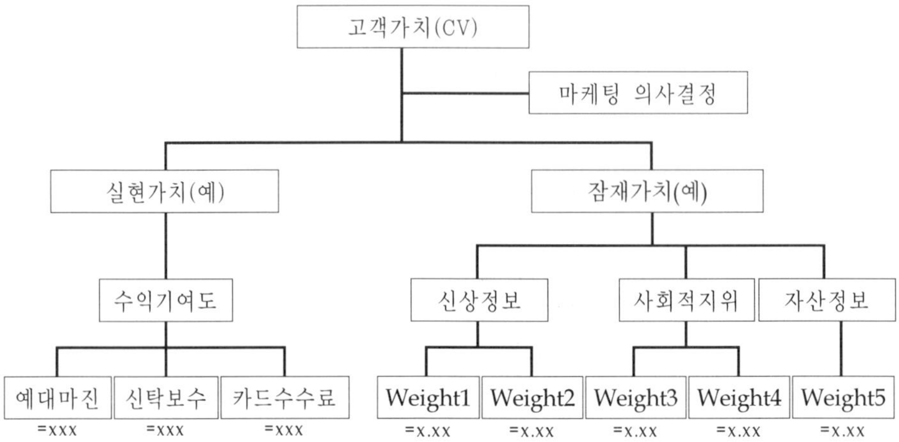

④ 모형을 지속적으로 개선하기가 용이하다.

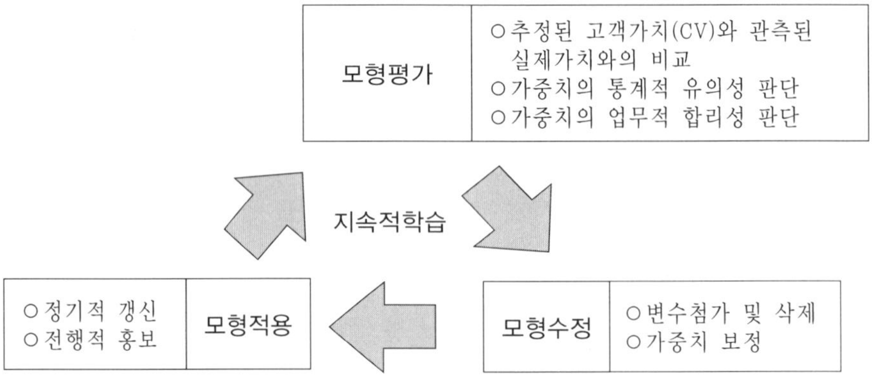

(3) CV 모델링 프로세스

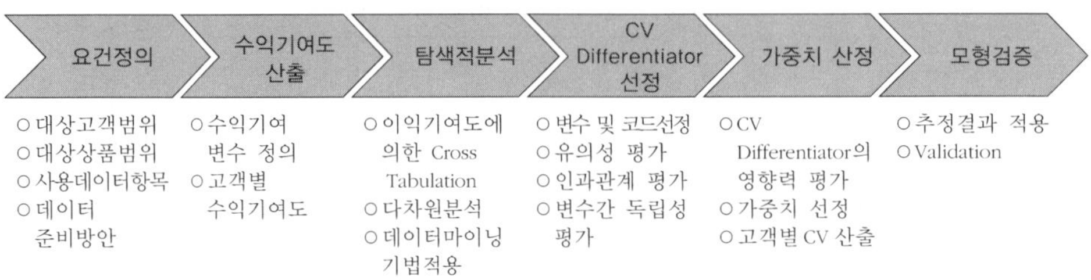

① 요건정의

업무요건 정의	○ 고객가치 산출대상고객 선정 - 개인고객, 법인고객, 신규고객 등 - 기타 특수집단 고려 ○ 고객가치 산출대상상품 선정 - 금융상품구분: 수신/여신/신탁/외환/카드 계정 - 수입속성: 예대마진/수수료/기타 등 ○ 고객가치 산출대상기간 선정 - 고객가치산정 기간: 월/분기/반기/년 - 기간에 따른 이자율/수수료율 변동요인 반영 방안
데이터요건 정의	○ 데이터 현황파악 ○ 데이터 가용성판단 ○ 사용데이터 범위 결정 ○ 데이터 검증 방안

② 수익기여도 산출(예)

구 분		수 익 기 여 도
수신	은행계정	해당기간 평잔×(해당시점 보상이자율 - 해당시점 지급이자율)
	신탁계정	해당기간 평잔×과목별 해당시점 평균 신탁보수율
	외화예금	해당기간 평잔×해당통화시점 기준환율×(계좌신규시 보상이자율 - 해당계좌 지급이자율)
여신	은행 및 신탁계정	해당기간 평잔×(해당 대출계좌 수입이자율 - 계좌신규시 부담이자율)
외환	외환매매익	포지션금액×(매도환율 - 포지션집중률) 또는 포지션금액 ×(포지션집중률 - 매입환율)
	무역외거래 수수료	현찰수수료+TC판매수수료+환가료+추심수수료+송금수수료
신용카드	결제수익	해당기간 신용카드 결제금액×결제금액 단위당 평균수익
	매입수익	해당기간 가맹점 매입금액×매입금액 단위당 평균수익

③ 탐색적 분석

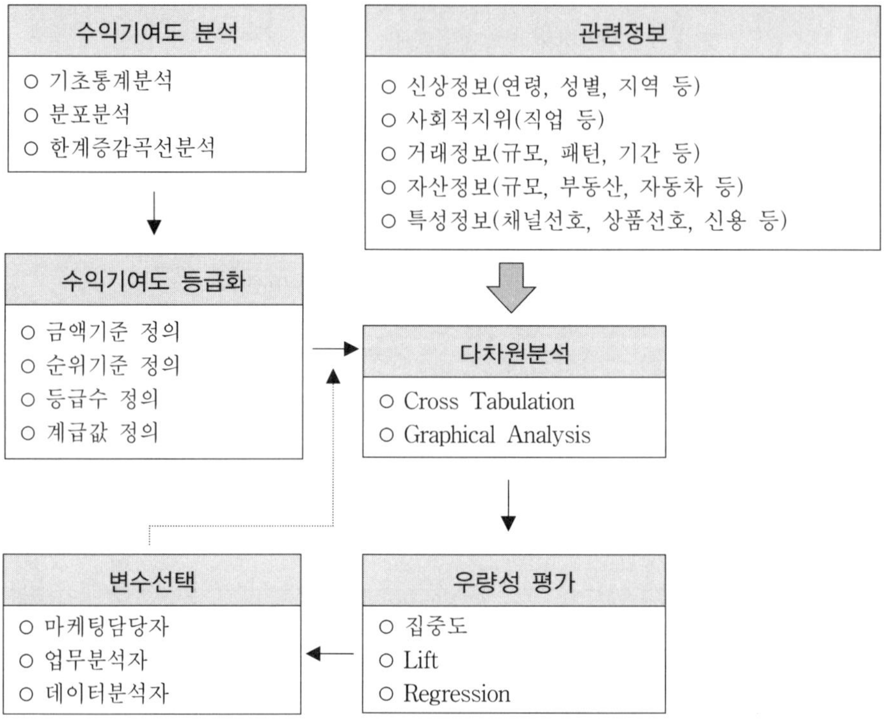

④ CV 차별성 인자 선정

고객의 수익기여도 기반에서 고객 각각의 고객가치(CV)를 차별화 시킬 수 있는 우량성 지표로서의 고객정보 또는 속성을 다차원적/탐색적 분석을 통해 선정한다.

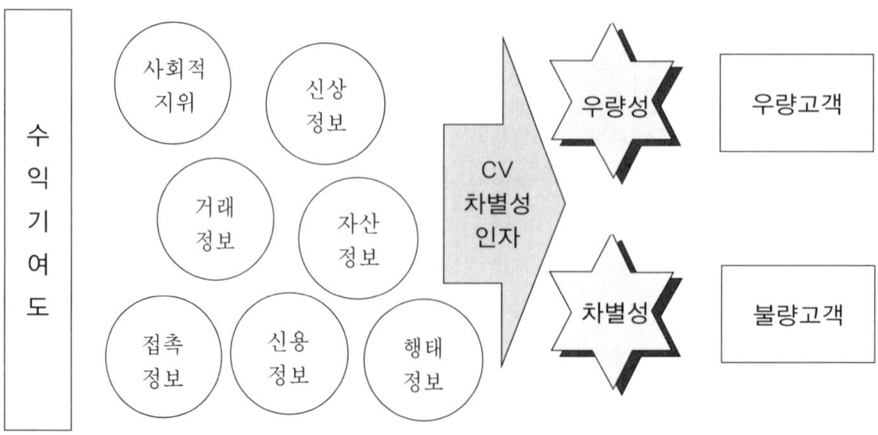

□ CV 차별성인자(예)

차별성인자	예
신상정보	연령, 혼인여부, 세대정보(Household), 거주지역, 주거형태
사회적지위	학력, 직업, 직위, 라이프스타일, 취미, 멤버십, 사회활동
거래정보	금융상품종류, 규모, 구매시기, 선호상품, 거래패턴, 빈도, 수수료, 거래기간, 예상유지기간
자산정보	여/수신 평잔 및 추이, 최대 여/수신고, 현금흐름, 부채, 담보, 부동산, 자동차
접촉정보	거래성/비거래성 선호채널, 접촉빈도
신용정보	신용거래내역, 신용평가정보, 연체, 부도, 상각
행태정보	요구사항, 불만유형, 만족도, 반응도, 가격민감도, 경기민감도

⑤ 가중치 산정

고객가치 차별화에 유의한 영향을 미치는 CV 차별인자를 고객가치(CV) 산출에 적용하기 위해 탐색적/분석적 기법을 통해 각각의 CV 차별성인자에 대한 가중치(Weight)를 산정하고, 이를 다면(多面) 평가한다.

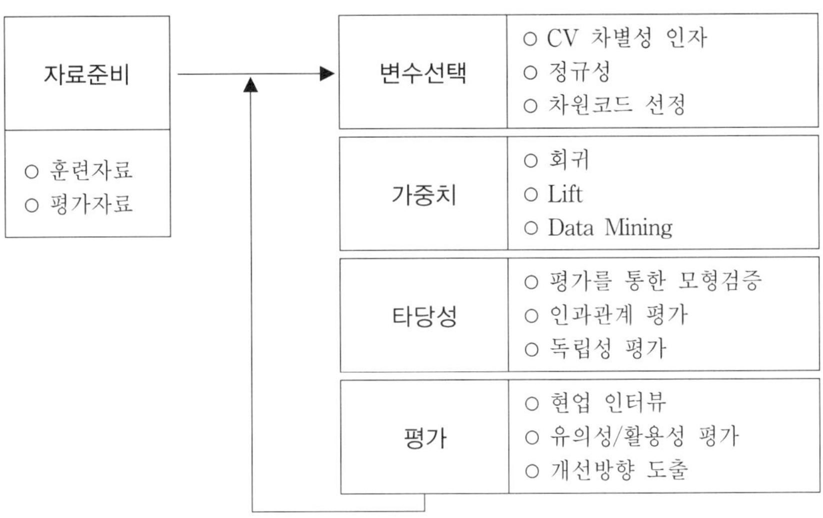

⑥ 고객가치모형 검증 - 부합도

산출된 고객가치모형을 검증하기 위해 평가자료 또는 실제 관측치를 이용, 여러 가지 통계적/분석적 방법을 통해 고객가치모형의 실효성과 유의성을 판단하여야 한다.

그 한가지 방법으로 부합도를 이용함으로써 산출된 고객가치 모형의 유의성을 측정할 수 있다.

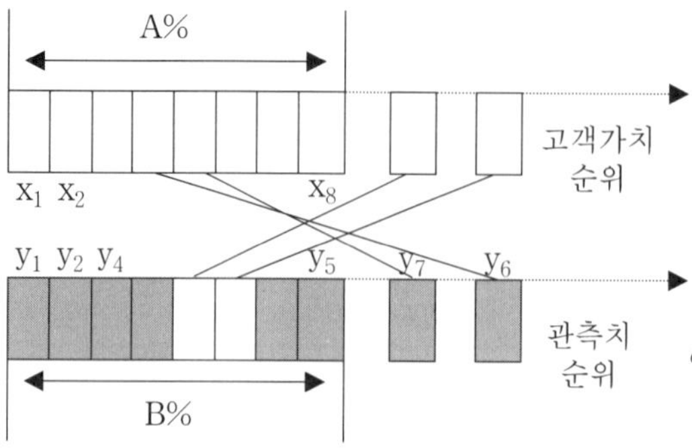

$$\text{부합도} = \frac{\sum_{\forall i} \delta(x_i, y_i)\mid_A}{\sum_{\forall i} i} = \frac{\sum_{\forall i} \delta(x_i, y_i)\mid_A}{A\%\ \text{속하는 고객수}}$$

$$\delta(x_i, y_i)\mid_A = \begin{cases} 1 & \text{if } y_i \le A \\ 0 & \text{기타} \end{cases}$$

4 고객니즈

고객을 그들의 니즈에 의하여 차별화하여 이들의 개별적 필요를 충족시켜 주는 일은 매우 간단하고 어찌 보면 상식적인 판매 기법이다. 또한 이는 고객 충성도를 높이고 단위 마진을 높이기 위한 노력에 큰 위력을 발휘할 것이다. 그리고 고객의 구매뒤에 숨어 있는 다양한 고객의 니즈를 파악할 수 있다면 기업은 이 고객에게 다른 제품과 서비스를 추가로 판매할 수 있을 것이고, 이를 통해 고객과 수익성이 더 높은 장기적 관계를 수립할 수 있을 것이다. 물론 일반적 시장조사 방법을 이용하면 인구통계적 항목별로 고객의 니즈를 파악하거나 고객이 제품으로부터 얻고자 하는 것과 관련된 심리적 특징들을 파악할 수 있다. 그러나 이러한 정보만 가지고서는 특정 고객의 개별적 특징에 맞도록 광고 메시지, 제품 특징 또는 유통 메커니즘을 맞추기는 어렵다. 만일 레고나 이오메가와 같은 기업이 일대일 기업으로 변신하고자 한다면, 즉 고객의 충성도를 높이고 장기적 단위 마진을 높이기 위하여 고객들과 개별적으로 학습하는 관계를 형성하고자 한다면 일단 최종 사용자와 일종의 피드백 링크를 구성하는 것이 매우 중요하다.

고객 서비스 센터로 전화를 하는 고객들에게 영업담당자는 이 고객이 제품을 어떤 용도로 사용하고 있는지 물어보고 '니즈'에 따라 고객을 분류한다. 이를 위하여 시장조사를 통하여 적합한 니즈 중심 분류 기준을 마련하고 전화 영업 담당자들에게 관련 자료를 제공한다. 또한 고객 정보 파악을 위한 고객 데이터베이스를 구축하여 어떤 고객이 전화를 또 걸어오면 이전에 이루어졌던 이 고객과의 전화 상담 내역을 조회하여 활용할 수 있다. 기업이 정보를 활용할 때 단순히 고객 정보 요약을 위한 것이 아니라 개별 고객의 서로 다른 니즈를 이해하기 위한 것이라면, 정보 수집에 적용될 수 있는 여러 가지 기법이 있다. 일대일 기업은 모든 형태의 의사소통, 고객으로부터의 반응 등을 이용하여 특정 고객이 원하는 바를 더욱 정확하게 이해할 수 있다.

평생가치 모델링은 '평균' 고객가치와 고객유지율 등 다양한 변수들이 기업의 전체적 가치에 미치는 영향을 이해할 수 있다는 것 이상의 의미를 지닌다. 평생가치를 이용하여 신뢰할 수 있는 순위체계를 만들어 기업이 개별고객의 가치에 따라 고객들을 '차별화'하고, 가장 가치 있는 고객들을 유지하기 위한 노력을 기울일 수 있다. 평생가치를 순위 시스템으로 선택할 수도 있지만, 많은 기업들은 정의를 통해 측정할 수 있는 일종의 '대리 변수'를 사용하는 경우가 많다. 한 우편주문 회사는 개별 고객의 구매에 대한 '최근성(recency)', '빈도(frequency)', '금전적 가치(monetary value)'를 기초로 고객의 순위를 매기는 RFM 모델을 사용한다. 항공사는 마일리지를 기준으로 한다. 세차장은 차량번호를 기록하여 고객 순위를 매길 수 있다. 그러나 여기에서 한 가지 분명한 사실을 알 수 있다. 즉 일대일 기업은 고객들을 가능한 개별적으로 다루기 때문에 고객들간의 '상대적인' 가치를 이해하려 한다는 것이다. 고객들은 개별적으로 상이한 존재들이며 따라서 기업에 상이한 가치를 제공한다. 그리고 고객의 가치를 더욱 정확히 그려낸 것이 바로 평생가치이다.

이제 고객들의 가치를 예금순으로 고객을 5그룹으로 분류하여 순위를 매겨보자. 각 고객그룹은 전체고객의 20%를 차지한다. 이 고객그룹들의 실제고객가치를 막대 그래프로 표현하면 **|그림 1-14|**와 같다.

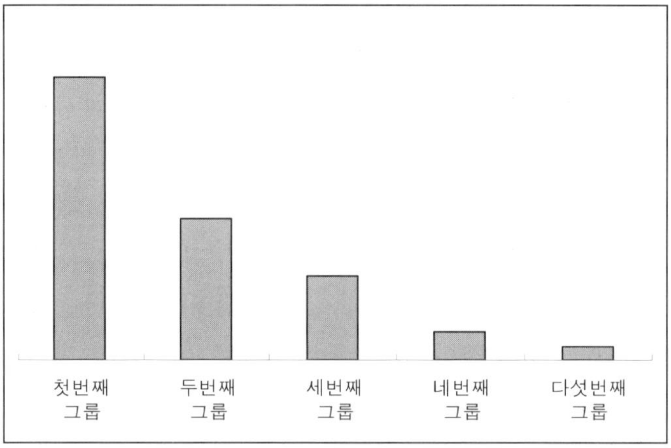

|그림 1-14| 고객가치분류

물론 고객들을 5개 그룹이 아니라 4개, 10개 또는 100개의 서로 다른 고객 그룹으로 분류할 수 있다. 어떤 기업이 고객 유지 프로그램을 시행하려 할 때에는 고객의 실제가치를 파악하는 것이 매우 중요하다. 고객 유지 프로그램은 멤버십 혜택, 고객 인지도 프로그램, 빈도 마케팅 계획 등 어떤 방법이든 간에 비용이 들기 마련이다. 어떤 방법을 사용하든지 고객 충성도를 높이려는 노력에는 어느 정도 예산이 소요될 것이다.

고객 충성도를 향상시킬 경우 첫 번째로 알아야 하는 것은 '어떤 고객'을 계속 우리 고객으로 유지하고 싶은가 하는 문제이다. 어떤 기업이든 기업 이익의 대부분을 창출하는 소규모 고객집단이 있기 마련이다. 이러한 고객들이 회사 측면에서는 가장 가치가 있기 때문에 이들을 관리할 필요가 있고 이들이 기업의 핵심 비즈니스로 간주된다.

고객의 평생가치를 살펴보는 또 다른 방법은 고객 이탈을 막기 위하여 기꺼이 할당할 수 있는 예산의 최대 액수를 산정해 보는 것이다. 고객 가치의 실제 '범위'는 주요 고객에 대한 전략 설정의 주요 요소이다. 어떤 기업들은 다른 기업에 비해 고객들간의 격차가 더 심하다. 즉 가치곡선의 기울기가 더 가파르다. 따라서 올바른 전략을 세우려면 먼저 고객들 사이의 가치에 얼마나 차이가 나는가를 파악하여야 한다. 만일 고객들의 가치 차이가 상대적으로 크다면 당연히 가장 중요한 고객들에게 초점을 맞추는 마케팅 계획을 세울 것이다. 예를 들어 최우수 고객들을 위한 할인 프로그램이나 이용 횟수에 따른 마케팅 계획 등이 가능하다. 반면 고객들간의 가치 차이가 그다지 크지 않다면 고객가치를 기준으로 볼 때 특정 고객 그룹을 위하여 특별히 많은 마케팅 예산을 배정할 필요를 못 느낄 것이다. 어떤 기업이든지 개별 고객 가치를 계산하고 이를 순위로 매기면 자연스러운 고객 가치의 차이를 볼 수 있다. 가치를 계산할 때 추가적 변수들(예를 들어, 신규 고객 유치나 가족 또는 직장 관계 등)을 고려하거나 특정고객 행동 유형에 대하여 인센티브나 불이익을 줌으로써 고객들을 더 정밀하게 추적하게 되면 이러한 고객 분포도를 변화시킬 수 있다. 기업의 고객 가치곡선을 어떻게 변화시킬 수 있는가를 이해하는 것이 중요한데, 이는 고객 가치곡선의 기울기가 클수록 집합적 시장 경쟁에서 고객중심경쟁으로 더 쉽게 이행할 수 있기 때문이다.

기업이 판매하는 것이 자동차이든, 세차 서비스이든, 은행 대출상품이든, 디스크 드라이브 백업 시스템이든 간에 다양한 고객들은 (1) 다양한 니즈를 충족시키기 위하여 구매를 하며, (2) 이를 통하여 기업에 일종의 가치를 제공한다. 이는 불변하는 특징이지만 정보기술이 발달한 최근에 들어서야 기업들은 비용 효율적인 방법으로 고객들간의 차이를 파악하여 이에 맞게 대응할 수 있게 된 것이다.

개별 고객들을 관리하고 이들과 상호작용하며 개별 고객들을 차별화하게 되면 일대일 기업은 경쟁의 모습을 완전히 바꾸어 놓을 것이다. 즉, 고객 충성도를 높이면서 동시에 단위 마진을 높이는 것이 경쟁의 본질이 되는 것이다.

5 고객가치와 고객니즈의 관계

모든 기업의 고객 기반은 다양한 가치를 지닌 고객들로 구성되거나 다양한 니즈를 지닌 고객들로 구분하여 구성될 수 있다. 물론 어떤 고객 기반은 이 두 경우 모두에 해당되거나 어떤 것에도 해당되지 않을 수 있다. 기업의 고객 차이의 특성을 보면 그 기업에 적합한 마케팅 전략을 알 수 있다. 이 두 가지 특성에 따라 고객 기반이 결정되면 경쟁 전략은 대량 마케팅, 틈새 마케팅 또는 목표 마케팅, 핵심 고객 판매 등이 될 것이다.

만일 어떤 기업의 고객들의 기호와 취향이 매우 다양한 경우라면 고객을 이들의 '니즈'에 따라 차별화할 필요가 있을 것이다. 물론 고객들의 취향과 사이즈가 다양하면 다양할수록 차별화된 다양한 제품들을 제공함으로써 더 많은 혜택을 얻을 수 있을 것이고, 더 나아가 개별 고객들에 맞는 맞춤 제품까지 제공할 수 있다. 반대로 고객의 가치에 큰 차이가 있는 경우라면 고객들이 원하는 것과 취향에는 별반 차이가 없기 때문에 맞춤 서비스는

그다지 적합한 전략이 아닐 것이다. 오히려 가장 가치 있는 고객들의 충성도를 계속 확보하기 위한 전략이 적합할 것이다. 고객의 니즈와 가치와의 관계를 살펴보기 위하여 고객 차별화 매트릭스를 이용하면 **|그림 1-15|**와 같이 기업들을 네 종류로 나누어 보았다.

진정한 의미의 일대일 마케팅은 고객들이 니즈와 가치 모두에서 다양성을 보이는 Ⅳ 사분면에 속하는 기업에 가장 쉽게, 그리고 가장 효과적으로 적용될 수 있다. Ⅳ에 속하는 기업으로는 소비자들과 기업 고객에게 직접 판매를 하는 컴퓨터 시스템 제조업체 등이 있다. 만일 어떤 기업이 Ⅳ에 속하는 고객 기반을 가지고 있다면 다양한 취미와 기호를 가진 고객들을 만족시키기 위한 다양한 프로그램들을 비교적 수월하게 구성하는 동시에 투자 수익이 가장 높을 것으로 기대되는 고객들에게 마케팅 인력과 재원을 더 많이 투입해야 한다. Ⅳ에는 세계적으로 호텔 체인, 법률 및 전문 서비스 업체, 산업용 설비 제조 업체 등이 속하고 그 밖에도 원예, 요리, 전문화된 라이프스타일 서비스업체, 약국, 디지털 출판 업체, 새롭게 등장하는 양방향 정보 및 오락연예 업체 등이 포함된다. 그러나 대부분의 기업들은 Ⅳ에 속하지 않으며 따라서 이들이 일대일 기업으로 변신하는 일은 그만큼 어렵다고 볼 수 있다. 각 사분면에서 흔히 사용되는 경쟁 전략들이 존재하지만 우리는 각 경우에 대하여 개별 고객과의 양방향 일대일 관계를 형성하여 고객 충성도와 단위 마진을 높일 수 있는 Ⅳ 사분면 쪽으로 어떻게 이동할 수 있는가를 보여주려 한다.

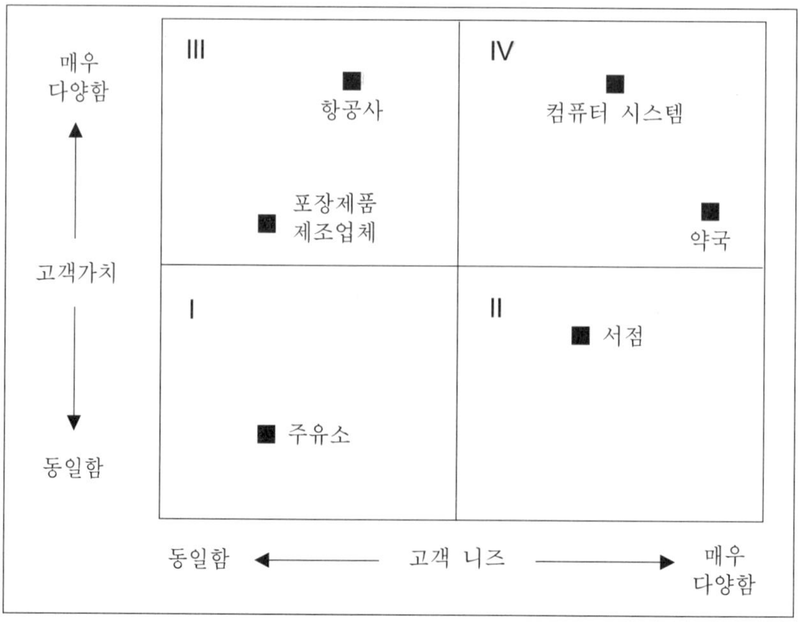

|그림 1-15| 고객 차별화 매트릭스

Ⅲ 사분면의 업체들은 상용화된 상품이나 서비스를 제공하지만 고객가치가 다양한 경우이다. 즉 Ⅲ에 속한 업체들의 고객은 기업으로부터 원하는 바가 거의 비슷하지만 기업에 주는 가치는 매우 다르다. Ⅲ에 속하는 업체에는 항공사, 세차장, 패키지 상품 업체, 또는 주로 창고형 유통업체나 중간상인을 이용하는 업체 등이 있다. 이러한 업체들이 가장 흔히 쓰는 전략은 가장 많은 수익을 가져다 주는 고객들의 지속적인 충성도 확보에 주력하는 것이다. 예를 들면 항공사의 마일리지 프로그램 운영이나 패키지 상품 제조 업체의 '주요 고객' 영업관리 체계 개발을 들 수 있다.

만약 당신의 기업이 여기에 속한다면 다음 두 가지를 해야 한다.

첫째, 고객들의 가치가 다양하기 때문에 개별 고객은 가치를 기준으로 파악하여야 한다. 지금 고객들의 거래를 추적하지 않고 있다면 하루빨리 이를 시행하기 위한 방법을 찾아내야 한다. 경쟁업체가 먼저 고객 가치를 개별적으로 분석하기 시작하면 가장 가치 있는 고객들을 빼돌리기 위해 노력할 것이다. 따라서 최우수 고객의 충성도에 초점을 맞추어야 한다. 필요하다면 항공사들의 마일리지 프로그램처럼 가장 가치 있는 고객들의 충성도를 '돈'을 주고서라도 사야 한다. 항공사들은 이러한 최우수 고객들이 없다면 사업 자체가 위협받으리라는 것을 너무나 잘 알고 있다. 또는 직영 판매망을 가지고 있다면 최우수 고객들을 관리하기 위한 직원들을 충원할 수 있다. 이러한 고객들을 놓친다면 사업을 유지하기가 더욱 어려워질 것이다.

둘째, Ⅲ에 속한 기업은 Ⅳ쪽으로 사업을 이동시키기 위하여 새로운 서비스, 부가 혜택, 추가적인 맞춤형 제품 특성 등을 모색해야 한다. 추가적으로 제품과 서비스를 제공하게 되면 고객들의 니즈를 더욱 다양화시킬 수 있다.

Ⅱ사분면의 경우 고객들의 니즈는 다양하지만 고객이 기업에 주는 가치는 비슷하다. 이 경우 고객의 취향과 기호의 다양성을 기회로 활용하여 장기적인 일대일 관계를 만들 수 있다. 그러나 고객 가치가 다양하지 않기 때문에 이러한 노력에 우선순위를 결정하는 일은 쉽지 않을 것이다. Ⅱ에는 소비자들에게 직영 대리점이나 직판장에서 의류와 패션 아이템을 판매하는 업체들, 서점, 레코드가게, 정보 및 연예오락 제품의 소매상, 세무사, 꽃가게 또는 건물 관리 서비스 등 소비자 대상 업체 및 비교적 단순한 비즈니스 서비스 등이 포함된다.

Ⅱ에 속하는 기업들이 흔히 사용하는 전략은 여러 다른 기호를 충족시키기 위하여 상품과 서비스를 다양화하는 것이다. 집합적 시장 경쟁업체는 세분화 부분(세그먼트) 마케팅과 틈새 마케팅을 활용하여 각 틈새시장에 맞춘 다양한 상품과 서비스를 개발할 것이다. 만일 어떤 기업이 고객들과의 개별적 접촉을 거의 하지 않거나 특정 제품이나 서

비스를 판매하기 위한 우편 판매 비용(아직까지는 우편 판매가 개개인에게 직접 전달할 수 있는 매체로 널리 사용된다)이 너무 많이 드는 경우 세그먼트 마케팅은 다양한 고객들에게 서로 다른 제품을 제공할 수 있도록 한다. 효율적 영업을 위해서 틈새 마케터들은 틈새 매체, 즉 서로 다른 목표 세그먼트를 대상으로 특화된 광고 매체를 활용해야 한다.

Ⅱ에서 Ⅳ로 이동하기 위해서 일대일 기업은 개별 고객의 만족도와 기업이 고객을 대하는 방법을 연결하는 완전한 피드백 루프를 구성하는 것이 필요하다. 다시 말해 기업은 (1) 개별 고객의 니즈를 '기억'하고 (2) 비용 효율적 방법으로 개별 고객들과 '상호작용'해야 한다. 비행기나 컴퓨터와는 달리 서적처럼 비교적 값이 저렴한 제품과 서비스에 적용되는 최근의 프로그램들의 가장 큰 문제는 우편물을 이용하여 고객과 접촉하는 것이 너무 비용이 많이 드는데도 비효율적이라는 것이다. 만일 고객들이 니즈나 가치 측면에서 거의 차이가 없다면 Ⅰ에 속하며 이 경우 전략은 이들을 동일한 방식으로 다루는 전통적인 대량 마케팅 접근법을 계속 사용하는 것이다.

Ⅱ로 이동하기 위해서는 이들이 판매하는 제품에 부가적 서비스나 혜택, 즉 획일화된 핵심제품에 더하여 나름대로 맞춤이 가능한 서비스를 제공하여 '고객의 니즈를 확대'시킬 수 있는 방법을 모색하여야 한다. 예를 들어 곡물 딜러의 고객들이라도 청구서를 받는 시기나 배송 요건 등 특기할 만한 사항들이 있을 것이다. 또는 Ⅲ쪽으로 이동하기 위해서는 양방향 기술을 더 효과적으로 활용하여 개별 고객들을 파악하고 이들과 접촉할 수 있도록 해야 한다. 그리고 고객의 가치를 더 정확히 추적하는 방법을 모색하고 더 나아가 고객들을 단위별로 묶어 다양한 가치 그룹을 구성할 수 있도록 해야 한다. 예를 들어 주유소의 경우 자동차 번호를 기록함으로써 다양한 고객들의 가치를 차별화하여 이해할 수 있다. 그리고 어떤 고객의 집에 차가 두 대라면 이 주유소는 두 대의 차량 모두 자신의 주유소에서 주유하도록 유도할 필요를 느낄 것이다.

|그림 1-16|은 각 사분면에서 사용할 수 있는 자연스러운 전략들과 일대일 기업으로 이동하기 위하여 필요한 '이동' 전략을 보여준다.

고객 기반의 특징을 파악하면 어떤 기업이 고객 차별화 매트릭스에서 어떤 사분면에 속하는가를 표시할 수 있다. 기업들은 그 위치에 따라 가장 자연스러운 특정 경쟁 전략들을 펼치려 할 것이다. 간단히 말해 고객 차별화 매트릭스에서 위로 또는 오른쪽으로 이동하기 위해서는 기업이 개선해야 할 두 가지 주요 역량이 있다. 먼저 고객 기반을 어떻게 다루고 상호작용할 것인가를 파악하여 의사소통의 유연성을 높여야 하고, 다음으로 특정 고객의 니즈에 맞춘 제품과 서비스 제공이 가능하도록 생산의 유연성을 향상시켜야 한다. 이는 단순히 '현재 상황을 설명해 주는' 고객 차별화 매트릭스가 이제는 '가야 할 방향을 제시하는' 역량(Capability) 매트릭스 역할을 할 수 있다는 것을 뜻한다.

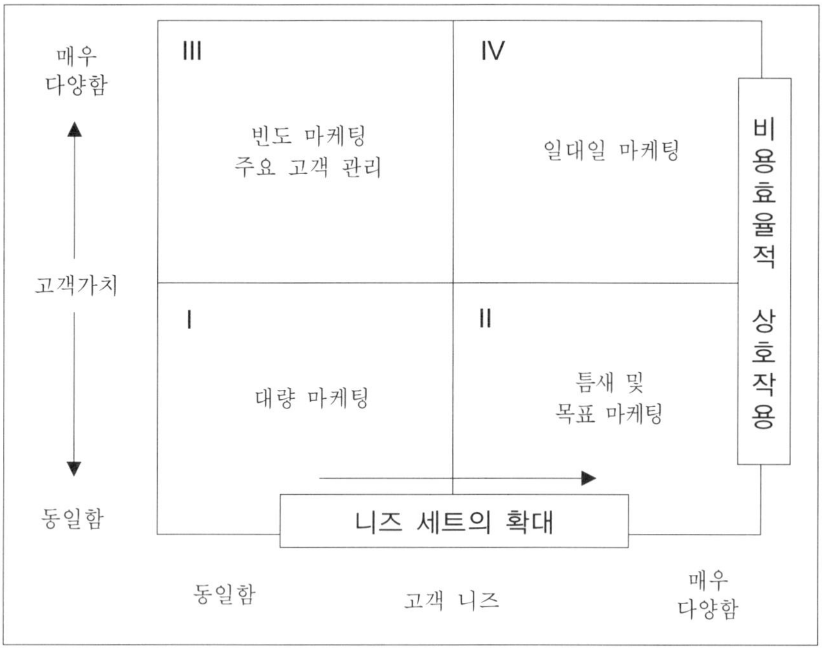

|그림 1-16| 자연스러운 전략과 이동 전략

새로운 기업 역량과 관련지어 이 매트릭스의 이름을 붙인 것은 어떤 기업의 고객 기반이 매트릭스에서 차지하는 위치와 이 기업이 현재 가지고 있는 역량이 매트릭스에서 차지하는 위치는 다를 수 있음을 의미한다. 많은 경우 이런 현상이 나타나는 이유는 기업이 사용할 수 있는 전산력을 충분히 활용하고 있지 않거나 많은 고객들과 양방향 접촉을 하지 않고 있기 때문이다. 예를 들어 만약 어떤 기업이 가치 측면에서 다양한 고객들을 보유하고 있지만 이들을 좀더 개별화된 방법으로 다루려는 노력을 기울이지 않았다면, 고객별로 마케팅 노력의 우선순위를 결정할 수 있는 능력이 없다고 볼 수 있다. 따라서 고객 기반의 특징은 고객 매트릭스에서 III이나 IV에 속함에도 불구하고 이 기업의 역량은 역량 매트릭스 상에서 I이나 II에 속하게 된다(의사소통의 유연성이 낮다).

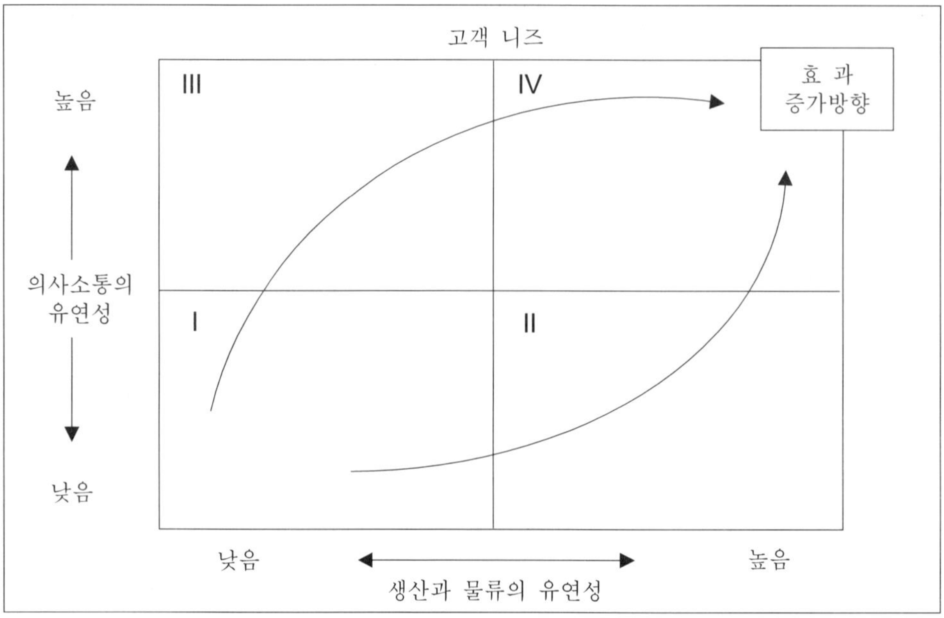

|그림 1-17| 역량 매트릭스

Chapter 2

CRM

2

CRM

1 CRM의 등장배경

기업은 고객에게 상품의 서비스를 제공하여 수익을 창출한다. 지금까지는 품질 좋은 상품이나 서비스를 보다 저렴한 가격으로 제공하는 것이 바로 기업의 경쟁력이었다. 그러나 최근에는 시장개방, 경쟁의 심화, 소비자 욕구의 변화에 따라 대중 마케팅으로 성공을 거둔 기업들도 새로운 시장상황하에서 어떻게 경쟁할 것인가를 고민하고 있다. 또한, 기업활동의 순환사이클이 빨라지면서 특정기업의 제품가격이 현저하게 낮다거나, 품질수준이 월등하게 높은 상태를 유지하기는 거의 불가능하게 됐다.

이러한 배경하에서 기업경쟁의 선두를 달리고자 하는 기업들은 기존 패러다임을 바꾸어 관심을 거리의 불특정한 모든 고객들로부터 자사 고객들에게 옮기기 시작하였다. 그리하여 과연 우리 회사와 거래하는 고객들은 누구이며, 자주 오는 사람들은 누구이고, 많은 물건을 구매하는 사람들은 누구인가 그리고 우리회사를 떠난 사람들의 특성은 무엇인가에 대하여 질문을 하게 되었다. 불특정 다수를 대상으로 하는 획일화된 광고보다는 기업에 이탈되지 않은 찾아진 고객의 특성과 필요에 맞는 메시지를 전달하여 고객과 보다 더 친밀한 관계를 유지, 결국은 평생고객으로 유도해야 되겠다는 전략도 세우게 되었다. 그렇다면 과연 기업의 이러한 고민에 대한 해결책을 어디서 어떻게 무엇을 통해 찾을 수 있을까? 이러한 고민에 대한 해결책으로 등장하게 된 것이 CRM(Customer Relationship Management : 고객관계관리)이다. CRM의 등장배경인 구체적인 환경변화를 살펴보면 다음과 같다.

1) 시장의 변화

시장의 규제완화로 인하여 새로운 시장으로의 진입 기회가 늘어남에 따라 동일 업종에서의 경쟁사가 많아지기 시작했다. 시장의 성숙에 의해서든, 또는 전반적인 경제 침체 때문이든, 시장의 수요가 별로 늘지 않는 상황에서 공급자들이 늘어나고 대체될 만한 상품/서비스가 많아지면 그 시장은 실제 수요자가 중심이 되는 구매자 시장(buyer's market)으로 변화한다. 한정된 시장을 놓고 판매 업체 사이에는 경쟁이 심화되기 마련이다. 시장에서 실세를 갖고 있는 고객들은 각자의 선호와 욕구에 맞는 상품과 서비스를 찾기 때문에, 기업들은 전과 같이 고객을 동질적 집단으로 간주하고 무차별적으로 공략하는 매스 마케팅 방식에 더 이상 의존할 수 없게 된다.

고객 세분화를 통하여 서로 다른 고객 집단의 필요와 욕구를 정확히 파악하고, 이들이 원하는 상품과 서비스를 차별적으로 제공하지 않는 기업은 경쟁력을 잃고 도태될 수 밖에 없다.

이러한 시장 상황 하에서 고객에 대한 정보를 바탕으로 전략적인 고객세분화를 하여 목표 고객군, 더 나아가서 개별화된 목표 고객을 설정하고, 그에 적절한 마케팅 믹스를 기획하고 실행하여 기존고객과의 관계를 강화해야 할 필요성이 대두되었다. 특히 시장의 성숙기에는 신규고객은 제한적이고 업체간의 경쟁이 치열해지므로 시장점유율을 유지하기가 힘들어질 뿐 아니라, 종종 지나친 가격경쟁으로 인해 순수익도 줄어들게 되므로 이 경우는 기존고객의 이탈을 최소화하고 이들의 반복구매를 촉진시킴으로써 고객과의 거래관계를 심화시켜 나가는 것이 필요하다.

|표 2-1| 매스 마케팅과 CRM의 차이

	매스 마케팅	CRM
주된 관심부분	매스 마켓	고객과의 일대일 관계
시장접근	제품 밀어넣기	혜택의 추출
지 표	시장점유율	고객 점유율
판 매	거래 기반	가치기반
서비스	반응적	상호적
전달경로	물리적 단일채널	통합된 멀티채널

자료: 최정환, 이유재, "죽은 CRM 살아 있는 CRM", 2001. 7, pp.68.

〉〉〉 2) 기술의 변화

CRM이 등장하게 된 환경적 요인으로 컴퓨터 및 그에 관련된 정보기술의 급격한 발전을 들지 않을 수 없다. 우선 컴퓨터 하드웨어의 저장 용량이나 데이터 처리 속도 면에서 과거와는 비교가 되지 않을 정도로 컴퓨터의 성능이 향상되었다. 이를 통해 기업들은 나날이 늘어나는 방대한 양의 고객 거래 데이터를 데이터웨어하우스(data warehouse)라고 불리는 전산 시스템에 특정 체계를 갖추어 자동적으로 내장하고 관리할 수 있게 되었다. 또한 소프트웨어 면에서도 하드웨어 성능향상을 업고 수많은 응용프로그램들이 출현하였다.

이러한 기술면에서의 빠른 진전과 응용 프로그램들은 고객 데이터나 관련 데이터를 과학적인 분석 기법으로 처리하여, 고객 및 시장에 관한 중요한 정보와 지식을 다양한 영업 활동에 이용할 수 있게 되었다.

이처럼 컴퓨터와 관련 정보기술의 발달은 고객 니즈 분석의 발전과 고객 데이터 축적 기술의 발전을 가져오며, 본격적으로 CRM이 확산될 수 있는 외적 환경을 형성해 왔던 것이다.

〉〉〉 3) 고객의 변화

최근 들어 어느 시장을 막론하고 고객들이 갖고 있는 기대와 요구가 다양화되고 있다. 그럼에도 불구하고 고객의 필요와 욕구는 고객조차 모를 정도로 끊임없이 변화하여 고객만족은 더욱 더 복잡해져가고 있는 실정이다. 비록 상품 자체는 만족한다 할지라도 고객은 끊임없이 더 나은 서비스나 차별화된 대우를 기대하고 요구하는데 이것이 바로 관계에 대한 가치이다. 기업이 이러한 고객의 관계 가치에 부응하지 못하면 고객은 다른 업체로 쉽게 옮겨간다.

이러한 현실에서 끊임없이 변화하는 고객의 기대와 요구에 부응하여 고객과의 관계를 유지하고 적절한 상품과 서비스의 차별화를 통해 장기적으로 기업의 경쟁적 우위를 고수하는 것이 현재 기업들이 당면한 도전이다. 이를 위해 많은 기업들은 고객중심적(customer-centric)인 경영 방식인 CRM의 도입을 서두르고 있고, CRM은 기업의 필수적인 전략적 선택이라는 생각이 보편화되고 있는 것이다.

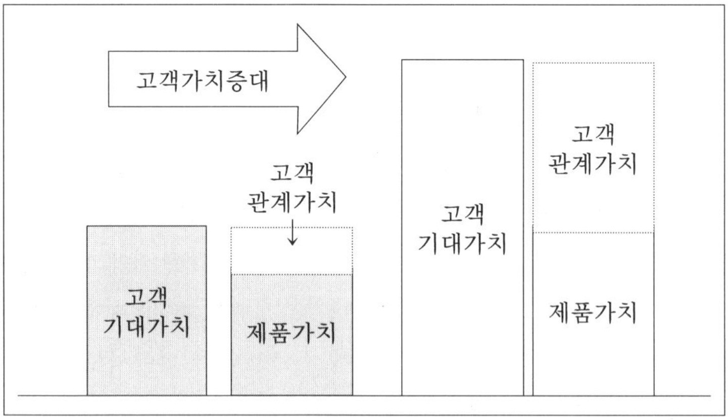

자료: 최정환, 이유재, "죽은 CRM 살아 있는 CRM", 2001. 7.

|그림 2-1| 고객 기대 가치의 변화

4) 마케팅 패러다임의 변화

마케팅이란 시장에 관계된 지식을 얻는 프로세스이며, 인간의 행동양식과 함께 하는 살아 있는 시대의 산물이므로 항상 더 효율적인 방법으로 변화하게 된다. 그 시대의 마케팅 핵심 관점 및 수행방식의 기본틀을 마케팅 패러다임이라 하는데 이것은 시간의 흐름에 따라 시대적 특징을 반영하면서 변화하게 된다. 산업 혁명이후 인구 증가 및 교통 발달로 인해 균일한 상품을 대량 생산하게 됨에 따라 고객 하나하나의 요구를 모두 파악하는 것은 불가능하게 되었다. 이에 시장 전체를 대상으로 균일 상품을 판매하기 위한 대중마케팅(mass marketing)이 수행되었다. 그 후 2차 세계 대전을 거치고 생활이 어느 정도 풍요로워지자 다양한 제품들이 만들어지게 되었고, 기업들은 경쟁 상대와 비교하여 기업 활동이 보다 효과적일 수 있도록 시장을 세분화하려는 움직임을 보였다. 그리하여 세분화된 특정 시장을 타겟으로 한 제품에 따라 차별화된 이른바 타겟 마케팅을 수행하게 되었다. 그러나 시장을 아무리 세분화해도 고객 한 사람 한 사람을 다루기에는 한계가 있었다. 매스마케팅과 제품중심 타겟 마케팅은 마케팅 노력에 따라 신규 고객 확보 및 판매 증대를 통해 시장 점유율 증대가 가능한 경우에 적합한 패러다임이었다고 할 수 있다.

오늘날에는 시장경쟁이 점점 심화되고, 제품 및 서비스간의 차별성이 감소함에 따라 새로운 고객을 확보하거나 기존 고객을 유지하는 것이 매우 어렵게 되었다. 이에 기업들은 각 고객의 특성을 미리 파악하여 그 고객의 입맛에 맞는 제품 및 서비스를 제공함으로써 고객의 반응 정도를 향상시키려는 노력을 하게 되었다. 즉, 시장점유율이 아니라, 기업과 고객간의 우호적 관계 형성을 통한 고객점유율 향상에 마케팅 목표를 두는 것이다. 이러한 마케팅 수행방식을 관계마케팅(relationship marketing) 또는 고객지향적 마케팅이라고 부른다.

시장점유율은 상품의 출하 수, 혹은 시장 가동 수의 상대적인 비율이며 시장점유율의 결정 요인으로는 "각 사의 점유율은 각 사의 마케팅 노력의 정도에 비례한다"라는 기본 정리가 잘 알려져 있다. 이에 비해, 고객점유율은 특정제품을 소비하는데 있어서 한 사람의 고객이 얼마나 자사 제품을 많이 이용하느냐의 문제이며, 자사 제품을 이용하는 비율 정도를 어떻게 하면 향상시킬 것이냐가 관건이다. 그리하여 고객 한 사람 한 사람이 희망하는 것을 항상 이해하고 이에 신속히 대응함으로써 고객과의 관계강화를 위해 노력한다.

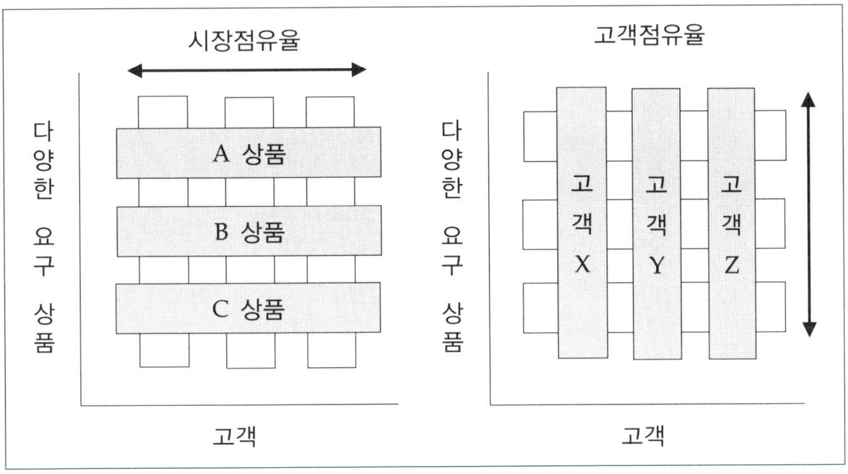

|그림 2-2| 시장점유율과 고객점유율

과거에 비해 고객의 수가 많이 증가했음에도 불구하고 오늘날 개별 고객과의 관계 형성이 가능한 것은 정보기술의 발달로 인해 고객 정보의 수집 및 활용이 가능해졌기 때문이며, 이것은 CRM(고객관계관리), DBM(데이터베이스 마케팅) 등의 수단을 통해 구현되고 있다.

마케팅 방식은 시대가 변화함에 따라 지속적으로 변화한다. 최근 인터넷, 대화형 TV 등과 같은 쌍방향 매체가 등장함에 따라 고객과 실시간으로 정보를 주고 받을 수 있는 실시간 마케팅의 실행이 가능해지고, off-line과 on-line을 유기적으로 통합함에 따라 마케팅은 고객관계관리 측면에서 좀 더 효율적인 방향으로 진화할 것으로 예상된다.

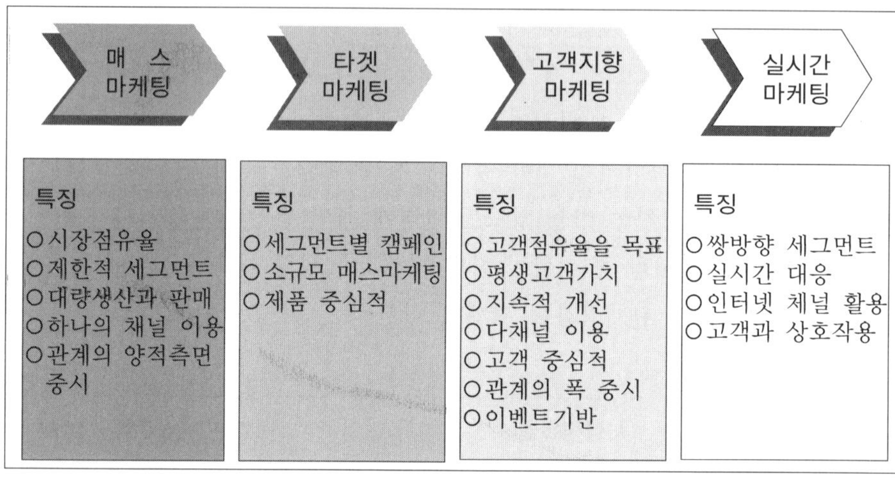

|그림 2-3| 산업사회 이후 마케팅 패러다임의 변화

2 CRM의 정의와 필요성

1) CRM의 정의

CRM에 대한 여러 관점에서의 정의가 존재하지만 일반적으로 CRM에 대하여 가트너(Gartner) 그룹에서 정의한 것을 보면 "신규 고객 획득, 기존 고객 유지 및 고객 수익성을 증대시키기 위하여 지속적인 커뮤니케이션을 통해 고객 행동을 이해하고 영향을 주기 위한 광범위한 접근이다."라고 하였다. 특히 정보관점에서는 다양한 정보원을 통해 고객 정보를 지속적으로 수집하고 이를 바탕으로 고객의 행동을 분석/예측하여 효과적이고 효율적인 마케팅 전략 및 프로그램을 개발, 검증, 구현, 측정 및 보완하는 일련의 과정으로 나타낼 수 있다. 프로세스 관점에서는 영업, 마케팅, 고객서비스 및 고객 지원 등의 고객관리 영역에서 관련된 프로세스를 자동화하고 개선하는 것이며 전략적으로는 장기적 관점에서 고객에 대한 정의, 선정, 개발, 판매, 서비스, 평가 및 개선 활동을 수행하여 지속적인 수익을 창출하는 과정이라고 정의된다.

CRM은 우선 크게 2가지 단계로 구분할 수 있다. 고객에 대한 학습단계와 학습된 기반을 갖고 고객에 대한 대응단계이다. 이와 같은 2가지 단계는 고객관계관리를 위하여 고객을 학습하여야 하고 학습된 기반을 갖고 대응을 하며 고객에 대응된 결과는 다시 학습에 중요한 정보로 활용되는 학습과 대응의 반복인 것이다. 이를 구체적으로 설명하면, CRM을 위해서는 상품, 서비스 중심으로 통합되어 있는 기업의 데이터를 고객 중심으로 통합한 뒤 여러 기법을 이용하여 기업 내외부의 고객정보(인구통계정보, 거래이력 및 반응정보 등)를 분석하고 고객을 세분화한다. 이를 통해 고객은 우량고객 집단, 휴면고객 집단, 잠재고객 집단 등 여러 특성 집단으로 분류될 수 있고, 기업은 각 특성 집단별로 차별화된 마케팅믹스 전략을 수립할 수 있다. 각 고객 집단은 이렇게 기업이 실시한 마케팅에 대한 반응을 보일 것이고, 기업은 다시 이 반응 정보들을 분석하여 다음의 고객 정보 수립에 반영하는 피드백을 수행한다. 이처럼 CRM의 Closed Loop Cycle은 **|그림 2-4|**와 같이 크게 네 가지 부분으로 분리되어 설명될 수 있다.

CRM이란 우리 회사의 고객이 누구인지, 고객이 무엇을 원하는지를 파악하여 고객이 원하는 제품과 서비스를 지속적으로 제공함으로써 고객을 오래 유지시키고 이를 통해 고객의 평생가치를 극대화하여 수익성을 높이는 통합된 고객관계 관리 프로세스를 말한다. 즉, CRM은 "고객에 대한 정확한 이해를 바탕으로 고객이 원하는 제품과 서비스를 지속적으로 제공함으로써 고객을 오래 유지시키고 결과적으로 고객 평생가치를 극대화, 수익성을 높일 수 있는 통합된 고객 관계 관리 프로세스"로 정의할 수 있다.

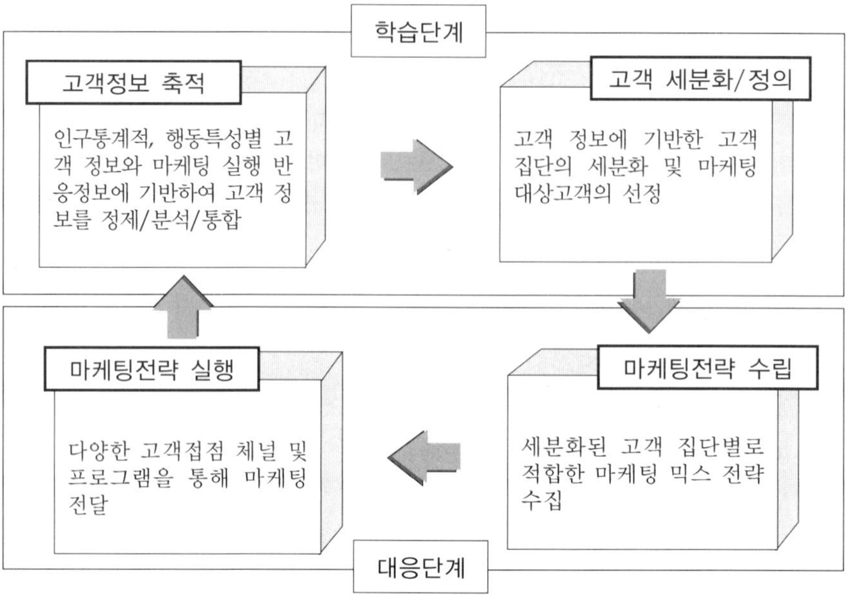

|그림 2-4| CRM의 Closed Loop Cycle

2) CRM의 필요성

최근 CRM에 대한 관심이 높아지면서 많은 기업에서 언제 구축할 것인가를 놓고 고민하고 있다. 그러나 이것은 잘못된 생각이라고 한다. 언제 구축하느냐가 아니라 왜 구축해야 하는가 그리고 어떻게 효과적으로 구축할 것인가를 고민해야 한다는 것이다. 따라서 CRM를 실시해야 할 필요성을 요약하면 다음과 같다.

첫째, 기존의 마케팅방식은 마케팅팀을 위한, 즉 마케팅 부서만의 마케팅이었다. 특히, 기존의 마케팅 투자는 뚜렷한 방향이나 본질적인 필요조건을 정의하지 못한 채, 변화하는 시장 환경을 따라잡는 데 급급하였다. 이러한 마케팅의 방향으로 환경의 제도를 바꾸는 방안이 CRM이다. 고객에 대한 중요성을 마케팅의 전면에 배치하여 사내 고객과 관련된 부서(예를 들면 콜센터, 영업부서, 서비스센타, 마케팅 등)에서 발생한 모든 정보의 방향과 프로세서와 사내마인드를 고객관계의 역량을 위해 쏟아 넣는 것이다.

둘째, 현재 각 기업의 마케팅은 고객의 니즈를 파악하지 못하고 있다. 실제로 First Manahatta Consulting Group이나 Reichheld & Sasser에 의하며 '회사를 떠나는 고객의 5%만 줄이더라도 기본 수익의 두배를 얻을 수 있다', '우수고객 10%가 전체 매출의 80%를 기여한다' 등의 보고가 나와 있듯이 현재 각 기업의 마케팅은 기존 고객보다는 신규 고객 획득에 초점이 맞춰져 있으며 기존 고객의 요구를 파악하지 못하고 있다. 고객들은 모든 광고와 정보의 홍수 속에 살고 있으며, 이들 고객들은 어느 누구보다도 많은 정보를 갖고 있다. 반대로 기업의 고객에 대한 분석력은 항상 제자리에 머물고 있고 이는 고객을 이해하기에는 많은 문제점이 있는 것이다.

셋째, 고객에 대한 요구를 파악할 수 있는 시스템이 기존에는 존재하지 않았다. 고객에 관한 정보는 하루가 멀다 하고 변하지만 이러한 고객정보를 뒷받침할 수 있는 시스템은 전혀 없었다. 어떻게 고객을 세분화할 것인가? 어떻게 목표고객을 설정할 것인가? 목표 고객에 대한 Positioning은 어떻게 실시할 것인가? 고객에 대한 수익을 어떻게 증가시킬 것인가? 이러한 문제에 대한 해답을 제공할 만한 제반 인프라가 구축되어 있지 않기에 기반조성을 통해 새로운 기회를 엿보며, 새로운 고객에 대한 전략을 실시하는 것이다.

넷째, 지속적으로 고객에게 서비스를 제공할 방법이 없다. 고객에 대한 정보가 있어도 어떻게 서비스를 실시해야 할지를 모르고 있다. 어떠한 방향으로 고객을 만족시킬 것인지에 대한 대책이 없다면, 아무리 좋은 투자 내지는 그 무엇이라도 무용지물이 될 것이다. 지속적인 관리방안을 통한 장기적인 계획수립을 통해 고객을 관리해야 한다.

다섯째는 전사적으로 고객지향적이어야 한다. 더 나은 고객을 위해서라면, 사내 어느 부서에 근무하는 그 누구라도 항상 고객을 위해, 고객에 대해 준비해야 한다. 예를 들어 A/S부서에 근무하는 직원은 고객을 가장 자주 접하는 사람으로 이 직원이 자주 방문하는 모 아파트단지내 고객들의 특성과 정보, 취향을 가장 많이 알고 있다. 그러나 대부분의 기업에서는 가장 확실하고, 가장 신뢰할 수 있는 정보임에도 불구하고 이러한 정보를 제대로 활용하지 못하고 있다. 고객의 불만, 고객의 특징, 고객의 취향 등의 정보를 마케팅 부서에서 활용한다면, 직접적인 시장의 변화를 느낄 수 있으며, 고객의 변화를 통한 새로운 마케팅이 가능하게 될 것이다. CRM은 이처럼 전사적으로 고객에 대한, 고객정보에 대한 마인드를 바꾸고, 개선하며 집중적인 관리를 통해 완전한 정착단계를 이룰 수 있다. CRM은 고객, 정보, 사내 프로세스, 전략, 조직 등 경영 전반에 걸친 관리체계이며, 이를 정보기술이 밑받침되어 구성되는 것이다.

이처럼 CRM은 바로 고객과의 관계를 바탕으로 평생고객가치인 LTV(Life Time Value)를 극대화하는 것으로 귀결된다. 단순하게 고객과의 관계에 머무르지 않고 신규고객 및 기존 고객의 다양한 고객접점(영업사원의 고객접촉, A/S직원의 방문, Inbound Call(고객으로부터 걸려온 전화), Outbound Call(고객에게 판매촉진을 위해 건 전화)등...)을 활용하여 여기서 발생한 수많은 데이터를 정리분석해 마케팅 정보로 변화함으로써 고객의 구매관련 행동을 지수화하고, 이를 바탕으로 마케팅 프로그램을 개발, 실현, 수정하는 고객중심의 경영기법을 의미한다. 따라서 CRM은 고객정보(고객데이터웨어하우스), 분석(데이터마이닝) 그리고 이를 활용하는 마케팅채널(TM, DM, 대리점, CM 등)을 통합하는 솔루션으로서, CRM을 도입하기 위해서는 Hardware, DB, Tool, Tele마케팅(TM), 고객서비스, 다이렉트 마케팅, 영업지원(sales support), Internet을 이용한 Cyber 마케팅 등 그 구축범위가 매우 넓다. 고객이 요구에 초점을 두어 1:1로 차별화된 마케팅을 실시하는 것이 CRM이라고 할 수 있다.

CRM은 환경의 급변과 불확실성으로 인한 Risk가 급증하는 현대 사회에서 기업이 생존하기 위한 방편으로 고객과의 지속적인 관계를 유지하면서 '한번 고객은 평생고객'이 될 수 있는 기회를 만들며, 평생 고객화를 통해 고객의 가치를 극대화하는 것이다.

3) CRM의 목적

CRM을 통해 달성하려는 목적은 여러 방향으로 설명할 수 있다. 하지만, 기본적으로 CRM의 목적은 신규고객의 유치에서부터 시작하는 고객과의 거래 관계를 고객의 전생애에 걸쳐 유지하고, 제고해 나가면서 장기적으로 고객의 수익성을 극대화하고자 하는 것이다. 좀더 구체적으로 말하면 새로운 고객과의 거래를 시작한 후, 다양한 마케팅 활동을 전개하여 그 고객과의 관계를 강화시켜 평생고객으로 발전하고자 하는 것이다.

지속적인 고객과의 거래 관계를 통해 얻을 수 있는 장기적인 이윤을 극대화하려는 것이 CRM이 추구하는 근본 목적이다. 다음의 **|그림 2-5|**는 수익성과 고객생애단계를 나타낸 것이다(최정환, 이유재 2005).

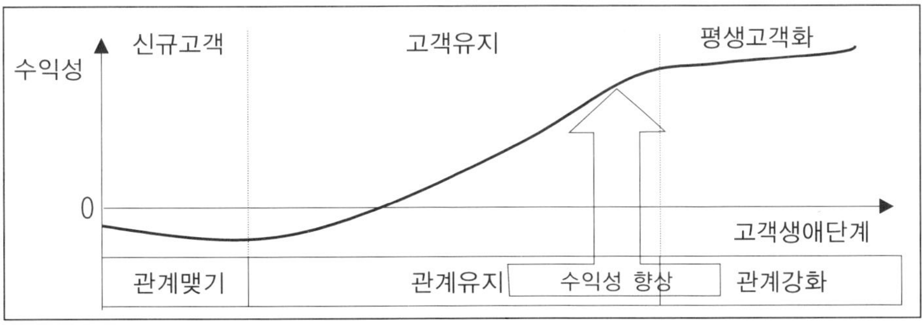

|그림 2-5| 수익성과 고객생애단계

3 CRM의 목표

CRM의 계획과 추진은 구체적인 목표를 가지고 시작해야 한다. 무엇보다도, CRM 그 자체가 목적이 되어서는 절대 안 된다. CRM의 기본적인 인프라스트럭처를 갖추었다고 해서 CRM을 통해 기대하는 결과가 저절로 이루어지는 것이 아니라는 것을 분명히 명심해야 한다. 또한 CRM의 결과가 나타나기까지는 시간을 필요로 한다. 절대로 하루 아침에 생겨나는 것이 아니다. 그러므로 기업의 최고경영진들은 인내심을 가지고 CRM추진을 지원해야 한다.

따라서 보다 완벽한 CRM시스템 구축을 위해서는 회사 전반에 걸친 분석이 요구되며 CRM전략과의 자연스러운 연계를 위하여 회사의 요구사항의 각 단계를 넘는 범위에서 분석이 이루어진다. CRM개념은 전사적인 개념으로 구현방안은 다음과 같이 5개의 목표로 나누어진다.

1) 가망고객발굴

모든 산업에서 잠재고객을 발굴하는 첫 번째 요건은 기존고객에 대한 분석이다. 기존고객의 모습과 가장 비슷한 모습을 지닌 고객이 바로 잠재성이 가장 높은 고객이라고 할 수 있기 때문이다. 비슷한 모습을 지닌 그룹을 찾아내는 방법을 하우스-홀딩(house-holding)분석이라고 하는데, 단순히 가족뿐만 아니라 고객이 속해 있는 법인이나 단체 등을 의미한다. 우량고객의 하우스-홀딩 그룹에 속해 있는 고객은 미래에 우량고객이 될 확률이 높고 잠재성이 높은 고객이라고 할 수 있다. 다음은 기업이 하우스-홀딩 분석뿐만 아니라 잠재고객을 발굴하는 데 활용할 수 있는 다양한 기법들을 소개하고 있다.

(1) 고객 프로필 분석

고객 프로필 분석에 필요한 기능을 보면 연령, 직업, 취미, 지역, 재산, 학력에 따른 전체 고객층에 대한 분석을 한다. 그리고 이것에 대한 활용방안은 고객 프로필에 대한 다각적인 분석을 통해서 잠재고객을 발굴하는 데 목적이 있다.

(2) 하우스 - 홀딩분석(house - holding)

이 분석 방법은 현 고객의 가족 상황, 프로필, 계약동기, 상품, 성향, 추세 분석, 인구통계적 자료, 구매의사결정과 의견제시 등을 목적으로 이용된다. 그리고 활용방법은 현 고객에 대한 가족 혹은 구성원 중 향후에 잠재성이 높은 고객을 발굴하는데 사용된다.

(3) 현재 고객 구성원 분석

현 고객의 성격, 사용실태, 충성도 등을 분석하여 각 구성원의 상황과 잠재성을 파악하는 데 있다. 또한 활용방안을 현재 고객 중에 향후 잠재성이 높은 것으로 추정되는 고객을 발굴하는 데 있다.

(4) 외부데이터 활용방법

이 분석방법은 외부데이터를 이용하여 고객의 프로필, 성향, 추세분석, 인구통계적 자료, 구매의사결정과 의견제시 상황을 파악한다. 그리고 이러한 기능들을 이용하여 제휴업체의 고객 데이터 등을 활용하여 향후 잠재성이 높은 고객을 발굴하는 데 이용된다.

2) 신규 고객 획득

신규 고객 획득에서 가장 중요한 것은 분석된 데이터의 활용이다. 분석된 데이터를 통하여 잠재성 높은 고객을 알아내고 제공 상품과 가장 적합한 고객을 추출하여 캠페인을 전개하여 그 효과를 분석하는 것이다. 하지만 가장 잠재성이 높은 고객은 인바운드 고객일 것이다.

각종 채널, 예를 들어 직접 방문을 한다거나, 전화문의, 향후 가장 각광받는 채널이 될 것으로 예상되는 인터넷 홈페이지방문, 조회, 문의 등을 한 고객은 어느 정도 구매 의향이 있다고 판단되며 이 고객에 대한 분석과 마케팅 전개야말로 가장 신속하고 정성들여 추진해야 한다.

(1) 인바운드(Inbound) 고객분석

인바운드 고객분석방법은 전화문의, 인터넷 조회, 영업소 방문 등의 인바운드 채널별 분석과 상담내용, 관심상품 분석, 채널별 특성, 추세 및 효과 등을 분석하게 된다. 또한 활용방법은 여러 가지 채널을 통하여 접촉되는 잠재고객에 대한 집중분석과 신규고객으로 획득하도록 추진되어야 한다.

(2) 제공상품과 가장 적합한 고객추출

기업에 제공하는 상품별 계약 동기를 분석하고 상품별 고객성향과 추세를 분석한다. 또한 기업이 제공하는 상품별 유지율 분석을 통하여 목표고객을 선정하고 상품별 특성을 파악하는데 있다. 이에 적합한 새로운 신규고객을 획득할 수 있을 것이다.

(3) 캠페인 효과분석과 최적 고객추출

새로운 신규고객을 획득하기 위해서는 캠페인 기간에 따른 실적, 캠페인 종류에 따른 계약 실적, 캠페인 상품에 대한 유지율 분석, 캠페인 반응과 무반응에 따른 고객특성을 분석하여 캠페인에 맞는 고객을 추출할 수 있을 것이다. 이와 같은 캠페인 전략으로 신규고객을 확보할 수 있을 것이다.

3) 이탈 고객 분석 및 관리

과거의 이탈 고객 데이터를 확보하는 작업은 중요하며 빠르게 해야 한다. 이는 과거 이탈 고객 데이터에 대하여 이들의 이탈원인(특성)을 분석할 수 있는 기반을 마련하여, 과거 이탈 고객에 대한 새로운 접근시도는 물론 현고객 중 유사 특성을 보이는 고객을 특별 관리하는데 그 목적이 있다.

관리가 되어지지 않고 있는 과거 데이터나 별도의 저장 장치에 보관되고 있는 데이터를 확보하는 작업이 필요하며 데이터 획득에 관한 정성적, 정략적인 정책이 필요하다. 이와 동시에 현재의 고객에 대한 부문에서도 동일한 분석이 이루어져야 한다.

(1) 과거 이탈고객 분석

과거 이탈고객을 분석하기 위해서는 이탈고객에 대한 지역적 분석, 업종특성, 상품적인 특성, 접촉 건수 그리고 이탈고객의 불만종류를 분석함으로써 이탈고객을 방지할 수 있을 것이다. 이러한 과거 이탈고객에 대한 트랜잭션 분석으로 이탈 패턴과 특성 등을 파악하여 고객의 이탈을 방지하는데 활용할 수 있을 것이다.

(2) 이탈 가능 고객 추출분석

과거 이탈고객에 대한 분석을 이용하여 이탈고객 모형을 적용함으로써 이탈 가능 고객 여부를 알 수 있을 것이다. 각 상품별 이탈 가능 고객을 추출하고 고객별 불만정보를 취합하여 현장에서 근무하는 담당직원에게 실시간으로 영업활동에 피드백이 될 수 있도록 하여야 한다. 따라서 이탈고객 트랜잭션 분석에 따른 이탈 패턴을 적용하여 이탈 가능성이 높은 고객을 추출하여 별도로 관리를 하여야 한다.

(3) 이탈 가능 고객관리 프로그램 실시

이탈 가능 고객을 관리하는 프로그램을 실시하기 위해서는 우선적으로 담당영업사원과 애프터서비스사원과의 피드백이 되어야 하고, 판매상품에 대한 불만원인을 분석하여야 한다. 이러한 결과에 의해서 불만접수에 대한 대응 프로세스를 구축함으로써 이탈 가능 고객의 이탈방지를 위한 적극적인 유지관리가 필요하다고 본다.

4) 고객유지 및 로열티 극대화

경쟁이 더욱 심해지고 신규고객을 획득하기 위한 비용이 증가할수록 현재 고객의 유지에 대한 가치도에 따라서 증대된다. 고객유지를 위해 설계된 차별화 된 판촉이나 전술의 효과를 위한 모델 구축을 위해 사용되는 데이터마이닝이란 방법은 고객유지전략 캠페인의 전체적인 효과에 더욱 큰 영향을 미칠 것이다.

돈페퍼와 마사 로저스의 'enterprise on to one'이라는 책에서는 잡지계약에 대한 예를 보여주고 있다. 만약 연간 재계약(고객유지)이 2% 증가하게 되면 현재 가치로 평가된 각 고객의 전체 평생가치는 25% 이상 증가할 것이다. 이러한 이유는 고객을 유지하는 기간이 길수록 고객에 투자한 초기 투자비용과 고객획득 비용의 상쇄기간이 길어지기 때문이다. 그리고 신규고객을 획득하는 비용에 비해 고객유지 비용의 각 연도별 축적 효과는 대단할 것이다. 물론 어떤 산업에서는 고객 획득 비용이 낮을지 모르나 대부분의 산업과는 대단할 것이다.

고객이 기업과 관계를 맺은 후 관계를 유지하는 동안 고객은 기업에게 수익을 가져다 준다. 이러한 수익을 관계기간에 따라 살펴보면 맨 처음 기업이 고객을 유치한 해에는 고객에게서 얻을 수 있는 수익보다 고객을 유치하는데 드는 비용이 더 커서 한 고객당 수익이 음(-)의 값을 기록할 수도 있지만 시간이 흐르면 흐를수록 고객의 수익성은 점점 높아지는 것을 알 수 있다.

일반적으로 계약한 상품이 이익을 가져다 주고 A/S 건수가 빈번하지 않아 운용유지비가 적게 들며, 오랫동안 로열티를 갖고 있는 변함없는 고객이면서, 고객의 사업 자체가 확장되어 추가 계약이 발생하거나 추가 계약 잠재성이 높은 고객을 우량 고객이라 할 수 있다. 일반적인 고객에게는 마케팅이 강화되어야 하지만 우량 고객에게는 서비스가 강화되어야 한다. 아울러 기존 우량 고객을 유지하는 비용이 새로운 신규 고객 확보와 더불어 우량 고객을 만들어 나가는데 들어가는 비용의 1/6 ~ 1/8이라는 점을 인식하여 우량 고객에 대한 정의, 파악, 유지에 대하여 전략적인 접근이 필요하며 이들의 로열티를 극대화하는 것이 가장 효과적인 마케팅 전략이 될 것이다.

5) 시장 세분화 및 고객 세분화

고객 데이터가 어느 정도 축적되면 시장 세분화와 고객 세분화에 대하여 분석을 할 필요가 있다. 시장 세분화를 통하여 목표 고객과 수익을 정확하게 분석하여 해당 영업 지사와 지점에 목표를 수립하고 전략을 수립할 수 있으며 고객 세분화를 통하여 타깃 고객계층을 발굴하고 영업을 전개할 수 있다. 이러한 시장 세분화와 고객 세분화는 데이터가 풍부해지면서 계속적이고 반복적으로 분석해야 한다.

4 CRM 도입을 위한 10대 원칙 및 성공요인

Cap Gemini Ernst & Youn이 CRM 프로젝트를 수행하는 동안 겪었던 경험들을 바탕으로 만들어진 CGEY의 Solution model중의 하나로 효과적인 CRM구현을 위한 10대 원칙은 아래와 같다.

첫째, 가치기반 고객 세분화(value segmentation)이다. 고객세분화 작업은 고객의 요구, 기호, 행동 및 경제적인 잠재가치(customer profitability 또는 customer(lifetime) value)를 기반으로 수행되어야 하는데, 이런 고객의 수익성은 마케팅, 영업 및 서비스 부문에 기업의 자원을 할당하는 의사결정 문제의 주요 기준으로 작용한다. 고객이 경제적인 가치를 기반으로 고객 세분화 작업을 수행하는 것은 기업에게 많은 수익을 제공하는 고객과 낮은 가치를 지닌 고객 사이의 차이를 평가하고 이 고객들을 차별성 있게 관리해야 함을 의미한다.

둘째, 정보기술을 활용해 고객정보를 전사적으로 공유(institutional memory)하는 것이다. 한 고객이 기업과 접촉하는 순간, 기업내의 모든 구성원들은 고객과의 과거 상호작용이력, 의사결정 현안들 및 현존 영업기회 등의 정보를 동일한 수준으로 일관성 있게 인지하고 있어야 한다. 이것은 고객이 두 번째 방문시 최초의 방문시점의 요구사항을 반복하지 않게끔 하여야 한다는 것이다. 고객이 기업과 접촉하는 시점에 기업은 고객이 지금까지 해 왔던 모든 것을 알고 있어야 한다. 결국 고객관계의 본질은 전사적인 관점에서 다루어야 함으로 해석할 수 있다.

셋째, 고객과 협업(collaboration)하는 것이다. 고객이 요구하는 상품 및 서비스를 단순히 제공하는 것에 그치지 않고, 제품 구상 및 설계를 포함한 제품 개발 전과정에 걸쳐 고객의 의견을 반영한다. Collaboration은 제품구상, 설계 및 그 결과물의 제공에 이르기까지 고객을 참여시키는 것이다. 고객은 그들의 요구사항이 더 많이 받아들여질수록 충성도 또한 높아질 것이다.

넷째, 효과적인 고객별 채널관리(touch-point alignment)이다. 고객들은 기업이 제공하는 다양한 채널들을 통하여 비즈니스를 수행한다. 이러한 다양한 채널들은 고객의 요구 및 기업관점에서 평가된 고객가치에 따라 고객별로 제공되어야 하며 고객에 대한 정보가 채널간에 일관성 있게 유지되어야 한다. 기업들은 일관된 서비스, 다양한 채널 확보, 채널간 통합 등을 원하고 있다. 효과적인 채널관리 정렬, 조정은 고객의 선호도를 고려함과 동시에 채널에 대한 비용대비수익 분석 cost benefit analysis을 적용한 다음, 각 채널을 고객별로 적절히 배치하여 고객과 비즈니스 활동을 하는 것을 의미한다.

다섯째, 요청시점에서 고객의 문제해결(One & Done)로 고객의 요구사항은 요청시점에서 즉시 처리되어야 한다. One & Done은 그동안 비즈니스에서 아마 가장 많이 간과되었던 고객관리의 주요 요소중 하나이다. 기업의 20% 정도만이 One & Done을 측정하려고 한다. 이것은 고객만족의 주요결정 요소로서 고객만족은 고객태도에 영향을 미치고, 고객태도는 고객 충성도를, 고객 충성도는 고객행동을 유발하여 매출로 이어진다. 그러나 불행하게도 기업이 고객서비스에 대해 취하고 있는 대부분의 측정 기준들은 efficiency와 관련되어 있다. 즉, '얼마나 제대로'가 아니라 '얼마나 빨리' 처리하는가에 초점을 두고 있다. One & Done이야말로 진정한 고객만족도 예측기준이다. 고객 서비스 상담원과 전화통화하는 경우를 생각해 보자. 상담원이 문제를 이해할 때, 도움이 되는 유용한 정보를 가지고 있을 때, 상담원이 고객의 문제를 자신의 문제로 생각하며 처리해 줄 때 그리고 전화 통화를 마치기 전에 문제해결책을 제시해 줄 때 어떤 느낌을 받게 될 것인가? 아주 대단한 감동을 느낄 것이다. 이제 기업들이 이 원칙을 조직에 적용한다면 시장에서 선두에 나설 기회가 생길 것이다.

여섯째, 실시간 정보관리를 통한 의사결정(real-time information management)이다. 기업의 모든 직원들은 고객을 기반으로 한 의사결정 및 현안들은 신속하게 처리하기 위해서 정확한 정보에 대한 실시간 접근이 가능해야 한다. 실시간 정보관리는 right customer에 대한 right decision making(의사결정)을 하기 위해 right hands에게 right information(정보)을 제공해야 한다는 것이다. 이것은 insitutional memory와 마찬가지로 정보기술의 발전에 힘입어 상당한 진전이 이루어졌던 부분이다.

일곱째, 고객성과 측정표 마련(customer scorecard)으로 기업 내부 직원에 대한 성과 요구사항이나 측정기준은 직관적으로 측정될 수 있는 특정한 고객행동(만족도, 충성도) 등을 유발하도록 설계되어야 한다. 이것은 직원의 성과와 고객의 행동(충성도, 고객의 평균가치)을 연결하는 매트릭스를 만드는 것이다. 기업은 모든 부분에 scorecard와 측정기준을 갖고 있지만, 주로 재무적인 성과평가기준과 측정치가 대부분이다. 그렇다면 고객에게 영향을 미치는 측정치를 충분히 갖고 있는가? One & Done을 알고 있는가? 고객만족도는 얼마나 되는지 알고 있는가? 실제로 소수의 콜센터만이 고객만족도를 측정하고 있는데, 주로 IVR(interative voice response)을 통해 고객만족도 조사를 실시하고 있으며 고객의 기대치에 서비스하고 있는지에 대한 Scorecard를 가지고 있다.

여덟째, 응용정보 시스템간 정보의 통합확보(closed-loop precesses)이다. 이는 통합된 프론트/백 오피스 시스템은 정보와 업무흐름이 기업전반에 걸쳐 원활히 흐르게 함으로써 지속적인 고객정보와 지식의 획득을 가능하게 하여 기업의 최종적인 목표에 도달하게 한다. 프론트 오피스와 백 오피스 시스템간의 정보의 통합뿐만 아니라 프론트 오피스내에서도 정보의 누수를 막을 수 있도록 정보의 통합을 유지해야 한다. 예를 들면, 제품주문에 대한 납품 상태 및 배달위치에 대한 정보를 얻고자 콜센터에 전화문의를 한 고객에게 요청건에 대해 백오피스 시스템을 실행시키기 않은 채 프론트 오피스에서 직접 조회하여 응답해 줄 수 있다. 결국 기업내 원활한 고객정보의 흐름은 가치 누수를 막고 고객에 대한 일관성 있는 인지를 가능케 한다.

아홉째, 고객의 의견수렴 및 반영(listening & learning posts)이다. 콜센터 및 고객서비스 상담원뿐만 아니라 기업내의 모든 직원들이 기업활동 전반에 대해 고객의 의견을 수렴하고 이를 비즈니스 프로세스의 운영활동에 반영한다. listening & learning posts는 품질, 성과, 가치에 대한 고객의 의견을 받아들이고 이를 적용한다는 취지이다. 요즘 콜센터가 없는 기업들은 거의 없다. 또한 고객에 대해 많은 지식을 갖고 있는 고객 상담원을 대부분 갖추고 있다. 그러나 고객과 기업에게 이익을 제공하기 위해 이러한 자원들의 지식을 얼마나 활용하고 있는가? 고객과 가장 많이 접촉을 하는 고객서비스 상담원으로부터 여러 가지 의견을 수렴하여 이를 신제품개발 및 각종 운영활동에 반영해야 한다.

열번째는 라이프 사이클에서 형성된 고객의 경험관리(customer experience

management)이다. 기업은 고객에 대한 모든 채널을 구성한 다음, 단순한 제품 및 서비스 전달로 그치는 것이 아니라 고객이 일관되게 느끼고 있는 고품질의 경험까지 전달하려 하여야 한다. 이것은 기업과 고객 사이에 가능한 모든 접점을 연결하고 고객이 고객의 라이프 사이클에서 인지한 대로 일관되고 품질 높은 경험을 제공하려는 시도로 이해하면 된다.

오랫동안 비즈니스 프로세스 재설계 등과 같이 기업관점에서 기업의 내부 최적화를 진행해 왔다. 그러나 고객관점에서 또는 고객과의 상호작용 관점에서 고객이 기업과 어떻게 상호작용하고 있는지에 대해서는 관심을 갖지 않았다. 즉, 고객입장에서 제품에 대한 관심 및 구매의도에서 구매와 서비스 및 재구매에 이르기까지 고객이 기업과 상호작용하는 모든 단계와 그 접점을 찾아내고 그 속에서 나타나는 고객의 요구, 선호도를 파악하여 고객별 적절한 채널과 비즈니스 프로세스를 마련하는 것이다.

이러한 CRM도입을 위한 10대 원칙을 지켜가면서 일반적으로 CRM프로젝트를 성공적으로 이끌기 위해서는 다음과 같은 요소들을 가지고 있어야 한다.

▷ 단위 및 기능조직 전반에 걸쳐 서로 CRM에 대한 비전을 나누고 협동하며 필요에 따라 힘을 위임해야 한다.
▷ CRM지원을 위한 운영적 요구사항들을 정의해야 한다.
▷ 자원과 이니셔티브를 조화하여 최적화해야 한다.
▷ 고객중심의 인프라스트럭처, 퍼포먼스 관리/측정 그리고 보상에 대하여 강조해야 한다.
▷ 단기 재무목표에 대한 중요성을 감소시킨다.
▷ 변화에 대한 기획 및 관리를 강조해야 한다.(Orade Korea Magazine 2000. 9월호)

5 신규고객의 획득

1) 가망고객의 개념

기업의 고객은 특정시점에서 거래관계가 있느냐 없느냐에 따라 기존고객과 가망고객으로 구분되어질 수 있다. 기존고객은 기업에 있어 현재 거래상태에 있는 고객으로서 유지 및 가치증진의 대상이며, 가망고객은 현재 거래상태에 있지는 않으나 기업의 지속적 성장을 위해 확보해 나가야 할 대상이다.

가망고객은 폭넓은 정의를 가질 수 있다. 지구상의 인류전체가 가망고객일 수도 있고, 단지 기업이 현재 제공하고 있는 상품 또는 서비스의 목표고객 중 기존고객이 아닌 고객들로 정의될 수도 있다. 기업으로서는 고객의 개념에 대해 단계적 접근이 필요할 것이다. 단기적으로는 보다 명확한 대상을 가망고객으로 정의하여야 현실적인 영업 및 마케팅 계획의 수립 및 실행이 가능할 것이며, 장기적으로는 회사가 지향하는 바와 부합되는 고객에 대한 정의를 가지고 있어야 보다 전략적인 마케팅을 추진함으로써 지속적인 성장이 확보될 것이기 때문이다.

가망고객에 대한 정의는 기업의 입장에서 볼 때 매우 중요하다. 가망고객을 현재까지 자사와 어떤 형태의 접촉도 없었던 고객으로 정의할 경우 기업이 이 가망고객을 확보할 수 있는 방안은 통상적인 방법인 매스마케팅이다. 광고, 불특정 다수를 향한 캠페인 등 고객 개개인을 지향하기보다는 특정 그룹 또는 전체 고객을 대상으로 한 마케팅 자원이 투입될 수밖에 없다. 고객 개개인에의 대응이 중요해지고 있는 현실여건에서 기업이 가지고 있는 자원을 비효율적으로 사용하게 되는 것이다. 이러한 접근이 과거의 방법이었다. 그러나 기업이 보유하고 있는 기존고객의 성향정보를 체계적으로 분석하여 반응률이 가장 높을 것 같은 목표고객을 설정하고 가장 적절한 채널을 통한 고객확보 캠페인의 실시가 이루어진다면 보다 효율적이고 효과적인 결과를 줄 것이다.

한편 최근에는 가망고객정보를 직접적으로 확보하는 마케팅이 부상하고 있다. 과거 영업사원들이 수첩에 가지고 있던 가망고객정보와 같이 기업 전체적으로 체계적인 가망고객정보의 수집 및 관리를 통하여 효과적인 영업 및 마케팅 활동을 하기 위해서이다. 현재 가망고객정보의 확보를 위해 이용되고 있는 방법으로 사업

제휴를 통한 고객정보 공유, 고객리스트 확보를 위한 캠페인의 실시, 고객정보 확보를 위한 고객우대 마케팅 프로그램의 실시 등이 있다. 물론 보다 음성적으로는 고객리스트의 구매 등으로 나타나기도 한다.

제휴를 통한 고객정보의 획득은 중요하다. 가령 카드회사, 은행, 증권사 등이 서로 고객정보에 대한 제휴가 가능한 경우 참여기업은 새로운 고객에 대한 정보를 입수할 수 있을 뿐만 아니라 각 고객의 금융거래 형태에 대한 정보를 추가적으로 입수하게 됨으로써 보다 더 정확한 고객정보의 분석이 가능하게 된다. 단지 현실적으로는 고객정보의 공유나 획득에 법적인 제약이 많은 편이다.

가망고객이 과거에 전혀 거래가 없었던 고객일 필요는 없다. 가망고객을 기존고객 중 이탈고객으로 정의하면 이미 기존고객이었으므로 이 고객에 대한 정보는 어느 정도 기업내부에서 가지고 있다. 즉, 개별고객에 대해 접촉할 방법 및 정보가 있기 때문에 보다 세분화된 마케팅의 전개가 가능한 것이다. 이탈고객의 재확보가 경우에 따라서는 중요한 고객관리의 주제영역이 될 수 있다. 가령 통신업체에 있어 이탈고객 재확보(Win-Back)는 중요한 마케팅의 대상이다.

2) 신규고객의 확보

기업이 나름의 가망고객에 대한 정의를 가지고 있다고 했을 때, 가망고객을 신규고객으로 확보할 수 있는 방법은 두 가지 경우로 나누어 생각할 수 있다. 첫 번째는 목표고객은 있지만 개별고객에 대한 정보는 없는 경우이고, 두 번째는 개별고객에 대한 정보를 가지고 있는 경우이다.

첫 번째 목표고객이 설정되어 있지만 개별고객에 대한 정보가 없는 경우에는 다음과 같은 접근이 가능하다. 사내에 기존고객에 대한 정보가 축적되어 있다고 가정한다면 기존고객 중 목표고객에 해당되는 고객을 추출하고 이들의 성향을 분석하는 것이 가능할 것이다. 그 다음 이들의 성향에 가장 적절한 매스 마케팅 수단을 선정함으로써 단순한 광고, 판촉에 비해서는 더 효과적일 수 있을 것이다. 물론 이를 위해서는 기존고객의 정보가 고객관점에서 체계적으로 축적되어 있어야 할 것이다.

두 번째는 개별고객에 대한 정보를 가지고 있는 경우로 첫 번째 경우와 유사한 과정을 거쳐 목표고객의 성향을 분석하되 더 세분화된 마케팅 계획을 세울 수 있다. 개별고객에 대한 접촉방법의 설계가 가능하기 때문에 직접적인 영업 및 마케팅 활동을 할 수 있기 때문이다. 가령 이탈고객 재확보를 생각해 보자. 과거에 이용했던 고객이기 때문에 접촉채널 즉, DM/TM 등을 이용할 수 있는 상태일 가능성이 높다. 이를 이용해 목표고객에 직접적인 접촉을 함으로써 고객 반응률을 높이는 것이다.

3) 고객획득과정

첫째, 고객선별의 단계로, 현재의 시장환경에서는 모든 사람을 기업의 고객으로 획득하고 유지할 수 없다. 우리 기업에 도움을 주는 고객을 유지하는 것이 기업의 입장에서는 훨씬 이득이 되는 것이다. 따라서 우리는 고객을 세밀히 분류해 내야 한다. 우리의 제품과 서비스를 통해 최고의 수익성을 얻을 수 있는가? 우리 기업과 지속적인 관계를 원하고 있는가? 기업에 최고의 평생가치(lifetime value)를 제공할 수 있는가? 라는 질문에 대한 해답을 통해 가치 있는 고객정보를 획득한다.

둘째, 고객획득의 단계로 고객관계에서 최고의 잠재적 수익성과 영향력을 지닌 고객군에 기업자원을 할당한다. 예를 들면, 판매 및 서비스에 대한 정확한 채널을 설정한다. 또 신규 고객유치, 고객 재유치, 교차판매, 고객유지 등을 위한 캠페인을 창출한다.

셋째, 고객 개발의 단계로, 기업은 고객이 원하는 것을, 원하는 방법으로, 원하는 때에 제공할 수 있어야 한다. 이를 위해서는 고객의 요구사항 및 기대수준에 대해 정확히 알고 있어야 한다. 또한 자신의 제품, 서비스 기업에 대한 고객의 접촉경험에 대해서도 정확히 이해해야 한다.

넷째, 고객 유지의 단계로, 고객은 자신이 원하는 제품과 서비스를 지속적으로 제공받을 수 있어야 그 기업의 고객으로 계속 남아 있게 된다. 이를 위해서는 고객에 대한 피드백 관리(feedback management)가 필수적이다. 기업은 매일 고객과 다양한 채널을 통해 계속적으로 대화를 해야 하며 최신의 고객 및 시장정보를 획득하여야 한다. 고객의 기호, 가치, 요구사항, 문제점에 적절하고도 차별화 된 서비스를 지속적으로 제공받은 고객은 고객만족(customer satifaction)을 넘어 기업의 충실한 고객(loyal customer)이 되고, 이 고객은 시간이 지남에 따라 더 많은 이익을 기업에 제공한다.

6 기존 고객의 유지

1) 기존 고객 유지의 개념

기업의 관심사중 가장 기초적인 것은 상품 및 서비스의 판매기반을 유지확대하는 것에 있다. 상품 및 서비스 판매기반의 유지 및 확대는 곧 고객의 유지 및 신규고객의 확보와 연결된다. 기존고객의 유지와 관련된 관심은 우량고객 유지, 고객의 이탈방지, 불량고객의 이탈유도 등이다.

소수의 우량고객이 기업전체이익의 상당부분에 영향을 미친다는 것은 주지의 사실이다. 그러나 모든 고객에게 동일한 대응을 하고 있다면, 즉, 다시 말해서 우량고객이 자사의 다른 고객에 비해 특별한 혜택을 받고 있지 못하다고 느낀다면 우량고객은 보다 쉽게 이탈할 것이다. 기존고객의 유지란 기존고객에게 차별적 대우를 실행함으로써 우량고객이 자신의 가치를 인식할 수 있도록 함으로써 자사고객으로 남아 있으려는 즉, 충성도를 높이려는 데에 있다.

이를 위해서는 고객가치를 추출하고, 이중 우량고객이 누구인지를 알아내야 하며, 우량고객 중 이탈하고자 하는 고객이 누구인지를 알아내야 한다. 이탈하고자 하는 우량고객이 누구인가를 알게 되면 그의 성향에 맞는 적절한 마케팅 활동에 의해 이탈 가능성을 낮추는 활동이 필요할 것이다. 고객유지를 위해서는 고객에게 일어나고 있는 변화를 알아야 한다.

따라서 현재의 기업들은 고객의 이탈을 방지하여 기존고객을 유지하는 것이 더욱 중요하다는 사실을 인식하고 있다. 여기서는 고객 이탈방지의 중요성을 기업의 수익측면과 비용절감측면, 그리고 구전효과 측면에서 살펴보고자 한다(송지연, 2004).

첫째, 기업의 수익측면에서의 이탈방지의 중요성은 Reichheld & Sasser(1990)

의 연구결과에서 잘 보여주고 있다. 고객 이탈률을 5% 감소시킬 때 고객생애가치가 얼마나 증가하는지를 산업별로 비교 분석하였는데, 최대 95%까지 고객가치의 증폭효과를 가져오고 있다. 고객생애가치(customer lifetime value)란 고객이 특정 기업과 거래하는 동안 평균적으로 기업에 기여하는 미래수익의 현재가치이므로, 고객 이탈은 기업의 수익의 증감에 직접적으로 영향을 미침을 알 수 있다.

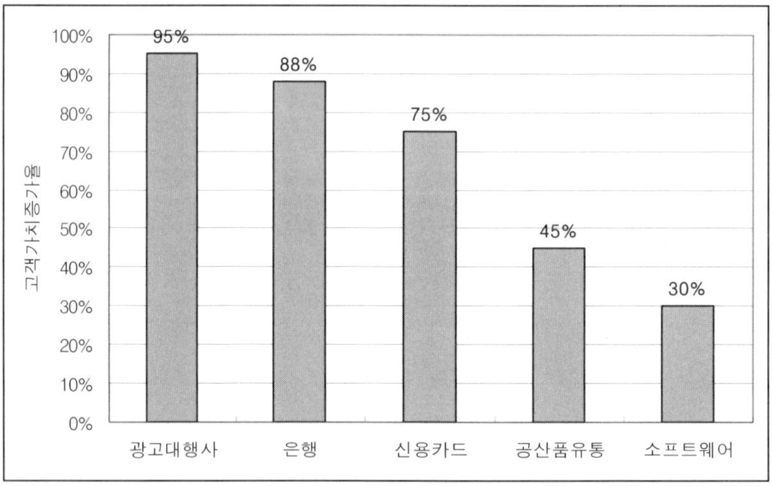

|그림 2-6| 고객 이탈률 5% 감소가 고객가치에 미치는 영향

고객이 기업과 관계를 유지하는 동안 고객은 기업에게 수익을 가져다 주는데, 고객과의 관계기간에 따른 수익성을 살펴보면 기업이 고객을 유치한 해에는 수익보다 고객 유치비용이 더 크나, 관계기간이 증가할수록 유지비용은 감소하고 고객의 수익성은 점점 높아진다. 이는 관계기간이 길어지면 고객에 대한 지식을 더 많이 갖게 되고 고객을 더 잘 알게 되어 효과적으로 고객과의 관계를 유지해 갈 수 있기 때문이다.

자동차 서비스 기업의 경우, 관계를 맺은지 4년된 고객으로부터의 기대이익은 같은 고객이 첫해에 남긴 수익보다 3배 이상이 된다고 한다(Reichheld & Sasser, 1990). 비록 신규고객을 유치할 때 비용이 발생하기는 하나, 이들 고객과의 관계기간을 늘려나갈수록 기업의 수익성은 지속적으로 향상될 것이다.

또한 신용카드사 MBNA에 의하면 고객유지율이 5%만 증가해도 인당 이윤이

125% 이상 증가하며, 보험회사 스테이트 팜(State Farm)은 고객유지율을 1% 증가시키면 기업의 자본잉여가 10억달러 이상 증가한다고 하니 그 수치가 결코 적지 않다(최정환, 이유재, 2001).

이렇듯 고객 이탈은 기업 경영에 있어 규모, 시장점유율, 단위당 비용, 그 밖의 경제적 우위와 관련된 다른 요인들보다도 기업의 수익과 직접적으로 관련되어 있으므로, 기존 고객을 오랫동안 유지할수록 고객 가치가 증가됨에 따라 이익의 증대를 가져올 수 있다. 충성스런 고객은 관계가 지속되고 시간이 흐름에 따라 기업에 꾸준한 수익의 증가를 가져다 준다. 즉, 이들로부터의 기본 수익과 재구매로 인한 수익증대, 이미 제품이나 서비스에 익숙해져 있어서 추가적인 운영비 절감효과, 충성 고객이 타인에게 추천하거나 소개함으로써 신규고객이 창출되는 효과, 제품이나 서비스에 대한 적극적 구매의사나 경쟁사의 가격전술에 휘말릴 위험이 줄어드는 가격 프리미엄에 의한 효과가 점차 증대하기 때문이다.

둘째, 비용절감 측면에서 기존고객을 유지시키는 것은 신규고객을 유치하는 데 소요되는 비용을 절감하게 해준다. 미국의 TARP보고서에 의하면(최정한, 2001), 일반적으로 신규고객을 얻는데 드는 비용은 기존고객을 유지하는게 드는 비용에 비해 5배나 더 든다고 한다. 또 5년 이상 거래관계를 유지하는 고정고객의 경우 신규고객에 비해 수익공헌도가 5배 이상이 되는 것으로 분석되고 있다. 이것은 그만큼 기업이 기존고객을 유지할수록 비용은 훨씬 덜 들면서도 기업의 수익을 향상시키는데 효과적이라는 것을 보여주고 있다. 반면에, 경쟁 기업들은 신규고객 확보 및 우리 기업 고객의 전환을 유도하기 위한 마케팅 비용이 상대적으로 증대될 것이다.

셋째, 고객 이탈방지의 또 다른 중요성은 이탈고객의 부정적 구전효과 때문이다. 일반적으로 만족한 고객은 제품에 대한 좋은 경험을 3명의 타인에게 전하는 반면 불만족한 고객은 11명에게 전한다. 특히 구전은 대면 커뮤니케이션으로 문서나 매스커뮤니케티션에 비해 더욱 효과가 크며, 부정적 내용이 긍정적 내용보다 더욱 빨리 많은 사람들에게 전달되기 때문에 기업에 해로울 수 있다. 반면 만족한 고객의 긍정적 구전효과는 단순한 매체광고보다 효과적이며 고객들이 제공하는 무료광고라고 할 수 있다.

따라서 기업은 기존고객의 이탈을 방지하고 긍정적 관계를 유지함으로써 긍정적 구전효과를 획득할 수 있도록 해야 한며, 이탈하지 않고 장기적으로 관계가 유지되는 고객을 기업의 경쟁적 자산으로 여기고 지속적으로 증대시켜야 할 것이다(송지연, 2004).

2) 고객유지전략1)

고객 유지차원에서 데이터베이스 마케팅의 기본전략을 수립할 수 있는데 그 기본적인 전략은 크게 기존고객을 대상으로 한 전략과 잠재고객을 대상으로 한 전략으로 나누어 볼 수 있다. 그러나 기존고객이 잠재고객에 비해 마케팅 비용도 적게 들 뿐만 아니라 구매량도 많기 때문에 대부분의 전략은 기존고객을 대상으로 펼쳐진다. 기존고객이란 일정 기간내 자사의 상품을 구매한 적이 있거나 현재 이용하고 있는 고객을 말한다. 이렇듯 기존고객을 대상으로 하는 마케팅의 기본전략은 다음의 |표 2-2|와 같이 정리할 수 있다. 고객 유지에서 가장 기본이 되는 전략은 관계의 모니터링과 평가이다. 관계마케팅을 위한 준비단계가 끝나고 고객과의 관계를 구축하게 되면 반드시 시간이 흐름에 따라 관계의 질을 모니터링 하고 평가해야 한다(이유재, 1999).

|표 2-2| 데이터베이스 마케팅의 기본전략

대 상	기 본 전 략
기존고객	고객 활성화(customer activation)
	고객 충성도 재고(customer loyalty enhancement)
	고객 유지(customer retention)
	교차 판매(cross-selling)
	고객 확보(customer acquisition)
	재활성화(reactivation)

매년 대 고객관계 서베이를 시행하거나, 정기적으로 전화나 대면으로 우량고객과 접촉을 하거나, 트레일러 콜(trailer call), 불평 모니터링(complaint monitoring), 이탈고객조사(lost-customer survey) 등을 실시하여 계속 모니터링하고 그 결과

1) 최용선, 지각된 가치와 고객만족을 통한 고객 유지전략에 관한 연구, 연세대학교, 1999, p25-35에서 요약 발췌하였음.

를 고객 데이터베이스에 추가, 갱신해야 한다. 잘 설계된 고객 데이터베이스는 고객유지전략을 위한 기초로 사용될 수 있다. 아메리칸 익스프레스는 이와 같은 상세한 고객데이터베이스를 이용해 고객의 기호와 니즈에 따라 1,349개의 버전에 달하는 뉴스레터를 제작 발송할 수 있었다(이유재, 1999). 소비자와의 장기적인 관계의 기초적인 측면은 고객의 유지이다. 고객을 유지하는 것이 새로운 고객을 얻는 것보다 훨씬 비용이 덜 소요된다느 사실이 증명되어 왔다(Reichheld & Sasser, 1990).

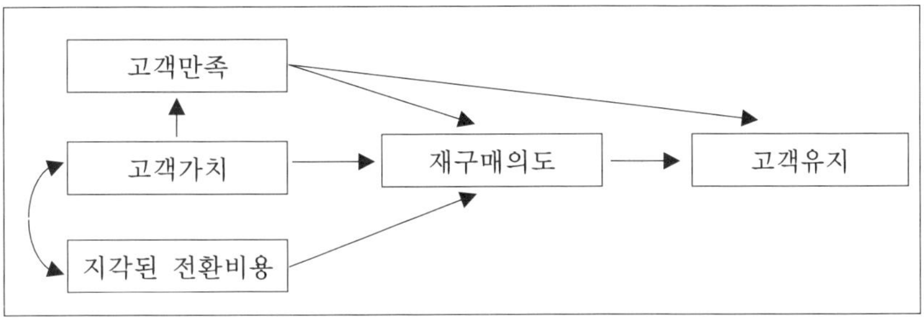

|그림 2-7| 고객유지 모형

(1) 재구매 의도와 고객유지와의 관계

고객유지(customer retention)는 기업성공의 가장 궁극적인 목표로서 오랫동안 연구되어 왔다. 고객유지에 관한 연구들은 시장점유율의 질(quality of market share)로써 소비자충성도로 측정되어 왔으며, 시장 점유율의 질보다는 기업의 수익성이 보다 근원적이다. 따라서 고객의 재구매 의도의 이해는 보다 중요하게 된다.

재구매 의도의 개념은 사회심리학과 마케팅 문헌에서 많이 채택되고 수정되어져 오고 있다. 사회심리학에서는 사회적 교환이론(Thibaut & Kelley, 1959), 독립이론(Kelley & Thibaut, 1978)과 투자모델(Rusbult, 1980)에 의한 위임과 같은 관계유지와 관련되어 관계를 지속하거나 멈추는 의도를 말한다. 관계유지는 Thibaut & Keeley(1959)와 Kelley & Thibaut(1978)에 의해 측정되었는데 관계의 지속을 위한 행동적인 경향에 중점을 두었다. 반면, Rusbult(1980)는 행동적 경향과 감정적인 연결장치를 포함하여 측정되었다.

마케팅에서는 재구매 의도가 고객만족, 충성도, 고객유지의 범위에서 연구되어 왔으며, 실제 구매행동이나 고객유지에 대한 지표로 사용되고 있다. 재구매 의도의 측정은 일반적으로 현재의 소비자가 같은 브랜드, 같은 상품 혹은 서비스의 구매경향 혹은 같은 회사나 같은 판매원으로부터의 구매경향을 평가하는 설문조사로 이루어진다.

(2) 고객가치와 고객유지와의 관계

Reichheld는 고객유지율(retention rate)을 반영한 고객가치를 기업의 이익 관점에서 분석한다. 즉, 고객충성도의 중요한 경제적 효과는 고객유치비용, 수익성장, 비용절감, 타인추천 및 프리미엄가격 등인데, 이러한 효과들은 고객의 유지기간이 길수록 고객가치를 높게 만든다. 게다가 고객유지의 결과는 시간이 지남에 따라 복합적 상승작용을 일으킨다. 약간의 고객유지율 변화로 인해 장기적 이익과 성장에 대한 효과는 매우 거대해진다.

종합해 보면, 기업관점에서의 고객가치는 고객이 기업에 공헌하는 경제적 효익(economic benefit)으로 직접적인 금전적 기여와 간접적인 효과로 구성된다고 볼 수 있다. 이러한 고객가치는 고객유지 기간이 길어질수록 증가하며, 시간이 지남에 따라 복합적 상승작용을 일으킨다.

지금까지 연구되어온 고객가치 측정에 관한 모형들은 여러 가지가 있으나 크게 개별 고객의 가치를 측정하려는 노력과 전체고객의 가치를 측정하려는 노력으로 나누어 볼 수 있다. 전자는 대부분이 평생고객가치(LTV)모형에 기초를 하고 있고, 후자는 회계학적 관점에서의 연구라고 할 수 있다. 또 하나의 새로운 연구경향은 고객기반을 자산(asset)으로 인식하여 이 관점에서 고객가치를 측정하려 한다.

평생가치(Life Time Value ; LTV) 측정모형중 하나로 Reichheld는 한 고객의 가치를 측정하기 위하여 4단계의 계산절차를 제시한다. 첫째 단계는 한 기업내 고객의 라이프사이클 이익유형(profit pattern)을 정립하는 단계로, 이를 구성하는 주요요인들은 유치비용, 기초이익, 수익증가, 유지비용, 타인추천 및 프리미엄 가격 등이다. 두 번째 단계는 고객의 라이프사이클 이익유형에서 얻어진 미래이익을 현재 가치로 할인을 해야 한다. 세 번째 단계는 신규고객의 예상존속기간(expected duration)을 알아내야 개별고객의 가치를 측정할 수 있다. 즉, 첫 번째 단계와 두 번째 단계의 계산은 한 기업의 평균 고객의 가치를 측정한 것으로 이를 개별고객의 가치 측정에 적용하기 위해서는 개별고객의 존속기간을 알아야 한다. 그러나 대부분의 기업들은 고객의 존속기간에 대한 정보를 가지고 있지 않기 때문에 이를 추정해야만 한다. 이를 위한 가장 단순하고 효과적인 방법은 한 기업의 전체적인 이탈률(defection rate)를 계산해서 이를 역산하여 존속기간을 구하는 방법이다. 예컨대, 한 기업이 연간 1,000명의 고객중 100명을 잃는다면 이탈률은 10%, 즉 1/10이 된다. 즉 매년 한 고객의 이탈확률을 10%로 보면, 한 고객이 존속하는 기간은 10년이 된다(1/10의 역수임).

세 번째 단계까지 과정을 마치면, 한 기업은 고정이탈유형(constant defection pattern)을 고려한 현가로 할인된 고객가치를 구할 수 있다. 대부분의 기업은 이 단계까지를 거친 고객 가치 측정을 통하여 유효한 마케팅 전략을 수립하고 수행할 수 있을 것이다. 그러나 좀 더 정교한 고객가치 측정을 위해서는 네 번째 단계가 요구된다.

(3) 고객만족과 고객유지와의 관계

전통적으로 고객만족은 구매/재구매 의도를 이끄는 가장 주요한 요소로서 살펴졌다. 고객만족에 관한 영역의 연구는 지금까지 이전구매의 만족이 재구매의 의도에 긍정적인 효과를 준다고 나타내지고 있으며 고객충성도(customer loyalty)에도 긍정적인 영향을 주는 것으로 밝혀졌다. 이러한 결과를 통해 고객만족의 측정에 중점을 둔 기존 연구가 많았다. 오늘날 많은 기업들이 고객만족을 측정하기 위해 여러 시스템과 과정에 투자를 하고 있지만 이러한 기업중 대다수는 고객만족과 고객유지간의 존속하지 않는 연결고리 또는 취약점을 찾는 프로그램의 효능에 대한 질문에서 시작하였다.

고객만족에 관한 연구는 문헌 등을 통해 상당히 논의되어 왔다. 지금까지 꾸준히 논쟁이 되고 있는 한 가지 이슈는 고객만족이 특별한 서비스와 관련되는지 아니면 특정서비스 제공자와 함께 전반적인 모든 서비스의 평가에 관련이 있는지이다.

Jones(1998)는 전반적인 만족도가 높으면 재구매 의도가 높아진다고 하였다. 또한 강한 상호관계는 보다 높은 재구매 의도를 나타내고, 상호관계가 강할수록 만족과 재구매 의도간의 관계는 약해진다고 하였다(Jones, 1998). 높은 전환비용과 대체품들의 낮은 매력도는 재구매 의도를 높여준다(Jones, 1998).

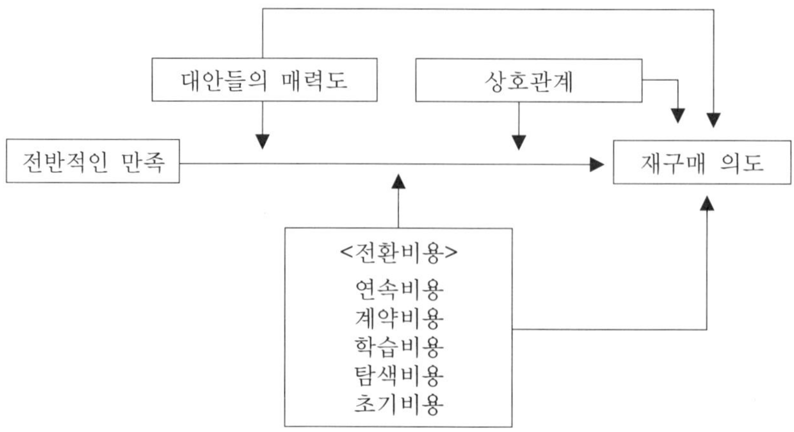

자료: Jones, 1998.

|그림 2-8| 만족, 전환, 재구매 의도의 상호관련 모델

(4) 전환비용(switching costs)과 고객유지와의 관계

많은수의 커플들이 별거하거나 이혼에 관련된 엄청난 비용을 이유로 같이 지내고 있다. 이러한 비용은 오래된 친구의 상실, 이혼의 실제적 비용과 재산의 손실, 그리고 부모와 친구들에 의한 부정적인 행동의 예측, 자녀와 보내는 시간의 감소 등이 포함될 것이다. 사회심리학과 경영학에 나타나듯이 많은 수의 고객들이 제품 전환에 소요되는 높은 비용으로 인해 기존의 제품 혹은 서비스 제공자를 전환하지 않고 있다. 전환비용은 제품 혹은 서비스 제공업자를 바꾸는 것과 관련하여 정의되어질 수 있다. 이러한 비용은 실제비용, 지각된 비용, 화폐비용 등으로 나뉘어진다. 비록 전환비용이 경제학과 마케팅전략, 유통전략 등에 있어서 주목을 받았다고 하더라도 소비자 조사에 있어서는 덜 주목 받았다.

마케팅 전략과 유통의 문헌들에 의하면, Porter(1980)는 전환비용의 제공에 의해 진입장벽이 생성된다고 하였다. Jackson(1985)은 산업부분의 공급자·구매자 관계에 있어서의 전환비용을 연구하였고, Aaker(1988)는 전환비용을 생성하는데 있어서 초기진입자의 중요성을 고려하였다. Ping(1993)은 도매상·공급업자의 충성도에 있어서 전환비용의 영향에 대한 경험적인 지원을 제공하였다. 최근에는 Morgen & Hunt(1994)가 공급업자-도매상의 관계를 증가시키는데 관련이 있는 종점비용(termination costs)에 대한 개념을 제공하였다. 이러한 연구의 흐름은 연구자들이 마케팅 전략과 유통장소에 있어서의 전환비용의 사용에 관한 중요함을 제시하고 있다.

전통적으로 고객전환비용은 충성도의 영향에 의한 관점에서 조사되어 왔다. 전환비용의 강조는 충성도의 효과없이 고객유지를 증가시킬 수 있다. Guiltinan(1989)은 전환비용은 연속적이고 반복적인 교환을 증가하기 위한 하나의 방법이라고 주장하고 있다. Anderson & sullivan(1990)은 만족과 재구매 의도간의 관계를 조사하였다. 비록 긍정적인 영향이 발견되었음에도 불구하고 그들은 크고 작은 간섭은 재구매 의도에 영향을 미치는 전환비용 혹은 전환이익과 같은 다은 요소들을 암시한다고 한였다. Fornell(1992)은 만족과 관련하여 전환비용은 고객유지를 증가시키는 수단이라고 하였다. 따라서 전환비용은 고객 재구매 의도를 관찰하는데 있어서 중요한 변수로서 고려되어져야 한다.

전환비용의 여러 가지 형태가 문헌에 의해 제시되었다. 전환비용에 대한 논쟁은 전통적으로 여섯 가지 특정비용으로 제시되었으며 이는 다음과 같다. 전환비용으로는 연속비용(continuity costs), 거래비용(contractual costs), 학습비용(learning costs), 탐색비용(search costs), 초기비용(setup costs), 매몰비용(sunk costs) 등이 있다.

7 고객만족

1) 고객만족의 의의

오늘날 기업활동중 고객만족 관련활동은 매우 중요한 역할을 하고 있으며 점차 그 중요성이 더해 가고 있다. 고객만족은 여러 분야에서 주요 연구 주제가 되어왔으며 마케팅 분야에서도 예외는 아니다. 서비스 마케팅에서는 고객만족과 서비스 품질과의 구별 및 인과관계에 관한 많은 연구들이 있다.

고객만족과 관련된 개념들을 살펴보면 소비경험으로부터 얻어진 결과물로서 고객만족의 개념을 살펴보면 "고객자신이 지불한 희생의 대가가 적절한 것이었는지 혹은 부적절한 것이었는지에 대한 인지한 상태(Howard and Sheth 1969)", "불일치한 기대와 관련한 감정이 고객의 소비경험과 이전의 느낌이 결부될 때 나타나는 전체적인 심리상태(Oliver 1981)", "제공받은 경험에 대한 감정적 반응, 구매한 특정상표나 서비스에 대한 감정적 반응(Westbrook and Reilly, 1983)"으로 정의할 수 있다.

반면에 만족의 평가과정을 중시하는 입장에서 보면 "소비경험이 적어도 기대했던 것만큼 좋았다는 평가되는 것(Hunt, 1977)", "선택했던 대안이 선택이전에 가지고 있던 그 대안에 대한 신념과 일치한다고 평가하는 것(Engel and Blackwell, 1982)", "제품을 소비한 후에 지각한 제품의 실제 성과와 이전의 기대 사이에 지각된 차이에 대한 고객의 평가적 반응(Tse and Wilton, 1988)"이 해당될 수 있다(강기두, 1997).

위의 두 가지 접근방법 중에서 과정의 면으로 정의를 내리는 편이 결과의 면에서 결론을 내리는 것보다 여러 가지 면에서 유리하다. 왜냐하면 고객만족은 소비자가 느끼는 전체적인 소비경험을 다루기 때문에 소비의 각 단계에서 중요한 역할을 하는 요소들을 개별적으로 측정하여 과정을 확인시켜 줄 수도 있고 고객만족을 형성하는 지각적, 평가적, 심리적 과정에 대한 모든 검토를 가능하게 하기 때문이다(이우재, 1995).

|표 2-3| 고객만족의 개념에 대한 선행연구

연 구 자	정 의	만족의 속성
Howard & Sheth (1969)	구매자가 치른 대가에 대해 보상받았다고 느끼는 인지적 상태	인지적 상태
Czepial & Rosenberg (1976)	고객의 욕구 및 요구를 충족시키는 정도에 대한 소비자의 주관적 평가	인지과정 이후 형성되는 소비자의 평가
Hunt(1977)	사전기대와 실제 소비경험의 일치여부에 대한 평가	
Engel & Blackwell(1982)	사전신념과 선택대안의 일치여부에 대한 평가	
Westbrook(1981)	구매 후 유발되는 정서적 반응	정서적 반응
Westbrook & Reilly (1983)	구매 경험에 대한 정서적 반응	
Tse & Wilton(1988)	사전기대와 제품의 실제 성과 사이의 차이에 대한 반응	
Babin & Griffin(1998)	일련의 경험에 대한 평가 결과 유발되는 정서적 반응	
Oliver(1997)	충족상태에 대한 반응: 제품/서비스의 특성 또는 제품/서비스 자체가 소비에 대한 충족상태를 미 충족 또는 과 충족수준을 포함하여, 유쾌한 수준에서 제공하거나, 제공하였는가에 대한 판단	인지적/정서적 반응이 결합된 만족에 대한 판단

자료원: 박명호, 조형지, "고객만족개념의 재정립", 한국마케팅저널, 제 1권 제 4호 1999, p130.

또한 박명호와 조형지의 연구에서는 앞에서 언급한 것과 같이 고객만족의 개념과 관련된 선행연구에서 만족의 속성을 ① 인지적 상태(cognitive states), ② 인지적 평가(cognitive evaluation), ③ 정서적 반응(emotional response), ④ 인지적 판단과 정서적 반응이 결합된 만족에 대한 판단(satisfaction judgment)의 4가지 관점에서 정의하였으며, 그 외 연구자들의 고객만족에 관한 개념적인 정의를 **|표 2-3|**과 같이 연도별로 제시하고 있다.

이와 같이 볼 때 과정지향적 접근하에 고객만족이란 고객이 상품 또는 서비스에서 원하는 것을 기대 이상으로 충족시켜 감동시킴으로써 고객의 재구매율을 높이고 그 상품 또는 서비스에 대한 충성도(loyality)가 지속되도록 하는 상태를 의미한다.

2) 고객만족의 형성과정[2)]

고객만족은 고객자산의 가치를 증식시키고 기업의 성과를 높이고자 하는 모든 기업에 있어서 중요한 문제가 된다. 고객자산의 가치를 증대시키기 위해, 고객만족은 측정되고 관리되어야 한다. 고객만족의 극대화를 통하여 이익을 증대하기 위해선 고객만족이 형성되는 과정에 대한 이해가 필요하다. 즉, 고객만족의 결정변수나 선행요인을 명확히 이해하는 것이 필요하다.

고객만족의 형성과정에 대한 연구는 크게, 기대 불일치 모형(disconfirmation of expectations model), 성과 모형(performance model), 공평성 모형(equity model), 귀인 모형(attribution model) 등 네 가지 연구의 흐름이 있다. 이 중 가장 지배적인 개념적 모형은 기대 불일치 모형이다. 기대 불일치 모형에서는 **|그림 2-9|**에서 보듯이 고객이 제품을 구매하기 전에 갖는 기대와 제품을 구매한 후 사용을 통한 제품의 성과를 비교하여, 기대 이상의 성과를 지각하게 되면 만족하고, 제품의 성과가 기대에 미치지 못하게 되면 불만족한다는 이론이다.

제품에 대한 고객의 기대는 제품에 대한 바람직한 결과로서 제품이 가지고 있으리라 여겨지는 속성이나 전반적인 성과에 대한 소비 이전의 신념이라 할 수 있다. 제품성과를 평가하는 기준으로서 기대수준은 제품자체의 특성, 촉진활동, 다른 제품의 효과, 고객의 특성 등에 따라 달라질 수 있다(Oliver, 1980). 즉 제품에 대한

2) 이외순, 고객만족과 고객만족을 위한 지출 및 기업가치의 관계에 대한 연구, 연세대학교 대학원. 2001, pp.9-10.

고객의 과거 경험, 가격, 물리적 특성 등 제품과 관련된 요소들은 고객의 기대수준에 영향을 미치며, 광고나 인적 판매 등을 통해 어떻게 제품을 촉진시키느냐에 따라 제품성과에 대한 기대수준이 달라진다. 고객 자신의 특성 또한 기대수준에 영향을 미친다. 수용폭이 큰 고객은 수용폭이 작은 고객보다 더 만족하기 쉽다.

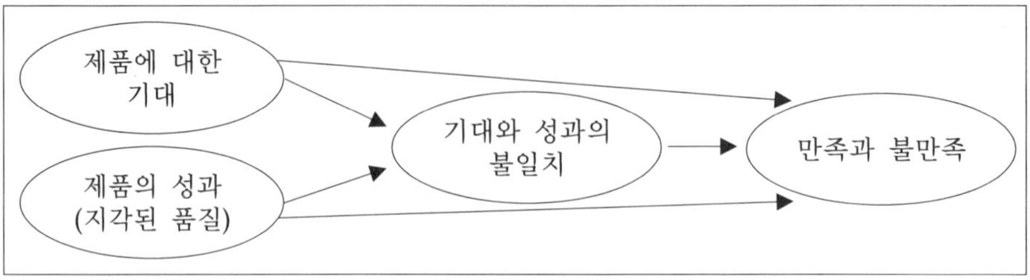

자료원: 이유재, 소비자학연구, 제8권 제1호, 1997년 5월

|그림 2-9| 고객만족형성의 기대불일치 모형

성과는 지각된 품질로 측정한다. 성과는 사전경험에 의하여 영향을 받으며, 기대와 비교한 결과 불일치를 형성하고 만족에 영향을 미친다. 성과를 평가하기 어려우면 지각된 품질은 기대에 동화할 것이고, 성과가 쉽게 판단되면 지각된 품질은 기대에 대조된다(Anderson and Sullivan, 1993).

기업이 수행하는 활동들이 고객만족을 지향할 때, 이러한 활동들은 제품에 대한 기대와 제품에 대한 기대에 영향을 미침으로써 고객만족을 높일 것이다. 예를 들어 연구개발비는 제품성과에, 광고선전비는 제품의 기대에 영향을 미칠것으로 기대된다.

3) 고객가치와 고객만족의 관계

고객만족의 선행변수에 대한 연구들은 지각된 성과, 비교기준 패러다임, 공정성 이론, 가치-지각 부동성 이론, 품질, 가격 등 다양한 변수들이 있지만 Oliver(1980)의 연구에서 기대-불일치 패러다임을 제시한 이래 소비자의 지각된 가치와 기대된 가치의 함수가 고객만족을 결정한다는 논리가 최근의 연구에서는 지배적이라고 언급하였다.

Sweeney과 Sourtan(2001)는 고객가치와 고객만족을 동일한 개념으로 보는 기존의 다른 연구자들과는 달리 고객만족과 고객가치를 구분하여 설명하고 있다. 즉, 고객만족은 소비자들이 제품(서비스)을 구매 후(post purchase) 혹은 사용 후(post use)에 그 제품(서비스)을 평가하는 것이지만, 고객가치는 소비자들이 제품(서비스)에 대한 경험에 의존하지 않는다는 것이다. 이러한 선행연구를 바탕으로 Sweeney, Sourtar은 고객가치를 고객만족의 선행요인으로 제시하고 있다.

권순홍, 김태웅 및 이용기의 연구에서는 기존의 마케팅 이론에서 제시하고 있는 고객가치, 고객만족, 신뢰, 충성도와 관련된 지식을 바탕으로 인터넷 마케팅에 대한 이론 및 실증연구를 비교, 분석, 정리하여 온라인 환경에서 어떻게 충성고객을 만들것인지에 대한 개념을 도출하였다.

이러한 연구모형을 가지고 권순홍, 김태웅 및 이용기는 다음 **|그림 2-10|**과 같이 실증분석을 하여 고객만족에 비치는 고객가치의 구성요소인 시각적 가치, 여유가치, 고객편의가치, 탁월한 투자가치가 선행요인임을 확인하였다.

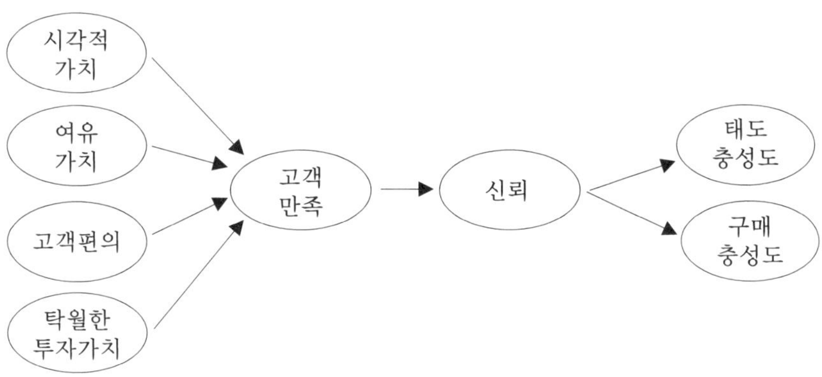

자료원: 권순홍, 김태웅, 이용기, "인터넷 쇼핑몰의 지각된 가치가 고객만족과 신뢰, 충성도에 미치는 영향에 관한 연구", 경영과학, 제20권 제1호, 2003, p1158.

|그림 2-10| 권순홍, 김태웅, 이용기의 연구모형

8 고객충성도

세 번째 단계는 평생고객 개념으로의 확장 단계이다. 은행의 예를 연장시켜 보자. 거래은행과 관계가 최대한 확장되므로 고객의 로열티가 제고되어 고객은 평생고객 또는 동반자 관계로 발전되어 간다. 이렇게 관계가 강화된 고객들은 그 은행과의 깊어진 관계로 다른 은행으로 옮겨가기에는 희생비용이 크므로, 이 은행과 평생 파트너가 된다. 이 단계에 접어들면 심화된 거래 관계로 고객의 로열티가 높아지게 되고 이 은행의 옹호자가 되어 새로운 고객을 데려오기도 한다. 또한 오랜 기간 동안의 거래로 인해서 받는 많은 혜택 때문에, 고객은 보통 그 은행과의 거래에 드는 비용이나 가격에 대한 민감성(price sensitivity)도 낮아지기 마련이다. 이런 평생고객으로부터 얻는 은행의 혜택도 더욱 늘어나게 된다. 은행 입장에서는 장기간 은행과 거래해 온 고객의 거래 종류나 형태는 이미 잘 알고 있으므로 그 고객과의 거래를 자동화시킴으로써 거래비용을 절감시킬 수도 있다.

1) 고객충성도의 의의

고객만족에 대한 많은 연구가 고객만족과 기업성과의 관계에 대하여 이루어졌다. 그 중 대표적인 연구들은 고객만족과 기업의 생산성 그리고 고객만족과 기업의 이익간의 관계에 대한 연구들이다.

고객만족과 생산성에 관한 연구는 두 가지 대립되는 결과를 보여주고 있다. (Andersom, Fornell & Rust 1997). 즉, 고객만족의 향상은 사후적 비용(A/S비용. 불만족처리 비용 등)을 줄임으로써 조직의 시간과 노력을 감소시키고 미래적 거래비용을 줄이므로 고객만족과 생산성은 양립한다는 입장과, 고객만족의 증가는 제품의 속성과 전체제품 디자인을 개선시키는 노력을 요구함으로써 비용증가를 초래하므로 고객만족과 생산성간의 관계는 희박하다는 입장이 있다. 한편, PIMS 데이터를 이용한 실증적 연구(Jacobson & Aaker 1987, Philips et at 1983)는 양쪽 입장 어느쪽에 대하여도 관계성이 입증되지 않음을 보여주고 있다.

고객만족과 기업의 경제적 이익에 대한 많은 연구는 양 요소간의 관계가 희박하다는 결과를 보여주고 있다. 특히 전체품질관리(TQM)와 같은 프로그램의 실행을 통하여 고객만족과 품질을 개선하려는 노력들은 경제적 이익이나 경쟁력을 제고하지 못했음을 보여주고 있다.

고객만족도는 기업의 이익에 결정적인 영향을 미치는 고객유지율에 대하여 분명한 답을 제시하지 못하고 있다. 직관적으로 고객만족의 증가는 고객유지율을 증가시켜 기업의 순이익을 증가시킬 듯 하지만 실제로는 그렇지 못하다는 연구가 있다. Reichheld는 이탈고객 중 65%~85%는 기존 제공자에게 만족하거나 매우 만족하는 것으로 답하였고, 자동차 산업에서 만족도 점수는 85%~95%에 이르나 재구매율은 평균 40%에 머물고 있음을 보고하고 있다(Reichheld 1993). 또한 Fay에 따르면 고객만족의 점수와 그 제공자에 대한 고객의 소비비율은 일치하지 않고 있다.

반면 고객충성도는 기업의 재무적 이익과 고객유지를 보다 직접적으로 설명하고 있다. 고객의 충성도가 높을수록 고객은 같은 제공자로부터 계속적으로 장기간 구매할 가능성이 높아지므로 한 충성고객의 누적가치는 매우 높아진다. 또한 제고된 충성도는 미래거래의 비용을 낮추고, 우호적인 구전효과 및 가격 프리미엄을 통하여 더 나은 생산성을 유도한다(Reichheld 1990). 그리고 만족한 고객은 쉽게 경쟁자로 전환하지만 완전히 만족한 고객은 충성자(Loyalist)로 남으므로 완전히 만족한 고객만이 고객충성도를 보장하고 우월한 장기적인 재정적 성과를 낳는다.

2) 고객충성도의 개념적 정의

Webster사전에 의하면 '충성스럽다(loyal)'는 말은 '신의에 있어서 확고하다(unseweving in allegiance)'는 것으로 그 의미는 세 가지 차원 즉, 법적 통치권이나 정부에 대한 충실성, 사적개인에 대한 충실성, 그리고 이상이나 관습에 대한 충실성의 맥락에서 볼 수 있다. 그리고 '충성(loyalty)'은 '충성스러움의 상태(the quality or state of being loyal)'로 정의하고 있다(webster's Ninth New Collegiate Dictionary 1991).

충성도에 대한 학문적 영역에서의 연구는 Josiah Royce의 The Phiilosophy of Loyalty(1908)에서 이루어졌는데, 그는 충성도가 세 가지 계층으로 이루어져 있다고 보고 있다. 가장 낮은 단계는 개인에 대한 충성도이고, 다음은 집단에 대한 충성도이고, 마지막 단계는 가치관이나 원칙의 집합에 대한 헌신이다(Reichheld

1996).

기업이나 산업에 있어서 충성도는 어떤 기업 또는 특정 브랜드에 대한 고객의 결속력, 기업에 대한 종사원이나 투자자들의 결속력 등에서 찾아볼 수 있다. 특히 특정 브랜드에 대한 고객의 충성도는 브랜드 충성도(brand loyalty)라 불리며 경영학 분야에서 많은 연구가 이루어져 왔다.

고객충성도(customer loyalty)는 '한 기업의 사람, 제품 또는 서비스에 대한 애착(attachment) 또는 애정(affection)의 감정상태'로 정의할 수 있는데(Jones & Sassers 1995) 이러한 감정들은 여러 가지 고객형태로 발현된다. 다시 말하면, 고객충성도는 기업의 우월한 가치전달로 고객이 장기간에 걸쳐 그 기업의 제품이나 서비스를 재구매하고, 타인에게 추천하고, 프리미엄 가격을 지불하는 행태로 나타난다.

3) 소비자행동과 고객충성도

Hirschman(1970)은 만족/불만족에 대한 고객의 반응결과로써, 불만족고객은 이탈(exit : 상표전환), 표현행동(voice), 충성도(loyalty)와 같은 반응을 보인다고 주장했으며, Day(1980), Krapfel(1985) 그리고 Richins 등에 의하며 고객불만족에 대한 반응으로서 상표전환 또는 상표애호의 감소, 판매자 또는 제 3자에게 불평, 다른 사람에게 부정적 구전전달, 아무런 조치를 취하지 않음 등의 행동을 보이는 것으로 나타났다.

이것은 고객만족/불만족이 불평행동, 구전행동, 재구매행동, 상표애호 등에 영향을 미침을 알 수 있으며 이러한 행동 및 태도는 고객충성도를 형성하는 변수들이므로 결국 고객 충성도는 고객만족의 결과변수임을 추론할 수 있겠다.

따라서 고객만족의 결과, 나타날 수 있는 여러 가지 유형의 소비자 반응을 살펴봄으로써 궁극적으로 고객충성도를 소비자의 만족이나 불만족 정도에 따라 결정된다.[3)]

3) 최유경, 고객만족경영과 고객충성도와의 상관성 연구, 연세대 교육대학원, 1998, pp49-56에서 재인용.

(1) 불평행동

소비자들은 제품을 사용해보고 만족할 경우에는 재구매 의도로 연결되나 불만족일 경우에는 다양한 형태의 불평행동을 보일 것이다.

이러한 불평행동은 기업에 미치는 영향이 매우 커질 수 있는데 유형별 강도를 보면 |그림 2-11|과 같다.

심 각 성 →				
1	2	3	4	5
아무일도 하지 않음	미래에는 동일상표나 동일판매자를 회피함	친구나 아는 사람에게 부정적 구전활동	판매자로부터 문제해결 방안모색	외부 공공기관에 불만호소

출처: 이학식, 안광호, 하영원 공저, 소비자행동, 법문사, 1997, p134.

|그림 2-11| 소비자 불평행동의 유형별 강도

위의 그림에서 불평행동의 유형은 심각성이 오른쪽 방향으로 진행함을 나타낸다. 이러한 불평행동 정도에 영향을 주는 요인을 살펴보면 다음과 같다.

① 불만의 정도 : 불만의 정도가 적을 경우에는 소비자들은 말하지 않는 경우가 대부분이며 문제발생이 안되나 불만이 커질수록 반응을 보일 가능성이 높다.
② 제품의 중요성 : 제품이나 서비스의 중요성의 정도에 따라 불평행동의 심각성이 나타나는데 예를 들면 이동전화를 이용하는데 있어서 소비자가 사업상 중요한 통화를 하는 중 자주 끊겨서 계약에 실패를 하는 경험을 했다는 매우 강한 불평행동을 보일 것이다.
③ 비용/이익 : 소비자들은 자신의 불평행동으로부터 기대되는 이익과 비용을 고려하여 불평행동의 유형을 선택한다.
④ 개인적 특성 : 예를 들어 성격이 급한 사람일수록 불평행동 유형이 강해질 수 있으며 여유시간이 많을수록 더 많은 불평행동의 빈도를 보인다.
⑤ 책임에 대한 귀인 : 불만족의 책임소재가 누구에게 있는가에 따라 불평행동의 유형이 달라질 수 있다.

(2) 구전

준거집단 구성원들(친구, 친척 등)간의 구전 커뮤니케팅션은 소비자 구매행동에 강력한 영향을 미친다. 구매 결정시 실패를 하지 않기 위해 다른 경험자의 의견을 의존하는 경우가 흔히 있다.

구전(word-of-mouth)이라는 말은 1954년 fortune지에 소개된 William H. Whyte, Jr.의 마케팅 연구에서 사용되기 시작했다.[4] Whyte는 당시 에어컨이라는 제품이 소비시장에 나온지 얼마 안되었을 때 재미있는 현상을 발견하였다.

아파트의 한 동에 이웃한 몇 가구에 나란히 에어컨을 가지고 있었으며 건너편 동에는 에어컨을 가지고 있지 않았다. 에어컨 구매가 이웃간의 커뮤니케이션을 통해서 이루어졌다는 것을 말해주고 있는 것이다.

즉, 그 제품에 대해 이야기를 들은 사람들이 그 제품을 구매한 것이다. 이것은 소비자간의 구전이 얼마나 제품고매에 영향을 미치는지를 말해주는 한 예이다.

Katz와 Lazarsfeld는 구전 커뮤니케이션의 중요성에 대해 역설하였는데 소비자의 상표전환에 영향을 미치는 원천들을 비교한 결과 구전의 영향이 라디오 광고보다 2배, 인적판매보다 4배, 신문과 잡지보다 7배 더 효과적임을 발견하였다.[5]

즉, 소비자 반응중에서 구전(word of mouth)이 중요시 되는 이유는,

첫째, 구전은 직접 대면 커뮤니케이션이므로 문서자료나 매스커뮤니케이션에 비해 생생한 경험을 통해서 정보를 주변사람들에게 전달하기 때문에 그 효과는 더욱 크며 둘째, 구전은 기업이나 마케팅과 관련되지 않는 정보원천에 기초함으로써 기업의 마케팅 담당자에 의한 커뮤니케이션보다 믿을 만하다고 인식되기 때문이다. 셋째, 기업에 대한 고객의 불평은 단지 한 명의 고객과 관련되지만 구전 커뮤니케이션은 많은 사람들에게 전달되기 때문에 더욱 해로울 수 있기 때문이다.

Richins(1983)는 불만족한 고객에 의한 부정적 구전(자신의 불만족한 경험을 다른사람에게 말하는 것)을 조사하여 상표전환, 단골의 중단, 불평과 같은 다른 반응들과 구전반응의 차이점을 구분시켜 주는 변수가 무엇인지를 검토한 결과, 부정적 구전은 문제가 심각할 때, 판매업자의 불평에 대한 반응이 즉각적이지 않으리라고 인지될 때 나타난다는 주장이 제시되었다. 소비자들에 대한 부정적 정보의 영향을 조사한 또 다른 연구결과, 고객들은 평가에 있어서 부정적 정보와 마케팅

4) William H Whyte, Jr., "The Web of Mouth", Fortune, Nov 1954, pp. 140-143.
5) 이학식, 안광호, 하영원 공저, 소비자행동, 법문사, 1997, pp. 418-419.

외에 원천에서 나온 정보에 더 많은 가중치를 두는 것으로 확인되고 있다.

그렇다면 과연 불만족한 고객과 만족한 고객 중 어떤 고객부류가 구전활동에 더 많이 참가하는가?

한 연구에서는 소비자들은 부정적인 것은 말하지 않으려는 경향이 있다고 하였고(Tesser and 깬두, 1975), EH 다른 연구에서 만족한 고객이 구전활동에 더 많이 참여한다는 발견도 있었다(Holmes and Lett, 1977).

Rechins(1984)는 이러한 상반된 견해에 대해 제품에 대한 고객의 관여도가 높을수록 더 많이 불평하거나 다른 사람에게 부정적 구전을 전파할 가능성이 높을 것이라고 주장하였다.

Richins의 주장을 적용해 볼 때 관여집단의 불평에 대한 신속한 처리와 응대는 다른 고객에게 전해질 부정적 영향에 대비를 위해 절대적으로 필요하다.

(3) 반복구매행동

Newman과 Werbel(1973)은 불만족 고객이 만족한 고객보다 재구매할 가능성이 적다는 연구결과를 제시하였으며 또 다른 연구는 불만족한 소비자의 30%~90%가 그 상표를 재구매할 의향이 없음을 보여 주었다.

Oliver(1980)는 고객만족이 태도에 영향을 미치고 이 태도에 대한 영향은 계속해서 재구입 의도에 영향을 미친다는 가설을 세워 분석한 결과 이같은 가설이 입증되어 결국 고객만족은 태도에 긍정적인 효과를 가지며 이러한 긍정적 태도는 구매의도를 증가시킨다는 사실도 확인되었다.

이렇게 고객만족이 구매후 태도뿐 아니라 구매의도에도 영향을 미친다는 사실은 이미 많은 연구에서 발표된 바 있다.

또한 반복구매행동과 상표충성도가 긍정적 태도를 포함한다고 믿고 있는데(Jacoby and Chesthut, 1978), 이것은 고객만족이 반복구매행동과 기타의 상표충성도를 증가시킬수 있고 줄일 수 있다는 것을 의미한다.

한편 불만족고객 가운데 그 불만족이 적절하게 처리되었을 때는 상표를 전환하는 고객의 수가 적어진다(Fornell and Wernerfert, 1987, 1988).

한 연구에서 불만족 고객의 재구매율을 조사한 결과 불평을 전혀 토로하지 않은 불만족 고객은 단지 9%만이 제품을 다시 구매했지만 불평을 토로하여 해결이 될 경우 재구매 율은 564%로 6배나 되었고 설사 해결이 되지 않았을지라도 불평을 토로한 고객들의 재구매율이 19%로 전혀 불평하지 않은 고객보다 재구매율이 높았다.

즉, 고객불만이 발생했을 경우 그러한 계기가 고객의도확보를 할 수 있는 중요한 계기가 되므로 불평고객응대를 어떻게 신속하게 처리하고 고객에게 신뢰감을 줄 수 있는냐 하는 문제가 해결되어야 함을 잊어서는 안될 것이다.

고객불만처리가 고객로열티에 미치는 영향에 관한 연구가 있었는데 TARP (technical assistance research programs, John Goodman)사는 1974~1979년 및 1985~1986년 2차례에 걸쳐 미국 산업의 경쟁력 향상 방안 연구의 일환으로, 민간 및 공공부문의 불만처리 행태 및 효과에 관한 연구를 실시하였는데 효과적인 불만처리와 불만예상 시스템을 통하여 고객유지, 수익증대, 품질 및 효율개선의 결과를 얻을 수 있다는 것을 발견하였다. 즉 불만을 말하는 고객이 그렇지 않은 고객보다 로열티가 강하며 불만 내용을 제대로 처리해 주면 재구매의향률은 문제가 없었던 경우 보다 더욱 강화된다고 하였다.

|표 2-4| 불만처리와 고객로열티

고 객 구 분	고객 로열티
문제를 경험하지 않은 고객	87%
불만을 제기했으나 만족하게 처리된 고객	92%
불만을 제기했으나 어느정도 만족한 고객	43%
문제가 있으나 불만을 제기하지 않은 고객	41%

출처: TARP사 연구자료, 효과적인 고객불만처리가 기업경영성과에 미치는 영향

또한 고객불만처리가 즉각 이루어지지 않거나 고객불만처리에 관한 긍정적 답변을 얻지 못하는 경우 고객 로열티는 급격히 감소한다.

|표 2-5| 불만해결과정과 고객로열티

고객이 문제해결을 위해 접촉한 사람들의 숫자	고객로열티	고객로열티 감소분
1명	68%	-
2명	55%	13% 감소
3명 이상	33%	35% 감소

출처: TARP사 연구자료, 효과적인 고객불만처리가 기업경영성과에 미치는 영향

4) 고객충성도 유형

Xerox사의 만족도 조사를 수행한 Jones & Sassers(1995)는 단순히 만족한 고객과 완전히 만족한 고객간의 현격한 충성도 차이를 발견하고, 만족도와 충성도간의 관계에 대한 연구를 특징적인 다섯 산업으로 확대하였다. 다섯 산업에 대한 만족도와 충성도간의 관계를 **|그림 2-12|**와 같이 나타냈다.

그림에서 볼 수 있듯이 고도로 경쟁적인 시장에서는 완전히 만족한 고객만이 충성스럽고, 반면 경쟁이 제한적이거나 거의 독점적인 시장에서는 고객들의 충성도가 상대적으로 높다.

이들은 경쟁 제한적인 산업의 충성도와 만족도간의 관계를 설명하기 위하여 진실된 충성도(true long-term loyalty)와 거짓 충성도(false loyalty)를 구분한다.

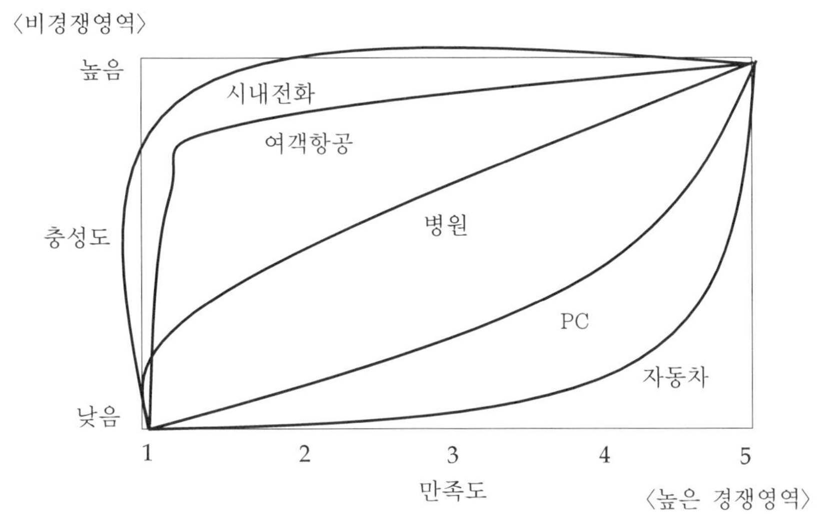

자료출처: Jone & Sassers, 1995

|그림 2-12| 만족도와 충성도간의 관계

진실된 충성도는 기업의 우월한 가치전달로 인하여 완전히 만족한 고객이 갖는 충성도이다. 이러한 충성도를 갖는 고객은 고도로 경쟁적인 환경에서도 한 기업의 충성고객으로 남는다.

반면, 거짓 충성도는 정부규제, 높은 전환비용, 독점적 기술, 그리고 마일리지 프로그램과 같은 매우 강력한 충성도 제고 프로그램 등에 기인하는 충성도이다. 이러한 거짓 충성도는 그 제한 조건이 완화되거나 철폐되면 급속히 사라지므로 고객 이탈도 급속히 일어난다. 특히, 경쟁이 제한적이라 하더라도 선택 가능성이 생기면 고객들은 마치 강한 경쟁시장의 고객들과 같이 행동을 한다. 따라서 이러한 환경에 놓인 기업이라 할지라도 가치가 높은 고객에 대하여는 우월한 가치를 제공하도록 노력해야 한다.

또한 Dick & Basu(1994)는 고객 충성도를 태도의 강도와 차별화 정도를 각각 두 개의 수준으로 나누어 상대적 태도와 강도를 정의하였다. 호의적 태도의 강도뿐만 아니라 상표나 상점들간의 차이점을 소비자가 어떻게 인식하고 있는가도 역시 선택결정의 중요한 요인이다. 이들은 고객의 충성도는 상대적인 태도와 재구매 행위간의 관계로 설명하고 있는데 각각을 두 가지 수준으로 나누어 **|그림 2-13|**과 같이 표현하고 있다. 상대적 태도는 매우 호의적이지만 차별화가 이루어지지 않았다면 그 상표는 다른 상표와 비슷한 만족을 줄 수 있기 때문에 무작위로 상표를 선택하게 되어 반복적 이용을 유발시킬 가능성이 적다.

상대적 태도	고	잠재적 충성도 (latent loyalty)	지속적 충성도 (sustainable loyalty)
	저	비 충성도 (no loyalty)	허위적 충성도 (spurious loyalty)
		저	고
		반복이용정도	

|그림 2-13| 고객충성도의 유형

상표충성도의 측정방법을 종합해 보면 크게 행동적, 태도적, 복합적 측정방법의 범주로 나누어 볼 수 있다(Jacoby & Chestnut, 1978).

행동적 측정방법은 소비자의 행동에 초점을 두고 상표충성도를 측정하는 것으로 이것들은 몇 가지로 세분화될 수 있다. 첫째, 소비자가 가장 자주 반복해서 구매하는 상표의 구매비율에 초점을 둔 구매비율 척도가 있으며, 둘째, 소비자가 반복 구매하는 상표의 구매 연속성 정도에 초점을 둔 구매연속성척도가 있고, 셋째, 전체 구매에 대한 특정상표의 구매빈도를 이용하거나 여러 수학적 확률모형을 이용하여 충성도를 설명하고자 한 구매확률 척도가 있다. 그 밖에도 소비자 행동의 여러 개념을 합성해서 측정하는 합성척도 및 득실비율이나 상인/대리점 충성도 등이 행동적 측정방법의 범주에 속할 수 있다.

태도적 측정방법은 소비자의 태도를 중심으로 측정하는 것으로 소비자의 실제 구매 행동보다는 장래 구매에 대한 의도나 특정상표에 대한 선호의 진술 등에 초점을 둔 것이다. 이러한 측정방법의 예로는 상표선호도를 측정하거나, 선호의 불변설이나 구매의도르 조사하는 방볍, 상품선호도를 측정하는 방법이 있다.

복합적 측정방법은 상표충성도의 행동적 측면과 태도적 측면을 병행하여 종합적으로 상표충성도를 측정하는 것을 말한다. 이는 특정상표에 대한 소비자의 선호 및 구매의도 뿐 아니라 실제 구매행동을 병행하여 측정하므로 진정한 상표충성도를 측정하는데 더 적합하다고 생각된다(권순홍, 2002).

5) 고객충성도 측정

Reichheld는 고객충성도는 고객유지율이나 구매비율 또는 두 가지 모두에 의해 가장 잘 측정될 수 있다고 한다(Reichheld 1993).

또한 Jones & Sassers는 충성도의 궁극적인 측정치는 동일 범주의 제품이나 서비스에 대한 고객의 구매비율로 보고 있다. 예컨대, 자동차 산업의 경우 한 개인(집단)의 소유차량 중 특정 브랜드의 비율로, 의류산업의 경우 한 개인의 옷장속의 특정 브랜드의 점유비가 가장 궁극적인 충성도 측정치이다(Jones & Sassers 1995).

Fader & Schmittlein은 시장 점유율이 높은 브랜드의 우월성은 기존에 연구된 다음의 것들로 보고 있다. 첫 번째 더 많은 고객이 그 브랜드를 구매하는 경향, 둘째, 그 브랜드 제품이나 서비스를 더 많이 구매하는 경향 셋째 지극히 높은 행태적 충성도(unusually high behanior loyalty)를 추가적으로 제시하고 있다. 이들은 행태적 충성도를 반복구매의 정도(degree of repear purchase)로 보고 있다(Fader & Schmittlein 1993).

그러나 이러한 측정치는 현실적으로 개별고객 수준에서 자료를 구하기가 매우 어려우므로 대체적인 측정 수단을 흔히 쓴다. 이것들 중 대표적인 세 가지 범주로 나누어 보면 다음과 같다(Jone & Sassers 1995).

첫째, 주어진 제품이나 서비스를 재구매하려는 미래의향으로 실제 조사시 과장되는 경향이 있지만, 상당한 신뢰성을 갖는다. 실례로 미국의 자동차 산업의 경우 재구매 의향을 밝힌 고객중 90일 후 60%~80%가 재구매의향을 그대로 나타냈고, 이들 고객 중 3~4년후 실제 재구매비율은 35%~40%에 이르렀다.

둘째, 실제 구매행태에 관한 측정치로 최근성, 빈도, 구매량, 유지율, 구매기간 등을 들 수 있으나, 측정이 어렵거나 실질적인 도움이 되지 않는 등의 문제로 종종 최근성, 구매빈도, 구매량을 많이 이용한다.

셋째, 타인추천이나 구전효과 등에 대한 의향을 측정한다.

실제 측정사례를 보면, Sassers가 Xerox의 고객만족도와 충성도 조사시 충성도 측정치로 재구매의향을 쓰고 있으며(Heskett, Sassers & Schlesinger 1997), Lexis 회사는 자사의 대리점들이 판매한 차들이 어느 정도 자사의 서비스를 받는지를 추정하여 충성도를 측정하고 있다(Reichheld 1996).

6) 고객충성도 유형별 측정

(1) 진실된 충성도의 측정

진실된 충성은 완벽한 고객만족도로부터 비롯된다(Jones & Sassers 1995). 고객만족도는 고객충성도의 선행요인으로서, 고객만족의 증가는 고객충성도를 증가시켜 기업의 이익을 높여준다(Reichheld & Sassers 1990, Anderson, Formell & Lehman 1994, Formell, Johnson 7 Anderson 1996). Formell 등에 의해 개발된 미국 소비자 만족도 지수(american customer satisfation index)모형을 보면 이를 더 명확히 이해할 수 있다.

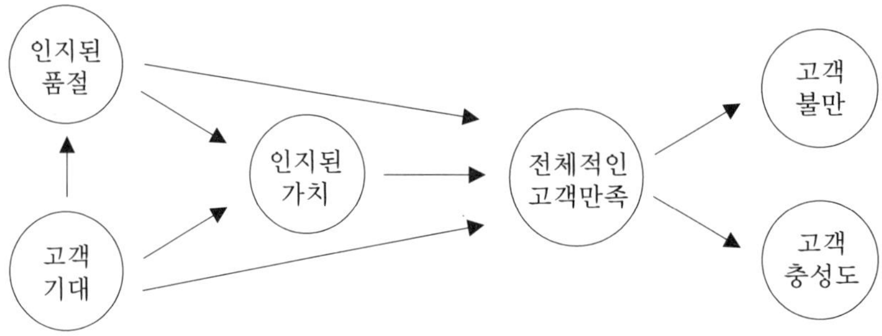

|그림 2-14| 미국 소비자 만족도지수모형

이들은 고객 기대 측정치로서 사전 평가항목으로 ① 전체적 기대, ② 맞춤성 관련 기대, ③ 신뢰성관련 기대를 쓰고 있다. 그리고 고객들의 ① 전체적인 인지된 품질, ② 인지된 맞춤성, ③ 인지된 신뢰성을 평가한다. 전체적인 고객만족도는 ① 전체적인 만족도 점수, ② 성능과 기대의 불일치 정도, ③ 동일범주의 이상적인 서비스나 제공비교한 성능의 점수로 평가된다.

한편, 한국통신의 고객만족도는 조사에서는 전화관련 고객만족도 항목으로써 일반고객에게는 ① 통화품질, ② 전화요금, ③ 전화국 창구, ④ 전화가설, ⑤ 고장수리를 이용하고 있고, 기업고객을 대상으로는 ① 전화품질, ② 전화요금, ③ 기업고객담당 영업활동, ④ 텔레마케팅, ⑤ 가설/이전/증설, ⑥ 고장신고/수리를 이용하고 있다(한국통신 1996).

최지희는 국내 PC통신 서비스 산업의 고객이탈에 관한 연구에서 PC통신 서비스 산업의 고객만족의 재차원을 ① 시스템 및 통신품질, ② 서비스 요금, ③ 서비스 상품, ④ 서비스 이용지원, ⑤ 요금 청구 및 납부, ⑥ 전화상담으로 보고 있다(최지희 1998).

(2) 거짓 충성도 측정 연구

거짓 충성도를 직접 측정한 연구는 아직 찾아보기 어려운 실정이다. 다만, Jones & Sassers의 정의에 의하여 고객들의 전환장벽의 요인들 즉, 정보 등의 규제, 독점적 기술, 높은 전환 비용, 인위적인 강력한 충성도 제고 프로그램 등을 연구하려는 산업환경에 맞게 적절히 정의하여 이용할 수 있을 것이다.

9 CRM의 기대효과와 제한점

1) CRM의 기대 효과

CRM활동을 통해 기업들이 얻을 수 있는 기대 효과는 고객점유율 증대를 통한 수익성 향상, 효과적 DM, TM을 통한 마케팅 효율성 제고 및 지속적 고객 커뮤니케이션을 통한 만족도 향상 등을 들 수 있다. 이러한 CRM의 기대 효과는 기존사업의 성과 향상과 신규 사업의 진출시의 유리함으로 나누어 볼 수 있다.

(1) 기존 사업의 수익 향상

CRM을 통한 장기적 관점의 기존 사업 성과 향상은 매출 증대와 비용 감소에 의해 달성된다. 매출 증대는 다시 고객 수 증대와 고객 생애 가치 제고로 나누어 볼 수 있고, 비용 감소는 고객 확보 비용 감소와 유지 비용 감소로 나누어 볼 수 있다.

① 고객 수 증대

고객 수 증대는 바로 CRM의 고객 확보 활동에 의해 달성 가능하다. 즉, 잠재적 고객에 대해 일대일로 접근하여 신규 고객화함으로써 고객 수를 증대시킬 수 있다. 이때 외부의 잠재 고객 데이터베이스를 직접 취득하는 것은 법적으로 금지되어 있기 때문에, 잠재 고객 데이터베이스를 보유한 기업과의 제휴를 통한 고객 확보가 현실적으로 가능한 대안일 것이다.

한편, 기존 고객의 권유를 통한 신규 고객 확보도 생각해 볼 수 있다. 신규 고객을 추천하는 기존 고객에게 특별한 보상을 한다면 신규 고객 확보가 보다 용이해질 수 있다. 또 그렇게 하지 않더라도 자사에 대해 로열티가 높은 고객이라면 주위 사람들에게 자사 상품을 권유할 가능성이 높을 것이다. 즉, 효과적인 기존 고객 관리는 신규 고객 확보로 이어질 수 있다.

또한 고객 수를 늘리기 위해서는 적극적으로 고객을 확보하는 활동도 필요하지만, 기존의 고객을 잃지 않고 잘 관리하는 활동도 중요하다.

② 고객 생애 가치(LTV) 제고

기존 사업의 성과 향상에 가장 큰 영향을 미치는 것은 고객의 생애 가치(LTV : life time value)이다. 고객 생애 가치라는 것은 고객 한 사람이 죽을 때까지 자사의 상품만을 구매한다고 했을 때의 매출액 혹은 이익을 의미한다. 이러한 고객의 생애 가치를 높이기 위한 구체적 방법으로 교차 판매, 추가 판매, 고객 유지의 3가지 핵심활동이 필요하다.

첫째로, 고객의 거래 건수를 늘리기 위해서 교차 판매 활동이 필요하다. 교차 판매는 고객이 기존에 구매한 품목 이외의 새로운 상품을 구매하도록 유도하는 활동이다. 따라서 교차 판매가 성공하게 되면, 고객은 자사의 상품 구매 빈도가 높아지게 된다. 예를 들어 자사의 인터넷 사이트 혹은 오프라인 매장에서 비누 같은 생활용품만 구입하던 고객에게 야채 같은 식품도 구매하게 하면 고객 1인당 생애 가치는 늘어날 것이다.

둘째로, 거래 단가를 높이기 위한 추가 판매 활동이 필요하다. 추가 판매는 특정 카테고리 내에서 상품 구매액을 늘리도록 유도하는 활동이다. 예를 들어 5000원짜리 돈까스를 즐겨 먹는 고객에게 3만원짜리 스테이크를 먹게 하면, 레스토랑 입장에서 고객 1인당 생애 가치는 늘어날 것이다.

셋째로, 거래기간을 늘리기 위해서 고객 유지 활동이 필요하다.

|표 2-6| LTV제고를 위한 핵심적 활동

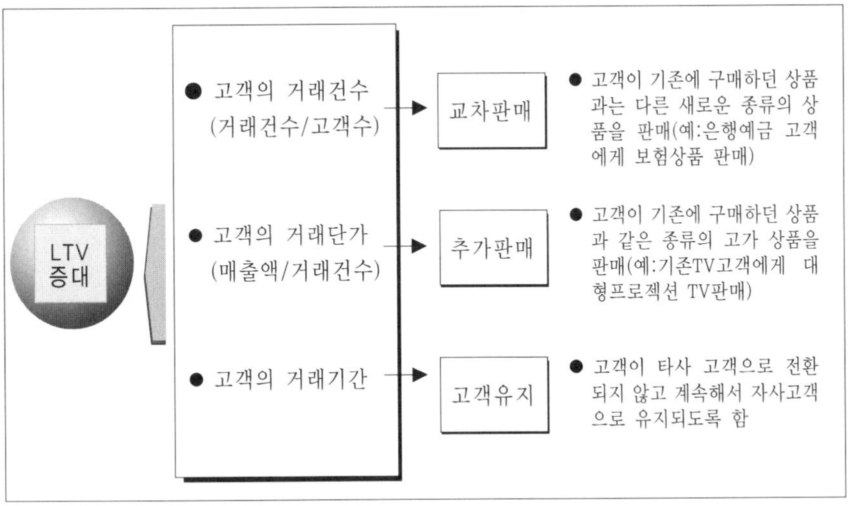

③ 고객 확보 비용 감소

CRM을 실행하게 되면 고객 확보 비용이 감소하는 이유는 3가지이다.

먼저, CRM은 수익 창출의 패러다임을 고객의 양적 증대가 아니라 질적 성장으로 본다. 따라서 과다한 경품이나 광고를 통해서 신규 고객을 확보하려는 움직임에 제동이 걸리게 되며, 그에 소요되는 비용도 감소하게 된다.

다음으로 신규 고객을 확보한다고 하더라도, CRM은 e-메일이나 제휴 마케팅과 같은 방법을 이용하여 고객에게 일대일로 접근하게 되므로, 불특정 다수를 대상으로 광고하는 것에 비해 고객 1명을 확보하는 데 소요되는 비용이 줄어들게 된다. 물론 이는 일대일 마케팅이 효율적으로 실행되었을 때의 얘기다. 목표 고객 선정이나 고객별 니즈 대응이 적합치 않을 경우 일대일 마케팅은 매스 마케팅에 비해 비효율적일 수도 있다.

마지막으로 잠재 고객 데이터를 분석해 우량 고객이 될 만한 성향을 지닌 잠재 고객을 찾아낼 수 있는 경우, 엉뚱한 고객에게 접근할 때 발생할 수 있는 마케팅 자원의 낭비를 예방할 수 있다.

④ 고객 유지 비용 감소

CRM은 모든 고객이 평등하지 않다는 생각에서 출발한다. 따라서 돈이 되거나 될 가능성이 있는 고객에게는 더 많은 혜택을, 그렇지 않은 고객에게는 적은 혜택을 주게 된다. 그 결과 수익성이 낮은 고객의 유지 비용을 절감하게 됨으로써 매출액당 유지 비용이 낮아지게 된다.

|표 2-7| 기존 사업에서 CRM 도입의 기대 효과

장기적 관점에서 기존사업의 성과를 높이기 위해서는 고객 수 증대, 고객 생애 가치 증대, 고객 확보/유지 비용 감소라는 다양한 차원에서 CRM의 성과를 필요로 한다.

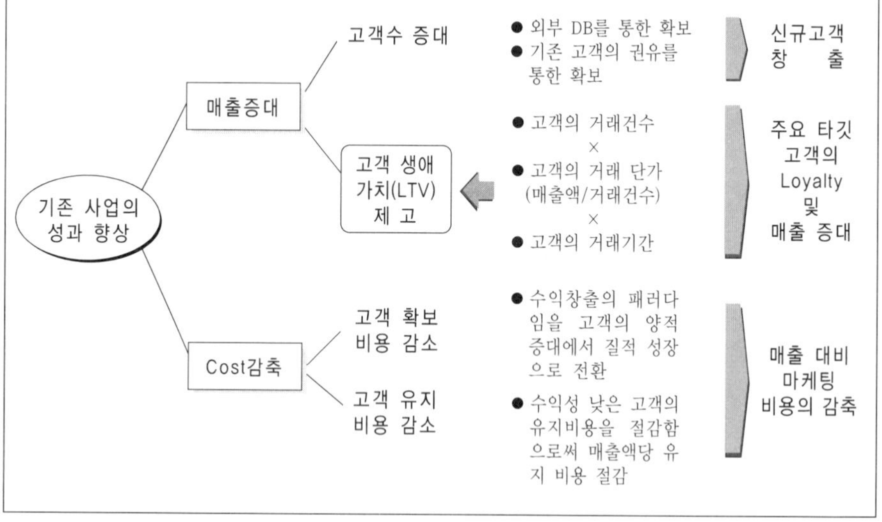

(2) CRM을 통한 신규 사업 진출

CRM의 기대 효과 중 또 다른 하나는 신규 사업 진출이 용이하다는 점이다. 신규 사업 진출도 CRM의 범위 중 고객 개발 차원에서 생각해 볼 수 있다. 이전까지 신규 사업 진출이라면 기존 사업과 기술 혹은 생산 공정의 연관성이 있는 사업으로 수평적으로 진출하거나, 산업의 계열화를 축으로 수직적으로 진출하는 것이 대부분이었다. 그러나 CRM을 통한 신규 사업 진출은 고객의 로열티 및 고객의 니즈에 기반을 둔다.

|표 2-8| CRM을 통한 신규 사업 진출의 개념도

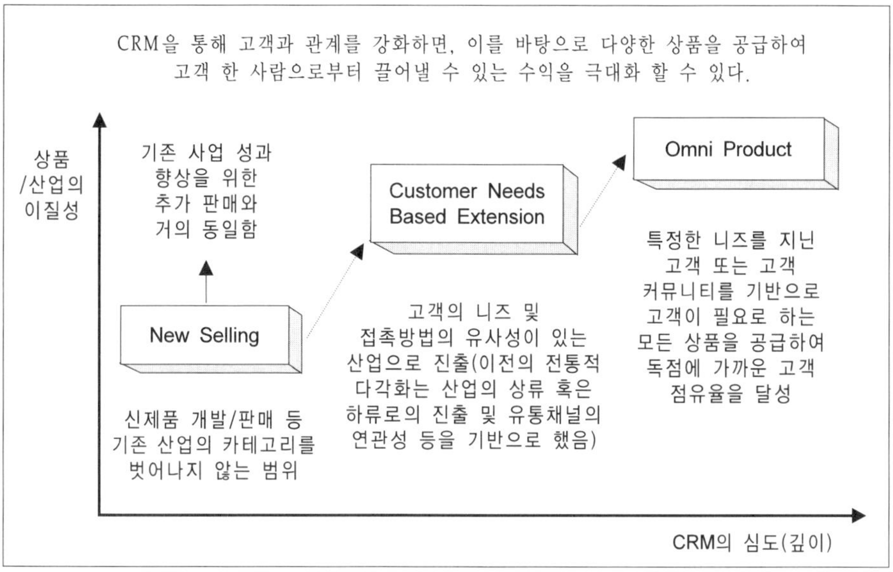

이외의 기대효과를 정리해보면 다음과 같이 요약될 수 있다.

① 우량 고객의 충성도 제고 및 이탈 방지를 통한 수익성 제고
② 휴면 고객의 활성화를 통한 수익성 제고
③ 가망 고객 관리를 통한 신규 판매 증대
④ 교차 판매, 연계 판매를 통한 추가적 판매 기회의 발견
⑤ 고객 세분화를 통한 고객별 타겟 마케팅 실시로 반응율 제고 및 DM, TM 비용 절감
⑥ 고객 유형별로 최적의 제품, 서비스 제공 및 차별화된 커뮤니케이션 실시

⑦ 고객별 수익 기여도 측정 및 위험도, 신용도 평가
⑧ 이탈 고객의 예측 및 대응
⑨ 적자 고객의 발견 및 대응
⑩ 콜센터를 통한 고객 불만 처리 및 고객 서비스 개선

2) CRM의 제한점

CRM 활동을 통해 기업들이 얻을 수 있는 긍정적인 기대효과는 앞 절에서 설명한 것처럼 많은 효과를 얻을 수 있다. 그러나 이에 반해서 CRM투자에 대한 부정적인 견해도 많이 있다. 이러한 CRM투자의 제한점을 설명하면 다음과 같다.

첫째로, CRM에 투자되는 비용이 방대하다는 점이다. 이렇게 CRM투자에 드는 비용이 커다란 걸림돌이 된다는 것은 바꾸어 생각하면 그만큼 그 투자대비 효과에 대한 불확실성이 크다는 것을 말한다. 왜냐하면 만일 투자대비 효과가 확실하다면 기업은 CRM에 드는 투자비용이 아무리 많다 하여도 이를 기꺼이 감당하고도 남을 것이다. 그러나 여러 가지 변수가 많고 설사 모든 외형적, 기술적 준비를 다 갖추었다 하더라도 실행상의 문제점이 CRM투자 대비 효과를 저하시킬 수도 있기 때문에 기업의 최고경영진의 결정이 쉽지 않은 것은 당연하다. 더욱이, CRM실행이 기대에 못 미치는 결과를 가져온 경우도 관찰되기 때문에 CRM투자비용에 관련한 회임투자 효과가 자주 거론되고 있다.

둘째로, 데이터 통합의 어려움이다. 많은 기업들이 과거에 데이터베이스, 또는 데이터웨어하우스를 구축할 때 장기적 안목으로, 또는 CRM을 염두에 두고 만든 것이 아니었다. 그러므로 단기간 동안 CRM을 위한 시스템으로의 전환을 꾀한다는 것은 사실상 불가능한 일이다. 많은 기업의 경우, 기존에 있던 레거시 시스템(legacy system)은 여러 형태나 모습으로 어떤 기준이나 호환성이 없이 편재되어 있는 실정이다. 그런데 데이터의 통합은 여러 가지 현존하는 데이터 원천으로부터 이동시켜야 하고, 비관계형 데이터베이스(flat database) 구조로 인한 여러 가지 제약을 새로운 기준이나 형태로 변화시켜야 한다. 그러므로 이러한 데이터의 통합을 위해 필요한 모든 일들은 많은 시간, 인력, 그리고 비용이 소요되므로 만만치 않은 작업으로 커다란 어려움이 되고 있는 실정이다.

셋째로, 고객 데이터의 질에 대한 우려이다. CRM을 위한 하드웨어, 소프트웨어,

그리고 필요한 시스템이 모두 갖추어졌다고 하더라도 거기서 얻는 데이터가 형편없다면 유용한 영업정보를 얻기는 거의 불가능하다. 훌륭한 기술적인 인프라스트럭처에 아무리 좋은 계량적 기법을 사용한다 하더라도, 질이 좋지 않은 데이터를 투입하면 무의미한 결과를 가져올 것은 뻔한 일이다. 또한, 실제로 데이터가 존재한다 하더라도 데이터 현재성의 문제도 중요하다. 많은 개별 고객 데이터가 오래되어 현재의 사실을 반영하지 못하는 경우도 많다. 예를 들면, 고객의 거주 지역이나 주소, 결혼상태, 자녀수, 소득 수준, 직업 등 고객의 인구통계 데이터는 자주 바뀌므로 데이터가 쉽게 현재성을 잃게 되어 관련성을 잃은 데이터가 될 수 있다. 이런 면에서도 데이터의 질을 평가해야 하므로 사실 데이터의 질에 대한 염려는 생각보다 더욱 심각할 수 있다. 여하튼, 유용한 고객정보를 얻기 위해 엄청난 투자를 하는데, 이러한 데이터의 질에 대한 회의가 CRM추진에 큰 걸림돌이 되는 경우가 적지 않다.

넷째로, CRM과 관련하여 새로이 도입되는 실천 프로그램에 대한 내부저항이 또 하나의 걸림돌이 될 수 있다. 이러한 내부저항은 여러 가지 모습으로 나타날 수 있다. CRM은 분명 급속히 진행되는 패러다임 변천으로 볼 수 있지만, 아무리 좋은 장점이 있다고 하더라도 자신에게 익숙한 모든 시스템이나 프로그램을 포기하고 새로운 것을 받아들여 단기간 동안 익힌다는 것은 쉬운 일이 아니다. 특히 컴퓨터나 기술적인 응용이 익숙하지 않은 사람의 경우에는 기술 주도의 CRM이 가져오는 변화가 두려움으로 다가올 수 있다. 이러한 CRM 추진에 대한 내부저항은 계몽적인 교육과 적절한 훈련을 통해 극복되어야 할 문제이다. 하지만, 이보다 더 극복하기 어려운 내부저항 요인은 기업 내부의 정치적인 갈등이다. 엄청난 비용을 들여 새로운 시스템을 운영하는 사람이나 부서는 기업 전체의 이목이 집중되지만, 그 외의 부서는 상대적으로 위축되거나 심지어는 축소되어 반목을 사는 경우를 종종 볼 수 있다. 이러한 기업 내부의 여러 저항 요소들은 CRM 도입 추진의 발목을 잡는 큰 걸림돌이 될 수 있다.

다섯째로, 위의 모든 것을 포함하여 가장 중요한 문제는 다름 아닌 CRM이 의미하는 것에 대한 혼동이다. 이미 우리는 CRM의 정의를 내린 바 있다. 그러나 여기서 내린 CRM에 대한 정의가 모든 기업에서 각 부서에 동일하게 적용될 수는 없다. CRM은 기업의 내부 상황과 시장의 환경에 따라 기업마다 다르게 적용시켜야 하기 때문이다. 어느 기업에게는 CRM이 고객을 계속 추적하여 상품을 팔고 개인화된 다이렉트 메일을 보내는 것 등을 의미할 수도 있다. 또 다른 기업에게는

CRM이 더욱 넓은 의미로 판매, 고객 서비스, 그리고 여러 마케팅 활동을 포함하는 고객 접촉관리를 의미하기도 한다. 때론 판매, 서비스, 마케팅 등 고객과의 상호작용뿐 아니라 상호작용을 지원하는 데이터분석, 영업프로세스, 조직의 관리, 기술과 인프라스트럭처 등의 분야를 포함하는 광범위한 의미로 받아들여질 수도 있다.

그러므로 많은 기업들은 자사의 상황에서 CRM이란 무엇인가를 질문하고 상황에 맞는 정의와 목적을 찾아야 한다. 더욱이 CRM이 기술에 의해 주도되는 한, 기술의 발전에 따라 CRM의 정의가 진화할 수 있고 시간에 걸쳐 동적으로 변화할 것이라고 예상된다. 이 같이 다양한 사람이, 다양한 의미로 CRM을 혼용하고 있는 현 상황에서 CRM에 대한 투자 결정을 놓고 세부 사항을 계획하려는 기업에게는 커다란 혼돈이 야기될 수 있다.

마지막으로, 이 외에도 CRM 투자나 추진에 걸림돌이 되는 것들은 다음과 같다. 전사적으로 연결하여 정보를 공유하려는 것이 얼마나 실현될 수 있는가의 문제, 정보공유에 대해 조직이 가지고 있는 부정적인 시각, 조직 내부의 숙련 정도나 역량 문제, 마케터의 분석 능력이나 전략적 활용 능력 부족에 대한 우려, CRM에 대한 비현실적인 기대감, 최고경영진의 미래를 내다보는 직관이나 비전의 결여 등을 들 수 있다.

Chapter 3

e-CRM

3 e-CRM

1 e-비즈니스

1) e-비즈니스의 개념

인터넷을 사용하거나 이에 기반을 둔 비즈니스를 보통 e-비즈니스(인터넷 비즈니스, 또는 온라인 비즈니스)라고 부른다. 인터넷상에서 구현되는 전자상거래는 무형의 서비스와 재화로서 금융, 신용, 소프트웨어, 영상 산업의 글로벌 거래를 가능하게 하였을 뿐만 아니라, 서적과 같은 유형의 상품까지도 국경을 초월한 세계적 시장으로 변화시켜 가고 있다.

|표 3-1| 전자거래의 개념 변화

	Internet business	Electronic Commerce	e-business
대 상	제품, 서비스, 정보	제품, 서비스, 정보	비즈니스적 프로세스
개 방 성	개방형	개방형+폐쇄형	개방형+폐쇄형
사업유형	기업과 소비자간 기업과 기업간	기업과 소비자간 기업과 기업간	기업내, 기업간 기업과 소비자간

전자상거래는 비즈니스에의 적용개념으로 변화되면서 인터넷 비즈니스(internet business), 전자상거래(e-commerce), e-비즈니스(e-business) 등의 개념으로 분류되고 확대, 발전되었다. 특히 최근 전자상거래의 무게 중심이 기업과 소비자간(B2C) 전

자상거래에서 기업간(B2B) 전자상거래로 전이되면서 e-Marketplace, e-CRM, 전자조달(e-procurement) 등 새로운 유형의 e-비즈니스 형태도 속속 등장하고 있다.

e-비즈니스 모델은 거래방향이나 시장 주도자, 가치사슬 및 시장 등에 따라 여러 가지 유형으로 구분할 수 있다. 이러한 다양한 유형의 모델들은 단일의 e-비즈니스 전략만으로 추진할 수는 없다. 이와 같이 e-비즈니스 모델의 실행에 있어서는 기존의 전략과의 차이나 인터넷 환경의 특성에 따라 다양한 전략을 선택해야 하는 전략 유연성의 문제가 대두된다.

따라서 디지털 환경에 적합한 방향을 설정하고, 핵심역량을 기반으로 한 경쟁우위의 전략을 수립해야 한다. 이를 기초로 다양한 환경의 속성에 따라 e-비즈니스 모델이 달라지게 되며, 사업전략도 수정되어야만 한다. 이러한 환경에 적합한 전략들을 e-비즈니스 모델과 접목하면 e-비즈니스 추진을 통한 모델을 도출해 낼 수 있다. 따라서 e-비즈니스에 있어서의 CRM, 즉 e-CRM은 인터넷상에서의 고객관계관리를 의미하므로 오프라인의 CRM, 또는 기존의 CRM과는 차이가 있는 것이 사실이다. 여기서 한 가지 언급하고 싶은 것은 CRM과 e-CRM이 고객관계를 구축하여 수익을 극대화한다는 근본적인 목적에서는 차이가 없으며, e-CRM이 CRM과 전혀 다른 새로운 것은 아니라는 것이다.

2) 인터넷에서의 고객가치[1)]

인터넷에서 얻을 수 있는 고객 가치는 크게 구매가치와 인터넷 정보탐색 가치로 나눌 수 있다. 인터넷 정보탐색을 얻을 수 있는 가치란 인터넷 정보탐색을 통해서 소비자가 추구하고자 하는 방향이라고 할 수 있다. 즉, 인터넷 사용자에게 빠르고 효율적인 정보탐색을 가능케 하는 가치를 제공해 주기도 하고 플로우(flow)와 같이 무엇인가에 몰두하여 재미와 흥미를 느끼는 가치를 제공해 주기도 한다. 인터넷에서도 모든 이용자는 쾌락적이며 실용적인 가치중 어느 하나만을 경험하는 것이 아니라 동시에 쾌락적이며 실용적인 가치를 경험할 것이다. 그러나 어떤 사람은 실용적인 목적이 쾌락적 목적보다 더 중요하며 또한 어떤 사람은 실용적인 목적보다 인터넷을 통해 느끼는 감정적인 즐거움이 더 중요할 것이다. 또한 인터넷

1) 권순홍, 쇼핑몰의 지각된 가치가 고객만족과 신뢰, 충성도에 미치는 영향에 관한 연구, 성균관대학교 대학원. 2005. pp21-22.

은 소비자에게 쇼핑을 통한 구매가치를 느끼게 한다.

웹 상에서의 고객가치에 관한 연구로서 Biro(1998)는 새로운 미디어 매체로서 인터넷이 고객에게 가치를 제공하고 있음을 주장하였다. Biro는 웹이 정보항목(content), 고객과의 친근한 상거래(commerce), 가족과 같은 공동체(community) 의식을 느끼게 하며, 고객 요구에 대한 맞춤화(customixation) 등의 4C로써 고객에게 가치를 제공한다고 주장하였다. Biro의 4C는 현실세계를 반영한 것으로 볼 수 있으나, 이론적 기반이 약하고 단지 전자상거래 자체를 미디어 매체로 고려한 다소 주관적인 견해를 전개하고 있어 한계점을 지니고 있다고 할 수 있다.

전자상거래가 고객에게 어떠한 가치를 주는가를 연구한 Keeney(1999)는 전자상거래에서의 고객가치에 대해 수단-목적(means-ends) 모형을 제시하였다. Keeney는 100명의 소비자들에게 전자상거래에서 지각한 가치 목록을 직접 작성하도록 한 후 이 목록으로부터 공통 항목을 추출하였으며, 수단-목적의 항목간의 관계를 조직화하고 모형화 하였다. 즉, Keeney는 소비자들이 전자상거래에 대하여 어떤 가치체계를 가지고 있는가를 조사하여 25개 범주와 세부속성들을 조사하였다. 25개 범주는 수단항목 16개와 최종목적 항목 9개로서 수단 항목들은 사기성의 감소, 시스템 보안의 보증, 정보접근의 극대화, 제품정보의 극대화, 신용카드 오용의 최소화, 개인정보 오용의 최소화, 신뢰할 수 있는 배달의 보증, 한정적 충동구매, 거래 보증의 최대화, 비교 쇼핑의 향상, 더 나은 구매 선택, 제품 다양성의 최대화, 제품 유효성의 최대화, 인적여행의 최소화, 사용의 편리성 최대화, 인적교환의 제동 등이다. 또한 목적 항목들은 제품 품질의 최대화, 비용감소, 제품 수용의 시간감소, 편리성의 극대화, 환경적 영향의 최소화, 소모시간의 감소, 프라이버시 보호 극대화, 쇼핑 즐거움의 최대화, 안전의 극대화 등이다.

Keeney(1999)는 수단 항목들은 최종 목적 항목들에 영향을 미치며, 목적 항목들은 전자상거래에서 고객 만족을 위해 필요한 요인들인 것으로 간주하였다. Keeney의 연구는 전자상거래에서 고객이 어떠한 요인들에 의해 만족하는지를 인식할 수 있도록 선행적 항목 및 속성들인 고객의 가치체계를 조사하여 기업이 전자상거래를 운영하고 의사결정을 수행함에 있어 이익을 극대화할 수 있고 위험을 회피할 수 있도록 좋은 지침을 제공하였다고 볼 수 있다.

인터넷에서의 가치를 수단-목적관계로 서술한 Keeney(1999)의 연구와는 달리 Hoffman and Novak(1996)은 하이퍼미디어 컴퓨터 중재환경(hypermedia computer mediated environments)의 네트워크 항해모델에서 네트워크 항해의 과정적 특성을 실용적 편익추구, 수단지향 등의 목표 지향적 측면과 오락적 편익추구, 의례지향 등의 경험적 측면으로 나누어 정보탐색과정에서 나타나는 플로우(flow)현상은 쾌락을 추구하는 내생적 동기에서 유발되며 재미와 자기몰입적 특성을 지닌다고 하였다.

인터넷에서의 고객을 분류하는데 있어서 여러 고객 분류 기준중에서 구매가능자로 분류된 사람들을 최초 구매고객으로 만드는 것이며, 또 이들을 반복 구매고객으로 만들어 궁극적으로는 단골 고객과 지지 고객으로 확장해 더 이상 경쟁사에서 구매하지 않도록 유도하는 것이다.[2)]

여러 단계중에서 3가지 초기단계(구매 용의자, 구매 가능자, 최초 구매 고객 단계)는 가장 많은 비용이 들기 때문에 단순한 구매 가능자 고객 수(회원수)의 확보보다는 이미 확보된 회원들을 대상으로 단골 고객과 지지 고객으로 끌어올리는 것이 좀 더 효과적이다.

|표 3-2| 고객 분류 기준

고 객 단 계	설 명
구매용의자 (suspect)	구매용의자는 당신의 제품이나 용역을 구매할 능력(잠재적인 능력 포함)이 있는 모든 사람을 포함한다. 그들을 구매 용의자라고 하는 것은 그들이 제품을 구매할 것이라고 믿을 수도 있고 그렇지 않을 것이라고 의심할 수도 있기 때문에 이 단계에서는 아직 어느 쪽인지 확신할 수 없다.
구매가능자 (prospect)	구매가능자는 당신의 제품이나 용역을 필요로 하고 구매 능력이 있는 사람을 가리킨다. 비록 구매 가능자가 아직 당신의 제품을 구매하지 않았다고 하더라도, 그들은 이미 당신의 제품에 대해 들었거나, 읽었거나, 누군가 추천에 의해 알 수 있는 사람들이다. 구매 가능자들은 이미 당신이 누구인지, 무엇을 팔며, 어디에 위치하는지를 알고 있지만 아직 구매하지 않은 사람들이다.
비가격 잠재자 (disqualified prospect)	비가격 잠재자는 구매 가능자 중에서 당신의 제품에 대한 필요를 느끼지 못하거나 구매할 능력이 없다고 확실하게 판단되는 사람들이다.
최초 구매 고객 (first time customer)	최초 구매 고객이란 당신의 제품을 한 번 구매한 사람을 말한다. 그러나 이들은 향후 당신의 고객이 될 수도, 경쟁사의 고객이 될 수도 있다.
반복 구매 고객 (repeat customer)	반복 구매 고객들은 당신의 제품을 적어도 2회 이상 구매한 사람들이다. 이들은 같은 제품을 2번 구매한 사람일 수도 있고, 서로 다른 경우에 두 가지 이상의 제품이나 용역을 구매한 사람일 수도 있다.
단골고객 (client)	단골 구매 고객이란 당신이 판매하는 제품 중 사용할 수 있는 모든 제품을 정기적으로 구매하는 사람을 말한다. 이들은 당신과 지속적이고 강한 유대관계를 유지하고 있어 경쟁사의 유인전략에도 동요하지 않는 사람들이다.
지지고객 (advocate)	단골고객과 마찬가지로 지지고객은 당신이 파는 제품중 사용할 수 있는 모든 제품을 당신으로부터 구매하는 사람을 말한다. 그리고 게다가 그들은 다른사람들에게도 당신의 제품을 사서 쓰도록 권유하는 사람들이다. 그들은 당신에 관해서 이야기 하고 자발적으로 마케팅에도 동참해 당신에게 고객을 끌어주는 사람이다.
비활동 고객 (inactive client)	비활동 고객이란 당신의 고객이었던 사람중에서 정기적인 구매를 할 시기가 지났는데도 더 이상 구매를 하지 않는 사람들을 말한다.

2) 김광용외 3인, 로그분석과 e-CRM, 시대의 창, 2002, pp.108-110.

그러나 이러한 8단계 모형의 고객에 대한 정의는 기존의 오프라인 기업고객에게 적합한 정의이며, 온라인 기업들에게는 다소 적용하기에 무리가 따른다.

따라서 온라인 고객들을 위해서는 고객 집단중에서 측정하기 힘든 비가격 잠재 고객과 이탈한 고객인 비활동 고객을 제외하여 6단계로 새로이 고객을 정의하는 것이 분석과 그 효용성 측면에서 훨씬 정확한 정보를 제공할 수 있다.

|표 3-3| 온라인 고객 분류 기준

고 객 단 계	설 명
구매 용의자 (suspect)	구매 용의자는 당신의 제품이나 용역을 구매할 능력(잠재적인 능력 포함)이 있는 모든 사람들을 포함한다. 이들은 이미 당신 사이트가 무엇을 하는 사이트인지, 무엇을 목적으로 하는 사이트인지, 사이트 URL이 무엇인지를 알고 있지만 아직 방문하지 않은 사람들이다.
구매 가능자 (prospect)	구매 가능자는 구매 용의자 중에서 당신 사이트를 한 번 이상 방문하였지만 당신 사이트의 최종적인 목적에 부합하는 행동(쇼핑몰의 경우 구매를, 금융사이트의 경우 대출 등을 의미한다)을 아직 하지 않은 고객을 말한다.
최초 구매 고객 (first time customer)	최초 구매 고객이란 구매 가능자 중에서 당신의 제품을 한번 구매한 사람을 말한다. 그러나 이들은 향후 당신의 고객이 될 수도, 경쟁사의 고객이 될 수도 있다.
반복 구매 고객 (repeat customer)	반복 구매 고객들은 당신 사이트에 적어도 2회 이상 구매한 사람들이다. 이들은 같은 제품을 2번 구매한 사람일 수도 있고, 서로 다른 경우에 두 가지 이상의 제품이나 용역을 구매한 사람일 수도 있다.
단골 고객 (client)	단골 구매 고객이란 당신이 판매하는 제품 중 사용할 수 있는 모든 제품을 정기적으로 당신으로부터 구매하는 사람들을 말한다. 이들은 당신과 지속적이고 강한 유대 관계를 유지하고 있어 경쟁사의 유인 전략에도 동요하지 않는 사람들이다.
지지 고객 (advocate)	단골 고객과 마찬가지로 지지 고객은 당신이 판매하는 제품 중 사용할 수 있는 모든 제품을 당신으로부터 구매하는 사람들을 말한다. 그리고 게다가 이들은 다른 사람들에게도 당신의 제품을 구입하도록 권유하는 사람들이다. 그들은 당신에 관해서 이야기하고 자발적으로 마케팅에도 동참해 당신에게 고객을 끌어주는 사람이다.

3) e-CRM의 고객가치[3)]

(1) 가치전략으로서의 고객

e-CRM은 무점포, 비대면·실시간 접촉과 즉각적인 대응력, 단시간의 파급효과, 네트워크를 통한 결제 등 특수한 비즈니스 환경에서 기존의 오프라인 비즈니스와는 다른 고객에 대한 배려, 섬김, 서비스 제공, 커뮤니케이션에 대한 자기철학이 분명해야 한다. 특히 전자상거래 사이트의 경우에는 다른 동종 사이트나 기존 오프라인보다 더 뚜렸한 자기 철학이 있어야 한다.

e-CRM에서의 가치철학은 다음과 같이 매우 다양하게 표출될 수 있다.

|표 3-4| e-CRM에서 고객가치의 평가 유형

□ 가격	□ 품질
□ 배송	□ 상품유형
□ 희귀성	□ 차별적인 고객관리 기법
□ 음질, 명암의 정도	□ 고객을 끄는 광고나 이벤트 기법
□ 지식과 사회적 공헌	□ 고객 또는 사회에 대한 이익의 환원
□ 사랑과 고통의 공유	□ 확고한 커뮤니티 조성
□ 원초적인 본능과 즐거움의 자극	

특히 인터넷 환경하에서는 어떤 특정 가치 전략 하나만으로도 고객들에게 보다 쉽고 의미있게 다가가 단기간에 무수히 많은 고객을 확보하거나 고객의 참여를 폭발적으로 배가시키는 사례가 허다하다. 이것을 마케팅의 위력으로 평가할 수도 있지만 e-CRM에서는 하나의 가치전략 평가로 볼 수 있다.

(2) 고객 입장에서의 고객

고객 입장에서의 고객은 위의 가치전략에서의 고객 관점과 바꾸어 생각하면 되지만 이것을 보다 세분해보면 최초의 관심도 표시나 신규 가입 시점에서의 입장, 고객유지자로서의 입장, 지지자로서의 입장에서처럼 고객 자신에게 놓여진 상황이나 분위기, 만족도에 따라 달라진다.

특히 e-CRM에서는 초기 지지율이나 관심도가 매우 높은 반면 고객이 가입하

3) 송현수, e-CRM 구축과 운용전략, 새로운 제안 2001. pp.136-147.

였거나 최초 반응 이후 시간이 많이 흐를수록 고객의 관심도나 반복이용도가 급격하게 줄어드는 현상이 심화될 수 있다. 따라서 이런 한계를 극복하기 위한 대안으로 e-CRM에서 강조하고 있는 고객의 원초적인 본능과 니즈의 현실적인 대응, 인터넷 사이트를 최초로 방문한 고객이 다시 방문하도록 흥미를 유발시켜야 한다. 오히려 고객 입장에서 '내가 여기를 방문 또는 참여를 하지 않으면 경제적·시간적·정보가치적·인격적인 가치 등의 불이익 내지는 가격상실을 가져올 수 있겠구나' 하는 인식을 갖게 할 정도로 가치를 부여할 수 있어야 한다.

(3) 서비스 중심에서의 고객

서비스 중심에서의 고객은 상품에 대한 유형적 가치에 비해 서비스에 대한 가치, 즉 인터넷 사이트의 홈페이지에 대한 매력, 분위기, 신선도, 콘텐츠의 질, 나열상태, 커뮤니티 조성, 반복 애용에 대한 가치제공 등 무형적 서비스를 추구하는 고객의 입장을 이해하자는 의미이다.

특히 e-CRM에서는 다음과 같은 요인에 따라 고객지지율이 달라질 수 있다는 것을 간과해서는 안된다.

▷ 콘텐츠의 질
▷ 고객접점 경로의 다양성
▷ 최초 서비스 이후의 응대 만족도
▷ 남들이 제공하지 못하는 희귀성, 독창성, 자극성
▷ 보상과 위험, 안전성 확보

(4) 마케팅 접점 민감도에서의 고객

마케팅 접점 민감도에서의 고객은 일명 세일즈 프로모션, 영업, 광고, 이벤트 중심에서의 고객 입장을 말한다. 이러한 입장은 고객이나 조직 모두 단기적인 성향에 관심도나 집중도가 높다. 또한 다음과 같은 즉시효과나 고객 니즈를 추구하는 경향이 짙다.

▷ 경제적 이득 추구
▷ 시간적 편리성 추구
▷ 자기욕구 충족(적극적인 자기참여 의사)

▷ 정보와 지식 획득
▷ 커뮤니티 등의 참여로 인맥과 네트워크 확보
▷ 심심풀이로서의 참가(샘플·견본·퀴즈·이벤트·사이버복권·게임 등)
▷ 추천에 대한 추가 혜택

(5) 데이터 분석 측면에서의 고객

데이터 분석 측면에서의 고객은 고객의 사후관리를 전제로 보다 과학적·체계적·시스템적 측면에서 고객을 바로 알자는 의미다. 이것은 고도의 마케팅 숙련자가 즐기는 것으로 다음과 같은 성향이나 관심도를 측정하기 위한 관점으로 볼 수 있다.

▷ 기본적 고객 대면자료
▷ 고객의 과거 히스토리
▷ 고객 구매내력
▷ 고객 선호변수

이것은 e-CRM에서 딱딱해지기 쉬운 항목을 텔레마케팅, 서면, 인터넷상에서 별도로 만들어 고객과의 차별적인 접촉과 커뮤니케이션 형성에 유리한 데이터로 활용할 수 있다.

(6) 로열티 정도에서의 고객

로열티 정도에서의 고객은 고객의 관여도나 관심도, 지지도의 정도에 따른 것으로 CRM 경영의 핵심적인 가치라고 할 수 있다. CRM은 1대 1 접촉을 통해 고객과의 관계개선, 즉 우호적인 친밀감과 고객의 로열티 증대를 통해 지속적·장기적인 이익 실현을 추구하는 전략인 만큼, 이것을 위해 기업은 수많은 고객마케팅 활동을 전개하는 것인지도 모른다.

▷ 활동성 중심의 로열티에 따른 분류 : 비활동성, 활동성
▷ 로열티 정도에 따른 분류 : 신규고객, 최초이용고객, 반복애용고객,
단골고객, 지지자, 로열치 고객

(7) 잠재고객의 분류

오프라인상의 잠개고객과 온라인상의 잠재고객은 그 속성과 범위가 다르다는 것을 이해해야 한다. 온라인 상에서는 비록 특정 고객이 그 사이트에 최초로 방문하였거나 가입하였다 하더라도 곧바로 고객으로 간주하는 것은 매우 위험하다.

온라인상에서 정의할 수 있는 잠재고객의 범위는 다음 표와 같은데, 여기서 ①, ③항의 고객 성향은 기존 오프라인 체제의 잠재고객 성향과는 차이가 있다는 것에 유의해야 한다. 이들을 절대고객으로 전환시키기 위해서는 반복이용의 적극 유도, 스스로 방문할 수 있는 고객니즈와 관심도 증대, 고객방문과 로열티 정도에 맞는 고정고객 우대 프로그램이 항시 제공되어야 한다.

온라인상에서 잠재고객의 범위

① 특정 인터넷 사이트에 가입하였으나 이용실적이나 추가적인 방문 없이 일정기간 방치되어 있는 자
② 해당기업의 e-CRM 목표고객과 일치되는 고객층으로서 아직까지는 방문한 적이 없으나 해당상품과 서비스, 정보콘텐츠 등에 관심을 두고 있는 자
③ 회원 가입 후 지속적으로 이용하지는 않았지만 과거에 몇번 이용한 경험이 있는자로서, 최근에 이용실적이 전혀 없어 고정고객으로 인식하기에는 불안정한 자

또한 잠재고객을 신규고객, 고정고객으로 흡입하는 마케팅방법은 다음과 같다.

첫째, 가치와 실질적인 혜택 부여

고객을 이해시키고 어떤 가치를 부여한다. 아웃바운드 텔레마케팅을 할 경우에는 고객에게 상품 및 서비스의 가치, 기업의 이미지를 인식시키며 안심, 실질적이며 차별적인 혜택이나 정보 등을 구체적으로 제공할 수 있는 내용을 언급하여 고객으로 하여금 관심과 욕구, 참여를 유도한다.

둘째, 관심과 가능성 높은 고객 집중 접촉과 설득

고객의 가입시기, 과거 이용상황, 잠재적인 특성, 개인의 특성 등을 면밀히 검토하거나 가입이나 이용가능성이 높은 고객, 상담시 우호적이고 이해력이 높은 고객 데이터를 별도 정리하여 텔레마케팅을 집중적으로 전개한다. 경우에 따라서는 전화접촉이나 커뮤니케이션 채널을 다양화한다. 전화 이외에 편지, 이메일, 행사나

이벤트 초대 등 보다 인간적인 접촉을 시도한다.

셋째, 쌍방간 커뮤니케이션 강화

텔레마케팅이 지나치게 의도적이거나 강압적일 때 고객들은 싫증을 느끼거나 반감을 사게 된다. 쌍방간 커뮤니케이션 기법을 활용하여 이해, 동감, 질문과 신뢰성 높은 답변, 대화수준 맞추기 등을 고려하여 고객에게 우호적인 관계를 확보한다.

넷째, 잠재고객과의 지속적인 유대관계 강화

이것은 신규고객을 통한 고객확대전략이다. 고객확대를 위해서는 단기적인 성과에 치중한 고객개발전략보다는 지속적인 유대관계와 니즈파악에 근거한 장기적인 고객개발 전략의 수립이 요망된다.

이를 위해서 개발대상 고객의 외부자료 수집과 내부 일반고객 자료를 통해 개발 가능한 고객을 파악하여 목표고객으로 설정하고 지속적인 관계유지를 위한 상품 서비스 안내장 발송, 경조사 관리는 물론 경우에 따라서는 텔레마케팅 방법 이외에 방문과 창구응대 강화 등의 접근전략이 추진되어야 한다. 이와 더불어 목표고객의 관리 현황 정보파일의 구축을 통해 지속적인 관리가 이루어질 수 있도록 해야 한다.

2 e-CRM[4)]

1) e-CRM 기본개념

현재에 이르러서는 많은 고객들이 앉은 자리에서 웹을 통해 마음에 드는 상품을 직접 고르고 구매하기도 한다. 뿐만 아니라 구매 이후의 질문, 불만 처리나 사후 서비스 등을 신속히 받을 수 있다.

e-CRM은 EC(전자상거래)에서의 CRM을 말하는데 EC에서 웹은 상거래를 위한 매체와 시장으로 사용되며, 이를 통해 공급업체와 고객간의 물리적인 시간과

4) 김승욱외 4인, 고객관계관리, 형설출판사, 2004.

거리의 장벽이 최소화되었다. 따라서 EC는 구매자와 판매자간의 상호작용을 근본적으로 바꾼 것이다. 웹이 존재하기 이전에는 구매자들과 시장 전망은 사람에 의존했다. 사람들이 주문을 받는 것 뿐만 아니라 질문에 응답하고 조언해 주고 정보를 제공하며 문제를 해결해 주었다. 그러나 EC에서는 고객들이 적극적으로 사이트를 탐색하기 때문에 사람이 아닌 웹사이트들이 고객들과 직접 대면하고 있다. 바로 이런 웹사이트들이 고객들의 문제나 질문에 귀를 기울이고 조언, 안내, 추천 및 다른 자료들에 대답하는 것이다.

고객중심의 세계에 내재된 주된 의미는 CRM이 EC의 핵심 비즈니스 활동이 된다는 것이다. 기능적으로 이러한 변화는 고객과 관련된 기업부서와 프로세스가 이전에는 마케팅 판매 및 고객 서비스에 국한되었는데 이제는 엔지니어링, 제조와 유통도 포함되도록 확장할 필요가 있음을 의미한다.

이와 같은 관점에서 e-CRM이란, 고객 각각의 요구사항에 대해 전자기술(electronic technology)에 기반을 둔 전자채널(e-channel)을 이용해 고객과 접촉을 갖고 고객의 요구사항을 처리하며 마케팅, 판매, 서비스의 3가지 기업활동을 할 수 있는 환경을 갖추는 것이라고 할 수 있다.

기업에 e-CRM이 중요한 이유는, 기업이 기존고객의 불만사항이나 요구사항을 접하고 있는 콜센터 비용을 획기적으로 절감할 수 있기 때문이다. 예를 들면, Sprint PCS는 콜센터로 질의하는 고객의 10%만 웹으로 전환한다면 전자상거래 시스템 구축비용을 절감할 수 있다고 자체적으로 평가했다.

두 번째는 고객들의 전자채널에 대한 기대가 매우 커졌다는 것이다. 컴퓨터 제조업체인 델(Dell)사의 경우, 새로운 비즈니스의 80%가 웹을 통해 이뤄지고 있는데 이들 중 40%가 Dell이 Web channel을 가지고 있지 않았다면 거래하지 않았을 것이라는 반응을 보였다.

마지막으로 새로운 경쟁기업들이 전자채널을 크게 강화하고 있고 전자채널을 이용해 빠르게 시장 점유율을 확보하고 있다는 것이다. 이처럼 기업의 성패를 좌우하는 수단으로 전자채널의 가치가 높아지고 있는 것이 현재의 두드러진 현상이라고 볼 수 있다.

2) e-CRM의 가치 및 구성요소

e-CRM은 기업과 고객에게 제공할 수 있는 가치와 이를 기반으로 e-CRM이 갖추어야 할 프레임워크를 설명해주고 있다. e-CRM은 마케팅, 판매, 서비스의 기업활동이 다시 e-Marketing, e-Selling, e-Service의 3가지 활용분야로 발전하게 된다.

e-Marketing은 웹을 활용해 전통적인 마케팅기능 및 새로운 마케팅 기능을 구현하는 것이다. 예를 들어, 온라인을 이용한 광고, 판매촉진, PR 및 Direct Marketing을 포함해 시장조사, 고객참여, 가격정보 획득 등이 e-Marketing에 해당한다.

e-Selling은 초기에 고객을 인식하는 것에서부터 상품·서비스 전달과정에 이르기까지 고객의 전 구매과정을 웹상에서 처리할 수 있도록 하는 것이다. 전 구매과정의 셀프서비스화든지 고객의 구매의사 및 지불능력을 파악하고 고객이 원하는 제품을 추천할 수 있고 인터넷에서 주문을 생성할 수도 있다.

e-Service는 고객서비스 및 지원을 하는 용도로 전자채널을 활용하는 것이다. 즉 고객이 스스로 고객정보를 입력 및 수정하고 서비스 오더 및 고장신고 처리현황을 검색할 수 있으며 고객교육 및 사용설명서를 제공하고 EBPP(electronic billing presentation & payment : 고객이 요금청구서 및 사용내역서를 e-Mail을 통해서 받아볼 수 있고 또한 이를 이용하여 요금을 납부할 수 있도록 하는 서비스) 등을 제공할 수 있다.

앞에서 설명한 바와 같이 e-CRM은 단순히 웹 사이트를 만드는 개념은 아니다. e-CRM을 성공적으로 수행하기 위해서는 네 가지 중요한 구성요소를 갖추어야 한다.

① 전문기술 및 인력을 확보해야 한다. 기술적인 노하우 뿐만이 아니다. e-Economy 시대의 도래로 업무처리도 변화되고 새로운 비즈니스 환경을 이해하고 이에 적응할 수 있는 조직이나 인력을 갖추어야 실패할 확률을 줄일 수 있다.

② end-to-end 솔루션을 갖추어야 한다. 고객이 웹을 통하여 상품을 주문할 경우, 주문뿐만 아니라 배달과정, 사후관리 및 만족도 등을 추적하여 항상 고객이 무엇을 원하고 있는지를 파악해야 한다. 그러한 서비스 제공을 위해서는 Front-end 뿐만 아니라 Back-end 프로세스도 제대로 갖추어져야 한다.

③ 채널간의 통합이 이뤄져야 한다. 다시 말하면 고객이 어느 채널을 이용하든 단일화된 혹은 통합된 업무처리로 고객의 가치를 최적화 할 수 있는 전체적인 채널 전략이 수립되어야 한다는 것이다.

④ 고객과의 관계를 강화할 수 있는 고객의 어떠한 정보라도 소홀히 다뤄서는 안 된다는 것이다. 물론 고객의 개인적인 정보를 획득하기란 그리 쉬운일이 아니다. 먼저 현재 소유하고 있는 고객의 거래정보(transaction data)를 응용하여, 고객이 기업의 이윤에 영향을 미치는 행동의 유형을 파악하고, 그것을 이용하여 고객의 개인정보(privacy) 및 개인 선호정보(preference) 등 고객과의 관계를 긴밀하게 할 수 있는 정보를 획득할 수 있는 기반을 닦는 것이 e-CRM의 중요한 성공요소가 될 것이다.

3) e-CRM 적용의 제한

(1) e-CRM 적합성의 제한

e-business 전개의 핵심수단인 e-CRM의 적합성 역시 산업특성에 따라 상이하다. 따라서 CRM 시스템을 구축하기 앞서 고객 접촉방법, 고객 접촉 빈도, 고객 생애 가치 등의 관점에서 각 산업을 분석, CRM을 통해 얻을 수 있는 효과를 파악한 후 CRM전략을 수립해야 한다.

① 고객 접촉 방법

e-CRM은 고개과의 직접적인 접촉 채널을 보유하고 있는 산업에 유리하다. 즉, 금융업처럼 지점이나 영업망을 통해 실명화된 고객 데이터 입수가 용이한 경우에는 e-CRM 적용이 용이하나, 가전과 같이 양판점, 대리점 등과 같은 간접 유통 채널을 통해 고객 데이터를 확보해야 하는 경우에는 정확한 정보를 획득하기 어렵기 때문에 실행이 어렵게 된다.

② 고객 접촉 빈도

e-CRM은 고객과의 접촉 빈도가 높아 고객 행위 패턴 분석 및 데이터 갱신이 용이한 산업에 유리하다. 즉, 자동차나 가전의 경우, 구매후 사용기간이 길기 때문에 최신 데이터의 확보가 용이하지 않다. 반대로 주유소의 경우에는 고객접촉 빈도가 높아 포인트제공 등의 유인을 통해 고객에게 친근감을 제공하는 것이 가능해 e-CRM 적용에 보다 유리하다.

③ 고객생애가치

e-CRM은 고객의 생애가치가 큰 산업, 즉 CRM을 통해 고객으로부터 얻을 수 있는 가치가 투입된 비용에 비해 상대적으로 높은 산업에 유리하다. 자동차의 경우에는 고객 1인을 잃을 때의 기회손실이 매우 크나, 학용품의 경우에는 고객의 생애가치가 작다.

(2) 추진과정의 제한

e-CRM은 추진 과정에서도 데이터 확보 및 분석 스킬 문제, 새로운 가치창출 가능성 문제 등 현실적인 제약요인이 산재해 있으며, 이것이 해결되지 않면 그 효과를 기대할 수 없다.

① 데이터 확보/분석면에서는 고객이 개인정보노출에 대해 거부감을 지니고 있어 신뢰성 높은 데이터를 확보하기가 곤란하며, 데이터를 확보하였다 하더라도 이에 대한 분석 스킬 축적이 미흡하여 의미있는 정보 도출에 한계가 있을 수 있다. 또한 방대한 고객 log-on 데이터의 보관 및 분석을 위한 H/W. S/W 확보도 현실적인 문제점으로 작용할 가능성이 있다.

② 서비스 제공면에서는 고객이 원하는 것을 원하는 시간에 제공할 수 있는 일대일 맞춤 서비스 제공 능력 특히, 제조업체의 경우에는 mass-customization 능력 부족이 e-CRM 추진의 장애요인으로 작용한다.

③ 따라서 고객 로열티 확보를 위해서는 앞 단계에서 비롯되는 한계를 해결함으로써 차별적인 가치를 창출할 수 있는 기반을 마련하는 것이 무엇보다 중요하다.

	고객데이터 확보/분석	개인화/맞춤서비스제공	고객 로열티 확보
주요 내용	- 고객 프로파일 구축 고객의 제품 구매 행태 및 서비스 이용 실태파악 - 고객 및 제품 데이터의 축적 및 통합적 활용	- 고객의 요구사항 및 기대수준 이해 - 고객이 원하는 것을 원하는 시간에 제공	- 고객에게 제공하는 가치의 문제점 파악/개선 - 고객 유지를 위한 새로운 가치창출 및 제공
제약 요인	- 온라인 고객의 개인정보 노출에 대한 거부감 - 고객을 세분화할 수 있는 신뢰성 높은 데이터 확보 곤란 - 의미있는 정보도출을 위한 분석스킬 부족 - 고객의 log on 데이터 보관 및 분석을 위한 H/W, S/W 확보문제	- 제조업체의 경우 일대일 맞춤 서비스 제공능력, mass-customization 능력 부족 - 모듈화를 통한 부품 호환성 증대 등 필요 - 접촉 빈도가 낮은 산업의 경우, 차별화된 정보의 지속적 제공 곤란	- 실질적인 가치창출 가능성 한계 - 앞단계에서 비롯되는 한계로 인해 지속적 차별화가 가능한 가치창출 곤란

|그림 3-1| e-CRM의 추진 과정상 제약요인

3 웹 로그분석

1) 웹 마이닝

(1) 웹 마이닝의 정의

웹 마이닝(web mining)이란 웹 서버 로그(web server log)는 물론 웹 상에서 존재하는 모든 데이터(고객 신상정보, 구매기록, 장바구니 정보 등등)를 대상으로 웹 데이터간의 상관관계를 자공적으로 밝혀내고, 웹 사용자의 의미 있는 접속행위 패턴을 발견하는 과정이라 말할 수 있다.

웹 마이닝은 고객이 웹사이트에서 무엇을 찾고, 무엇을 하기를 원하는지 등에 관한 분석을 통하여, 고객의 성향 및 행동을 예측할 수 있는 내용을 제공함으로써

고객대응전략에 맞는 비즈니스 방향을 제시해주며, 개별 고객의 욕구에 맞게 제공하는 비즈니스를 일반화하는 기회를 제공한다. 이러한 이유로 웹 마이닝은 최근에 기업에서 지대한 관심을 갖고 있는 고객관계관리의 중요한 과정이기도 하다. 웹 마이닝의 프로세스 과정은 |그림 3-2|와 같다.

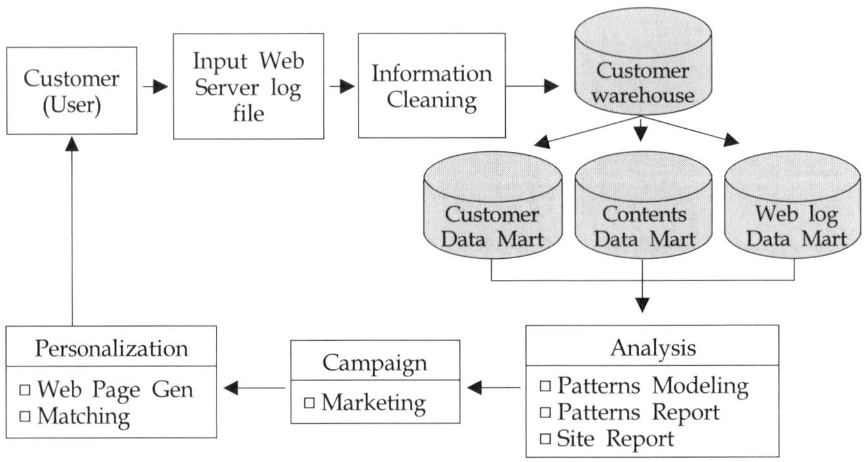

|그림 3-2| Web Mining Process

(2) 웹 마이닝의 분류

웹 마이닝은 데이터의 종류 및 마이닝 목적에 따라 크게 웹 콘텐츠 마이닝(web content mining), 웹 구조 마이닝(web structure mining), 웹 사용 마이닝(web usage mining) 세 가지로 분류(srivastava et al, 2000)하여 설명할 수 있다.

① 웹 콘텐츠 마이닝(web content mining)

웹 사이트를 구성하는 페이지의 내용 중에서 유용한 정보를 추출하기 위한 기법으로 텍스트, 이미지, 오디오, 동영상과 같은 다양한 데이터가 사용된다. 멀티미디어 데이터 마이닝 또한, 웹 콘텐츠 마이닝(web content mining)에 포함되어질 수 있으나, 현재까지 주된 흐름은 텍스트 문서 데이터에 연구가 집중되고 있다.

② 웹 구조 마이닝(web structure mining)

웹 상에 존재하는 하이퍼텍스트로 구성된 문서들의 구조에 대하여 마이닝 하는 것으로, 기본 개념은 social network 연구에서 시작되었다. 상호 연결

(link)된 하이퍼텍스트 문서들 중에서 특정문서들을 포함하고 있어서 많이 참조되는 사이트(authority site)와 이런 문서들을 많이 연결(link)해 놓은 사이트(hub site)를 찾는 작업을 수행한다.

③ 웹 사용 마이닝(web usage mining)

방문자들이 웹 페이지 사용패턴을 설명하기 위한 마이닝으로서 사용자가 서핑하면서 발생되는 로그 데이터와 사용자가 직접 작성한 등록 정보, 설문 조사 등과 같은 표출적인 데이터를 사용하여 웹 사용 마이닝(web usage mining)을 수행하게 된다. 웹 사용 마이닝(web usage mining)은 액세스 패턴을 찾는 작업과 개별사용자의 사용 패턴을 분석하여 차별화된 서비스를 제공하기 위해 연구되었다. 최근 개인화라고 하여, 웹에 접속하는 사용자별 서비스를 제공하거나, 사이트 개선, 마케팅에 사용되고 있으며 웹 로그분석 또한 웹 사용 마이닝(web usage mining)의 한 부분이다.

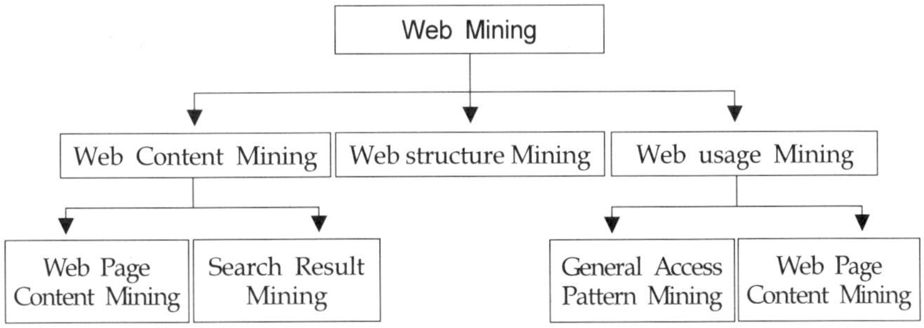

|그림 3-3| 웹 마이닝의 분류

2) 웹 로그파일

(1) 로그파일이란

로그파일이란 웹 서버를 통해 이루어지는 내용이나 활동 사항을 시간의 흐름에 따라 기록하고 있는 파일이다. 이러한 기록들은 웹 서버를 설치할 때 로그파일의 위치와 기록방법 등을 지정할 수 있으며, 웹 서버는 Access Log, Referrer Log, Agent Log, Error Log라고 불리는 로그파일을 텍스트 파일로 저장한다.

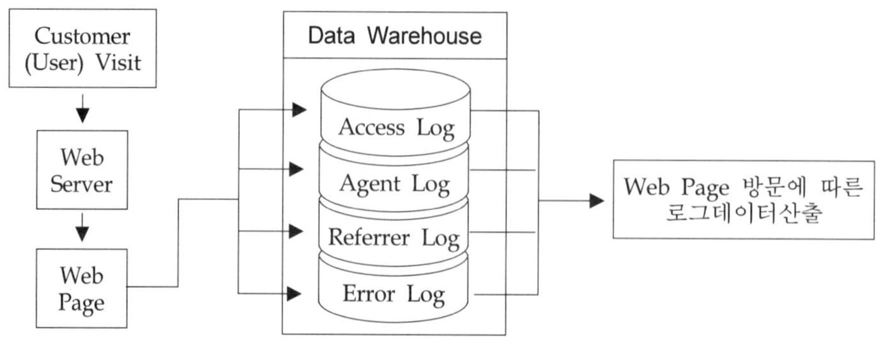

|그림 3-4| 로그파일 생성

(2) 로그파일의 종류

로그파일에는 Access Log, Referrer Log, Agent Log, Error Log 등이 있다.

① Access Log

웹사이트 방문자는 웹 브라우저를 통해 해당 사이트를 방문하게 되는데 이때 브라우저가 웹 서버에 파일을 요청한 기록을 시간과 IP 등의 정보와 함께 남기는데 이것을 Access Log라고 한다. Access Log는 웹사이트의 트래픽에 대한 가장 기초적인 정보를 제공하며 서버로부터 브라우저에 파일이 전송된 기록이므로 Transfer Log라고도 한다. 현재 Access Log를 기록하는 표준은 NCSA(National Center for Supercomputing Applications)의 CLF(Common Logfile Format)를 따르며 구성방식은 |표 3-5|와 같다.

|표 3-5| Access Log 구성방식

202.31.243.33 -- [06/05/2003:00:10:00-0500] "GET/abc.html HTTP/1.1"200 36055		
필드이름	필드내용	예
Host	IP address or DNS	202.31.243.33
Identification (RFC931)	The remote logname of the user.	-
AuthUser	The username as which the user has authenticated himself.	-
Data(Time)	Data, time and GMT	[06/05/2003:00:10:00-0500]
Http Request	Http Request	GET/abc.html HTTP/1.1
Status Code	The HTTP status code returned to the client.	200
Volume(byte)	The content-length of the document transferred.	36055

가. Host(IP address or DNS)

사이트 방문자의 방문경로를 알려주는 정보를 제공하는 단서로, 서로 다른 IP를 통하여 얼마나 많은 사람들이 방문했는지를 파악할 수 있게 해주며 DNS(Domain Name Server) 또는 IP 주소 등으로 기록할 수 있다. 그러나 DNS로 기록할 경우 웹 서버는 매 접속 때마다 DNS를 역 추적해야 하기 때문에 웹 서버에 상당한 부하를 주게 되므로 대부분 IP로 기록한다. 호스트의 추적을 통해 방문자의 방문정보를 알 수 있으나 변동 IP를 사용하거나 사람들이 많이 사용하는 장소에서 접속하는 경우 방문자 정보를 파악하는데 어려움이 있기 때문에 정확한 정보를 파악하려면 쿠키나 이용자 인증 등을 거쳐야만 하는 한계가 있다.

나. Identification(RFC931)

이용자의 이름을 표시하는 곳으로 거의 사용되지 않는 편이며 하이픈(-)으로 보이는 경우가 많다.

다. AuthUser

웹서버에 의해 보호된 디렉토리에 패스워드로 접근했을 때 남는 기록으로써 보통 때는 하이픈(-)으로 보여진다.

라. Data(Time)

방문자가 서버에 접속한 날자와 시간을 기록하는 것으로 방문자의 시간대를 알 수 있으며 날짜형식은 'DD/MON/YYYY'로, 시간형식은 'HH:MM:SS'로 표현한다. GMT는 +, -를 써서 표준 GMT(Greenwhich Mean Time)와의 시간차를 나타낸다.

마. Http Request

Request는 크게 정보의 요청방식에 의해 GET, POST, HEAD 등의 명령어, 실제 명령 대상의 파일이름, 전송 프로토콜 이름/버전(0.9/1.0/1.1)의 세 개의 세부필드를 기록한다. 예를 들어 'GET/abc.html HTTP/1.1'은 브라우저가 GET이라는 Method를 이용해 파일을 요청했으며, 이때 요청된 파일의 url은 abc.html이고, HTTP Protocol의 버전은 1.1임을 뜻한다.

바. Status Code

접속상태와 데이터 이동상태의 현황을 나타내는 것으로 1xx, 2xx, 3xx, 4xx, 5xx의 5개의 카테고리로 구분되며 그에 따른 내용은 |표 3-6|과 같다.

|표 3-6| Status Code

상태코드	코드의 의미	적용 예
1**	Continue / Protocol Change	
2**	Success	200 - 정상적 파일 전송(Successful Transfer) 204 - 파일은 발견되나 내용이 없음.
3**	Redirection	웹사이트가 이동되거나 자동 슬라이드 효과 시
4**	Client Error / Failure	404 - 파일이 발견되지 않음(File Not Found)
5**	Server Error	500 - 내부적 서버 에러(Internal Server Error)

사. Volume(byte)

사용자가 접속한 파일 용량의 크기를 기록한 것으로 실제 전송된 데이터 양이기 때문에 상태 코드(Status Code)가 200인 경우에만 기록되며, 전송된 데이터의 양이 0인 경우에는 '-' 으로 기록된다.

② Referrer Log

사용중인 웹 서버를 소개해 준 사이트와 소개받은 페이지를 화살표로 기록함으로써 해당 웹사이트를 보기 위해서 어떤 페이지를 거쳐왔는지에 대한 기록이 남아 있다. 이 로그를 살펴보면 방문자가 해당 사이트를 방문하기 위해 어떤 검색엔진을 활용했으며 사이트에 접속하기 위해 어떤 키워드를 검색했는지, 또는 URL 경로는 어떠한지 등에 대한 정보가 수록된다. Referrer Log 구성방식은 |그림 3-5|와 같다.

http://www.jeonju.ac.kr/link.sap → /index.html

|그림 3-5| Referrer Log 구성방식

③ Agent Log

사이트 방문자의 웹 브라우저 및 버전, 운영체제의 종류, 화면해상도, 프로그램의 종류 등에 관한 정보를 제공해 최적화된 웹사이트를 구성할 수 있는 단서를 제공하며, Agent Log 구성방식은 |그림 3-6|과 같다.

Mozilla/4.0 (compatible; MSIE 6.0; Windows NT 5.0)

|그림 3-6| Agent Log 구성방식

④ Error Log

웹 서버에서 발생하는 모든 에러와 접속실패를 시간과 에러내용의 두 가지로 기록한다. 에러 로그가 발생하는 경우는 파일이나 이미지를 잘못 링크해 존재하지 않는 파일인 경우, CGI 프로그램이 정상적으로 작동하지 않는 경우, 서버의 퍼미션(permission) 설정을 제대로 부여하지 못해 서버가 정상적으로 기록되지 못한 경우 등이다. 예를 들어 파일이 발견되지 않는 경우는 404 File Not Found라는 문장이 나오고, 내부 서버의 에러가 발생한 경우는 500 Internal Server Error라는 메시지가 나오는 경우가 있다. Error Log 구성방식은 |그림 3-7|과 같다.

[Fri Jun 06 13:20:2003][error][client 202.31.243.34] no acceptable valiant: c;/program file/apache/index.html

|그림 3-7| Error Log 구성방식

3) 로그파일의 수집 및 방법

로그는 웹 사이트에서 수집되는 웹서버 로그 데이터(web server log)와 개별 사용자에게 수집되는 사용자 트래킹 로그 데이터(user tracking log)로 구분할 수 있다. 웹서버 로그(web server log)는 인터넷 사용자가 자사의 웹사이트에 접속하면 자동적으로 방문횟수, 페이지 뷰 등에 관한 데이터를 저장한다. 방문자의 IP주소를 통해 개별 방문자를 식별하며, 접속경로를 유추할 수 있다. 그리고 방문자가 웹사이트의 내부를 탐색할 경우 페이지별 방문 수 및 페이지에서의 체류시간 등을 알 수 있게 해준다. 그와 반면에 사용자 트래킹 로그는 개별 사용자의 승인 하에 웹 서핑활동에 따라 발생하는 로그를 수집하게 된다.

웹 사이트 접속승인과정에서 개별사용자는 패널이나 회원의 형태로 자신의 성별/ 연령별/ 직업별/ 거주지별/ 소득별 분포현황, 주 관심정보 등에 관한 정보를 기입하게 된다. 따라서 웹서버 로그와는 달리 사용자의 로그정보와 고객정보를 통합하여 분석할 수 있다. 또한 웹 로그를 추출하는 방법은 여러 가지가 있으나 대표적으로 사용하는 방법으로 패킷 스니핑 방식, 웹 서버 로그파일 방식, TAG 방식이 있다.

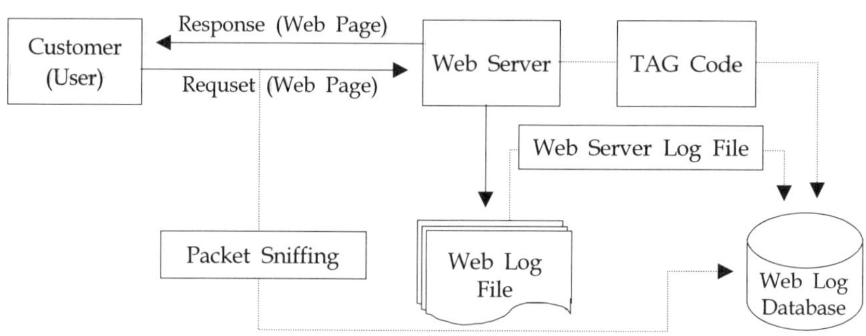

|그림 3-8| 웹 로그 추출방법

(1) 패킷 스니핑 방식(packet sniffing)

클라이언트의 브라우저에서 웹 서버로 request할 때 발생하는 패킷을 필터링하여 웹 로그를 추출하는 방식이다. 이 방식은 실시간으로 처리가 가능하며 멀티서버인 경우에도 손쉽게 처리할 수 있으며 지속적인 로그 데이터베이스를 업데이트 할 수 있다는 장점이 있다. 그러나 부가적인 시스템이 필요하며 웹사이트가 대규모가 될수록 높은 사양의 설비가 필요하다.

(2) 웹 서버 로그 파일 방식

웹 서버에 생성되어 저장되는 로그파일을 일정한 시간마다 추출하는 방식으로 웹 서버에 자체적으로 생성되는 로그파일을 배치처리 방식으로 추출하기 때문에 안정적인 처리 방식과 다양한 데이터 추출이 가능하다는 장점이 있다. 하지만 실시간으로 할 수 없다는 단점과 로그파일이 대용량인 경우는 로그파일 전송 시 문제와 분석시간이 길어진다는 단점이 있다. 또 여러 다중 웹 서버를 분석하기 위해서는 로그 정보를 취합해야 하는 어려움도 따른다.

(3) TAG 방식

모든 웹 페이지마다 태그코드를 삽입하여 사용자가 웹 페이지를 요청할 때 실시간으로 로그 데이터를 처리하는 방식이다. 실시간 처리가 가능하며 대부분의 경우 ASP(application service provider)방식으로 서비스가 제공되기 때문에 사용자의 서버에 분석을 위한 별도의 프로그램을 설치할 필요 없이 분석을 원하는 웹페이지에 태그코드를 추가하는 것만으로 서비스를 이용할 수 있고, 웹 서버의 부담을 줄일 수 있다. 그러나 모든 페이지마다 일일이 태그코드를 삽입하여야 하기 때문에 태그코드를 유지하고 관리하는 많은 시간과 노력이 든다.

|표 3-7| 웹 로그 추출방법에 따른 특징

방식	TAG 방식	패킷 스니핑 방식	웹 서버 로그파일 방식
특징	○ 웹 서버의 부담을 줄임 ○ 트랜잭션 데이터 실시간 수집 ○ 비용 저렴	○ 실시간 정보수집 가능 ○ 분산된 웹 서버 로그 자동수집 용이 ○ 지속적인 데이터웨어하우스 업데이트 가능	○ Online Behavior Data 일반적인 원천 ○ 실시간 분석이 불가능
방법	○ 웹 문서에 사용자가 주고받는 정보를 인식하는 TAG 코드를 삽입하여 방문자 정보수집	○ 네트워크에서 주고받는 패킷데이터에 담긴 사용자의 로그인 정보를 빼내는 방법을 응용하여 방문자의 트랜잭션 수집	○ 서버에 쌓인 로그정보를 로그분석 프로그램으로 분석

4) 로그데이터 측정 단위와 이해

서버에 기록된 웹사이트 방문자에 대한 자료는 고객이 회원에 가입할 때 작성한 정보와 함께 인터넷 마케팅의 유용한 정보가 된다. 특히 로그파일 분석을 통한 웹 트래킹 측정은 웹사이트 방문자들의 다양한 사이트 방문유형을 보여줘 사이트 관리 개선을 통한 전략적인 사업 수행의 지침이 된다. 이러한 웹 로그 트래킹을 하기 위해서는 기본적인 히트 수(hit), 페이지뷰(page view), 체류시간(duration time), 세션(session), 방문자(visitor) 등의 개념이 사용된다.

(1) 히트(hit)

히트는 방문자가 웹사이트에 접속할 때 접하게 되는 파이의 숫자로서 한 페이지를 전송했을 때 그 안에 포함된 그래픽, HTML, 파일 등 모든 파일들이 하나의 히트로 계산된다. 그러나 해당 페이지의 히트 수와 방문자 수가 일치하지 않는다는 단점을 가지고 있다. 예를 들어, 한 웹 문서 내에 5개 그림 파일이 포함된 경우 히트 수는 6개이다. 왜냐하면 5개의 그림 파일과 1개의 HTML 파일이 있기 때문이다.

(2) 페이지뷰(page view)

페이지뷰는 하나의 HTML, ASP, PHP 등 문서를 보는 것을 말한다. 예를 들면, CRM에 관련 내용이 들어 있는 CRM.html 페이지를 열어본 경우 한번의 페이지뷰로 인정하여 기록하게 된다.

(3) 체류시간(duration time)

체류시간은 한 방문자가 특정 웹 페이지에 얼마나 오래 머물렀는가를 시간을 기준으로 기록하는 것을 말한다. 체류시간이 길다는 것은 그 페이지에 대한 관심이 많기 때문에 콘텐츠 분석과 관리 등에 효과적이다. 그러나 인터넷 이용자들이 여러 개의 브라우저를 동시에 띄워놓은 상태에서 작업을 하는 경우가 많기 때문에 이러한 측정 방식을 통한 결과분석이 정확하다고 보긴 어렵다.

(4) 세션(session)

세션은 해당 웹 사이트에 접속해서 해당 웹 사이트를 빠져나갈 때까지를 의미하며 IP address를 통해 파악한다. 그러나 변동 IP주소를 사용하는 접속방법에 의하여 서로 다른 방문자를 동일한 세션으로 인식할 우려가 있다.

(5) 방문자(visitor)

방문자는 특정 웹사이트에 한 번 이상 접속한 사용자 수를 파악하는 방법으로 방문자의 증가추이 및 충성고객 등을 파악하는 중요한 요소이다. 이러한 방문자 측정은 쿠키나 사용자 인증을 통해 방문자의 방문 경로 및 웹사이트 방문행태를 분석해 웹사이트의 콘텐츠 관리 및 전략수립에 이용할 수 있다.

5) 로그분석 단계

(1) 로그분석 항목선정 및 설정

웹 로그분석을 하기 전에 웹사이트를 효과적으로 운영하기 위해 어떤 분석이 필요한지를 미리 정해두어야 한다. 이에 분석항목 선정은 중요한 작업이다. 이를테면 쇼핑몰 같은 사이트에서는 사용자별 분석이 필요하나 어느 사이트에서는 사용자별 분석이 불필요할 수도 있다. 분석항목이 선정되면 분석에 필요한 항목들만 로그에 저장되도록 해야 한다. 아무런 설정 없이 로그데이터를 받게 되면 분석 자체를 할 수 없을 만큼 데이터가 쌓여 분석이 불가능해 질 수 있다.

(2) 웹 로그 데이터 정제 및 변환

필요한 데이터가 로그파일에 저장되었다면 다음 과정으로 분석 가능한 데이터로 변환하는 작업이 필요하다. 웹 로그는 일반적으로 원시적인 형태의 데이터인 동시에, 그 크기가 매우 크며 고객의 행동 양식 파악에 무관한 장식 데이터인 경우가 대부분이고, 그 분량은 전체 데이터의 75%에 이른다. 데이터의 질을 높이기 위해서는 분석에 적절한 형태로 정제 및 변환을 하여야 한다.

① 데이터의 정제(data cleaning)
분석에 필요하지 않은 item의 정제 과정으로, 일반적으로 광고 효과 분석에 필요한 부분을 제외한 gif, jpeg, jpg, map 등의 로그파일은 정제하게 된다.

② 사용자 식별(user identification)
웹 사용자를 식별하는 과정으로 일반적으로 IP address와 Browser의 종류를 이용하여 개별 사용자를 식별하게 된다. 예를 들어 IP주소, 에이전트 로그의 브라우저와 운영체제가 모두 같다면 동일한 사용자로, IP 주소는 같지만 에이전트 로그에 저장된 브라우저나 운영체제가 다르다면 서로 다른 사용자로 구별하게 된다. 그러나 프록시서버의 경우 웹사이트에 접속한 사용자의 IP주소가 동일하기 때문에 IP주소와 에이전트 로그가 같다고 해서 동일한 사용

자로 받아들이는 것은 문제가 있다. 이러한 문제를 해결하기 위해 쿠키의 이용과 사용자 등록이 있지만 쿠키의 경우 사용자에 의해 지워지거나 조작될 수 있으며, 사용자등록은 웹 서버로그를 통해 얻을 수 없는 사용자의 인구통계학적 데이터를 얻을 수 있지만 사용자의 프라이버시 때문에 이를 거부하거나 거짓정보를 제공할 수 있다.

③ 사용자 세션 식별(user session identification)

사용자 식별 후 사용자 세션을 식별해야 한다. 사용자 세션 식별은 각각의 사용자가 엑세스한 페이지들을 개별적인 세션으로 나누는 과정이다. 가장 간단한 사용자 세션 식별 방법 중 하나는 시간 스탬프를 이용하는 것이다. 이것은 어떤 페이지를 요청하고, 다음 페이지를 요청할 때까지의 시간 간격에 제한을 두고 문서들 간의 요청시간 간격이 제한된 시간을 초과하면, 비록 동일한 웹 사용자라 하더라도 서로 다른 세션으로 구분하는 것이다. 보통 30분을 기준으로 사용자 세션을 구분한다.

④ 경로 완성(path completion)

"경로 완성"은 로그에 기록되지 않은 궤적 정보를 연결하는 과정이다. 이와 같은 경로완성 과정이 필요한 이유는 브라우저 캐시(cache)에 원인이 있다. 대부분의 브라우저는 PC의 파일 시스템의 로컬 객체 캐시에 퇴근에 불러온 모든 파일을 저장해 놓고, 웹 사용자가 이미 자신의 로컬 브라우저 캐시에 있는 브라우저로 돌아오면(back 또는 forward 버튼) 웹 서버에 페이지 요청을 하지 않고 캐시(cache) 안에 저장되어 있는 해당 파일을 불러온다. 따라서 웹 서버로그에는 이 사건에 대한 아무런 기록도 저장되지 않는다.

⑤ 포맷 전환(formatting)

통계 분석이나 데이터 마이닝분석에 필요한 데이터 포맷으로 전환하는 과정이다. 사전에 정의된 필요정보와 기법에 적합하도록 데이터의 항목과 기간을 선택해야 한다.

(3) 로그분석

분석한 준비가 되어있는 데이터에 적절한 알고리즘을 적용하여 분석하는 과정으로써, 기간별 분석, 시스템 분석, 에러 분석, 사용자 분석, 페이지 분석, 메뉴 분석, 디렉토리 분석 등을 실시할 수 있다.

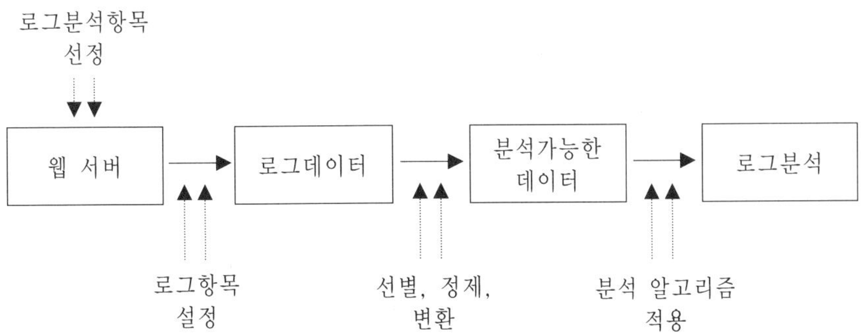

|그림 3-9| 로그분석 단계

6) 웹로그 분석 분야

로그 파일의 분석은 어떠한 것을 얻어낼 것인가를 미리 결정하여야 하고, 이를 통해 홈페이지 방문자의 방문기간, 참조 사이트, 시스템 환경, 홈페이지 에러 등을 분석해 낼 수 있다.

(1) 기간별 분석

엑세스 로그 데이터 정보를 바탕으로 방문객의 접속 상태를 일별 평균과 최대 접속으로 나누어 월별, 요일별, 일별 및 시간대별로 분류하여 접속이 가장 집중되는 상황을 한눈에 파악할 수 있으며, 이러한 정보는 웹 서버의 효과적인 관리와 이벤트나 홍보 광고 등을 집행한 시점의 방문자의 기간별 접속 실태를 파악하여 효과적인 매체 집행과 사이트 운영 전략에 관한 정책을 수립하는데 도움을 준다.

(2) 시스템 분석

레퍼럴로그와 에이전트로그 파일에 기록된 데이터를 바탕으로 웹 서버가 접속하기 전의 방문객의 위치 정보와 방문객의 시스템 환경정보를 파악할 수 있다. 이러한 정보를 토대로 타겟 고객들을 파악할 수 있으며 광고 및 프로모션을 집행할 때 평가 자료로서 사용할 수 있다.

(3) 에러 분석

웹 서버에서 발생하는 모든 에러는 월별, 요일별 및 시간대 별로 분석하여 에러가 발생하는 원인과 시간을 분석해 낼 수 있다. 이러한 에러 분석은 웹사이트를 관리할 때 사용자들이 불편함을 느끼지 않고 사이트에서 필요한 정보를 빠르고 쉽게 찾을 수 있도록 제공해 줄 수 있다.

(4) 사용자 분석

사용자 분석은 일반적인 방문자의 ID와 Password를 통하여 회원 인증이 필요한 경우 등을 분리하여 분석하는 사용자 등록 여부 분석과, 모뎀 사용자와 전용선 사용자로 분리하여 분석하는 접속방법 분석이 있다. 이러한 사용자 분석은 고객 서비스 차원에서 등록 사용자가 즐겨 찾는 페이지 또는 카테고리에 대한 데이터베이스를 구축할 수 있다.

(5) 페이지 분석

페이지 분석은 디렉토리별과 메뉴별 두 가지로 분류할 수 있으며, 사용자가 가장 많이 찾는 페이지, 가장 최근에 방문한 페이지, 가장 먼저 또는 끝으로 즐겨 찾는 페이지 등을 보여줄 수 있다. 이러한 페이지 분석 데이터를 토대로 사이트 메뉴를 사용자들이 많이 이용하는 메뉴로 우선 설정할 수 있으며, 웹사이트의 디자인을 설계할 때 사용자의 페이지 이용형태에 맞는 인터페이스를 설계할 때 유용하게 활용할 수 있다.

마케팅을 수행하는데 있어서 고객의 요구에 철저히 대응하기 위해서는 고객을 철저히 파악해야 하는데 이러한 고객을 파악할 수 있는 툴이 바로 로그 파일이다.

로그 파일 분석은 자신이 걸어온 길에 발자국이 남듯이 사용자가 자신의 사이트에 방문한 경우 정확히 방문한 흔적들을 남기기 때문에 이러한 방문자의 정확한 데이터를 기반으로 고객 분석을 통하여 마케팅 피드백을 할 수 있는 고객 분석 방법이다. 이러한 로그 파일 분석을 통하여 주요 고객층, 고객 구매 패턴, 주 구매시간, 구매 탐색 경로 등의 데이터를 추출할 수 있으며 이러한 데이터를 기반으로 인터페이스 설계나 상품 레이아웃 등의 설계, 고객 서비스의 강화 등의 다양한 대 고객 마케팅을 펼칠 수 있다.

7) 웹 로그분석에 따른 고객분류와 관계 발전 파악

(1) 웹 로그 파일을 활용한 고객 분류와 명칭

자신의 웹사이트로의 트래픽이 어떠한 경로를 통하여 발생했는지를 알려주고 자신의 사이트로 어떤 사이트가 링크를 제공하고 있는지를 알 수 있는 방법이 바로 레퍼럴로그이다.

레퍼럴로그는 서치엔진으로부터 접속에 대한 정보를 제공하면서 어떤 키워드를 이용하여 자신의 사이트로 방문하는지에 대한 정보를 알려주고 또한 배너 광고의 효과에 대한 분석도 가능하다. 이런 레퍼럴로그를 활용하여 자신의 웹사이트에 잇는 상품에 관심을 가지고 있으나 어떤 상호 작용도 시도하지 않은 고객을 분류해 낼 수 있으며 이를 『잠재고객』이라고 명명한다.[5]

쿠키는 방문자가 따로 정보를 제공하지 않을 경우 방문자에 대한 정보를 가장 정확히 확보할 수 있는 방안이며 사용자에 대한 정보를 웹사이트에 제공함으로써 특정한 사용자가 웹사이트에서 어떤 페이지에서 어떤 페이지로 이동했는지를 파악할 수 있도록 도와준다.

또한 쿠키에 있는 사용자 정보를 이용하여 특정한 사용자가 관심 있는 페이지, 평균적으로 웹사이트에 머문 시간, 재방문 여부 및 재방문 사이의 시간 등에 관한 기초 정보를 알 수 있는데 이런 쿠키 데이터를 활용하여 자신의 웹사이트와 초보적인 상호작용이 이루어진 고객을 분류해 낼 수 있으며 이를 『정보고객』이라고 명명한다.

웹사이트 내에서 클릭 흐름에 대한 분석은 쿠키 데이터와 엑세스 로그 파일을 기반으로 가능하다. 쿠키 데이터는 웹사이트를 방문하는 사람들을 정의할 수 있도록 하므로 이 데이터를 같은 시간을 지닌 엑세스 로그 데이터와 연계시킴으로써 고객들이 웹사이트 내에서 자신의 상품과 서비스를 구매했는지의 여부를 파악할 수 있다. 이런 쿠키 데이터와 엑세스 로그 파일의 연계를 통해 자사 웹사이트의 상품을 시험적으로 구매한 고객과 반복구매를 하는 고객으로 분류할 수 있으며 전자를 『육성고객』이라 하고, 후자를 『우수고객』이라고 명명한다.

5) 백승, e-CRM 환경에서의 최적 고객관리를 위한 고객지원시스템 도입 방안에 관한 연구. 건국대학교 대학원, pp.39-46.

|표 3-8| 고객분류와 특성

고객 구분	고객 특성
잠재고객	특정 웹사이트의 상품에 관심을 가지고 있으나 어떤 상호작용도 시도하지 않은 고객 (예 : 단순한 인터넷 사용자)
정보고객	자사의 웹사이트와 초보적 상호작용이 이루어진 고객 (예 : 웹사이트 방문, 설문 응답, 의견제시)
육성고객	시험적 구매를 한 현재 고객 (예 : 인터넷에서 상품이나 서비스 구매 고객)
우수고객	반복 구매를 하는 고객 (예 : 애호도가 높은 고객, 구전 효과 기대 고객)

위와 같은 고객의 분류와 관리는 고객의 평생가치를 고려한 극대화에 초점이 맞추어진, 장기적인 관점에서의 전략적 접근이 요구된다. 단기적으로는 이익에 별 영향을 미치지 못하는 고객군이라도, 장기적인 관점에서의 분석을 통한 평생가치가 높은 잠재 고객들을 발굴, 이들에 대한 지속적인 관리와 유지는 무엇보다도 중요하다.

(2) 고객유형과 단계적 발전 전략

고객 관계 발전 전략은 다음과 같이 4단계로 구성된다. 먼저 『잠재고객』은 웹사이트와의 상호작용이 이루어지도록 하여 『정보고객』으로 이끌어야 한다. 따라서 특정 분야에 관심 있는 사용자들의 뉴스 그룹이나, 특정 설문 조사에 응한 이용자 또는 다른 웹사이트에서 자사상품과 관련있는 상품 정보를 열람한 고객 등을 파악하고 이들을 상대로 전자우편(e-mail)을 보내거나 해당 사이트에 웹 광고, 설문 조사, 경품 행사 등을 실시하는 것이 효과적이다.

이 단계에 있는 고객의 존재를 파악하기 위해서는 기업 자신의 웹사이트나 외부에서 시행한 광고의 열람자 자료, 전문 검색 사이트나 웹이용자 통계분석 사이트, 여론 조사 사이트의 결과를 이용할 수 있으며 『정보고객』으로 발전시키기 위해서는 표적 고객을 향한 광고, 전자 우편 푸쉬(push) 등 일방향 일대다 전달 방식의 커뮤니케이션 수단을 구사할 수 있다.

둘째, 『정보고객』은 기업의 웹사이트를 이용하기 시작한 고객이다. 기업은 이러한 고객의 정보 탐색에 조력하고 이를 통해 브랜드와 기업에 대한 신뢰를 조성함으로써 시험적 구매를 유도하여야 한다. 이 단계 고객은 최초의 구매를 위한 정보를 탐색하는 단계에 있기 때문에 상품 정보 및 고객 서비스 정보를 세분화하여 제공하는 것이 좋다. 세분화된 정보란 고객의 유형이나 선호에 따라 분류된 정보를 말하며, 적절한 정보를 통해 고객의 의사결정을 돕고 이를 통해 기업이 고객의 필요를 충분히 충족시켜줄 수 있을 것이라는 기대감을 심어줄 수 있다.

이러한 대응은 시의 적절한 정보와 커뮤니케이션으로서 고객의 신뢰를 형성할 수 있으며, 이 과정에서는 고객의 정보 탐색을 도와줄 수 있도록 이용하기 쉬운 검색 기능을 제공하거나 전자 우편, 전화 등에 의해 기업의 마케터와 일대일로 대화할 수 있게 하는 것이 효과적일 것이다. 또한 상품 정보 등 다양한 웹 콘텐츠를 웹서버에 저장하고 이 정보를 고객의 요구에 의해 밀어주는 푸쉬 기능을 이용할 수도 있다.

셋째, 『육성고객』은 신로와 만족을 증가시켜 『우수고객』 즉, 단골 고객으로 이끌어야 한다. 이 단계의 고객은 최초 구매 고객에게 제품 만족도를 조사하거나, 고객이 요구한 상품 사용 방법에 관련된 정보를 제공하고, 고객이 요구한 정보 또는 웹사이트 이용 행위를 토대로 추천된 정보를 보내주면 신뢰를 높일 수 있을 것이다. 고객에게 제공된 정보에 대한 반응은 다시 기업에게 피드백되어 불필요한 정보를 최소화시켜야 한다. 그리고 신뢰 제고는 정보 제공만으로 이루어지는 것이 아니기 때문에 고객의 소리를 청취하고 제품이나 서비스에 대한 반응을 관찰하고 응답하는 등 계속적인 커뮤니케이션이 이루어져야 한다. 적기에 이루어지는 커뮤니케이션이 상호간의 불화를 해소하고 인식과 기대를 조절하여 신뢰를 조성하기 때문에 『육성고객』의 고객에게 매우 중요한 요소이다.

마지막으로 『우수고객』은 상품 및 웹사이트에 대한 충성도(Loyalty)가 형성된 고객이며 이들은 상품을 반복하여 구매하거나 장기적 이용 관계를 유지하게 된다. 이 고객은 만족도와 신뢰도가 높기 때문에 다른 구매자에 대해 구전효과(Word of Month Effect)를 발휘할 가능성이 높다. 따라서 『우수고객』에게는 장기 고객 우대 프로그램, 신규 고객 소개에 대한 특별한 혜택 부여 등의 방법으로 새로운 고객을 유인하도록 이끌어야 한다. 즉 단골 고객은 웹사이트의 고객 데이터베이스를 확충할 수 있는 비즈니스 자산으로 활용하여야 한다. 이러한 단계별 전략을 도식화하면 **|그림 3-10|**과 같다.

인터넷과 같은 하이퍼미디어 매개 환경에서는 기본적으로 설득이나 정보 전달보다 고객-웹사이트의 상호작용적 커뮤니케이션이 요구되며 따라서 어느 단계에 속하는 고객이든 항상 고객과 상호작용할 수 있는 커뮤니케이션 수단을 갖추는 것이 관계발전을 위해 중요하다.

고객 관계 발전 전략의 궁극적인 목표는 잠재고객을 단골 고객으로 만드는 것인데 이를 위해서는 신뢰 형성이 요구되며, 신뢰형성을 위해서는 원활한 커뮤니케이션이 요구된다.

다음의 |표 3-9|는 웹사이트를 통해 직접 마케팅 활동을 전개할 때 구체적으로 적용할 수 있는 고객 유형에 따른 관계 발전 전략과 정보 시스템의 역할을 구체적으로 예시한 것이다.

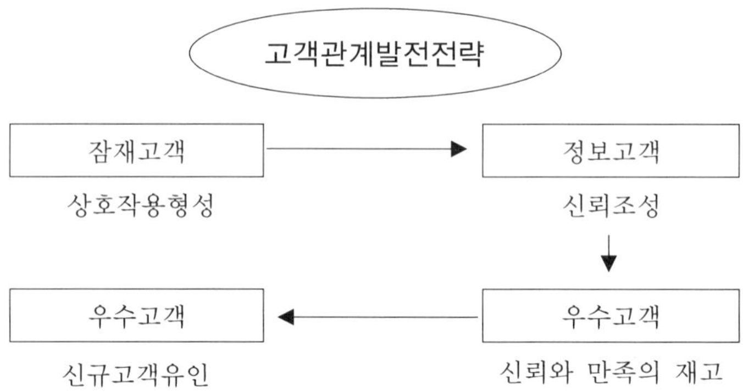

|그림 3-10| 인터넷에서의 고객 관계발전 전략

|표 3-9| 고객유형별 관계 발전 전략

고객 유형	해당 고객의 예	관계 발전 전략	시스템의 역할
잠재 고객	- 자사 웹사이트를 처음 방문한 고객 - 자사 광고를 클릭한 고객	상호 작용 생성 - 웹사이트 광고 - 설문 조사 - 경품행사 등 이벤트	- 고객을 자사의 웹사이트로 유도하기
정보 고객	- 웹사이트 반복 방문 고객 - 이용자 게시판 의견제시 고객 - 상품에 관한 정보를 문의한 고객	신뢰 조성 - 풍부한 상품 정보 제공 - 상품 효용 정보 제공	- 정보를 고객에게 밀어주기
육성 고객	- 웹사이트에서 구매한 고객 - 구매 후 회원에 가입한 고객	신뢰와 만족도 제고 - 주문된 정보 푸쉬 - 회원 가입 유도 - 상품 평가 정보 제공	- 고객 요구 정보 푸쉬 - 불만 처리 자동화(피드백)
우수 고객	- 구매가 반복된 고객 - 불만처리에 만족한 고객	신규 고객 유인 - 장기 고객 우대 - 신규 고객 유치 혜택 제공	- 장기 고객 우대 관리 - 고객 자신에 대한 정보 제공

(3) 관계 발전 단계별 정보 교환

고객별 관계 발전을 위한 정보는 크게 사이트가 고객한테서 필요한 정보와 고객이 해당 사이트에서 필요한 정보로 나눌 수 있는데 먼저 웹사이트가 고객한테서 필요한 정보를 알아보도록 한다.

잠재 고객인 단순한 웹 이용자를 단골 고객으로 발전시키기 위해서는 먼저 웹사이트와 고객 사이에 상호작용이 일어나야 하며, 이 상호작용은 서로 필요한 정보를 주고받음으로써 이루어질 수 있다.

단순한 웹 이용자는 사이트의 잠재 고객 베이스이다. 잠재 고객의 행위에 관련된 데이터 즉, 웹 광고 열람을 위한 마우스 클릭이나 검색어 입력 등 시스템에 기록되는 정보나 설문 응답, 전자 우편을 위해 이용자가 입력한 정보가 획득되면 비로써 인지된다.

즉, 반복 입력된 검색어, 주문된 정보를 받거나 이벤트에 참여하기 위해 이용자가 제공하는 정보 등이 추가로 발생하면 웹사이트는 이 정보를 활용하여 고객의 필요에 대한 정보를 파악할 수 있다.

이 정보는 정보고객을 육성고객으로 발전시키는 자원으로 활용될 수 있으며, 이 단계의 고객이 최초의 구매를 하면 고객이 제공하는 정보가 추가된다. 즉, 구매를 위해 고객이 주문처리 페이지에서 입력하는 정보, 제품의 불만 처리 과정에서 제시하는 정보, 반복된 마우스 클릭(click stream) 및 검색어 등 더 풍부하고 상세한 정보가 기업에게 제공될 수 있고, 이 정보를 토대로 육성고객을 우수고객으로 발전시킬 수 있다. 또한, 우수고객은 이전 단계의 상호 작용을 통해 확보된 정보 외에 반복된 거래나 불만 제기, A/S 요청 등을 통해 추가로 정보를 제공하게 되며 기업은 이러한 정보를 통해 고객의 구매 습관, 선호도를 발견하고 이탈 가능성을 예견할 수 있다.

관계 발전 단계에 따라 고객이 기업에게 기대하는 정보는 다음과 같다.

잠재 고객은 교환 가능한 상품거래나 교환 상대자의 존재에 대한 정보를 필요로 하는데 이 정보는 웹사이트의 광고나 신문 기사 열람 등 이용자의 정보 탐색이나 뉴스 그룹을 통한 이용자들 사이의 정보 교환을 통해 획득될 수 있다.

정보고객은 최초의 구매를 위해 상품의 가격, 품질, 사용 편의성 등 상품의 효용(benefits)을 가늠할 수 있는 정보를 필요로 하고, 이 정보는 구매자의 필요를 충족시켜 줄 것으로 기대되는 상품 제공자 즉, 사이트가 제공하는 정보를 자신의 기대와 비교하기 위해 필요한 정보로서 비교적 단기간에 취득되는 것을 말한다.

육성고객은 전 단계에서 이루어진 구매 경험을 토대로 계속 거래 여부를 판단하기 위해 상품의 평가에 관한 정보를 필요로 하며, 이 정보는 주로 다른 구매자의 평가, 상품 평가기관이나 소비자 단체 등 제 3자에 의한 정보가 중심이 될 것이다.

우수고객은 자신이 받을 수 있는 장기 고객 우대 정보 등 상품의 거래 실적에 관련된 정보를 필요로 할 것이며, 이러한 정보는 거래 웹사이트에서 제공되어야 한다.

고객의 웹사이트 입장에서 각각 필요한 정보는 상대방에 의해 공급될 수 있다. 앞에서 설명한 양자간에 발생하는 정보들은 고객의 관계 발전 단계별로 일정한 계층을 이루고 있는데 이것은 |표 3-10|과 같다.

|표 3-10| 관계 발전 단계별 정보의 계층

웹사이트의 필요 정보	고객의 유형	고객의 필요 정보
고객의 존재에 관한 정보	잠재 고객	상품의 존재에 관한 정보
고객의 필요에 관한 정보	정보 고객	상품의 효용에 관한 정보
고객의 만족에 관한 정보	육성 고객	상품의 평가에 관한 정보
고객의 이탈에 관한 정보	우수 고객	상품의 거래에 관한 정보

인터넷에서 구매자인 고객에게는 거래 기업, 경쟁 기업, 언론 매체나 소비자 보호 단체 등 다양한 개체들에 의해 풍부한 정보가 제공되고 이 정보들은 여러 구매자들 사이에 쉽게 공유된다. 따라서 인터넷의 커뮤니케이션은 판매자가 구매자를 설득하는 방식이 아닌 웹사이트와 고객 사이의 정보 교환을 기본으로 할 때 보다 더 효과적이다. 여기서 교환되어야 하는 정보에는 정보시스템이 추적한 정보와 고객이 자발적으로 제공하는 정보, 웹사이트에서 고객을 위해 준비한 정보가 포함되어야 한다.

구체적으로 말하자면, 고객에게는 상품의 존재, 효용, 가치, 거래에 관한 정보가 필요하고 웹사이트는 고객의 존재, 필요, 만족, 이탈에 관한 정보가 필요하다.

이 정보들은 고객과 웹사이트 모두에게 필요하기 때문에 자발적으로 교환될 수 있고, 어느 쪽에서나 먼저 시작될 수 있으며 상호 관계의 진전에 따라 다음 단계로 나아가면서 계속될 것이다.

/사./례./연./구./

(1) 예제 데이터 소개

C 이동통신사의 2006년 9월 무선광고 집행 후 고객들의 행동들을 살펴보기 위하여 Log분석을 실시하였다. 시스템에 Log는 페이지마다 고유의 값으로 표현되며 수집된 원시데이타의 표현은 다음과 같다. 이를 분석하려면 우선 개별 Log의 Index값으로 재표현해야 된다.

시스템상의 원시 Log 데이터

0000010	102FDE	N	B	null	http://ims.nat.com/up.jsp?SU=0000105344&SM=0000010&PC=null	2006-09-27 10:00:53.623
0000010	102FDE	N	B	null	http://ims.ate.com/up.jsp?SU=0000105344&SM=0000010&PC=null	2006-09-27 10:00:55.077
0000010	102FDE	N	B	null	http://ims.nate.com/up.jsp?SU=0000105344&SM=0000010&PC=null	2006-09-27 10:01:01.637
0000000	102FE0	N	B	null	default.jsp?SID=0004&C=N&P=102FDF&S=B&SU=0000105344&SM=0004500	2006-09-27 10:01:02.137
0000010	102FDF	N	B	null	default.jsp?SID=0004&C=N&P=102FDE&S=B&SU=0000105344&SM=0000010	2006-09-27 10:01:02.840
0000010	102FDF	N	B	null	default.jsp?SID=0004&C=N&P=102FDE&S=B&SU=0000105344&SM=0000011	2006-09-27 10:01:07.810
0000T00	102FDF	N	B	null	default.jsp?SID=0004&C=N&P=102FDE&S=B&SU=0000105344&SM=0000T00	2006-09-27 10:01:11.683
0000000	102FDF	Y	P	null	default.jsp?SID=0004&C=Y&P=102FDE&S=P&SU=0000105344&SM=0030000	2006-09-27 10:01:11.793
0000010	102FE2	N	B	null	default.jsp?SID=0004&C=N&P=102FDF&S=B&SU=0000105344&SM=0000010	2006-09-27 10:01:12.153
0000010	102FE2	N	B	null	default.jsp?SID=0004&C=N&P=102FDF&S=B&SU=0000105344&SM=0003310	2006-09-27 10:01:16.467
0000000	102FDF	N	B	null	default.jsp?SID=0004&C=N&P=102FDE&S=B&SU=0000105344&SM=0000700	2006-09-27 10:01:17.967
0000010	102FDE	N	B	null	http://ims.com/up.jsp?SU=0000105344&SM=0000010&PC=null	2006-09-27 10:01:20.543
0000B10	102FE1	N	B	null	default.jsp?SID=0004&C=N&P=102FDF&S=B&SU=0000105344&SM=0000B10	2006-09-27 10:01:21.107
0000010	102FE4	N	B	null	default.jsp?SID=0004&C=N&P=102FDE&S=B&SU=0000105344&SM=0000010	2006-09-27 10:01:23.873
0000000	102FE2	Y	P	null	default.jsp?SID=0004&C=Y&P=102FDF&S=P&SU=0000105344&SM=0000700	2006-09-27 10:01:26.653
0000000	102FE1	N	B	null	default.jsp?SID=0004&C=N&P=102FDF&S=B&SU=0000105344&SM=0000009	2006-09-27 10:01:28.623
0000010	102FDF	N	B	null	default.jsp?SID=0004&C=N&P=102FDE&S=B&SU=0000105344&SM=00S0010	2006-09-27 10:01:31.187
0000000	102FDF	N	B	null	default.jsp?SID=0004&C=N&P=102FDE&S=B&SU=0000105344&SM=0000660	2006-09-27 10:01:35.060
0000010	102FDF	N	B	null	default.jsp?SID=0004&C=N&P=102FDE&S=B&SU=0000105344&SM=0007010	2006-09-27 10:01:35.653
0000010	102FE1	N	B	null	default.jsp?SID=0004&C=N&P=102FDF&S=B&SU=0000105344&SM=0000010	2006-09-27 10:01:39.310
0000000	10300B	N	B	null	default.jsp?SID=0004&C=N&P=102FE3&S=B&SU=0000105344&SM=0000000	2006-09-27 10:01:41.793
0000000	102FE4	N	B	null	default.jsp?SID=0004&C=N&P=102FDE&S=B&SU=0000105344&SM=0000000	2006-09-27 10:01:54.497
0000010	102FE1	N	B	null	default.jsp?SID=0004&C=N&P=102FDF&S=B&SU=0000105344&SM=0000010	2006-09-27 10:01:58.560
0000010	102FE1	Y	P	null	default.jsp?SID=0004&C=Y&P=102FDF&S=P&SU=0000105344&SM=0000010	2006-09-27 10:02:00.543

가. 산업군 분류별 현황 분석

Data Mart에 있는 원시 데이터를 가공하여 고객 현황을 분석하고자 고객에 대한 회원정보, 산업군 분류명, 그리고 수신과 반응에 대한 정보를 사용하였으며, 변수는 다음과 같다.

변수	설명	내용
creative_id	광고 집행 id	고유번호
Sex	성별	M : 남성, F : 여성
Age	연령	
agegg	연령대	
m_div	대분류	
s_div	중분류	
rec_cnt	수신여부	1 : 수신
response	반응여부	1 : 반응, 2 : 미반응

산업군 분류별 반응률은 유/무선 통신서비스(콘텐츠) 분류내에 게임과 화장품의 광고에서 반응률이 높게 나타나고 있다. 게임의 경우 지하철의 수단으로 이동시 짜투리 시간에 활용에 있어서 무선의 강점을 반영하고 있으며, 화장품의 경우 오프라인 행사의 직·간접요인이 작용한 듯 하다.

대분류	중분류	Create_name	수신 건수	반응 건수	반응률
건설/부동산/금융	은행	so1그라비아_060830	53,432	691	1.3%
문화/예술/엔터테인먼트	영화	제로원_060912	9,368	242	2.6%
식/음료	주류	국순당(별)_060908	30,000	216	0.7%
유/무선 통신 서비스(콘텐츠)	게임	픽토소프트(게임)_060901	1,643	299	18.2%
	기타	T(두즐)_060911	27,926	160	0.6%
		컨스미르_060816	53,179	802	1.5%
	캐릭터/대기화면	포토_060816	108,316	1,124	1.0%
	포탈(인터넷)	MR천재영어_060830	18,370	83	0.5%
유통/외식업	대형할인매장	뉴코아아울렛_060905	12,170	156	1.3%
패션/의류/잡화	화장품	랑콤(이벤트)_060918	11,523	2,495	21.7%

화장품의 경우 성별과 연령대를 기준으로 반응률을 분석한 결과 남자의 경우 30대에서, 여자의 경우 10대~20대에서 반응률이 높게 나타나고 있다.

대분류	중분류	성별	연령대	수신건수	반응건수	반응률
패션/의류/잡화	화장품	남	01.10대미만	1	-	0.00%
			02.10대	4	-	0.00%
			03.20대	69	13	18.84%
			04.30대	30	8	26.67%
			05.40대	11	2	18.18%
			06.50대	9	2	22.22%
			07.60대이상	2	1	50.00%
		여	01.10대미만	3	2	66.67%
			02.10대	241	63	26.14%
			03.20대	8,527	1,995	23.40%
			04.30대	2,556	395	15.45%
			05.40대	36	10	27.78%
			06.50대	24	2	8.33%
			07.60대이상	7	1	14.29%

*다른 콘텐츠의 분석결과는 지면상 할애하지 않음

산업군 분류별 분석을 위한 SAS 프로그램

```
data one;
set test.mobil_log1; run;

/* 산업군별 수신/반응 */
proc tabulate data=one;
 class m_div s_div; var rec_cnt response;
 tables s_div*m_div, n (sum*f=12.0)*(rec_cnt response); run;

data two; set one;  format agegg $24.;
 if age='-7993' then age='';
 if 0<=age<=9 then agegg='01.10대미만';
 if 10<=age<=19 then agegg='02.10대';
 if 20<=age<=29 then agegg='03.20대';
 if 30<=age<=39 then agegg='04.30대';
 if 40<=age<=49 then agegg='05.40대';
 if 50<=age<=59 then agegg='06.50대';
 if age>=60 then agegg='07.60대이상'; run;

/ * 산업군별 성별/ 연령 분포 */
proc tabulate data=two;
 class m_div s_div sex agegg;
 var rec_cnt response;
 tables s_div*m_div*sex*agegg, n (sum*f=12.0 mean*f=12.1)*(rec_cnt response);
run;
```

나. 고객 등급별 분석

광고수신과 반응률을 가지고 고객에 대한 고객 등급 지표화, 반응율 기준대상 설정, 시간의 경과에 따른 고객 등급 이동형태 파악과 함께 향후 고객 이동형태를 바탕으로 한 마케팅 전략 수립을 위하여 고객을 세분화 한다. 고객을 세분화한 조건은 다음과 같다.

수신회수	반응률	SEG
수신 3회 이상	반응률 75% ~ 100%	VIP
	~ 75%	GOLD
	~ 50%	SILVER
	반응률 ~ 25%	BRONZE
	반응하지 않음	잠재고객
수신 2회 이하	반응(1회 이상)	일반고객
	반응하지 않음	잠재고객

① 사용변수 목록

변 수	설 명	내 용
id	고객 id	고유번호
Bell	음원	1:Beep, 2:4poly, 4:16poly, 5:40poly, 6:64poly
color	컬러	1:단색, 2:4Gray, 4:4Gray SIS, 8:256color, M:4,096color, H:65,536color, K:262,144color
Sex	성별	M : 남성, F : 여성
Married	결혼여부	Y : 기혼, N : 미혼
sido	지역	5대 광역시 포함 지역
job_nm	직업	
agegg	연령대	
ss_rcnt	수신회수	
ss_resp	반응회수	

② 분석 결과

각 등급내에 성별 분포는 남자(65%) : 여자(35%)로 남자의 비중이 상대적으로 높은 편이나 특히 BRONZE 그룹내의 비중은 특히 높게 나타나고 있다.

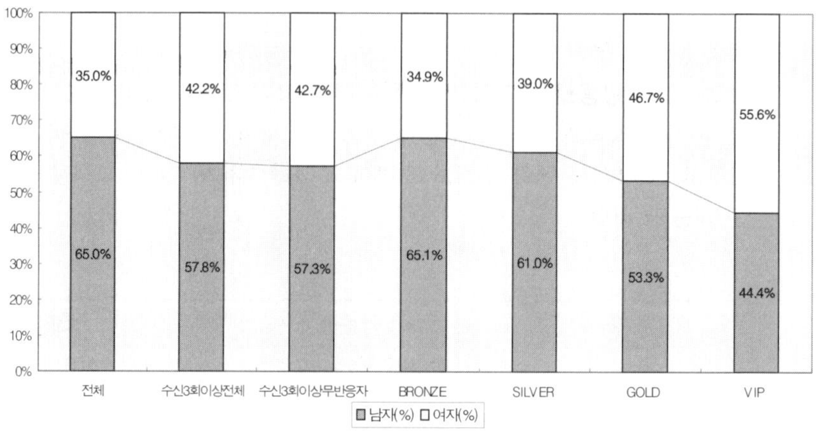

주 연령층인 10~30대까지의 각 등급내에 분포는 20대 연령에서는 BRONZE 그룹, 10대의 경우는 GOLD, VIP 그룹에서, 30대의 경우는 SILVER 그룹에서 상대적으로 비중이 높게 나타나고 있다. 향후 마케팅 전개시 각 그룹간 특징을 고려하여 연령대에 맞춘 광고 집행을 유도할 수 있을 것이다.(기타 분석사항은 SAS프로그램 Output에서 확인할 수 있다)

	01.10대미만	02.10대	03.20대	04.30대	05.40대	06.50대	07.60대이상
전체	0.1%	9.7%	35.8%	28.3%	15.8%	7.5%	2.8%
수신3회이상 전체	0.1%	12.1%	57.1%	26.8%	2.6%	0.9%	0.4%
수신3회이상 무반응자	0.1%	11.9%	57.4%	27.0%	2.4%	0.8%	0.4%
BRONZE	0.0%	10.8%	64.9%	23.1%	0.7%	0.4%	0.1%
SILVER	0.1%	16.9%	42.4%	28.4%	8.7%	2.4%	1.1%
GOLD	0.4%	20.3%	39.4%	23.2%	10.6%	4.1%	2.0%
VIP	0.0%	17.8%	56.7%	20.0%	2.2%	1.1%	2.2%

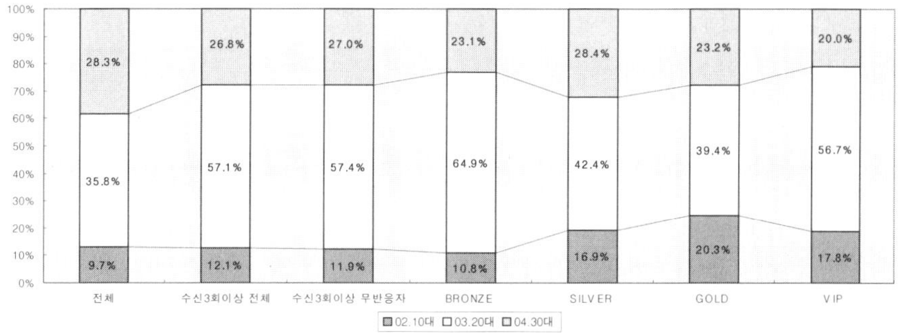

③ 분석을 위한 SAS 프로그램

```
data one; set test.mobil_prelog2; run;

/* 수신 2회와 3회를 구분 */
data one1; set one; format m $12.;
        if 2<ss_rcnt then m="3회이상수신";
                else m="2회이하수신"; run;

/* 반응률 */
data one2; set one1;          r_ra=(ss_resp/ss_rcnt); run;

/* 일반 고객과 잠재고객 구분 */
data one3; set one2; format r_ra_1 $32.;
        if ss_rcnt<=2 & r_ra=0 then r_ra_1='잠재고객';
        if ss_rcnt<=2 & r_ra>0 then r_ra_1='일반고객'; run;

/* 고객 등급 구분 */
data one4; set one3; format r_ra_1 $32.;
        if ss_rcnt>2 & r_ra=0 then r_ra_1_10='A';
        if ss_rcnt>2 & 0<r_ra<0.25 then r_ra_1_10='BRONZE';
        if ss_rcnt>2 & 0.25<=r_ra<0.5 then r_ra_1_10='SILVER';
        if ss_rcnt>2 & 0.5<=r_ra<0.75 then r_ra_1_10='GOLD';
        if ss_rcnt>2 & r_ra>=0.75 then r_ra_1_10='VIP'; run;
proc freq data=one4;
 tables (bell color sex sido job_nm agegg)* r_ra_1 /nocol norow nopercent ;
run;

/*고객등급 작업내용 파일 */
data test.mobil_log2; set one4; run;
```

다. 고객 등급 이동 추이 분석

고객 등급을 설정하여 매월 등급 이동 추이를 살펴보고 지속적으로 등급이 하향하는 고객들과 등급이 상향/유지하는 고객들을 구별하고, 지속적인 등급 하락이 있는 고객들을 선별하여 Churn방지 프로그램을 진행할 수 있다. 또한 고객 등급에 따른 마일리지 정책도 수립할 수 있다.

① 사용변수 목록

변수	설명	내용	변수	설명	내용
id	고객 id	고유번호	s_rcnt_0609	9월 수신회수	
s_rcnt_0608	8월 수신회수	8월중 개인당 수신회수	s_resp_0609	9월 반응회수	
s_resp_0608	8월 반응회수		r_ra_0609	9월 반응률	
r_ra_0608	8월 반응률		r_ra_1_0609	9월 고객등급	
r_ra_1_0608	8월 고객등급		m_0609	9월 수신구분	
m_0608	8월 수신구분				

② 분석 결과

		N	s_rcnt_0609	s_resp_0609	s_rcnt_0608	s_resp_0608	고객유입비중
			Sum	Sum	Sum	Sum	
r_ra_1_0608	r_ra_1_0609						
미수신자	VIP	57	219	194	.	.	
	GOLD	375	1303	796	.	.	
	SILVER	2407	8148	2536	.	.	
	BRONZE	470	2751	478	.	.	
VIP	무등급고객	141	.	.	764	657	4.9%
	VIP	1551	14589	13132	18436	16841	53.7%
	GOLD	722	6027	3745	7555	6446	25.0%
	SILVER	389	2682	966	3268	2729	13.5%
	BRONZE	87	613	103	619	509	3.0%
GOLD	무등급고객	507	.	.	2286	1323	10.4%
	VIP	461	3502	2948	4733	2973	9.4%
	GOLD	1195	9458	5584	12403	7506	24.4%
	SILVER	1799	13310	4610	16774	9680	36.8%
	BRONZE	932	7625	1263	8565	4805	19.0%
SILVER	무등급고객	3880	.	.	15403	4725	21.0%
	VIP	308	1481	1249	2464	877	1.7%
	GOLD	1690	9971	5677	14404	4967	9.1%
	SILVER	6568	41801	13572	54683	18176	35.6%
	BRONZE	6026	51543	7784	58058	18510	32.6%
BRONZE	무등급고객	3133	.	.	22976	3376	7.8%
	VIP	203	867	720	1769	278	0.5%
	GOLD	1473	7188	4032	12946	1927	3.7%
	SILVER	10399	62729	19313	96466	13671	26.0%
	BRONZE	24723	227581	30020	272878	33262	61.9%

위의 결과에서 보면 8월에 VIP등급 고객이 9월에 VIP등급을 유지한 비중이 53.7%(141/2,890)으로 상당히 높게 나타나고 있음을 알 수 있다. 또한 전달의 고객등급을 유지한 비중이 GOLD등급 24.4%, SILVER등급 35.6%, BRONZE 61.9%로 나타나고 있어 GOLD등급을 제외한 나머지 등급에서의 동일등급 유지율은 높게 나타나고 있음을 알 수 있다.

③ 분석을 위한 SAS 프로그램

```
/* 0609 고객 현황 */
proc tabulate data=test.mobil_prelog3;
 class r_ra_1_0609; var s_rcnt_0609 s_resp_0609;
 tables r_ra_1_0609, n (sum*f=12.0)*(s_rcnt_0609 s_resp_0609); run;

/* 0608 고객 현황 */
proc tabulate data=test.mobil_prelog3;
 class r_ra_1_0608; var s_rcnt_0608 s_resp_0608;
 tables r_ra_1_0608, n (sum*f=12.0)*(s_rcnt_0608 s_resp_0608); run;

/* 등급이동현황 */
proc tabulate data=test.mobil_prelog3 missing;
 class r_ra_1_0608 r_ra_1_0609;
 var s_rcnt_0609 s_resp_0609 s_rcnt_0608 s_resp_0608;
 tables r_ra_1_0608*r_ra_1_0609, n (s_rcnt_0609 s_resp_0609 s_rcnt_0608
s_resp_0608)*(sum*f=12.0); run;
```

Chapter 4

CRM 정보시스템의 구축

CRM 정보시스템의 구축

1 CRM 정보시스템의 개념

1) CRM 추천시 주요 고려사항

다른 여러 새로운 시스템과 마찬가지로 기업이 CRM을 도입할 때에는 기존 조직의 현재 상황과 여러 문제점들을 고려하여야 하는데 이 중 주요 고려 사항들을 조직, 경영상의 변화, 판매 및 마케팅, 기술 등의 측면과 고객 중심 데이터 통합이 이루어져야 성공적으로 CRM을 구축할 수 있으리라 본다.

첫째, 조직적인 측면에서 고객을 중심으로 한 조직을 설계하여야 한다. 이를 위해 '고객'을 기업의 계획주기에 편입시키는 것이 중요하고 제품관련 목적뿐만 아니라 고객관련 목적을 설정하여야 한다(홍성태, 2000). 고객과 원활한 커뮤니케이션을 수행할 수 있는 복합 기능 팀이 요구된다. 특히 다양한 매체를 통해 고객과의 접촉이 이루어지고 정보가 기업으로 유입되고 있는데 정보의 누수를 방지하고 이를 통합적으로 관리할 수 있는 조직을 설계하여야 할 것이다.

둘째, 전체 기업을 통합적으로 관리하고 고객을 위주로 한 경영상의 변화를 가져와야 한다. 기존에 기업의 일부분으로 인식되어 왔던 마케팅, 판매 및 유통경로 활동의 경계를 전사적인 관점에서 변화시키고 제품 보다는 고객 중심적 기업문화를 정착하여야 할 것이다. 또한 '꾸준한 변화'의 프로세스를 실행해 옮기는 것이 필요하다.

셋째, 판매 및 마케팅의 관점에서도 고객중심적이고 전체의 흐름을 중앙에서 관리할 수 있는 시스템이 필요하고 전 조직에서 CRM에 기초한 마케팅에 대한 인식과 활용도를 높여야 할 것이다.

넷째, 기술적인 측면에서는 점진적이면서 유연하고 사용자 신축적인 시스템을 구축하여야 하고 기존의 업무 또는 전래 시스템(legacy systems)에 산재해 있는 자료를 놓치지 않고 CRM 자료로 구축하여야 한다. 또한 높은 성과를 달성할 수 있는 비용효과적 환경을 제공할 수 있어야 한다.

다섯째, 고객을 중심으로 모든 거래 데이터가 통합되어야 한다.

여섯째, 고객 분석을 위한 고객의 상세정보가 수집되어야 한다.

일곱째, 고객의 정의와 고객그룹별 관리 방침이 수립되어야 한다.

여덟째, 고객데이터의 분석 모형 개발 및 모형의 유효성 검증 체제가 갖추어져야 한다.

아홉째, 고객 분석결과를 활용할 수 있도록, 제반 업무절차가 정립되고 시행되어야 한다.

열번째, 고객 분석결과를 마케팅에 활용하기 위하여, 보유 상품과 서비스의 분류기준이 수립되고, 고객분류기준과 대응시킬 수 있어야 한다.

열한번째, 거래에서 발생한 고객데이터 및 외부에서 입수하는 고객데이터를 정련하고, 적시성 있게 활용할 수 있도록 데이터의 전송시스템이 제공되어야 한다.

이상의 요인들 중 상당부분은 데이터 웨어하우징을 통해서 해결될 수 있다. CRM 시스템은 데이터전송체계의 확보, 고객중심의 통합데이터베이스 구축, 고객데이터의 분석 등을 필요로 한다. 이러한 기능은 데이터 웨어하우스를 통해서 제공할 수 있다.

|표 4-1| CRM적용 성공요인과 데이터 웨어하우스 (자료원: 컴퓨터월드, 2001. 10)

성 공 요 인	구 현 방 안	DW	업무
고객중심 데이터 통합	전사 데이터 웨어하우스	○	·
고객 상세정보 획득	캠페인	·	○
고객 정의 및 관리 기준 설정	마케팅관점에서 고객 정의	/	○
고객 분석 모형 개발 및 개선	데이터마이닝	○	/
고객중심 업무절차 확립	영업프로세스 혁신	·	○
상품분류기준 설정 및 대응	상품정의 및 데이터마이닝	○	○
고객데이터 전송 체제 구축	데이터전송시스템	○	·

데이터 웨어하우스는 전사 데이터를 통합하여 보관함으로써 다양한 분석 목적에 적합한 형태로 데이터를 제공하는 기능을 수행한다. CRM 시스템이 데이터 웨어하우스의 유일한 적용업무는 아니다. 데이터 웨어하우스가 구축되면 수익성분석, 통합 리스크 관리, 전략경영관리(strategic enterprise management) 등을 수행할 수 있다.

2) CRM의 구성요소

CRM의 핵심영역 또는 구성요소에 대해서도 기업과 연구기관에 따라 다양한 견해를 가지고 있다. 최근에는 DB 마케팅의 핵심구성요소인 고객 데이터 베이스와 분석기반(분석 도구 및 분석능력)에 마케팅, 세일즈, 서비스 등 고객과의 직접적인 상호작용이 필요한 비즈니스 프로세스 및 기업조직과 고객접점을 이루는 매체를 모두 포함하게 되었고 이를 통합적으로 활용하기 위한 전략적 요소도 포함시키는 것이 일반적인 견해이다.

여기에서는, CRM의 구성요소를 목표설정, 전략수립, 정보관리, 비즈니스프로세스 및 조직역량과 정보시스템으로 구분하여 각 요소를 설명하기로 한다.

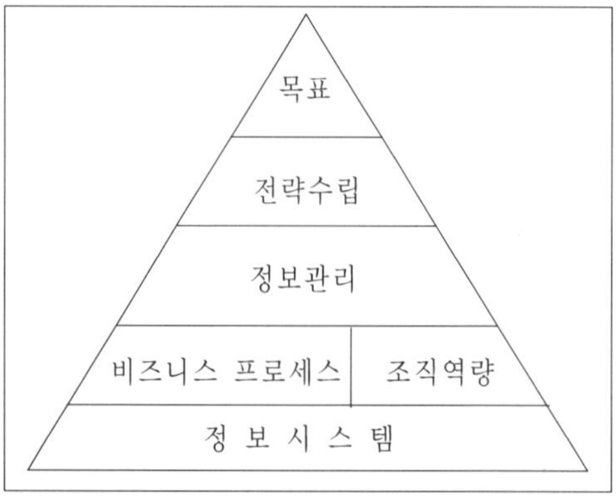

|그림 4-1| CRM 모델

(1) 목표설정

CRM의 계획과 추진은 구체적인 목표를 가지고 시작해야 한다. 목표설정을 하기 위해서는 기업의 현재 위치가 어떠하며, 어떤 방향으로, 어떻게, 어떤 미래의 위치로 나아가야 하는가를 밝혀내는 작업으로 다음과 같이 다섯단계로 나누어진다.

첫째, 기업이 목표로 하는 미래의 위치를 정한다.

둘째, 기업의 현재 위치를 평가한다.

셋째, 어떻게 하면 목표인 미래의 위치에 도달할 것인가에 대한 구체적인 해결방안을 찾는다.

넷째, 해결방안을 실행한다.

다섯째, 실행한 성과를 측정하고 확인한다. 이제 여러 가지 프로그램의 실행과 비즈니스 활동의 결과로 나타나는 비즈니스 성과를 측정하고 목표로 정해진 미래의 위치와 비교하여 실행성과를 확인 평가한다.

(2) 전략수립

CRM을 추진하는 데 근간이 되는 비즈니스 전략은 CRM 아케텍처에서 없어서는 안될 중요한 핵심요소이다. 보통 전략은 '한 기업이 일관성 있게 추진해 나가는 장기적인 행동진로'라고 정의하는데, CRM을 추진하는 데 있어서 전략은 없어서는 안될 필수 구성요소이다. **|그림 4-2|**에서 보는 바와 같이 여러 가지 많은 층을

가지고 있다. 전략수립은 비즈니스를 하는 사업 분야에서 그 기업의 시장 위치와 전반적으로 달성하려는 기업의 목표를 지원하는 기업의 비즈니스 방향을 나타내준다. 그 다음 단계가 기능적인 수준에서의 전략을 말하는데, 이는 특정 기능 분야에서 기업 목표를 달성할 수 있도록 여러 기능적 활동을 어떻게 전개해 나갈 것인가 하는 것을 보여준다. 여기에는 고객 전략, 상품/서비스 전략, 브랜드 전략, 판촉 전략, 채널 전략 등이 속한다(최정환, 이유재, 2005).

전략(strategy)
↓
마케팅전략(marketing strategy)
↓
고객전략(customer strategy)
상품/서비스전략(product/service strategy)
브랜드전략(brand strategy)
판촉전략(promotional strategy)
채널전략(channel strategy)

|그림 4-2| 전략의 계층

|그림 4-3|은 기업 목표, 전략, 전술 그리고 구체적으로 취해지는 행동들이 어떤 순서로 정해지고 연결되어 전개되는지를 보여준다. 즉, 기업의 비즈니스 목표가 정해지면, 그에 따라 전략이 세워지고, 그런 전략 하에서 전략과 일관성을 갖고 있는 여러 가지의 전술들이나 전술적인 프로그램들이 직접 실행될 수 있도록 짜여진다. 전술이나 실행 프로그램들이 전개될 때, 구체적으로 취해지는 것들이 단일 행동들이다. 일단 기업이 달성하고자 하는 목표가 설정되면 그 목표를 어떻게 장기적으로 일관성 있게 달성하도록 할 것인가 하는 것이 전략의 기본적인 과제이다(최정환, 이유재, 2005).

기업목표	전 략	전 술	행 동
○ 고객 수익성 25% 증가 ○ 혁신적인 서비스 솔루션 제공자로서의 기업이미지 구축	○ 다양한 서비스로 고객 차별화 ○ 채널을 통한 지속적인 프리미엄 서비스 지향	○ 고객세분화를 통한 목표고객 선정과 엡셀링 캠페인 프로그램 ○ 웹사이트의 개인화 프로그램과 콜센터를 기반으로 하는 e-care 서비스 프로그램	○ 구매량과 구매빈도를 기반으로 한 고객 세분화와 거래패션 분석 실행 ○ 개인화를 위한 구매추천규칙 개발을 위한 웹마이닝 실행과 e-care를 위한 Kana 시스템 설치

|그림 4-3| 기업 목표, 전략, 전술, 행동

(3) 정보관리

CRM의 핵심 구성요소 중에 정보관리는 모든 다른 구성요소를 연결시켜 주는 중요한 역할을 한다. 이는 적절한 비즈니스 정보 없이 다른 구성요소의 최적화는 기대할 수 없기 때문이다.

현대의 마케팅은 시장에 대한 정보와 지식을 가장 중요한 자원으로 인식하고 있다. 시장에 나와 있는 경쟁사의 브랜드, 상품, 가격수준, 유통경로 등은 모두 모방 가능하지만 지식은 쉽게 모방할 수 없다. 따라서 고객지향적인 기업은 고객에 대한 정보를 수집하고 분배하며 활용하는 내부 프로세스를 잘 관리하는 기업이다. 이런 정보관리 절차에 대해 살펴보면 다음과 같다.

① 마케팅 의사결정을 위해 필요한 정보의 유형을 구분하고 정보를 수집하는 방법과 절차를 준비한다.
② 체계적으로 정보를 수집한다.
③ 가공 분석하여 지식화한다.
④ 지식을 분배하고 학습하여 활용한다.

고객에 대한 정보는 **|그림 4-4|**에서와 같이 많은 기업이 고객과의 접점을 통해 수집하고 있다. 마케팅 의사결정에 활용되는 고객에 대한 지식을 정보수집 하는

방법을 기준으로 분류하면 다음과 같다.

① 관찰을 통한 지식 : 고객들이 어떻게 상품과 서비스를 사용하는가를 관찰함으로써 얻는 지식
② 대화를 통한 지식 : 고객과 종업원, 종업원과 납품업자 등의 사이에서 일어나는 대화, 즉 형식적인 것과 비형식적인 것과의 상호작용을 통해 고객이 원하는 것을 이해하는 지식
③ 예측을 위한 지식 : 가능한 결과를 예측하기 위해 디자인된 분석된 모델에 기초한 지식

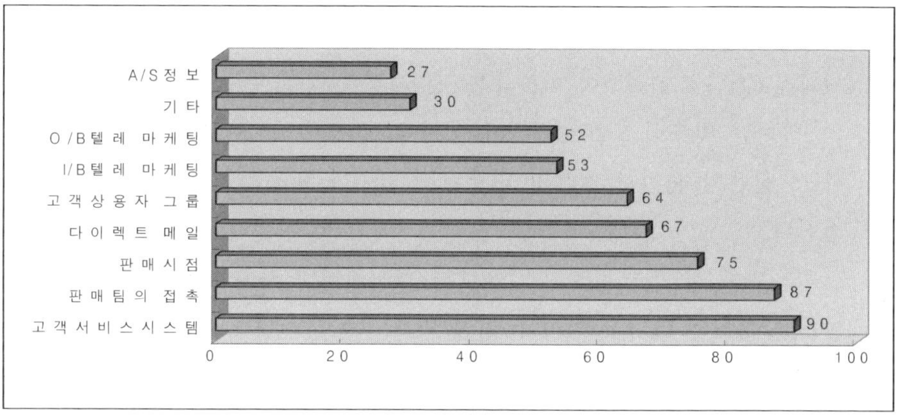

|그림 4-4| 기업들의 고객관련정보 획득 방법

(4) 조직의 역량

CRM 경영 방식은 현재 존재하는 조직 역량의 변화를 요구하고 CRM 경영에 대비한 조직의 준비와 새로운 역량을 필요로 한다. 어떤 면에서는 기술 발전이 CRM을 가능하게 했다고 볼 수 있는데, 이러한 기술의 변화가 기본적으로 조직의 행동과 역량의 변화를 요구하기 때문이다. 때로 CRM 경영 방식은 여러 관련 부서에서의 변화를 함께 요구하기도 하지만, 많은 경우는 전사적인 변화를 요구한다.

이러한 구체적인 조직의 문제들을 다루기 위해 많은 경우 다음의 네 가지를 반드시 수행해야 한다. 첫째, 현재의 조직과 조직의 역량을 평가해야 한다. 둘째, 조직이 CRM 수행에 필요한 준비 상태에 도달하기 위한 전체적인 계획을 수립하고 실행한다. 셋째, 조직이 기업의 전략적인 목표를 달성하고 비즈니스 성과를 제

고할 수 있도록 종업원에게 적절한 권한을 부여하여 업무에 임할 수 있게 하는 훈련 계획을 만들어 실행한다. 넷째, CRM 수행 시 요구되는 업무 요건들을 종업원들에게 지속적으로 감당하게 하고, 그들이 진행하는 프로세스를 잘 운영해 나갈 수 있도록 지원해 주는 프로그램을 계속해서 전개한다. 이런 모든 일들은 CRM을 구성하는 핵심요소 중 하나로써 새로운 경영방식에서 요구되는 조직의 변화와 조직의 인적 역량을 갖추는 것 또한 성공적인 CRM 실행을 위해 필수적인 것들이다(최정환, 이유재, 2005).

(5) 비즈니스 프로세스

비즈니스 프로세스는 조직이 목적하는 바들을 달성하기 위한 결과를 제공하기 위해 조직의 자원들을 활용하는 논리적 관련성이 있는 작업들의 집합으로 구성되어 있다. 여기에서 CRM에 관련하여 비즈니스 프로세스에 대해 두 가지 점을 추가할 수 있다.

하나는 비즈니스 프로세스가 순서 없이 모아 놓은 관련 활동의 집합이라기보다는, 일련의 순서가 정해져 연결된 작업이나 활동의 집합이라고 보아야 한다는 점이다.

또 다른 하나는, 비즈니스 프로세스는 조직의 자원을 사용하는 작업이나 활동들로 구성되어 있다는 점이다. 이는 비즈니스 프로세스와 앞에서 살펴보았던 조직의 인적 자원 면에서의 조직의 역량, 조직의 준비 또는 변화관리와 밀접하게 관련되어 있으므로 동시에 다루어져야 한다는 것이다.

CRM에서 요구하는 비즈니스 프로세스는 현재에 존재하는 프로세스와 다르기 때문에, CRM을 위한 비즈니스 프로세스의 재설계가 필연적이다. 그러면, 프로세스의 재설계는 어떻게 진행되어 가는지 설명해 보기로 한다. 먼저 기업이 추구하는 비즈니스 목표, 비즈니스 전략 그리고 전략 추구를 위해 현재 실행하고 있는 전술적인 프로그램들을 기반으로 해서, 핵심 프로세스와 이를 지원하는 프로세스를 이해하는 것이 필요하다.

현업에서의 핵심 프로세스와 지원 프로세스를 위해서는 주요 비즈니스 요소인 정보나 기술, 보상 체계, 조직의 구조 그리고 조직원의 역할이나 기량 등에 대한 세심한 검토가 필요하다. 그런 이후에 CRM 역량들을 지원하는데 요구되는 프로세스들을 밝히고 현업에서의 비즈니스 요소들을 평가한다. 그리고 CRM 역량을 위해 요구되는 프로세스들이 현재 존재하는가, 그렇다면 그 프로세스들이 현재 비즈니스 요소들과 잘 부합되는가를 조사한다. 이러한 과정을 거쳐 CRM 프로세스를 위해 필요한 프로세스 재설계와 조직의 요건, 조직원의 재량 요건을 확정짓는다. 이러한 프로세스의 재설계가 궁극적으로 의미하는 바와 결과적으로 나타나는 변화를 상정하면 다음과 같다(최정환, 이유재, 2005).

첫째, 프로세스의 재설계를 통해 프로세스 초점이 늘 고객에 맞추어지게 된다.

둘째, 프로세스 재설계를 수행하면 CRM 작업을 진행하는 주체가 조직 내의 기능적인 부서로부터 프로세스 팀으로 옮겨가게 된다. 프로세스 팀들은 고객에 초점을 두는 데 비해, 기능적인 부서들은 서로 다른 목적을 가지고 있어 이로 인해 충돌이 일어날 수 있고 CRM 자체 성격상 작업이 다차원적이며 부서의 경계를 넘어 진행되기 때문이다.

셋째, 프로세스 재설계는 비즈니스 성과 측정이 비즈니스 활동 자체가 아닌, 활동 결과에 맞추어지는 결과를 가져온다.

넷째, 프로세스 재설계는 조직 내에서 가치 체계의 변화를 가져오게 되는데, 즉, 보상 체계가 부서의 성과에 기반하지 않고 고객만족 성과에 기반하여 생산성 위주의 환경 분위기를 조성한다.

다섯째, 프로세스의 재설계는 또한 조직의 구조 변화를 가져오는데, 계층적인 구조에서 수평적이며 중요성에 따른 조직 구조로의 변화를 가져온다.

(6) 정보시스템

오늘날과 같이 급속도로 기술이 발전하고 있는 상황에서 적합한 정보시스템 없이, 기업은 CRM을 위해 갖추어야 할 능력과 핵심 역량을 지닐 수 없기 때문에 어떤 정보시스템을 갖추었는가에 따라 기업의 비즈니스 성과가 달라질 수 있다. 정보시스템은 장기적인 면에서 보면 비즈니스 비용을 줄여 주고, 시장에 신제품을 출시할 수 있는 시간을 단축시켜 주며, 전반적인 CRM 활동의 효율과 효과를 높여 주어 경쟁 우위를 제공한다. 요즘 추세를 보면, 모든 고객의 접점 시스템 통합을 지원하고 확장가능한, 즉 추가적인 성능이나 사용자 등을 감당할 수 있는 정보시스템은 필수적인 요건이라 할 수 있다. 기업의 CRM 경영을 전개하기 위해 필수적으로 갖추어야 하는 역량들이 정해지면, 이를 지원할 수 있는 전반적인 기술 인프라스트럭처 내에서 구축될 시스템은 어떤 구체적인 기능들을 가져야 하는가에 대한 해답이 바로 CRM을 위해 요구되는 시스템 기능들인데 이는 CRM 수행을 기술적으로 가능하게 해 주는 것으로, 도구나 시스템의 특성 또는 기능들을 말하는 것이다. 일단 이렇게 필요한 시스템의 기능 요건이 확정되면 정보시스템의 관점에서 어떤 기술을 선정할 것인지를 정해야 한다. 예를 들면, 어떠한 종류의 하드웨어, 데이터베이스, 또는 어떤 미들웨어(middle ware)가 필요한지, 또 통계 도구와 캠페인 관리 시스템 그리고 리포팅 도구(reporting tool)는 무엇이 적합한지, 또 개인화를 위한 도구는 어느 것이 좋은지 등 모든 구체적인 결정을 내려 필요한 시스템의 기능을 갖추어야 한다.

2 CRM 프로세스

CRM 프로세스는 체계적이고 종합적인 고객정보의 수집으로부터 시작하여 고객정보의 축적, 고객정보의 분석 및 가공, 마케팅 기획 및 실행과 반응분석의 단계를 거치면서 반복되는 피드백과정이 있어야 한다. 이를 통해 지속적으로 효율 및 효과성의 개선이 가능한 CRM의 닫힌 프로세스(closed loop process)가 완성된다.

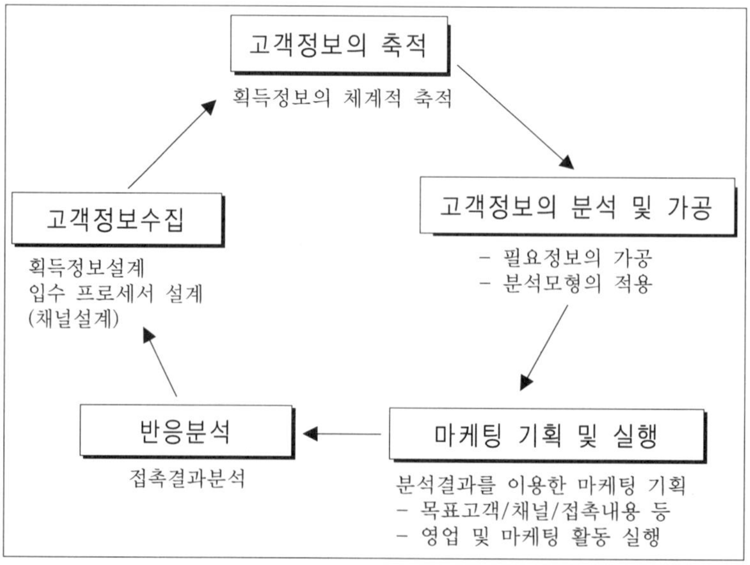

|그림 4-5| CRM 프로세스

1) 고객정보의 수집

최근 기업의 채널에 급속한 변화가 일고 있다. 콜센터, 사이버 채널의 등장 및 활성화로 인해 기업을 크게 당황시키고 있다. 신 채널이 급속하게 성장하면서 빠른 속도로 기존채널이 약화되고 있는 반면 기업으로써는 미처 대비하고 있지 못하기 때문이다. 가령 전자상거래 시장의 등장은 새로운 질서에 의한 시장교환이 이루어지게 함으로써 기업이 전통적 방법으로 사업을 영위하는 데에 한계를 느끼게 하고 있다. 증권사의 경우, 사이버 채널은 기존 영업채널을 급속도로 잠식하면서 채널간 갈등이 빚어지고 있는 상황이며 또한 대규모 콜센터의 구축을 통한 Inbound/Outbound Call의 처리는 고객과의 접점을 확대함으로써 신속한 고객과의 교류를 가능하게 하고 있다.

이러한 가운데 채널 통합의 중요성이 부상하고 있다. 기업이 다양한 채널을 가지게 됨으로써 적정한 채널 포트폴리오를 통해 이익을 최대화하려는 노력이 시도되고 있는 것이다. 신 채널은 실시간 반응(real time response)을 가능하게 하고 있다. 사이버 채널이나 콜센터는 즉시성을 가지고 있어 이를 이용한 고객반응의 신속한 입수나 이에 대응한 outbound promotion을 가능하게 해준다. 이런 측면에서 신채널을 이용한 캠페인시스템의 도입은 매우 적절히 이용될 수 있을 것이다.

한편, 고객정보는 접촉채널에서 가장 쉽고 정확하게 얻을 수 있다. 대부분의 기업이 고객정보의 입수를 고객에 의존하는 경향이 있다. 가령 통신회사의 경우 고객이 가입할 때 적어내는 고객정보 외에는 추가적인 고객정보 입수활동이 빈약한 편이다. 그러나 고객을 가장 빈번히 접촉하게 되는 접점에서 고객정보를 확인하고 입수하는 체계를 구축하는 것이 더 바람직하다. 가입이후 일어나는 고객과의 접촉에서 추가적인 고객정보를 얻어낼 수 있는 체계의 구축이 필요한 것이다. 추가적인 고객정보의 획득을 위해 흔히 고객카드, 사은행사 등의 캠페인이 이용되고 있다.

다양한 채널을 통한 고객정보의 종합적 축적이 이루어져야 한다. 채널의 급속한 증가로 기업들은 채널별 정보시스템을 가지게 되는 경우가 많다. 이는 결국 전사적 고객통합의 장애요소가 된다. 어느 고객이 어떤 채널을 이용하고 있는지 알 수 없을 뿐 아니라, 자사 고객이 정확히 얼마나 되는지조차 알기 어려운 상황이 되는 것이다. 채널은 통합관점에서 재정립되어야 할 것이다.

고객정보의 입수에 있어 가장 유의할 점은 정확성에 있다. CRM 시스템에서 사용하게 될 정보의 근간이 되는 단계로써 잘못된 데이터가 입수될 경우 이후의 분석 및 활용은 오류를 범할 가능성이 높아지기 때문이다.

2) 고객정보의 축적

고객정보란 폭 넓은 개념으로 정의될 수 있는데 고객의 정보가 발생하는 경우를 구분해보면 고객자신, 고객-자사, 고객-경쟁사, 고객-환경간의 접촉에서 발생하는 정보로 분류할 수 있다. 고객정보는 이러한 영역별로 수집되고 분류되어야 한다. 현재 기업이 보유하고 있는 주요 정보는 고객의 프로화일과 거래정보에 한정되고 있다. 그러나 일반적으로 현재 국내기업에서는 고객의 프로화일이 제대로 구축되어 있는 경우는 드물다. 흔히 고객을 받아들일 때 취미, 직업 등 다양한 정보를 얻기 위한 기획을 하고 있지만, 이것이 고객확보에 악영향을 미칠 수도 있으므로 그렇게 신경을 쓰고 있지는 않다. 따라서 그만큼 부실한 정보가 입력되어 있는 것이다.

반면 거래관련 데이터는 비교적 정확히 입력되어 있다. 사업을 영위하기 위해 반드시 필요하기 때문에 잘 축적되어 있기는 하지만 축적의 관점이 상품, 채널중심적이기 때문에 고객관점으로 데이터를 추출하는 데에는 한계가 있는 경우가 많다.

고객은 기업에 있어 중요한 전략적 자산이다. 지금 당장 고객기준의 정보를 추출하기 어렵다고 해서 축적하지 않을 것이 아니라 가능한 부분부터 해나가야 한다는 것이다. 우선 사내에 있는 거래데이터를 고객관점에서 축적할 수 있는 기반을 마련하여야 할 것이며, 점차 고객 프로화일, 경쟁사, 기타 외부환경 정보까지 축적해 나갈 수 있어야 한다. 이는 물론 장기적인 기업 전략하에서 마련되어야 할 것이다.

3) 고객정보의 분석 및 유용한 정보의 발견

축적된 고객정보를 분석하여 원하는 정보를 얻기 위해서는 분석목표의 설정이 명확해야 한다. 가령 우량고객의 유지를 위해서는 고객가치 평가모형과 고객의 이탈가능성 평가모형이 필요하다. 이러한 모형의 구축은 충분한 현업부서의 의견수렴을 통한 구조분석이 선행되어야 한다.

다음으로 구조분석의 바탕 위에 적절한 분석기법을 선택해야 할 것이다. 현재 흔히 이용되고 있는 분석기법으로는 마이닝, 통계분석기법, 계량마케팅 모형을 들 수 있다. 일반적인 분석방법 기법으로는 neural network, logistic regression, decision tree, (sequential) association, clustering, discriminant analysis 등이 흔히 이용되고 있으며 판촉효과분석 등과 같이 보다 지식집약적인 분석에 있어서는 이를 위해 개발된 마케팅 모형들이 이용되고 있다.

4) 마케팅 기획 및 실행

분석된 결과를 바탕으로 하여 마케팅 활동이 필요한가를 결정하고 필요하다면 목표고객, 이용채널, 접촉시점, communication 내용 및 marketing offerings를 정의하는 것이 CRM의 마케팅 기획이다.

목표고객, 이용채널, 접촉시점, communication 내용 및 marking offerings의 선정이 임의로 이루어져서는 안될 것이다. 물론 현실적으로 객관적 분석결과 만에 의한 기획은 불가능하겠지만, 분석결과에 의해 목표고객이 선정되면 이 목표고객이 가장 선호하는 채널을 추출하고, 고객성향에 알맞은 communication 내용 및 marketing offerings의 선정이 뒤따라야 한다. 또한 가장 효과가 최대일 것으로 예상되는 시점에 실행이 이루어져야 한다.

마케팅 기획 및 실행을 위해서는 사내적으로 총괄부서가 필요하다. 개별 마케팅 활동이 상호 잠식적일 수 있으므로 전체적으로 조정해 줄 기능이 필요하기 때문이다. 마케팅 기획에서 활동에 이르기까지는 여러 부서가 개입될 수 있으므로 이의 조정도 필수적 요소이다.

5) 반응분석

모든 시스템이 공통적으로 가져야 할 특성은 진화성이다. 진화성이란 스스로 오류에 대한 수정능력을 가지고 있어야 가능한 것이다. CRM도 같은 개념을 가지고 있어야 한다. 정보의 입수, 축적, 분석, 활용에 이르기까지 일련의 체계가 처음부터 효율적, 효과적일 수 없다. 결과에 대한 지속적인 피드백을 통하여 개선되어지는 과정을 거침으로써 올바른 방향으로 변화해 갈 것이다.

반응분석은 올바른 정보가 이용되었는가, 분석결과가 타당한가, 적절한 마케팅 활동이 실행되었는가라는 측면에서 평가되어야 한다. 가장 기초적인 반응분석은 반응률이다. 반응률이 높지 않다는 것은 전체 프로세스의 어느 단계에 문제가 있다는 점을 의미한다. 그러나 단순히 반응률이 높지 않다는 점에 의해 어느 단계에 문제가 있는지를 알기는 어렵다. 고객의 반응과 관련된 정보는 접촉이유, 접촉채널, communication 내용, marketing offerings 등이다.

최선의 방법은 이러한 정보를 체계적으로 축적하여 분석단계에 반영하는 것이다. 이 정보가 누적되어감에 따라 이미 설정된 분석모형의 결과가 달라지면서 개선이 이루어질 것이다. 이에 따라 목표고객, 선호채널, 선호 communication 내용 및 marketing offerings 등의 수정이 이루어지면서 마케팅 기획의 개선이 이루어지게 된다. 이러한 과정이 반복되면서 CRM 체계 자체는 진화하게 되는 것이다.

6) CRM 프로세스 진화를 위한 고려사항

일단 CRM 프로세스가 구축되더라도 실질적으로 마케팅 성과로 연결되고 지속적으로 발전하기 위해서는 다음과 같은 사항을 함께 고려하여야 한다.

(1) 부서별 업무 정의 및 역할 분담

부서별로 발생하는 자료의 입력 책임 및 역할 분담에 대한 고려가 필요하다.

(2) 시스템 진화 계획 수립

시스템에 대한 사용자의 추가적인 요구가 있을 경우, 시스템 변화를 누가 주도적으로 추진할 책임이 있는지, 그리고 누가 이러한 시스템변화요구에 대한 협조의 책임이 있는지에 대한 계획이 있어야만 한다. 이러한 진화계획이 없다면 CRM 시스템은 현업의 요구를 충분히 수용하지 못하게 되고, 결국은 사용되지 않는 시스템이 될 가능성이 크다.

(3) 시스템 사용 보안 계획

CRM을 위한 데이터 웨어하우스에는 고객의 신상정보, 거래내역 정보 등 개인의 프라이버시를 침해할 수 있는 정보가 많이 들어있으므로 정보의 보안에 유의하여야 한다. 뿐만 아니라 임원, 기획 및 마케팅 등의 실무분석가, 현장 실무자의 등급으로 나누어 보안기준을 마련하는 것이 필요하다.

(4) 교육 및 훈련

CRM을 위해서는 OLAP, 데이터 마이닝, 데이터 웨어하우스 등을 포함하는 정보기술과 CRM 관련 마케팅 이론 등에 대한 전문지식이 있어야만 시스템을 원활히 가동하고 효과적인 마케팅활동을 전개할 수가 있다.

(5) 조직 및 프로세스 정비

전산, 마케팅, 영업부문 등 다양한 부서의 협조가 절대적으로 필요하다. 때문에 선진국의 경우에는 CRM을 전담하는 부서와 전담관리자를 임명하는 것이 일반적인 현상이다.

3 CRM의 구축

1) CRM의 구조

CRM 시스템은 프런트오피스와 백오피스의 프로세스가 유기적으로 통합된 시스템을 의미하며 일반적으로는 DBM 시스템에 마케팅, 판매, 서비스 프로세스를 지원하는 어플리케이션과 고객접점관리를 지원하는 통합채널 시스템(콜센터, 인터넷 등)으로 구성된 시스템을 의미한다.

CRM 시스템에 대한 분류방식은 CRM의 발전과정과 시스템 구축에 대한 접근방법을 기준으로 분류한 meta group의 분석 CRM(analytical CRM), 운영 CRM (operational CRM), 협업 CRM(collaborative CRM)으로 구분하는 방식과 통합 고객정보시스템, 캠페인관리 시스템, SFA, 고객서비스 시스템, 채널시스템 등의 CRM의 각 구성요소를 기준으로 구분하는 방식, 그리고 전방조직(call center, SFA, service-customer interaction), 중간조직(campaign management, DB marketing - planning), 후방조직(DW/data mart, OLAP/mining-analyzing) 등으로 구분하는 방식 등 여러 형태로 분류해 볼 수 있다. 여기에서는 비즈니스 목적에 따라 meta group에서 정의한 세 가지 CRM의 유형에 대해서 설명하기로 한다.

(1) 운영 CRM

운영 CRM(operational CRM)은 전방조직의 고객 접점 즉 영업, 마케팅 및 고객서비스(콜센터, 필드서비스 등)를 연계한 거래 업무 지원과 통합 비즈니스 프로세스의 자동화를 의미한다. 이는 다양하고 상호연계된 고객채널 그리고 전방조직(front office)과 후방조직(back office)의 통합으로 이루어지게 된다. 운영 CRM을 구성하는 애플리케이션들로는 영업자동화, 마케팅 자동화, 고객 상호작용센터를 위한 애플리케이션 등이 있다.

고객 접점에 있는 프로세스를 지원하므로 협업 CRM과의 효과적인 인터페이스가 필수적이다. 각 채널별 프로세스가 통합되어 고객 접촉이력 관리가 단일화되어야 하기 때문이다. 대부분의 상용 운영 CRM 솔루션은 채널 기능 자체를 가지고 있지 않고 업계 표준으로 자리잡고 있는 상용채널 시스템과의 인터페이스를 위한 기능을 가지고 있다. 또한 후방조직이 ERP 시스템이 아닌 전통적인 레거시(legacy) 시스템일 경우 후방조직과의 거래처리 연계(transaction interface)가 핵심적인 관건이다. CRM 패키지가 자체개발 방식의 후방조직 시스템과의 인터페이스를 고려할 수 없으므로 패키지 자체의 인터페이스 요건에 따라 레거시(legacy) 시스템과의 연결부분을 개발해야 하며 이를 위한 다양한 기술적 방법이 있다.

(2) 분석 CRM

분석 CRM(analytical CRM)은 기업의 레거시(legacy) 시스템 및 개인정보를 비롯하여 모든 고객 채널을 통해 입수된 정보를 통합하고 이를 분석하여 마케팅 기획과 응용에 활용하고 실제 마케팅에 응용된 정보를 피드백하는 전 과정을 의미한다.

정책결정을 하는 비즈니스 이용자들이 운영계에서부터 광범위하게 얻어진 지식을 바탕으로 하여 의사결정을 하도록 한다던가 운영 CRM, 협업 CRM 부분에 고객 지향적인 비즈니스 전환을 가능하게 한다는 것이 분석 CRM에서 기업들이 얻을 수 있는 효과라고 볼 수 있다.

보통 분석 CRM은 DW, data mining, OLAP 도구를 통해 좀더 정교한 마케팅

의사결정을 지원하고 고객의 행동을 예측할 수 있는 애플리케이션을 활용한 데이터베이스 마케팅을 전개하는 것이라고 볼 수 있다.

즉 DW, data mining, OLAP들은 단순한 도구이고 유효한 데이터를 DW에 축적하고 이를 잘 활용하기 위해 통계적 분석방법, 다차원 분석, 데이터마이닝 애플리케이션을 통한 숨겨진 정보획득 등 다양한 분석방법 및 기술을 동원하여야 하고 일반 사용자가 쉽게 정보를 접근할 수 있는 시스템을 구축하여야 한다. 또한 정보를 활용하기 위해 분석 CRM과의 원활한 연계가 필수적이다.

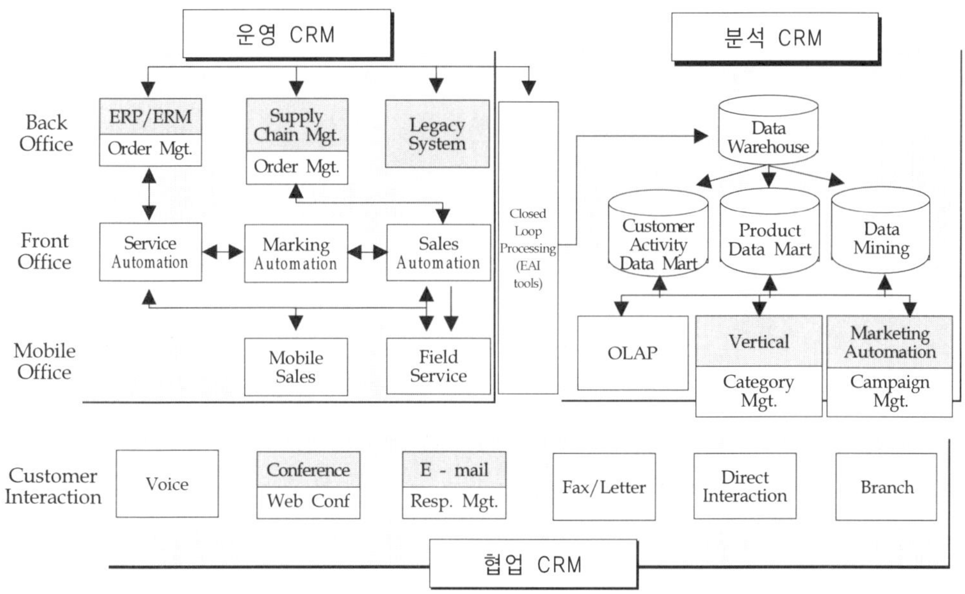

|그림 4-6| CRM의 분류

(3) 협업 CRM

협업 CRM(collaborative CRM)은 고객의 라이프 사이클을 통해 기업의 여러 채널들과 고객접점들 간에서 이루어지는 관계의 배치와 커뮤니케이션에 관한 모델로 정의내릴 수 있다. 협업 CRM은 고객과의 관계를 증진하기 위해 기업 내부의 조직과 공급망이 고객과 지속적으로 협력하고 정보를 나누는 것에 중점을 둔다. 따라서 협업 CRM과 협업적 전략의 목적은 고객친밀도 증대, 고객 유치율 확장(enhance customer retention) 그리고 신규고객 창출을 지원하는데 있다.

고객과 상호작용하고 고객과의 관계를 증진하기 위해 협업 CRM에서 다루는 영역은 상품과 조직에 대한 고객 접촉과 이러한 접촉점, 상호작용점, 협업점등의 상호 작용 접점들이다.

최근 온라인으로만 비즈니스를 하는 닷컴기업이 확산되고, 오프라인 기업의 온라인 진출이 급속히 진행되면서 CRM의 신조류를 이루고 있고, 향후 mobile 매체인 PDA, IMT2000 등 데이터통신이 가능한 개인휴대통신의 보급과 함께 가장 많은 변화와 발전이 예상된다.

협업 CRM은 웹 개인화(Web Personalization)와 콜센터(최근에는 customer interaction center라고 함) 기술이 핵심구성요소이고, 복수의 채널이 일관성 있고 개인화 된 서비스를 제공하여야 하며 채널간 고객정보가 통합되고 공유되어야 한다.

2) 자료의 관계

각 채널로부터 수집된 데이터는 운영 CRM으로 적재된 후 데이터웨어하우스로 보내지며 그 데이터 중 고객데이터, 거래내역, 캠페인관련 데이터는 캠페인관리 및 마이닝 분석을 위하여 분석 CRM 서버로 전달되는 순방향의 데이터흐름이 이루어지며, 역방향 데이터흐름으로 마이닝 결과 및 캠페인 결과 데이터는 분석 CRM mart로 적재된 후 운영 CRM으로 전달되어 각 채널별 마케팅 정보로 이용되고 또한 데이터웨어하우스로 전달되어 OLAP 또는 report tool로 분석할 수 있다.

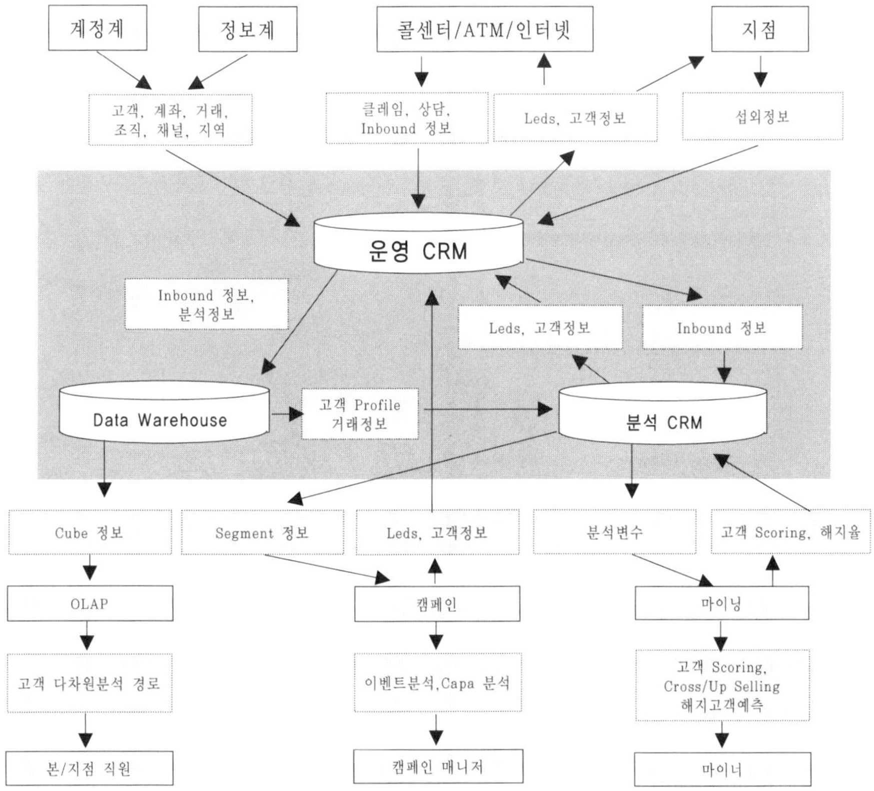

|그림 4-7| 자료의 흐름

3) 운영 CRM과의 연계

운영 CRM은 분석 CRM과 결코 분리될 수 없을 정도로 |그림 4-8|과 같이 긴밀한 관계를 유지하고 있다. 대 고객 접점에서 발생되는 데이터는 DW로 집계되어야 하며 집계된 데이터는 분석을 통하여 다시 접점에서 활용할 수 있도록 되어야 한다.

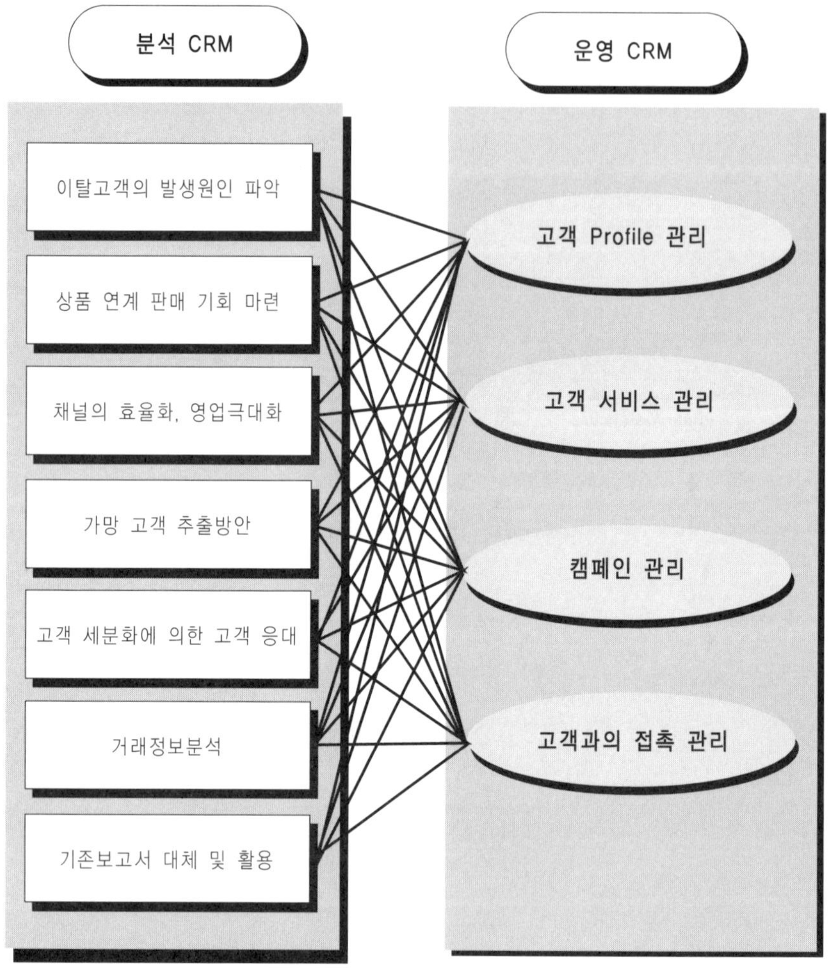

|그림 4-8| 분석 CRM과 운영 CRM

분석 CRM에서는 마케팅에 관한 분석자료, 시장과 고객에 대한 이해를 돕고 지원할 수 있는 자료, 영업전략 수립 및 방향제시 등에 필요한 데이터를 제공하게 되고 이러한 데이터는 콜센터, 영업점, 영업 지원 부서 등에 전달되어 적시, 적소에 사용되게 될 것이다.

(1) 운영 CRM의 주요기능

|표 4-2| 운영 CRM의 주요기능

기 능	내 용
고객 등록, 고객 조회, 고객 유지보수	○ 잠재고객을 포함하는 고객에 대한 인구통계학적, 재무적 데이터를 생성하고 저장한다. ○ 고객 프로필 및 가계에 대한 조회 ○ 고객 등록 후의 유지보수
약정 등록, 약정 조회, 약정 유지보수	○ 계정계 내에서 보관 및 유지되는 계좌 정보의 반영 ○ 계좌에 대한 상세 정보 조회 ○ 계좌 유지보수에 필요한 정보의 전달
관계	○ 우체국이 고객의 업무, 가족, 가계 및 직업적 관계와 기업 위계 구조에 대한 정보를 저장 및 검색 ○ 고객과 고객, 고객과 직원, 고객과 계좌, 계좌와 계좌 등의 관계 관리
섭외(접촉)	○ 고객에 대해 이루어진 섭외(접촉) 이력을 제공
서비스요청	○ 고객의 민원 또는 서비스나 정보요청의 추적을 위해 조직이 정의한 활동에 대해 등록, 직원할당, 기일설정 등에 대한 관리
코멘트	○ 선택된 고객, 계좌, 조직, 간부, 직원, 상품 또는 명세서에 대한 경고 혹은 특별지시를 기록하기 위해 사용자가 설정하는 자유형식의 정보에 대한 관리
제약	○ CRM 주체의 프로세스에 대한 시스템의 통제
캠페인	○ 기존고객이나 잠재고객에 대한 제안된 상품/서비스에 대한 기록 ○ 파라미터에 의해 캠페인 정의 ○ 고객의 반응에 대한 추적, follow-up 메시지 생성
고객 통합	○ 중복된 고객에 대한 통합
비재무 이력	○ 조직이 정의한 주어진 기간에 고객과 계좌에 대한 비 재무적 이력에 대한 조회
리포팅	○ 매일 운영 CRM 운영을 지원하기 위해 일련의 핵심 리포트들을 생성
파라미터	○ 운영 CRM 구현을 커스트마이징하는 기능 ○ 비즈니스 기능에 대한 프로세스 요건의 정의
서류관리	○ 서명 카드, 기업 결의서와 같은 조직이 정의한 지원서류에 대한 기록을 생성, 유지보수하는 기능
리뷰	○ 조직의 인원들에게 선정된 고객들에 대해 수행되어야 할 행동을 알려주는 작업에 사용될 데이터를 생성, 유지
누락데이터	○ 조직이 중요하다고 판단한 누락 정보를 추적하고 그 정보에 대한 리포팅 데이터를 제공

운영 CRM은 |표 4-2|와 같이 주요 기능을 정의하고 이를 구현하고자 한다. 주요 기능들은 모든 고객 접점에서 CRM 활용을 극대화 하기 위해서 작성된다.

(2) 운영 CRM의 주요기능과 분석 CRM의 연계

운영 CRM의 주요기능은 분석 CRM으로부터 제공된 데이터와 자체 시스템의 데이터를 모두 활용함으로써 CRM 목적을 달성한다.

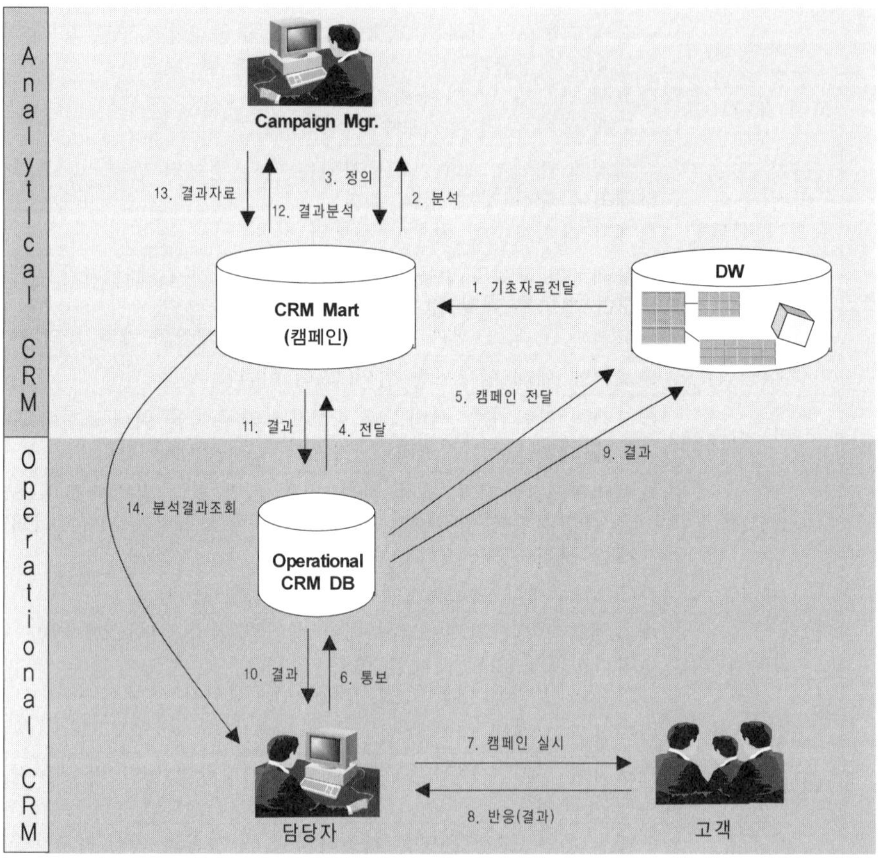

|그림 4-9| 캠페인 업무흐름

4) CRM 솔루션

운영, 분석, 협업 등의 세 가지로 구분한 CRM 시스템의 분류는 상용 CRM 솔루션의 일반적인 분류이기 보다는 CRM 시스템 구현 방식의 유형에 따른 분류이므로 상용 CRM 솔루션은 보통 위의 세가지 분류를 보다 세분화하여 마케팅 인텔리전시(marketing intelligence), 마케팅 자동화(marketing automation), 영업조직 자동화(sales force automation), 고객서비스(customer service), 통합고객센터(customer interaction center), e-CRM 솔루션 등 구체적인 역할과 기능을 중심으로 구분하여 상용 제품 또는 솔루션으로 공급된다.

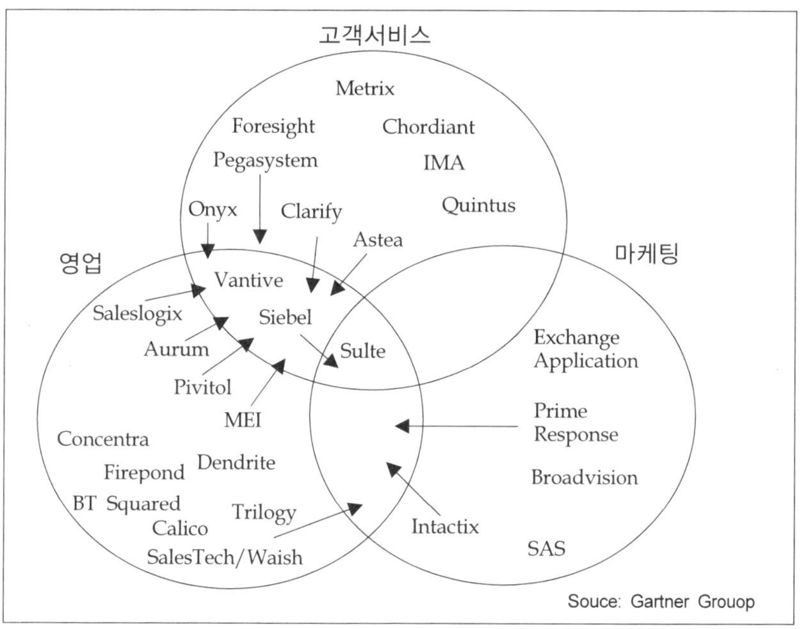

|그림 4-10| 전방조직 application vendor

|그림 4-10|에서 보는 바와 같이 각각의 CRM 솔루션 영역은 하나의 영역에 특화된 시장이 존재하고 그에 따른 전문 솔루션 공급 업체들이 경쟁하고 있다. 범용 솔루션 업체들이 이 중에서 몇 가지 이상의 영역을 지원하는 솔루션을 공급하고 있으며 모든 영역에서 가장 경쟁력이 있는 total solution을 공급하는 업체는 없다. 따라서 CRM 프로젝트는 여러 개의

솔루션을 통합하여 구축하는 시스템 통합 업체의 역할과 영역이 존재한다. 실제로 많은 CRM 솔루션 공급업체들은 다른 영역의 타사 제품과 같이 사용할 수 있도록 상호간의 인터페이스 요건을 설정하거나 업계의 표준 인터페이스 방식에 따르거나 하는 형태로 출시된다.

CRM 솔루션 중에서 패키지 형태의 솔루션에 대해서는 다음 절에서 검토하고 여기에서는 DW와 마이닝 솔루션과 콜센터 솔루션 미 e-CRM 솔루션에 대해 알아본다.

1) 데이터 웨어하우스(data warehouse)

(1) 데이터 웨어하우스의 개념과 특징

데이터 웨어하우스는 1980년대 중반 미국의 컴퓨터업체인 IBM이 자신의 하드웨어를 판매하기 위해 처음 도입했다. 이후 이 기술적 개념은 많은 하드웨어, 소프트웨어 업체들에 의해 성장하였으며 1980년대 후반 데이터 접근 전략으로 데이터 웨어하우스 개념이 이론적으로 전개되기 시작했다. 우선 Inmon(1996)은 데이터 웨어하우스를 기업의 의사결정 과정을 지원하기 위한 주제 중심적이고 통합적이며 시간성을 갖는 비휘발성 자료의 집합으로 정의했다. 또한 Kelly(1994)는 전사적 데이터 웨어하우스를 기업내의 의사결정 지원 어플리케이션들을 위한 정보기반을 제공하는 하나의 통합된 데이터 저장공간으로 정의하고 있다. 한편 Poe(1994)는 데이터 웨어하우스를 운영시스템과 연계하여 의사결정에 효과적으로 사용될 수 있도록 다양한 운영시스템으로부터 추출·변환·통합되고 요약된 읽기 전용 데이터베이스로 정의하고 있다.

이와 같은 학자들의 정의를 종합하여 보면 데이터 웨어하우스의 특징을 다음과 같이 크게 네 가지로 나누어 볼 수 있다.

첫째, 전통적인 응용 프로그램에서는 기능 중심인 반면 데이터 웨어하우스는 주제 중심(subject-oriented)으로 구성되어 있다는 점이다. 주제 위주로 데이터를 조정함으로써 의사결정 과정에 쉽게 데이터를 활용할 수 있게 된다. 예를 들면, 은행 시스템의 운영 데이터베이스가 대부, 저축, 은행 카드, 신용 등으로 구성된 반면, 데이터 웨어하우스는 고객, 상품 등에 관한 추세를 분석할 수 있도록 고객, 상품, 활동 등 주제 중심으로 구성된다. 업무 처리 중심과 주제 중심의 차이는 데이터의 내용의 차이로 나타난다. 운영 데이터베이스는 의사 결정에는 필요하지 않던라도 업무 처리에 필요한 데이터는 모두 관리의 대상이 되지만, 데이터 웨어하우스는 의사 결정에 필요한 데이터만을 유지한다. 운영 데이터베이스와 데이터 웨어하우스는 데이터간의 관계에서도 큰 차이가 난다. 운영 데이터베이스에서 데이터간의 관계는 업무 처리상의 상관 관계에 의해서 테이블간의 관계가 유지되지만, 데이터 웨어하우스에서는 시간을 비롯한 여러 분석 관점에 따른다.

둘째, 데이터 웨어하우스에 데이터를 모으는 과정에서 통합된다. 각 시스템에 서로 다른 기준으로 분산되어 있는 데이터를 데이터 웨어하우스에 구축하는 과정에서 기업 전반에 걸쳐 하나의 기준으로 데이터가 통합(intergrated)된다. 여기서 통합이란 속성의 이름, 자료의 표현, 도량형의 단위 등이 일관성이 있음을 뜻한다. 예를 들어 길이를 cm, inck, feet 등 여러 단위로 나타낼 수 있고, 날짜도 yymmdd, mmddyy 등 다양할 것이다. 이와 같이 필요에 따라 다른 표현, 단위 등이 데이터 웨어하우스에서는 분석 및 비교를 위해 일관적이다.

셋째, 시간에 따라 변화되는 (time-variant)값을 유지한다. 운영 데이터베이스는 접근하는 현재 시간을 기준하여 최신의 값을 유지하지만, 데이터 웨어하우스는 시간에 따라 모든 순간의 값을 유지한다. 따라서 운영 데이터베이스는 필요할 때마다 갱신되지만 데이터 웨어하우스는 일단 일련의 스냅 샷(snapshot)으로 올바르게 기록되면 갱신되지 않는다.

넷째, 비갱신성(non-volatile)이 있다. 운영 데이터베이스에서는 레코드별 갱신이 자주 발생하지만 데이터 웨어하우스에서의 데이터 갱신은 초기 적재 이후에는 발생하지 않고 검색만이 있을 뿐이다. 따라서 데이터 웨어하우스를 설계할 때는 갱신 이상(update anomaly)을 염려할 필요가 없기 때문에 정규화와 비정규화에 관한 문제는 접근의 효율성만을 고려하여 자유롭게 선택된다. 또한 장애 발생에 대한 데이터의 복구, 트랜잭션과 데이터의 무결성 유지, 교착 상태의 탐지와 처치 등이 매우 간단하다.

(2) 데이터 웨어하우스의 구조[1)]

데이터 웨어하우스 아키텍처는 정보계 데이터의 중앙 저장소로써 기능하는 관계형 데이터베이스 서버에 기초한다. 이러한 데이터 웨어하우스 아키텍처에서 운

1) 홍성완외 번역, CRM을 위한 데이터마이닝, 대청, 2001. p.74.

영계 데이터의 처리는 데이터 웨어하우스 처리와는 완전히 별도로 수행된다. 이 중앙 정보 저장소는 수많은 요소로 구성되는데 이러한 구성요소는 전체 환경이 기능을 제대로 발휘할 수 있도록, 관리 기능하도록, 웨어하우스 데이터의 원천인 운영계 시스템 그리고 최종 사용자의 질의와 분석 도구에 의해 접근 가능하도록 설계된다. (|그림 4-11| 참조)

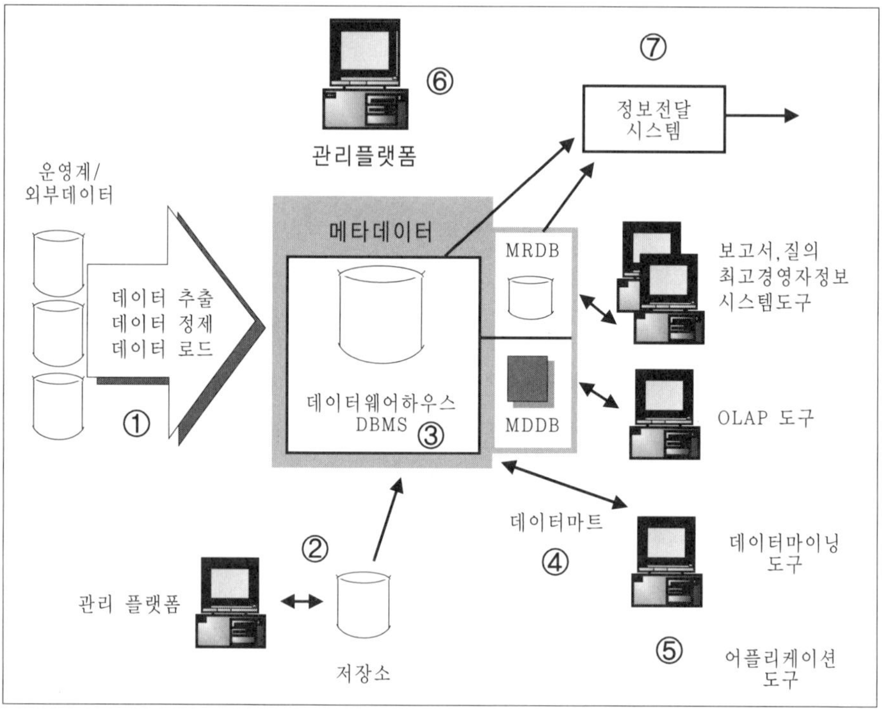

|그림 4-11| 데이터 웨어하우스 아키텍쳐

전형적으로 웨어하우스의 원천데이터는 운영계 애플리케이션, 운영계 데이터 저장소 또는 운영계 데이터 스토어(ODS : operational data store)로부터 온다. 데이터는 데이터 웨어하우스로 입력될 때, 통합된 구조와 형태로 변환된다. 이 변환 프로세스는 변환, 요약, 정제, 압축 과정으로 이루어진다. 데이터 웨어하우스 내의 데이터는 거대한 연대기적 구성요소(주로 5년에서 10년 동안)를 포함하기 때문에 데이터 웨어하우스는 시간을 축으로 같은 데이터베이스에 대한 다른 데이터 구조뿐 아니라 상당한 양의 데이터를 유지하고 관리할 수 있어야 한다.

2) OLAP(on line analytical processing)

OLAP은 최종 정보사용자가 다차원 정보에 직접 접근하여 대화식으로 정보를 분석하고 의사결정에 활용하는 과정이다. 이는 온라인 거래처리인 OLTP(on line transaction processing)에 상대되는 개념으로써 |그림 4-12|와 같이 비교해 볼 수 있다.

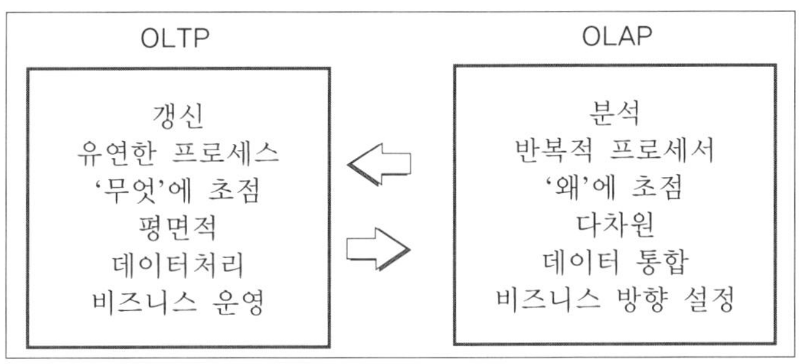

|그림 4-12| OLTP와 OLAP 차이점

Codd(1993)는 기업의 데이터 모델을 정적 모델과 동적 모델로 구분하고 OLAP을 동적 모델로부터 정보를 생성, 조작, 활성화, 종합하는 데 필요한 데이터 분석으로 정의하고 있다. 또 Pendse와 Creeth(1995)는 최종 사용자가 다차원 정보에 직접 접근하여 대화식으로 정보를 분석하고 의사결정에 활용하는 과정이라고 정의하고 있다. 이와 같이 학자들의 정의를 종합하면 OLAP의 특징을 다음과 같이 요약해 볼 수 있다.

첫째, 데이터 분석을 위해 다차원적 정보를 활용한다. 다차원정보는 사용자들에 의해 이해되는 기업의 실제 차원(기간, 상품, 부서, 지역 등)을 반영하는 정보구조를 갖고 있다. 이러한 다차원정보 구조를 생성하기 위해서는 업무 분석을 통해 정보를 차원들의 집합으로 개념화하는 다차원 모델링 작업을 필요로 한다.

둘째, 최종 사용자는 전산 부서의 도움 없이 온라인 상에서 직접 데이터에 접근한다. 과거에는 사용자가 특정한 정보를 필요로 하는 경우 전산부서에 의뢰하면 프로그램 작성을 통해 정보를 추출하여 제공하는 일련의 개발과정을 거쳤다. 따라서 이러한 과정은 많은 시간을 필요로 했고 의사소통의 장애로 인해 사용자가 원하는 정보를 얻기가 쉽지 않았다. 그러나 OLAP의 다차원 정보 검색기능을 활용하면 사용자가 직접 필요한 데이터를 획득할 수 있다.

셋째, 최종 사용자는 대화식으로 정보를 분석한다. 대화식 질의를 통해 시스템으로부터 신속하게 결과를 얻을 수 있다. 즉, 질의를 통해 얻어진 결과를 토대로 또 다른 질의를 반복적으로 수행함으로써 사용자가 원하는 정보를 획득할 수 있다.

넷째, OLAP의 목적은 최종사용자가 기업의 전반적인 상황을 이해할 수 있게 하고 의사결정을 지원하는 데 있다. OLTP는 기업이 수행하는 일상적인 업무를 거래형태로 처리하는 반면 OLAP는 기업이 나아가야 할 방향을 설정할 수 있도록 다양한 분석 데이터를 제공한다.

3) 캠페인관리 솔루션

캠페인관리 솔루션은 마케팅 자동화(marketing automation) 솔루션으로도 불리며 캠페인에 대한 목적, 일정, 메체, 소구방법 등을 기획하여 대상고객에 대해 콜센터, 우편, e-mail, 팩스, 웹 등 다양한 고객접점을 활용하여 캠페인을 전개하는 전 과정을 관리하는 시스템이라고 할 수 있다. 캠페인 관리의 프로세스는 **|그림 4-13|**에서 보는 바와 같이 캠페인 기획, 준비, 실행, 결과분석의 과정을 거친다. 일반적으로 캠페인 관리 시스템에서 제공하는 기능은 캠페인 기획 부분에 주로 초점이 맞추어져 있고 실행 부분은 채널시스템에서 담당하고 분석 부분은 마케팅 인텔리전시 시스템이 담당한다.

캠페인 관리 시스템의 기능은 캠페인 기획 및 관리, 고객 리스트관리, 다채널 캠페인 수행 지원, 세일지 리드 생성 및 관리, 이벤트 계획 및 관리 등의 기능과 실행 및 분석을 담당하는 시스템과의 인터페이스 기능 등이 있다.

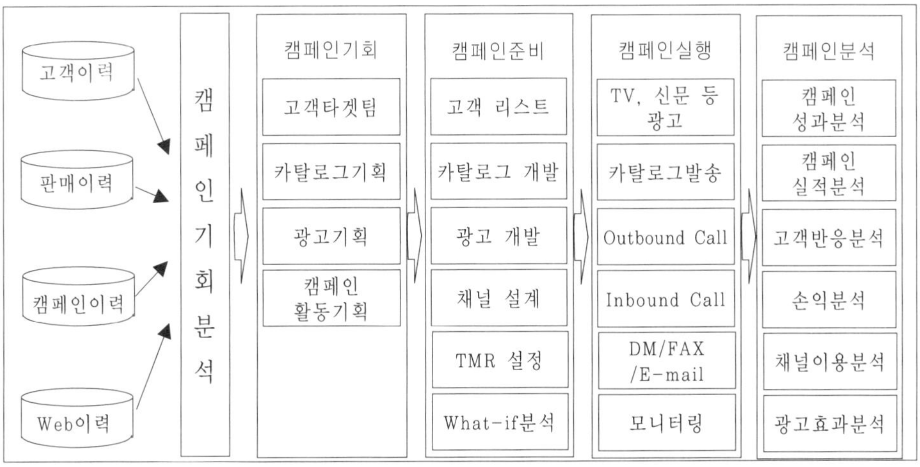

|그림 4-13| 캠페인 관리 프로세스

캠페인 관리 시스템을 이용하여 실제로 기업에서 실시할 수 있는 활동은 매스 마케팅에서의 프로모션 활동과 차이가 있다. 고객 데이터베이스로부터 캠페인이 가능한 고객을 여러 조건으로 추출하여 다양한 채널을 이용하여 캠페인을 실시한다.

|표 4-3| 금융기관의 캠페인 관리 항목

구 분	내 용	사 례
마케팅 캠페인	고객분석을 통해 DB에서 추출한 목표 고객을 대상으로 캠페인을 기획	고수익 투자상품 유치 캠페인 고객추천 캠페인 휴면고객활성화 캠페인 카드사용 촉진 캠페인
이벤트 탐지	고객과의 거래 또는 커뮤니케이션 과정에서 탐지한 이벤트를 토대로 마케팅 기회를 포착하여 대상고객에게 캠페인을 전개	고액거래, 신규계좌 개설, 계좌 해지 정기예금 만기, 마이너스 통장 개설 급여이체 개시, 급여이체 중단 고객등급 변화, 주소변경 불만사항 접수
안내 서비스	고객과의 관계를 강화하고 고객 편의성을 증진시켜 고객 만족을 이끌어 낼 수 있는 서비스 활동을 전개	대출만기일 도래 안내 연체안내 기념일 축하 서비스 VIP 신규 진입 고객 감사안내

4) 통합고객센터 솔루션

콜센터(call center)는 기업에서 전화를 통해 고객과의 커뮤니케이션을 집중적으로 처리할 수 있도록 만든 시설과 조직이다. 고객의 문제를 해결하기 위해 기업이 고객과 직접 접촉하는 인적접촉의 비용이 증가함에 따라 이를 대체하기 위해 도입되기 시작했다. PBX/ACD, IVR, CTI 등의 기술로 콜센터의 서비스 수준이 급속히 향상되어 고객서비스 및 텔레마케팅 목적으로 다양하게 활용하고 있다. 콜센터는 고객과 기업이 만나는 최초의 접점이다. 전 사업에 걸쳐 고객접촉의 75-95%는 전화를 통해 이루어지기 때문에 콜센터는 중요한 부분이다.

통합고객센터(customer interaction center)는 기존의 전화에 팩스, e-mail, web phone(VOIP), mobile, UMS(unified messaging system) 등의 고객채널을 모두 수용하면서 고객관리, 마케팅, 판매, 서비스의 업무도 통합적으로 수행하는 신개념의 콜센터이다.

최근에 운용되고 있는 통합고객센터는 기존의 콜센터에서 상담원이 담당했던 고객확인, 요구접수, 정보입수, 거래처 등의 업무를 컴퓨터와 통신, 데이터베이스, 지능형 정보처리 장치가 처리하도록 함으로써 획기적인 대고객 서비스의 향상을 가능하게 한다. 통합고객센터는 고객에 대한 여러 가지 정보를 데이터베이스화하고, 이를 바탕으로 고객에 대한 일대일 마케팅이 가능하도록 한 데이터베이스 마케팅을 실현한다. 또한 전화를 기본 매체로 통신과 컴퓨터, 데이터베이스를 하나로 통합하여 고객과 밀착된 텔레마케팅 등을 수행할 수 있게 한다. 따라서 통합고객센터는 고객만족을 위한 전사적 지원시스템을 구축하여 줄 뿐만 아니라 업무자동화, 서비스개선, 원가절감, 업무효율화, 비용절감 등의 이점이 있다.

통합고객센터는 고객의 전화를 받는 인바운드(inbound) 기능과 고객에게 전화를 걸거나 메시지를 보내는 아웃바운드(outbound) 기능으로 구분된다. 인바운드 기능에는 상담, 승인, 민원, 통신판매, 보험가입, 상품정보 안내, 클레임, A/S 접수, 텔레뱅킹 등을 들 수 있으며, 아웃바운드 기능에는 판촉활동, 시장조사, 연체고객관리, 생일/기념일 축하전화, 텔레마케팅 등을 들 수 있다.

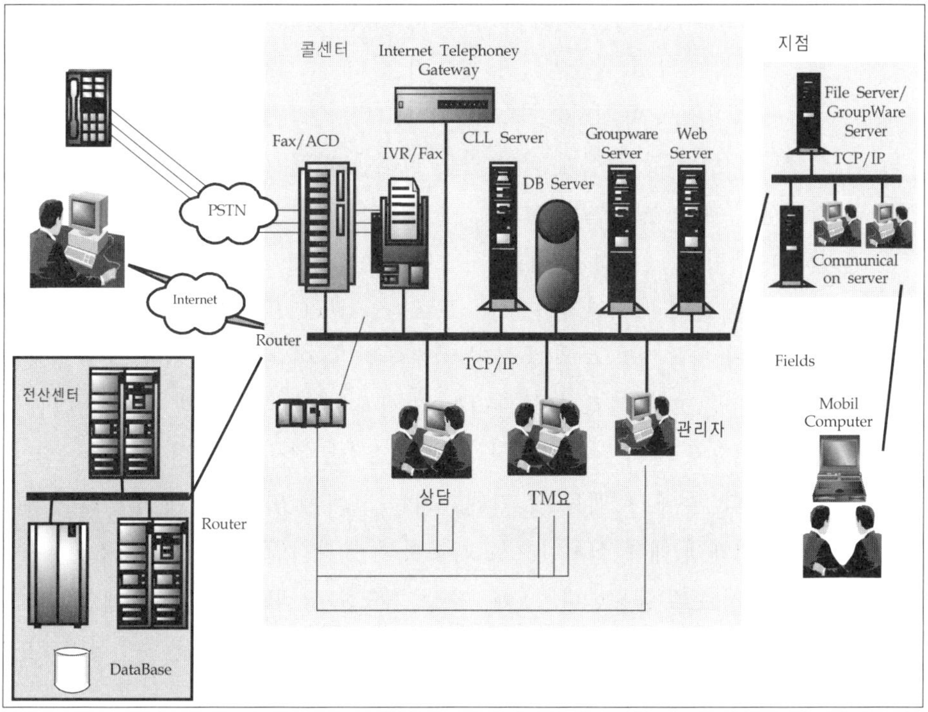

|그림 4-14| Customer interaction center의 시스템 구성

최근 선보이고 있는 새로운 고객접점으로 인터넷 콜센터와 통합 메시징 시스템(UMS)이 주목 받고 있다. 인터넷 콜센터는 고객이 기업의 웹사이트를 검색하는 도중 브라우저 화면 상에 있는 콜 버튼를 클릭하면 전화를 사용하지 않고 VoIP를 이용하여 콜센터의 상담원과 통화를 할 수 있는 시스템이다. 또한 통합 메시징 시스템은 음성합성, 조합기술, 팩스인지처리 기술, 사서함 기술 등을 통합하는 정보기술로 메시지를 전달하고자 하는 이용자가 전화, 팩스, PC 등 단말매체의 종류나 장소에 구애 받지 않고 음성메시지나, e-mail, 팩스정보 등을 주고받을 수 있도록 한 첨단 메시지 전달 시스템이다.

5) e-CRM 솔루션

인터넷 비즈니스(e-Business)에서는 정보시스템을 이용한 고객관리가 필요하

다. 웹사이트에서는 모든 활동이 정보시스템을 통해 이루어져야 하므로 고객관리도 오프라인에서의 고객관리와는 차이가 있다. 고객관리가 이루어지지 않을 경우 고객을 장기적으로 유지하기가 어렵고 고객을 통한 수익활동을 전개하기도 어렵다. |그림 4-15|와 같이 실제 의미 있는 고객은 전체 가입 회원 고객의 극히 일부분일 가능성이 매우 높다. 회원고객을 유지하고 확대하기 위해 웹사이트에서의 고객관리와 마케팅을 지원하기 위한 시스템이 e-CRM 솔루션이다.

웹사이트에서의 고객관리는 고객 프로파일 관리, 트래픽 및 거래관리, 고객 서비스 및 마케팅 활동관리 등을 통하여 이루어진다. 이 세 가지 요소를 살펴보면 다음과 같다. 첫째, 고객 프로파일 관리는 고객에 대한 기본적인 특성에 대한 정보를 관리하는 것으로 사이트에 방문한 고객이 스스로 정보를 입력하고 갱신할 수 있도록 해야 한다. 둘째, 트래픽 및 거래관리는 고객이 웹사이트에 방문하여 일으키는 트래픽과 거래에 대해 실시간으로 기록하여 효과적인 마케팅 활동을 할 수 있도록 하는 분석 정보로 활용한다. 셋째, 가장 중요한 고객관리 기능은 개인화된 서비스와 일대일 마케팅이 가능한 솔루션을 통해 이루어진다. 이런 솔루션이 가지고 있는 핵심적인 내용은 다음과 같이 구성된다.

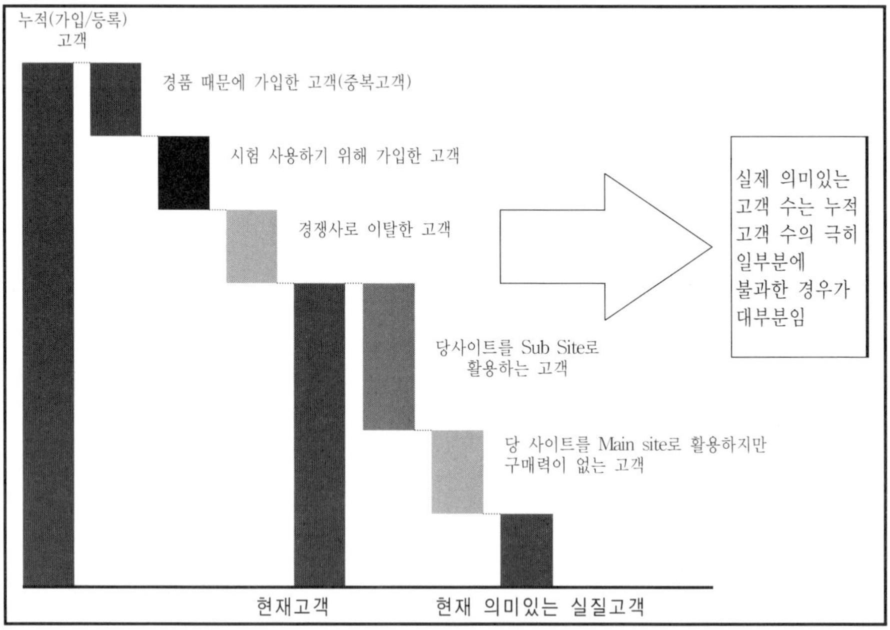

|그림 4-15| 전자상거래 사이트에서의 회원고객 구성 예

(1) 웹사이트 개인화(personalized contents)

웹사이트의 개인화는 방문한 고객의 관심사와 취향에 따라 내용을 구성하여 줌으로써 효율적인 사용을 가능하게 하여 고객 로열티를 향상시킨다. 이에 따라 장기적인 고객관계를 유지하게 되면 웹사이트의 마케팅 비용을 절감하고 수익성 높은 고객에 집중할 수 있게 되며 고객의 요구와 취향을 보다 정확히 파악하여 제품 및 서비스 개선을 유도할 수 있다. 이런 개인화의 유형은 웹사이트의 컨텐츠를 개인적인 취향에 따라 조립하여 자기만의 홈페이지처럼 꾸며주는 맞춤형 홈페이지 작성, 개인적인 관심 정보를 제공하는 뉴스 서비스, 관심사가 유사한 고객을 묶어주는 개인화 된 커뮤니티 구성, 쇼핑 에이전트를 이용한 개인화 된 쇼핑지원, 채팅을 할 때 자신의 화신이나 사이버 캐릭터를 만들어 사용할 수 있도록 하는 채팅 서비스 등 다양한 방법이 사용되고 있다.

e-CRM 솔루션에서 적용하고 있는 개인화 기술은 고객에 대한 각종 정보를 기반으로 고객이 원하는 서비스가 무엇인지를 찾아내는 메커니즘을 시스템화한 것이다. 이에 대한 구현 방식은 고객 데이터베이스를 기반으로 한 것, 고객에 대한 프로파일과 고객반응에 대한 정보를 기반으로 비슷한 유형의 사용자들의 선호도와 관심사를 추정하여 서비스를 하는 공동 필터링 방식, 인공지능 기술을 인용한 지능형 에이전트, 학습 또는 기존의 경험을 기반으로 한 전문가 또는 룰 기반의 방식 등이 있다.

(2) 웹 타겟팅

매스미디어 매체는 누가 광고를 보는지 알 수 없는 일방적인 메시지 전달이지만 웹에서는 누가 지금 웹사이트에 접속하여 어느 페이지를 보고 있는지 알 수 있고 그 사람의 특성과 선호도에 대한 정보를 가지고 광고를 내보낼 수 있어 광고의 타겟팅이 매우 우수하다. 웹은 웹 브라우저와 웹 사이트가 있는 웹 서버와 HTTP 프로토콜을 통해 통신하는 클라이언트 서버구조로 되어 있으며 사용자가 알지 못하는 사이에 내부적으로 별도의 정보를 주고 받는다. 이것은 웹 사이트의 회원으로 로그인 하지 않은 사용자도 쿠키를 이용하여 기본적인 사용자 정보를 파악할 수 있다.

웹에서의 타겟팅 방법은 고객이 웹 사이트에 방문했을 때 도메인 네임, 쿠키정보, 조회한 페이지, 이 페이지에 방문한 경로 등과 같은 정보를 파악하여 특정한 광고주가 타겟으로 설정한 사람인지 판단한다. 타겟의 범주에 해당하는 고객에게는 고객의 브라우저에 광고나 특정 컨텐츠를 제공하게 된다.

(3) 캠페인 관리 및 고객서비스

타겟팅이 이루어지면 웹에서 어떤 식으로 수익을 올릴 것인지를 기획한다. 개인화 된 컨텐츠나 타겟팅 된 광고에 반응한 고객을 대상으로 수익을 창출하기 위한 활동을 전개하는 과정이다. 이 과정은 모두 웹상에서 지원되어야 한다. 최근에는 웹 콜센터 기능을 통해 상담원과 상담이 가능해야 하고 고객이 보낸 e-mail에 대해 자동으로 회신할 수 있는 기능을 가진 솔루션이 선보이고 있다.

5 CRM 산업 현황

1) 해외 CRM 시장

최근 정보통신 기술 및 인터넷의 급속한 발전을 계기로 CRM 관련 시장도 급속한 성장이 예상된다. |표 4-4|를 보면 조사기관별로 예측에는 차이가 있지만 향후 몇 년간 평균 40% 전후의 급속한 성장을 전망하고 있다.

|표 4-4| 전세계 CRM 시장규모 예측

조사기관	예상 시장규모	예상 성장률
IDC	1998년 33억 달러 2001년 60억 달러 2003년 90억 달러	CAGR 1998-2003 22%
Gartner Group	1999년 46억 달러 2004년 280억 달러	CAGR 1999-2004 43%
AMR Reaserch	2000년 54억 달러 2002년 100억 달러 2003년 168억 달러	CAGR 2000-2003 58.5%

시장 조사기관인 IDC(international data corporation)에 따르면, 전세계 CRM 시장은 매년 평균 22%의 고속 성장세를 유지해 2003년에는 1998년에 비해 2.5배 이상 성장할 것으로 예상된다. 미국과 유럽시장이 전세계 CRM 시장의 80% 이상을

차지하는 것으로 조사됐으며 당분간 이러한 추세는 유지될 것으로 전망된다. 여타 대륙의 국가에서는 그들 국가 내에서 진행되고 있는 e-비즈니스 환경의 성숙여부에 따라 변동이 있을 것으로 예상된다.

가트너 그룹에 따르면 세계 CRM 시장은 오는 2002년까지 연평균 44%의 높은 성장이 예상된다. 그리고 포레스터 리서치(forester research)는 1999년 세계 CRM 시장규모를 34억 달러로 보고 매년 53.9%의 고성장을 기록할 것으로 예측하였다. AMR 리서치는 2000년 세계 CRM 시장규모가 54억 달러를 넘고 향후 5년내 10배 이상 증가할 것으로 예상하였다. 이에 따라 2002년에 100억 달러를 넘어서고 2003년에는 168억 달러 규모로 성장할 것으로 예측하였다.

각 리서치 기관마다 수치상의 차이가 있는 것은 IDC 통계수치는 아웃소싱, 시스템 소프트웨어, 하드웨어, 주변장치 등을 포함한 것이고, 기타 조사기관 자료는 SI, 응용소프트웨어, 미들웨어, 서버만을 포함해(IDC vs 가트너 그룹, 포레스트 리서치, AMR 리서치) 산정했기 때문이다. 그러나 이들 조사기관의 공통된 견해는 향후 수년간 CRM 시장은 고성장세를 지속할 것이라는 점이다.

|표 4-5| 세계 CRM 시장 전망 (단위: 백만달러)

	1998년	2001년	2003년	1998-2003년 성장률(%)
세계	33,182	59,921	89,700	22.0
미국	17,259	31,794	48,314	22.9
유럽	9,412	16,479	23,897	20.5

자료: International data corporation, 1999

그리고 CRM 관련 주요 시장 동향은 다음과 같다.

○ CRM 솔루션 시장은 통합솔루션보다 콜센터 등의 단일 솔루션을 위주로 형성되어 있어 단일 솔루션이 전체 CRM 솔루션 시장의 80%를 차지하고 있다. 하지만 향후 통합 CRM 솔루션의 점유율이 높아질 것으로 예측된다.

○ CRM 솔루션의 중심은 인터넷 기반의 고객 서비스와 고객정보시스템 및 데이터 마이닝 툴간의 연계에 있다. 두 시스템이 효과적으로 통합될 경우 CRM 솔루션은 기업에 강력한 정보분석 도구를 제공하는 동시에 콜센터와 인터넷 시스템을 통합하는 전자접점센터(e-contact center)를 제공하게 된다. 이에 따라 인

터넷 기반의 고객관계 관리기능을 제공하는 e-CRM과 데이터 마이닝 도구가 CRM 시장의 핵심요소가 될 것으로 전망된다.

○ 기존의 CRM 서비스 시장은 일류 컨설팅 회사와 시스템 통합 회사들이 주를 이루었던 반면 최근에는 소규모의 특화된 신규벤더들이 시장에 성공적으로 진입하고 있다. 이에 따라 gign 5년간 CRM서비스 시장의 구성은 크게 변화할 것으로 전망된다.

○ 시스템 통합성, CRM의 복잡도, 보안서비스, 네트워크 효과성 등을 고려하여 기업은 ASP(application service provider)와 같은 외부 서비스 공급자를 활용하려는 경향이 증가할 것으로 예측된다. 솔루션의 맞춤화 및 전산 시스템의 보수성은 ASP 서비스의 확산을 저지했지만, 향후에는 ASP서비스의 질적인 향상과 무선 ASP(wireless ASP; W-ASP)의 발전에 따라 CRM은 ASP에 의존하게 될 것으로 예측된다.

○ 전문화된 CRM 어플리케이션은 시스템 통합성 측면에서 약점을 나타내기 때문에 현재 틈새 시장을 공략하고 있는 벤더들에게 있어서 합병은 필수적이다. 즉, 전문화된 CRM 어플리케이션을 제공하는 소규모 벤더는 상호 통합하거나 SAP, Siebel과 같은 대규모 벤더에 인수될 가능성이 높다.

○ 사업부문별 CRM 전략분석 및 외부 시스템 제공자를 활용하는 경향으로 미루어 볼 때 향후에는 금융산업, 공공사업, 제조접 부문에서 CRM의 성장이 두드러질 것이다.

○ CRM은 산업별로 크게 차이를 나타낸다. 아직까지는 고객 중심 모델이 경쟁력 향상에 중요한 산업을 중심으로 CRM 전략을 적극적으로 수용하고 있다. 하지만 향후 CRM 시장은 고객 중심 모델이 비교적 약한 공공사업 및 교육분야 등을 중심으로 시장이 성장할 것으로 예측된다.

CRM에 대한 금융산업의 시장동향을 살펴보면 다음과 같다. 현재 금융산업은 전 세계적를 대상으로 영업을 하는 은행의 등장과 금융권의 세계화에 따라 고객확보 및 유지, 자산운용 측면에서 경쟁이 치열하다. 1999년 미국이 공표한 gramm-leach-bliley 금융법에 따라 금융기관 간의 경계가 모호해졌으며, 금융기관들은 고객들이 보유하고 있는 예금, 보험, 증권 등의 포트폴리오에서 더 많은 비중을 차지하기 위해 노력하고 있다. 또한 인터넷을 이용한 온라인 채널이 추가된 것도 경쟁을 심화하고 있다.

금융산업에 있어서 CRM의 중요성은 고객 유지보다 고객확보에 있다. 금융권의 효과를 측정하는 수치로 평균 금융상품의 숫자 측정, 고객 당 서비스 관계측정, 고객의 평생가치/수익성(lifetime value/profitavility) 측정 등이 있다. 금융산업은 고객이탈에 중요성을 두고 있지 않은데, 이것은 고객이 퇴직 예금 등의 규제상 제약과 생명보험 등의 의료적인 제약 때문에 금융기관과 관계를 끊는 것이 어렵기 때문이다.

또한 금융산업에서 CRM의 주요 활용 내용은 다음과 같다.

○ 콜센터 : 대부분의 금융기관에 있어서 CRM 시스템의 중심은 콜센터이다. 대기시간 단축, 답변자동화 등을 위해서 금융기관들은 콜센터를 도입하고 있다.

○ 캠페인관리 : 금융기관은 신규사업개발을 위해 캠페인 관리기능을 적극적으로 활요하고 있다. CRM 시스템의 캠페인 관리기능을 활용하여 금융기관들은 기업의 신규사업 전략을 세우고 있다.

2) 국내 CRM 시장

(1) 국내 CRM 수요시장

2000년 국내 CRM 시장은 CRM 실무자들의 CRM 이해부족으로 실속없는 시장이었다고 평가되었다. 또한, 솔루션 업체(solution vendor)들의 자사 솔루션 중심의 마케팅이 고객의 혼란을 가중시켰다고 한다.

그러나 올해 IT 투자의 1순위는 CRM 구축이라 할만큼 CRM에 대한 전반적인 이해도가 증가하였고, 자사 비즈니스 환경에 적합한 CRM을 구축하기 위한 노력이 증대되고 있다. CRM 솔루션 업체들도 제휴/인수합병을 통한 다양한 Product Line 구축을 시도하고 있으며, "백엔드(back-end)에서 프론트엔드(front-end)까지"의 토털 솔루션(total solution)을 제공한다.

국내 CRM 시장은 DW 기반의 분석 고객관계관리(analytical CRM) 부분이 규모면에서 여전히 큰 시장을 형성하고 있다. 그러나 마케팅 자동화, 영업 자동화, 서비스 강화 차원으로 CRM 구축 영역이 확장될 것으로 예상된다. 또한, 고객 접점 채널 통합이 올해 CRM 시장의 이슈라 할 수 있다. 즉, 산업별로 DW 작업의 진행과 함께 마케팅, 영업, CTI 등의 프로세스와의 연결이 필수적이다.

국내에서는 금융, 통신, 유통업체에서의 CRM 구축이 활발히 이루어지고 있으며, 우량고객 유지, 이탈방지 강화를 목적으로 하고, 고객 세분화(segmentation) 및 개인화(personalization)부분이 주된 관심사이다.

국내 CRM 시장에 대해 한국소프트웨어 산업협회가 최근 조사한 CRM 분야 솔루션 개발 및 보급현황에 따르면, 1999년에 996억원 규모를 형성한 것으로 나타났다. 올해 2000년에는 그 시장규모의 확대가 가속화되어 이미 1/4분기에 지난해 시장규모의 77%를 달성하는 등 가파른 성장세를 보이고 있다.

특히 국내 CRM 시장의 가장 큰 수요처는 금융부문으로 나타났고 그 다음으로는 통신, 제조, 무역/유통, 인터넷서비스업 순으로 시장을 형성하였다. CRM 수요가 가장 적은 분야는 레저/오락/관광산업인 것으로 나타났다.

1999년을 기준으로 볼 때, 금융부문이 전체의 41%인 416억 9300만원, 통신부문이 23.8%인 237억 3100만원, 제조부문이 12.2%인 121억 6000만원, 무역/유통부문이 9.8%인 98억 4천만원, 그리고 인터넷 서비스업이 3.1%인 31억 1천만원의 시장을 차지하고 있는 것으로 나타났다.

올해 2000년 1/4분기를 기준으로 살펴보면, 여전히 금융부문이 전체 37.3%인 285억 5000만원으로 가장 높은 비중을 차지하였다. 이어서 통신부문이 17.2%인 131억 3000만원, 제조부문이 14.3%인 109억 1000만원, 무역/유통부문이 9.9%인 76억원, 그리고 인터넷 서비스업이 6.7%인 51억 1100만원의 시장규모를 형성하였다.

금융권에서는 은행간 경쟁이 치열해지면서 우량고객들을 집중 발굴하고 관리해 수익성 위주의 질적 경영을 추구하겠다는 전략이 확산되고 있다. 특히, 다른 금융기관에 비해 CRM 구축이 늦은 은행들은 인터넷 뱅킹 등 온라인 채널의 성장에 따라 e-CRM 부문으로도 많은 관심을 보이고 있어 증권, 보험업계의 CRM 구축과는 다른 양상을 보이고 있다.

보험업계에서는 CRM 시스템 도입 및 구축을 통한 우량고객 확보에 전략을 기울이고 있는 것으로 보이는데, 이는 보험사들이 기존의 영업패턴에 일대 변화를 시도하면서 신규고객 확보와 더불어 기존고객 유지를 통해 수익성을 창출하고자 하는 전략의 일환으로 분석된다.

이 외에도 통신업계와 자동차업계, 그리고 IT업계에 이르기까지 전 업종으로 CRM 도입이 확산되고 있고 높은 증가세를 보이고 있다.

특히, 인터넷 비즈니스의 열풍으로 인해 전자상거래나 포털 서비스(portal

service) 업체들의 CRM에 대한 수요가 폭발적으로 증가하고 있는 것으로 나타났다. 인터넷은 물론 모빌 환경, B2B 전자상거래 영역까지 적용할 수 있는 e-CRM, mCRM, B2B CRM 등의 확장 CRM 솔루션으로 영역을 넓혀가고 있어 통신, 금융, 유통, 그리고 인터넷서비스 제공업계까지 도입이 크게 늘고 있는 추세이다.

|표 4-6| 국내 산업부문별 CRM 매출현황 (단위: 백만원)

	1998년	1999년	2000년 1/4분기
EC / 포털	620	3,110	5,111
통신	9,500	23,730	13,130
금융	15,004	41,693	28,550
교육	-	20	3,600
공공행정	1,100	2,200	1,435
레저/오락/관광	-	-	1,500
무역/유통	2,200	9,840	7,600
제조	4,550	12,160	10,910
건설/교통	700	1,000	800
전력/가스	-	2,300	-
기타	300	3,600	3,900
합계	33,974	99,654	76,536

자료: 한국소프트웨어 산업협회, 2000

금융권역별로 현재 CRM 구축 현황은 다음과 같으며, 통신업계에서는 콜센터(Call Center) 중심의 CRM 구축이 활발히 이루어지고 있다.

- ○ 은행 : 국민은행, 주택은행 - CRM 1차 단계 완료
- ○ 증권 : LG증권, 한화 증권 도입 완료
- ○ 보험 : 영업관리의 필요성이 높은 곳부터 운영 CRM 도입이 논의되고 있음.

또한, 인터넷 벤처기업의 창업 열풍으로 인해 전자상거래나 포털사이트 업체들의 고객관계관리에 대한 수요가 폭발적으로 증가할 전망이며, 오프라인(off-line)기업의 온라인(on-line)화의 추세에 따라 산업전반에 e-CRM에 대한 관심이 고조되고 있다.

국내 CRM 시장에 대한 시장조사업체인 KRG가 조사한 결과에 의하면 1999년에 650억원에서 2000년에는 1,400억원으로 100% 증가한 가파른 성장세를 보이고 있다. 또한 2001년과 2002년을 예측한 결과를 보면 2,500억원과 4,100억원으로 엄청난 성장세를 보이고 있음을 알 수 있다.

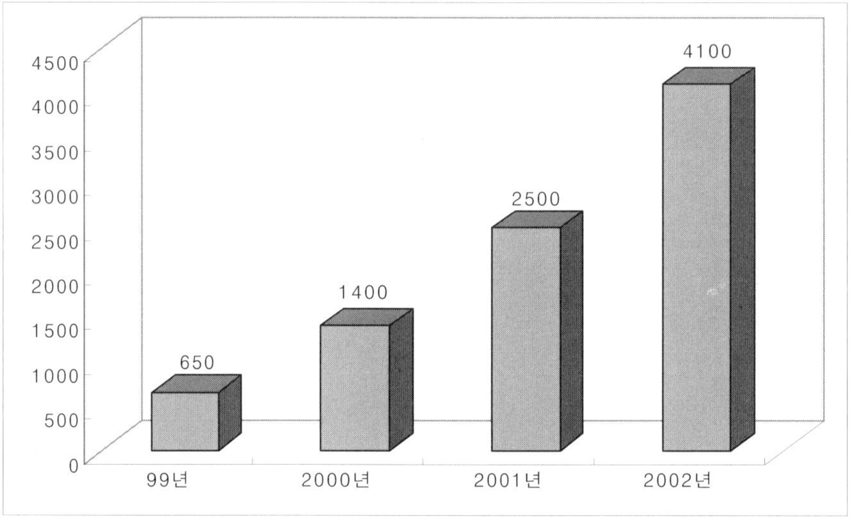

|그림 4-16| 국내 CRM 시장 추이 (단위: 억원)

국내 주요기업별 CRM 매출현황은 |표 4-7|에 제시되어 있다.

1999년에는 한국 NCR이 300억원으로 가장 높은 매출액을 기록하였고 그 다음으로는 LG-EDS가 133억원, MPC가 127억, 한국HP가 124억원 8600만원 등의 순으로 매출액이 많았다.

2000년 1/4분기 매출실적에서는 한국HP가 이미 지난해 전체 매출을 훨씬 초과한 194억원의 매출을 기록하여 수위를 달리고 있다. 그 뒤를 LG-EDS가 176억원, 한국NCR이 140억원, 한국오라클이 59억원 등의 순으로 치열한 매출 경쟁을 벌이고 있다.

|표 4-7| 국내 주요기업별 CRM 매출 현황 (단위: 백만원)

	패키지 S / W			S / W 관련서비스			합 계		
	1998	1999	2000 1/4분기	1998	1999	2000 1/4분기	1998	1999	2000 1/4분기
삼성SDS	-	1,600	990	-	3,700	2,410	-	5,300	3,400
LG-EDS	4,300	8,513	11,945	2,200	4,787	5,655	6,500	13,300	17,600
현대정보기술	-	2,700	-	-	1,200	1,100	-	3,900	1,100
SK C&C	-	345	100	-	2,000	400	-	2,345	500
한국오라클	-	1,760	3,500	-	5,000	2,400	-	6,760	5,900
SAS 코리아	1,000	2,000	1,000	1,000	2,000	2,000	2,000	4,000	3,000
한국유니시스	2,800	1,200	-	800	800	100	3,600	2,000	100
한국NCR	3,600	18,000	8,400	2,400	12,000	5,600	6,000	30,000	14,000
한국HP	6,816	9,030	15,200	1,704	3,456	4,200	8,520	12,486	19,400
워세아이텍	-	-	250	11	293	528	11	293	778
예스컴	1,333	4,850	2,260	210	610	226	1,543	5,460	2,486
나우테스	-	-	-	-	60	44	-	60	44
엠피씨	3,400	9,600	2,300	2,400	3,100	1,500	5,800	12,700	3,800
CRM Society	-	200	500	-	-	-	-	200	500
코리아 엑스퍼트	-	-	328	-	-	-	-	-	578
오픈비즈니스 컨설팅	-	200	400	-	150	300	-	350	700
단암데이타 시스템	-	-	-	-	500	2,650	-	500	2,650
합 계	23,249	59,998	47,173	10,725	39,656	29,363	33,974	99,654	76,536

자료: 한국소프트웨어 산업협회, 2000

(2) 국내 CRM 솔루션 공급시장

현재 CRM 시장에 도전하고 있는 벤처들은 DW, ERP, 그리고 통계처리 등을 기반으로 한 IT 업체들이 대부분이다. 이들 업체들은 같은 개념의 CRM이라 하더라도 각각의 방법론이나 기반기술을 바탕으로 독특한 특징과 특화된 분야를 가진 솔루션을 제공한다.

특히, CRM 솔루션은 점점 더 다기능화 되어가고, ERP 같은 기존에 존재하는 어플리케이션과 파트너십을 형성하거나 통합되는 추세를 보이고 있다. 그리고 최근에는 비용을 절감시키고 기술적으로 융통성을 발휘하기 위해 웹기반 기능으로의 확대를 가져오고 있다.

국내 CRM 관련 주요 공급업체는 |표 4-8|과 같다. 주요 솔루션 업체의 동향은 NCR과 Oracle은 자체 솔루션을 직접 공급하고, SAP는 PwC, 앤더슨컨설팅과 같은 대형 컨설팅회사와 같이 구축서비스를 제공하며, Siebel, Broadvision, Vignette 등은 국내 Reseller를 통해 솔루션을 공급한다.

콜센터 시스템, 인터넷 마케팅 시스템과 같이 협업 CRM 영역에 속하는 솔루션은 국내 업체들이 많이 진출하고 있다. 콜센터 분야에서는 넥스트웨이브와 엔써 등이 패키지 형태의 솔루션으로 상당한 시장을 점유하고 있으며, e-CRM분야에서는 외산 소프트웨어의 강력한 도전에 대응하기 위해 유비즈시스템, 씨엔엠테크놀로지, 아이마스, 이씨마이너 등의 국내 솔루션 개발 업체들이 상호간의 제휴를 통해 경쟁력을 키우고 있다. 국내 대형 SI 업체들은 독자적인 솔루션을 개발하지 않고 외산 제품의 공급계약을 통하거나 국내 솔루션 업체를 협력사로 지정하여 솔루션을 구축하는 SI 사업을 하고 있다.

우리나라의 CRM 공급업체는 하드웨어 시스템구축업체, 솔루션 공급업체, 컨설팅업체, 실행대행업체 등 매우 다양한 업종의 회사들로 구성되어 있다. CRM에서 시스템구축업체라고 하면 특히 고객 데이터베이스의 구축과 관련된 업체를 의미한다. 이 시스템 구축업체를 세분하면 하드웨어 공급업체, 시스템 구축관련 소프트웨어 공급업체, 시스템 통합 업체 등으로 나눌 수 있다. 시스템 구축 관련 소프트웨어에는 DBMS(데이터베이스 관리시스템)나 ETT(데이터의 추출/변형/이동) 등과 같이 고객 데이터베이스의 구축과정에서 필요한 소프트웨어를 의미한다. 시스템통합 업체는 시스템들을 유기적으로 통합해주는 업체로 CRM에서는 특히 회사의 기간(基幹)시스템과 고객 데이터베이스를 통합하여 유기적인 연관성을 갖도록 만들어주는 업체를 의미한다. 즉, 시스템구축업체는 회사의 인프라(infra) 구축과 관련된 회사라고 할 수 있다. 그렇지만 시스템 구축업체는 CRM 부문에만 관련되어 있는 것은 아니고 ERP, SCM 등 여타 다양한 분야에서의 비즈니스도 동시에 수행하고 있다. 솔루션 공급업체에는 분석툴, SFA(sales force automation), CTI(computer telephony integration), 캠페인 관리시스템 등 CRM의 수행을 위해 필요한 솔루션을 공급하는 업체들로 구성된다. 솔루션은 고객 데이터베이스를 기반으로 특정한 기능들(예를 들어 캠페인의 관리, 콜센터의 운영, 영업사원의 지원, 고객데이터 정리, 고객정보의 다변량 분석 등)을 수행할 수 있게 해주는 소프트웨어를 의미한다. 실행대행업체에는 TM 대행업체, 다이렉트 메일 대행업체, CRM 프로모션 대행업체, 고객정보 최신화 대행업체 등이 포함된다.

|표 4-8| 국내 주요 CRM 솔루션 공급업체 구분

구 분	외국계 업체	국내 업체
Operational CRM (CRM 패키지 솔루션)	Oracle, SAP, Siebel	
Analytical CRM (DW, OLAP, Mining)	IBM, NCR, SAS	DMS, DNI, 유니보스
Collaborative CRM (콜센터, E-mail, Web)	Broadvision, Vantive Vignette	넥스트웨이브, 브리지텍, 엔써커뮤니티, 예스테크놀로지
시스템 통합 업체	한국HP, 한국Unisys, 한국후지쯔	동부정보기술, 동양시스템, DST, LG-EDS, 삼성SDS, 현대정보기술

그런데 특정회사를 언제나 명확하게 이 가운데 어느 한 유형의 회사로 구분할 수 있는 것은 아니다. 왜냐하면 특정회사가 하나의 기능만을 수행하는 것이 아니라 여러 개의 기능을 동시에 수행하는 경우가 많기 때문이다. 예를 들어 IBM과 같은 경우 하드웨어도 판매하지만 시스템 관련 소프트웨어도 판매하고 시스템 통합 기능도 수행하며 CRM 전략 컨설팅 서비스도 제공하고 분석툴로 공급한다. Teradata도 시스템 관련 소프트웨어인 데이터베이스관리시스템(DBMS)의 판매뿐만 아니라 CRM 전략 컨설팅이나 시스템 통합 업무도 수행한다. 우리나라 토종 기업인 공영 DB 마케팅도 CRM 솔루션 공급을 주력으로 하면서 이 비즈니스를 원활하게 수행하기 위해 컨설팅 서비스나 프로모션 대행 서비스도 같이 공급하고 있다(박찬욱, 2005).

Chapter 5

데이터마이닝

5 데이터마이닝

1 데이터마이닝의 정의

현대사회에서는 정보기술의 지속적인 발전으로 기업들이 사업운영에 필요한 많은 양의 자료를 모아 데이터베이스 시스템에 넣어 두는 것이 가능하게 되었고, 축적되는 자료의 양은 해마다 끊임없이 증가하고 있다. 또한 인터넷과 전자상거래가 급속하게 보급되면서 소비자와 구매에 관련된 엄청난 양의 자료가 자동으로 컴퓨터에 모이게 되어 과거에는 상상할 수 없을 정도의 방대한 양의 자료를 우리 주변에서 쉽게 찾아 볼 수 있게 되었다.

"Mine"이란 "채굴 및 채광하다"의 뜻에서 출발된 "채굴"의 의미이며, 데이터마이닝이란 그 대상이 방대한 양의 데이터라는 의미로 해석하면 될 것이다. 즉, 데이터마이닝(data mining)이란 많은 거래 데이터 중에서 여러 계량적인 기법 또는 기계학습(machine learning)의 알고리즘들을 사용하여 고객에 대한 지식을 찾아내는 과정을 말한다. 다시 말해 대용량의 데이터에 숨겨져 있는 데이터간의 관계, 패턴을 탐색하고 이를 모형화하여 업무에 적용할 수 있는 의미있는 정보로 변환함으로써 기업의 의사결정에 적용하는 일련의 과정으로 단순히 분석기법을 의미하는 것이 아닌 여러 기법과 방법들의 적절한 조합으로 이루어진 일련의 과정이다.

보통 데이터마이닝은 크게 두 가지 목적을 위해 활용된다. 하나는 특정 변수나 사건을 예측하는 것이다. 많은 기업들은 데이터마이닝을 이용하여 수백만의 고객들 중에서 기업의 마케팅 활동에 반응을 보일 확률이 높은 고객들을 예측, 선별하여 우편, 전화 또는 이메일을 통해 구체적으로 마케팅 캠페인을 전개한다. 무차별적인 메일 보내기는 반응률이 매우 낮고 비용이 많이 들지만 데이터마이닝을 이용하면 반응확률이 높을 뿐 아니라 총 비용도 훨씬 적게 들어 전반적인 마케팅의 효율을 증진시킬 수 있다.

데이터마이닝의 또다른 사용 목적은 비즈니스 규칙을 세우기 위해 여러 가지 변수들 사이에서 존재하는 패턴이나 관계를 발견하여 고객의 형태에 대해 알려지지 않은 정보나 지식을 찾아내는 것이다. 이렇게 고객들의 실제 거래에 대한 데이터를 이용하여 유용한 정보를 유도하고 이를 이용하여 기업의 경영성과를 높이는 등 전략적 우위를 점유하는데 데이터마이닝은 중요한 일익을 담당하고 있다.

그러므로 대부분의 조직은 다음을 위해 데이터마이닝을 하게 된다.

첫째, 지식 발견의 목적은 기업의 데이터베이스에 저장되어 있는 데이터로부터 감추어진 뚜렷한 관계, 패턴, 혹은 상관관계를 찾아내는 것이다.

둘째, 분석가는 기업 데이터베이스에 저장되어 있는 거대한 양의 데이터로부터 뭔가 의미 있는 정보를 만들어 내야만 한다. 모든 분석에 앞서 분석의 목적은 분석가가 다루어야만 하는 데이터를 이해하고 데이터를 시각화할 수 있는 현명한 방법을 찾는 것이다.

셋째, 거대한 데이터베이스를 통합하는 동안 많은 기업들은 데이터가 완벽하지 않으며 잘못되고 모순된 정보를 포함하고 있다는 것을 발견하게 된다. 데이터마이닝 기술은 이러한 문제를 찾고 교정하는 데 있어 가능한 가장 일관된 방법으로 도움을 줄 수 있다.

2 데이터마이닝의 특징

① 데이터마이닝은 대용량의 관측 가능한 자료를 다룬다. 실험자료는 가설검정 등의 구체적인 문제에 답하기 위해 여러 요인들이 통제되고 조작된 가운데 만들어진다. 그러나 관측자료는 시간의 흐름에 따라서 비계획적으로 축적되며, 자료분석을 염두에 두고 수집되지 않는 것이 알반적이다.

② 데이터마이닝은 컴퓨터 중심적 기법(computer-intensive method)이다. 컴퓨터 중심적 기법들은 기존의 기법들로는 해결하기 곤란한 경우에 있어, 이를 해결하기 위하여 컴퓨터의 강력한 처리속도와 능력을 활용할 수 있도록 해주고 있다.

③ 데이터마이닝은 경험적 방법에 근거하고 있다. 많은 데이터마이닝 기법들은 이론적 원리에 기초하여 개발되었다기 보다는 경험에 기초하여 개발되었다.

④ 데이터마이닝은 일반화(generalization)에 초점을 두고 있다. 일반화는 예측모형이 새로운 자료에 얼마나 잘 적용되도록 하는 것인가를 의미한다. 따라서 일반화는 데이터마이닝 기법의 비정형성을 어느 정도 해결 또는 보완하여 주는데 도움을 주고 있다. 추론(inference)이 통계적 모형들의 초점이라고 하면, 일반화는 데이터마이닝의 초점이라 할 수 있다.

⑤ 데이터마이닝은 기업의 다양한 경영상황 하에서 경쟁력 확보를 위한 의사결정을 지원하기 위해서 활용될 수 있다.

⑥ 데이터마이닝 기법들은 통계학(statistics), 컴퓨터과학(computer science), 인공지능(artficial intelligence : AI), 공학(engineering)과 같은 분야에서 개발된 특징을 가지고 있다. 그러나 실제로 이를 활용하는 전문가들은 경영, 경제, 정보기술 분야에 있는 사람들이다.

3 데이터마이닝의 활용

데이터마이닝에서는 다양한 예측 모형과 계량적인 기법을 사용하고 있다. 여러 가지 계량적 모델과 그 기법들 사이에 분명한 선을 그어 분류 그 자체를 위한 분류를 한다는 것은 어색한 일이지만 일반적으로 사용되는 것들을 목적에 따라 나누어 보면, |표 5-1|과 같다(최정환, 이유재). 실제 기업활동에서 발생하는 여러 가지 다양한 비즈니스 문제나 마케팅 문제들을 해결하는데 데이터마이닝은 적절한 정보를 제공해 주고 있다.

|표 5-1| 데이터마이닝에서 사용되는 예측 모델과 계량적인 기법

예측과 관련된 문제해결		거래 패턴이나 관계를 기반으로 비즈니스 규칙 설정	
계량적 모델 또는 기법	적용문제	계량적 모델 또는 기법	적용문제
회귀분석(regression)	고객수익성 변화 추정	연관분석 (link analysis)	상품관계 발견
로지스틱 회귀분석 (logistics regression)	캠페인 반응 확률 추정	연관성분석 (association analysis)	교차판매 기회발견
토빗 모형 (Tobit model)	구매액 예측	연속사상발견 (sequency discovery)	연속 판매 프로그램 개발
로그 리니어 모형 (log-linear model)	구매횟수 추정	시장바구니 분석 (market basket analysis)	상품꾸러미 개발
시계열분석 (time-series analysis)	고객군의 구매 추세 예측	군집화 (clustering)	제품라인 개발
분류화 (classification)	특정 고객의 군집 예측	의사결정 나무 (decision tree)	비즈니스 규칙 수립
판별분석 (discriminant analysis)	신규고객 획득을 위한 목표 고객예측	CART(classification and regression tree)	고객군 내의 수익성 발견
신경망 (neural network)	고객 이탈 수 추정	CHAID(chi-square automatic detection)	고객군의 특성 발견

4 SAS E-Miner의 데이터마이닝 5단계

SAS Enterprise Miner 또는 SAS E-Miner는 대용량의 데이터에 숨겨져 있는 데이터 간의 관계, 패턴을 탐색하고 이를 모형화하여 업무에 적용할 수 있는 의미 있는 정보로 변환함으로써 기업의 의사결정에 적용하는 일련의 과정인 데이터마이닝을 GUI (graphic user interface) 환경에서 수행하도록 지원하는 제품이다. 사용자는 기능별 노드(node)를 Drag & Drop 방식에 의하여 작업의 순서와 동일하게 늘어놓음으로써 작업의 전 과정을 한 화면에서 관리하고 이들을 하나의 프로젝트에 담아서 의미 있는 정보를 얻을 수 있다.

SAS E-Miner는 자료를 잘 처리하고 분석하여 유용한 정보의 창출을 얻는 전 과정을 SEMMA라는 과정의 방법론에 의하여 지원하는데, SEMMA의 단계는 데이터표본추출(sampling), 데이터탐색(exploration), 데이터변형(modification), 데이터모형화(modeling), 모형평가(assessment)의 5단계로 이루어진다.

1) 모델 개발과정

모델개발 및 평가 방법은 SAS SEMMA 방법론을 기초로 하였으며 SAS와 E-miner를 분석 도구로 다양한 모델 개발과 평가를 통해 최종 모델을 선정하게 되며 모델 개발과정은 다음과 같다.

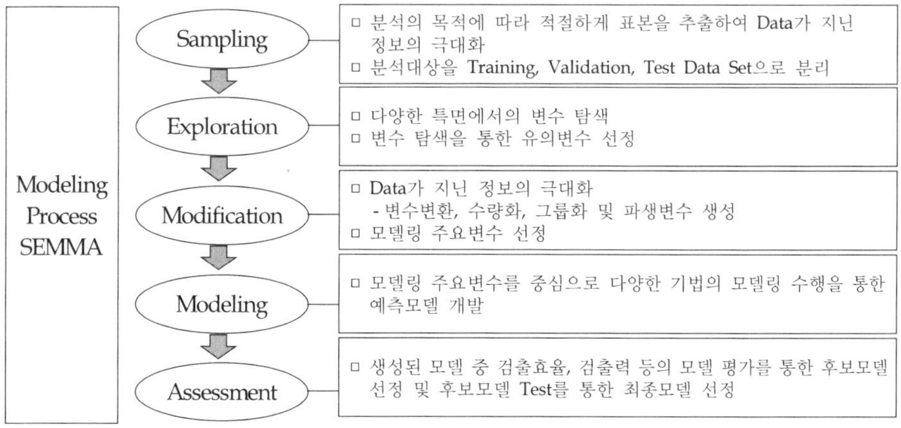

(1) 데이터 표본추출(sampling)

분석의 목적에 따라 적절하게 추출된 표본의 활용은 비용과 시간의 절약, 보다 효율적인 모형화 작업을 위해서 매우 중요하다. E-Miner는 전체를 잘 대표할 수 있는 표본을 추출하기 위해서 단순임의추출로부터 복잡한 층화추출에 이르기까지 다양한 표본추출 방법을 제공한다.

샘플고객 추출방법은 다음과 같다.

① Sampling단계에서는 분석의 목적에 따라 모집단을 대표할 수 있는 표본을 추출하는 단계로 모델개발을 위한 Traning, 모델의 적합도를 평가하는 모델평가용 Validation, 모델의 결과를 적용하여 검증하는 모델 검증용 TEST Data Set으로 분할하여 추출한다.

② 분석의 목적에 따라 적절하게 추출된 표본의 활용은 비용, 시간의 절약과 효율적인 모형화 작업을 위해서 매우 중요하다.

③ 샘플고객 추출방법

샘플추출방법	내 용
단순임의추출 (Simple Random)	크기 N인 전체 집단으로부터 크기 n인 표본을 뽑을 경우, 모든 가능한 크기 n인 표본이 동일하게 추출될 기회를 갖는 표본추출 절차를 단순임의추출이라 한다.
층화추출 (Stratified)	전체 자료를 동질적인 몇 개의 집단이나 층으로 나눈 다음, 각 층에서 표본을 추출하는 방법. 일반적으로 서로 다른 층에 속한 관찰자는 동일한 추출확률을 갖고 있지 않으며, 동일한 층에 속한 관찰자는 표본으로 선택될 확률이 동일하다.

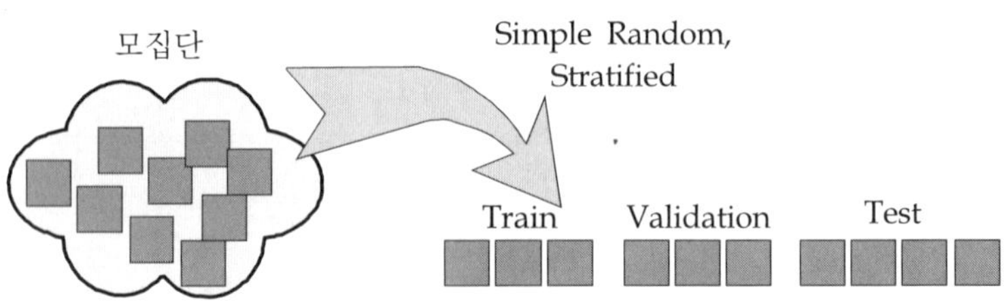

(2) 데이터 탐색과 데이터 변형 단계(exploration/modification)

① 데이터탐색(exploration) 단계

여러 측면에서 데이터탐색을 통해서 기본적인 정보를 검색하고 유용한 정보를 추출하는 기법들을 제공한다. 데이터 분포의 시각화 최대 3차원까지 지원하고 이상치 판단 및 상호작용한 데이터 탐색과 분석이 가능하다.

② 데이터변형(modification) 단계

원천 데이터는 분석에 적합한 형태로 존재하지 않으므로 데이터의 변형작업이 필요하다. 탐색단계에서 얻어진 정보를 기반으로 모형화 단계에서 모형의 성능을 향상시키기 위해 데이터가 가지고 있는 정보를 효율적으로 사용할 수 있도록 변수변환, 수량화, 그룹화 같은 방법을 통해서 데이터를 변형하고 조정한다.

③ 변수선정 방법

데이터 탐색과 변형 단계는 각 변수들의 분포를 확인하고 보다 유용한 정보로 극대화하는 단계로 그룹화 및 추가 파생변수를 생성하는 작업과 변수들과 타겟(target)과의 유의성을 검증하고 이에 따라 모델링 투입(input) 변수를 선정하는 단계를 의미한다.

주요 변수 선정 방법은 다음과 같다.

○ 분포를 통해 적당한 그룹별 cutoff point를 지정하여 그룹변수 생성

예) 연간 구매금액 합에 대해 500만원 미만, 500만원 이상, 1000만원 미만, 1000만원 이상으로 그룹을 나눔.

○ 변수 탐색 후 모델링에 필요한 추가적인 파생변수 생성

예) 2/4분기 구매금액과 3/4분기 구매금액을 이용하여 3개월 구매금액 증감률 변수 생성

○ 의미가 유사한 변수 중 상호 보완이 가능한 경우 하나의 변수로 파생

○ E-Miner의 Transform Node를 이용하여 Bucket, Quantile, Optimal Binning 중 기초 Data 탐색 결과에 따라 적절한 방법으로 연속형 변수에 대한 그룹화 수행

※ E-Miner Transform Node 의 Binning Transformation

구 분	내 용
Bucket	변수의 최소값과 최대값을 일정한 간격으로 묶기 원하는 경우, Bucket 변환함
Quantile	각 범주의 빈도를 동일하게 만들고자 하는 경우, 변수를 Quantile 변환함
Optimal Binning	E-Miner 내부적으로 계산된 통계량에 의해 변수의 Meaningful Point를 찾아 Meaningful Point 중심으로 변환함

○ 분포 확인 후 지나치게 한쪽으로 치우친 정보인 경우 여부변수 등으로 생성

○ 변수탐색결과 및 E-Miner의 Variable Selection Node, Decision Tree Node, Regression Node를 이용하여 모델결과 중심으로 모델링 주요변수 선택

(3) 데이터모형화(modeling) 단계

데이터마이닝의 핵심이라고 할 수 있는 모형화 단계는 이전 단계에서의 결과들을 토대로 하여 분석목적에 따라 적절한 기법을 통해서 예측모형을 찾아내는 방법들을 제공한다.

주요 모델 분석기법을 중심으로 모델링을 수행하여 다양한 예측모델을 개발하는 단계로 모델링 결과에 따라 투입(input)변수 중 특정 변수를 제외 또는 추가하여 알고리즘별 옵션 등을 이용하여 다양한 예측모델을 개발한다.

① 개발 시 고려사항

○ 모델 개발 시 사용된 변수는 타겟에 영향력이 큰 변수 위주로 사용

○ 기존모델의 결과를 통해 산출된 변수와 현업의 경험에 의해 결정된 변수로 사용

○ 모델의 예측력과 안정성을 고려한 변수 선정 및 모델 개발

② 모델링 기법

모 델	내 용
의사결정 나무	CHAID, CART, C4.5 등의 알고리즘이 있으며 너무 적은 개체 수가 나타나지 않도록 적당한 가지치기(개체 수가 적은 마디에서 분리가 일어나지 않도록 지정, depth 조절)를 수행한다. 유의수준 변경, 결측값의 사용여부 옵션에 따른 모델 결과를 비교하며 개발한다.
로지스틱 회귀모형	1차 후보변수 위주로 변수선택방법(각 변수의 기여도에 따라 변수를 하나씩 추가하는 forward selection, 불필요한 변수를 하나씩 제거하는 backward elimination, forward selection에 backward elimination을 결합한 stepwise method, 모든 변수 선택법)을 이용하여 비교하며 개발. 유의수준 변경 및 변수의 교호작용과 교차항을 포함, 제외하여 비교하며 개발한다.
신경망	MLP(multilayer perceptron, 다층인식자), RBF(radial basic function) 신경망 등이 있으며 두 가지 알고리즘에 대해 은닉 마디의 수를 조절하여 비교, MLP의 경우 은닉층의 수를 1과 2로 변경하여 비교하며 개발한다. 분석용 데이터에 대해서만 과도하게 적합되는 것을 방지하기 위해서 분석용 데이터에서 추정된 계수들을 매단계마다 평가용 데이터에 적용하여 평가용 데이터의 오차함수의 값이 최소가 되는 반복단계에서의 최종 추정치를 선택하도록 지정한다.

③ 후보 모델 선정 기준

○ 여러 개 생성된 모델 중에서 모델평가용 Validation Data Set, 모델 검증용 TEST Data Set에 모델을 적용 했을 때 우수한 예측력과 안정성 측면을 고려하여 후보모델로 선정한다.

(4) 모형평가(assessment) 단계

모형화를 통해 얻어진 결과의 신뢰성, 타당성, 유용성 등을 평가할 수 있다. 얼마나 효과적인 변수를 사용했는지와 다른 데이터에 적용하는 경우 얼마나 안정적인 결과를 제공하는가를 평가하는 측도로 %Response, %Captured Response, Lift 등이 있으며 이들 중 각각의 상황에 적합한 기준을 고려하여 모델을 결정한다.

① 모델 평가 방법

○ 개발 모델을 적용하여 다음 분기에 등급 상승 가망 스코어를 계산

○ '스코어가 높은 집단은 타겟의 성공 가능성이 높다'라는 가정하에 스코어를 내림차순으로 정렬한 후 균일하게 N등분함(예를 들어 상위 5% 이내 집단, 상위 10% 이내 집단, 상위 90% 이내 집단, 상위 100% 이내 집단)

○ N등분의 각 집단에서 실제 등급 상승 고객이 얼마나 포함되어 있는가를 확인 후 3가지 측도에 의해 모델을 평가

② 모델 측도

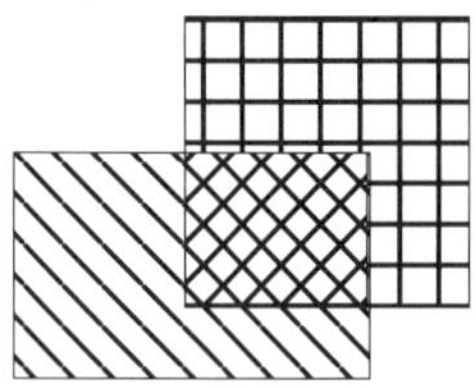

- %Response : 모델에 의해 성공 가능성이 높다고 추천된 고객 중 실제 성공한 고객이 포함된 비율

- %Captured Response : 실제 성공한 고객 중 추천된 고객군에 포함된 비율

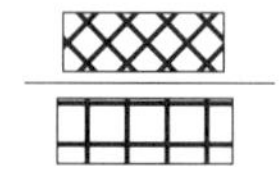

- Lift : 랜덤하게 관리한 경우와 비교해서 모델에 의해 관리했을 경우의 효과

5 SAS Enterprise Miner를 이용한 데이터마이닝

1) SAS Enterprise-Miner 사용법

(1) E-Minier 맛보기

[예제 데이터 설명]

전주시에서는 매년 지역축제가 열린다. 이 지역축제에 참여하는 고객들에 대해 세분화를 통해 좀더 편리한 서비스를 제공하려고 한다. 1,000명을 대상으로 설문조사를 실시하였다. 조사 변수로는 참가횟수, 참가동기, 예매방법, 관람편수, 체류일수, 고객분류이며 이것을 이용하며 고객분류에 대한 모형을 구축하고 새로운 고객에 대한 예측을 실시하고자 한다. 고객의 분류를 위한 변수로는 다음과 같다.

변수명	변수설명	속 성	변 수 값
obs	관찰번호	id	관찰번호
q1	참가횟수	Ordinal	① 1회 ② 2회 ③ 3회 ④ 4회 ⑤ 5회이상
q2	참가동기	Nominal	① 매스컴 ② 구전효과 ③ 학습 ④ 관심 ⑤ 동호회 ⑥ 다른목적
q3	예매방법	Nominal	① ID회원 ② 특별회원 ③ 일반회원 ④ Internet ⑤ 당일
q4	관람편수	interval	관람편수
q5	체류일수	interval	체류일수
group	고객분류	Nominal	① 전문가 ② 매니아 ③ 준매니아 ④ 일반관객

여기에서 Target(종속변수)변수로 사용되는 Group인 경우 4가지로 구분되어지는 Nominal 변수이다. obs인 경우는 설문조사시의 관찰번호이므로 분석에는 사용되지 않는다.

(2) 예제데이터를 라이브러리에 등록하기

SAS E-Miner를 이용하여 분석하기 위해서는 자료가 라이브러리에 등록이 되어 있어야 한다. 라이브러리에 등록하는 방법은 다음과 같다. 우선 예제 자료를 바탕화면에 "CRM"이라는 폴더를 생성한 후 그곳에 저장해 둔다.

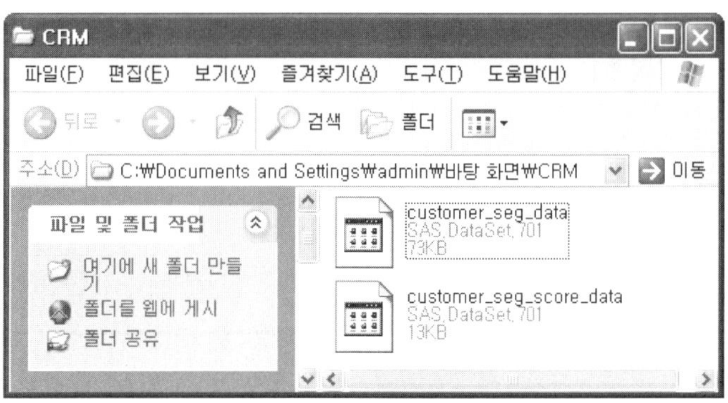

이제 SAS를 실행하면 왼쪽 창의 탐색기에 라이브러리가 나타나고 있는 것을 알 수 있다.

라이브러리에 들어가면 아래 그림처럼 네 개의 라이브러리가 존재함을 알 수 있다. 이것들은 SAS가 기본적으로 지원하는 라이브러리 이므로 새로운 라이브러리를 생성해서 사용해야 한다. 우선 빈 공간에 오른쪽 마우스를 클릭하면 새로만들기라는 메뉴가 나타난다.

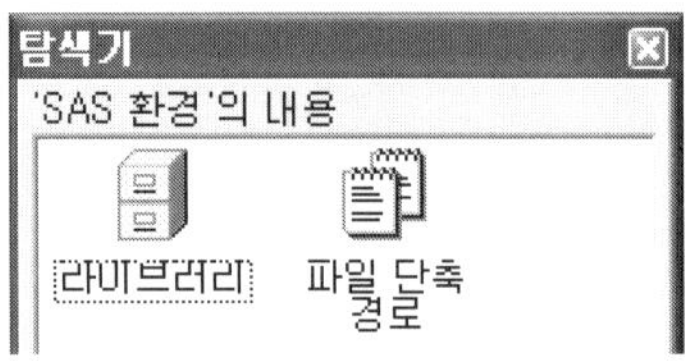

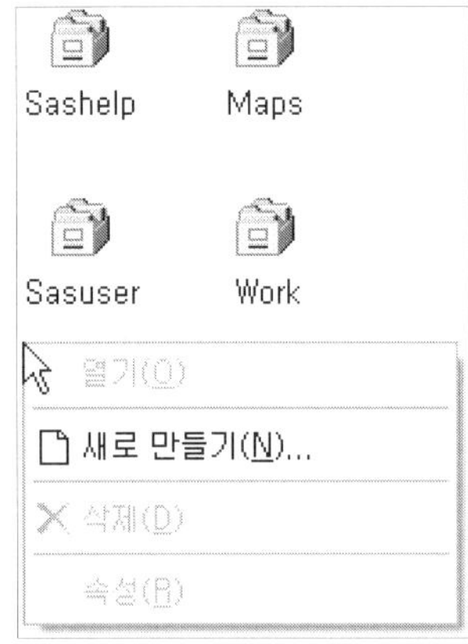

새로운 라이브러리의 메뉴에서 이름을 CRM이라고 정의해주고 라이브러리 정보의 경로(P)에는 자료가 저장되어 있는 바탕화면의 CRM 폴더를 선택해준다. 이때 오른쪽 상단의 "☑ 시작할 때 자동할당(B)"를 반드시 체크해 준다. 이 부분은 SAS가 다시 실행할 때 라이브러리를 유지시켜준다.

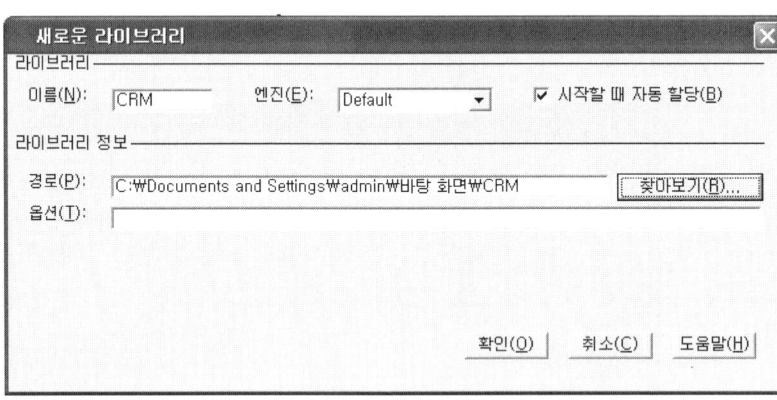

이제 라이브러리 안에 CRM이라는 라이브러리가 생성됨을 알 수 있으며 CRM 라이브러리에 들어가면 다음과 같이 두 개의 자료가 생성되었음을 알 수 있다.

Customer_seg_data는 분석을 실시할 자료이며 Customer_seg_score_data는 분석 후 예측을 위한 자료이다. 이제 자료의 생성이 완료 되었으므로 E-Miner를 이용하여 분석을 실시해 보자.

(3) E-miner 실행

① 프로젝트 실행

SAS 메뉴에서 솔루션(S) => 분석(S) => Enterprise Miner(E)를 선택한다. E-Miner가 실행되면 메뉴의 파일 => 새로만들기 => 프로젝트를 실행하면 다음의 그림처럼 새로운 프로젝트의 이름과 경로를 지정할 수 있다. 여기에서 프로젝트의 이름은 "고객세분화연습"으로 입력하고 경로(location)은 "Browse"를 선택하여 바탕화면의 CRM 폴더에 "고객세분화연습"이라는 폴더를 만들고 선택해 준다.

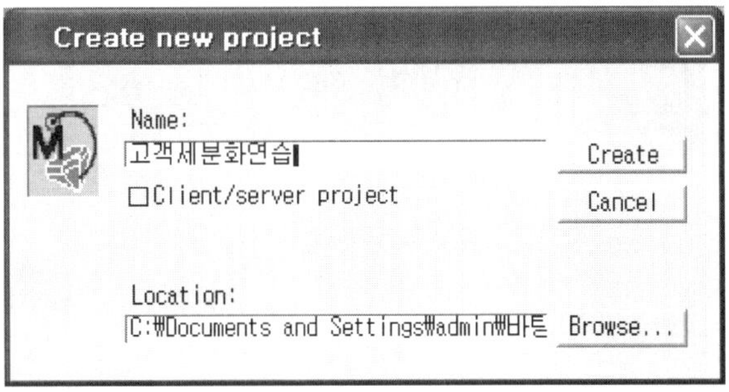

이제 E-Miner에서 세로운 "고객세분화연습"이라는 프로젝트가 생성됨을 알 수 있으며 Untitle이라는 다이아그램이 같이 생성됨을 알 수 있다. 이제 Untitle이라는 다이아 그램을 마우스 오른쪽 메뉴의 Rename 명령으로 "연습"으로 고쳐준다. 이제 분석 흐름도를 작성할 수 있다.

② 분석흐름도 작성

가. 흐름도상에서 노드 위치시키기

분석흐름도를 작성하기 위하여 각각의 노드를 분석흐름도 작업영역(diagram workspace)에 위치시켜야 한다. 여기에서 각각의 노드를 가져오는 방법은 세 가지이다. 첫째, 자주 사용하는 아이콘은 윗부분에 정의되어 있으므로 마우스로 끌기(drag and drop)를 이용하여 위치시킬 수 있다. 둘째, 왼쪽 프로젝트 탐색기(project navigator)의 아래 툴 탭(Tools)을 선택하면 여러 가지의 노드들이 정렬되어 있음을 알 수 있다. 셋째, 분석흐름도 작업영역 상에서 마우스 오른쪽을 이용하여 "Add node"를 선택하여 노드를 추가할 수 있다.

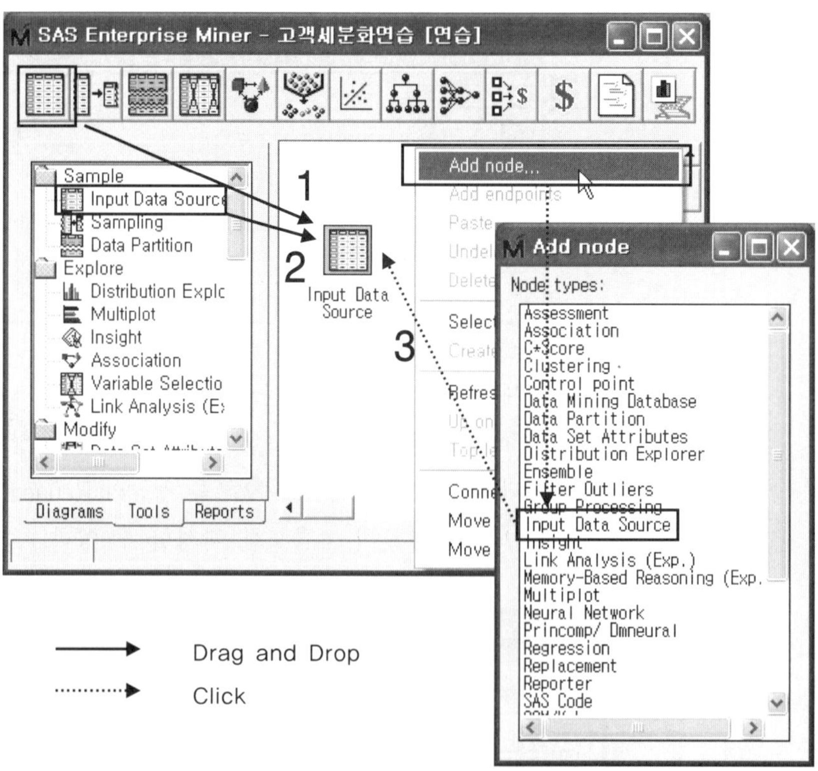

나. 데이터 설정방법

데이터를 설정하기 위해 Input Data Source 노드를 열게 되면 5가지의 탭이 나타난다. 이 중 data 탭에서는 데이터를 설정한다. Source Data에서 "Select..."를 선택하면 아래의 그림과 같이 라이브러리를 선택할 수 있고 데이터를 선택할 수 있는 창이 나타난다.

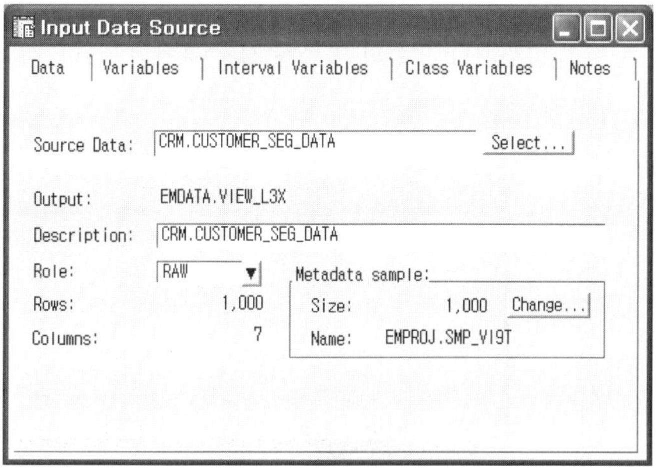

데이터를 선택하였다면 아래 그림처럼 데이터가 선택되어짐을 알 수 있다.

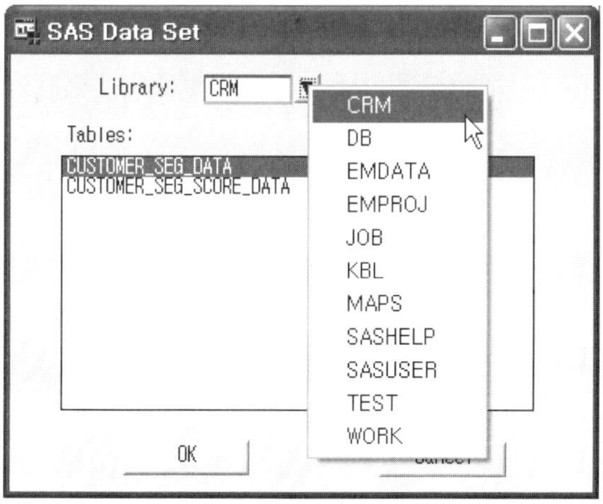

이제 변수의 형태와 모형에서의 역할을 선택해 주기 위해 Variable 탭을 선택하면 아래의 그림처럼 각각의 변수와 모형에서의 역할(model role), 변수

의 형태(measurement)가 나타남을 알 수 있다. 분석을 위해서는 Model Role에서 독립변수(input)와 종속변수(target)변수를 반드시 설정해주어야 한다. 여기에서는 OBS는 분석에 사용하지 않으므로 Model Role은 ID로 설정해주고 독립변수인 Q1-Q5는 input으로 그대로 놓아두고 종속변수인 Group을 target으로 설정해준다

설정방법은 Model Role에 마우스 오른쪽 메뉴를 이용하여 Set Model Role을 선택하면 두 번째 그림처럼 모형의 역할을 설정할 수 있다. 이제 두 번째 그림처럼 모형의 역할을 설정 해보자. 좀더 자세한 내용은 다음 절에서 설명하도록 한다.

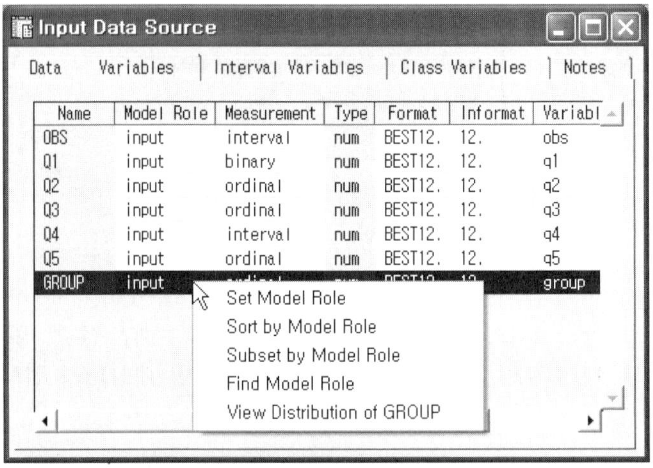

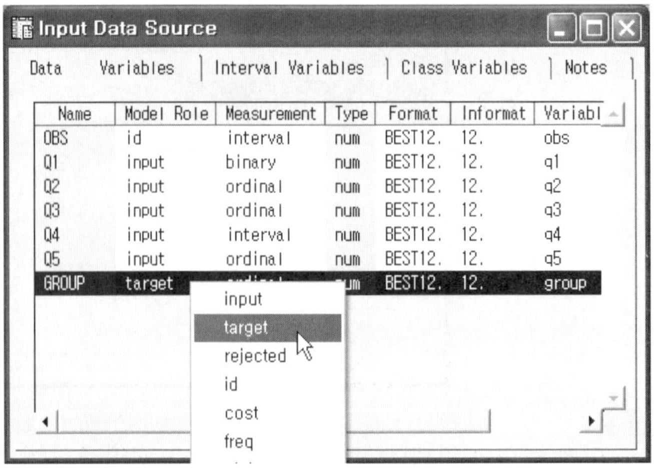

③ 모형설정

데이터의 설정을 마친 후 고객세분화 분석을 위해 모형을 설정한다. 여기에서는 의사결정나무와 회귀분석을 이용한 모형을 설정해 본다.

가. 의사결정나무

분석흐름도 작업영역에 의사결정나무 노드를 위치시킨 후 데이터 노드와 의사결정나무 노드를 연결시킨다. 연결시키는 방법은 마우스로 데이터 노드부터 의사결정 나무 노드까지 끌기(drag)를 해 주면 된다. 실행을 위해 마우스 오른쪽 메뉴의 Run을 실행하면 분석이 실행된다.

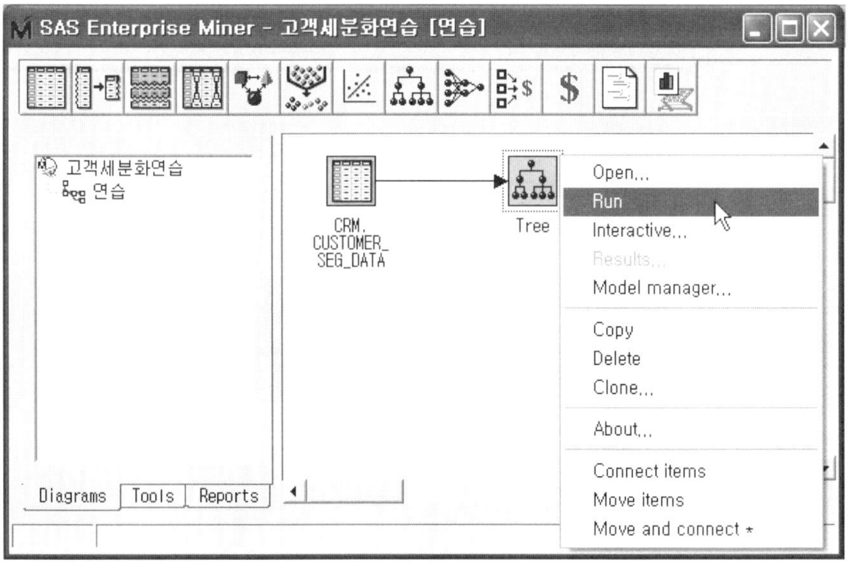

분석이 마치고 나면 새로운 팝업창이 뜨면서 “Run for Tree conpleted successfully. Do you wish to view result?”라는 문구가 나타난다. 결과를 알아보기 위해서는 “Yes”를 선택하면 의사결정나무의 분석 결과가 나타남을 알 수 있다.

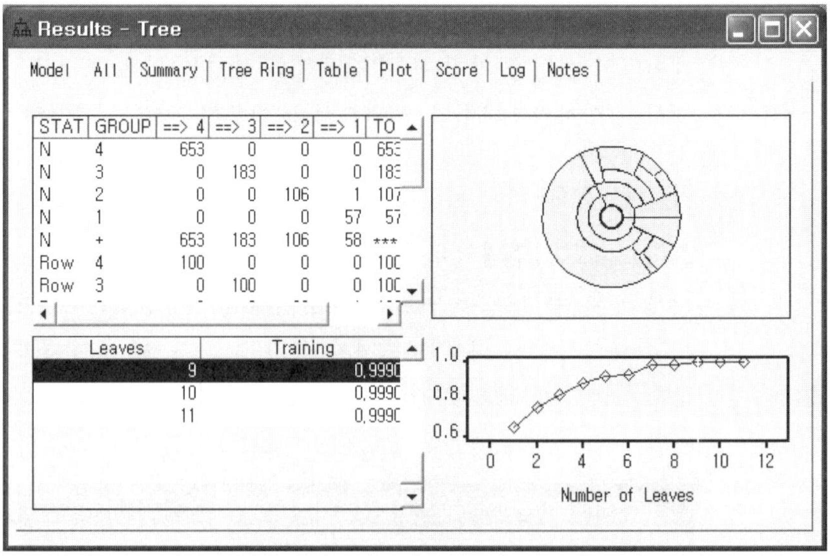

트리 형태로 보기 위해서는 결과가 나타난 창에서 메뉴의 보기 => 트리(T)를 선택하면 트리구조의 모양을 볼 수 있다.

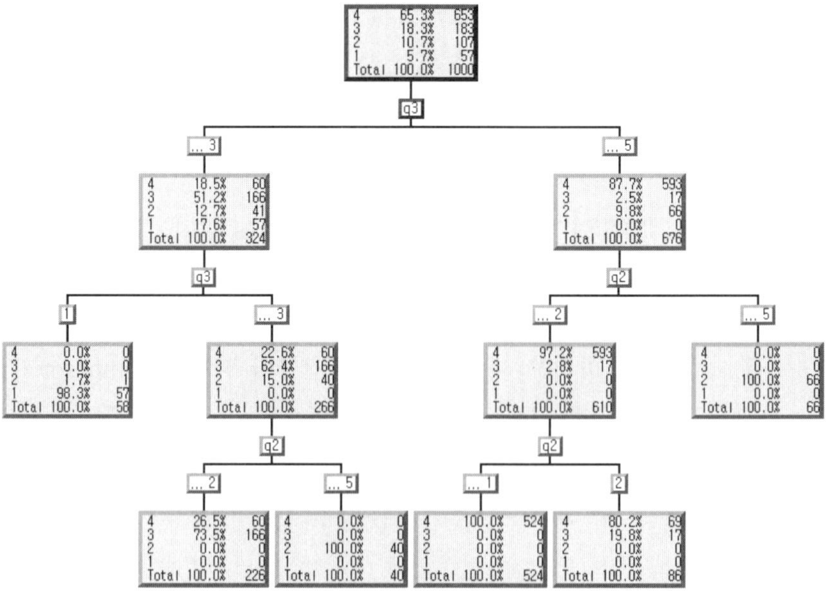

위의 의사결정나무의 결과를 보면 두 번째 마디의 ...3, ...5 와 같이 표현되어 있어 구룹을 구분하기가 어려울 때는 오른쪽 메뉴의 "View split value"를 선택하면 변수들을 볼 수 있다. 위의 결과를 해석하면 고객세분화에 가장 큰 영향을 주는 변수는 q3(예매방법)이며 q3가 2, 3(특별회원, 일반회원)이며 q2(참가계기)가 3, 4, 5(학습, 관심, 동호회)인 경우는 100% 매니아 집단으로 구분하고 있다. 또한 q3이 4, 5(Internet, 당일), q2가 2(구전효과)인 경우는 준매니아가 19.8%, 일반관객이 80.2%로 나타났다. 의사결정나무에 대해서는 다음 장에서 자세히 다루도록 한다.

나. 회귀분석

의사결정나무 때와 같이 분석흐름도 작업영역에 회귀분석 노드를 위치시킨 후 데이터 노드와 회귀분석 노드를 연결시킨다.

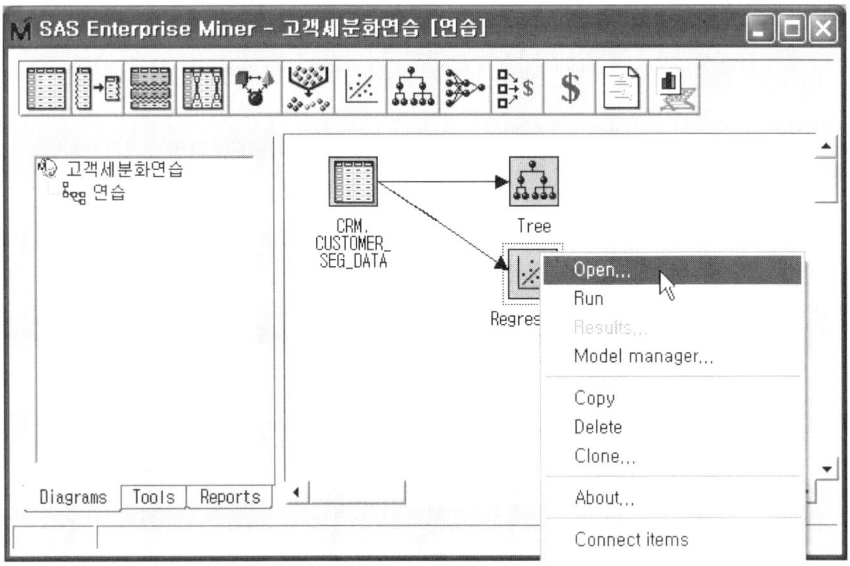

오른쪽 메뉴를 이용하여 회귀분석 노드를 열어보면(더블클릭으로도 가능함) 여기에서 종속변수(target 변수)가 범주형으로 선택되었으므로 SAS E-Miner가 자동으로 로지스틱 회귀분석으로 변환이 되었음을 알 수 있으며 또한 변수선택방법은 단계선택법(stepwise)으로 변경한다. 실행을 위해 마우스 오른쪽 메뉴의 Run을 실행하면 분석이 실행된다.

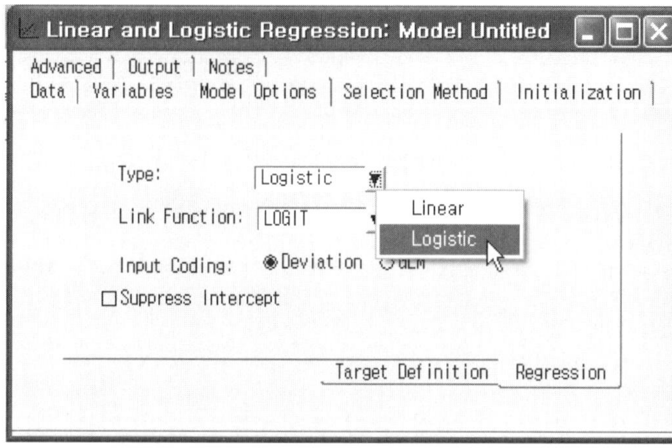

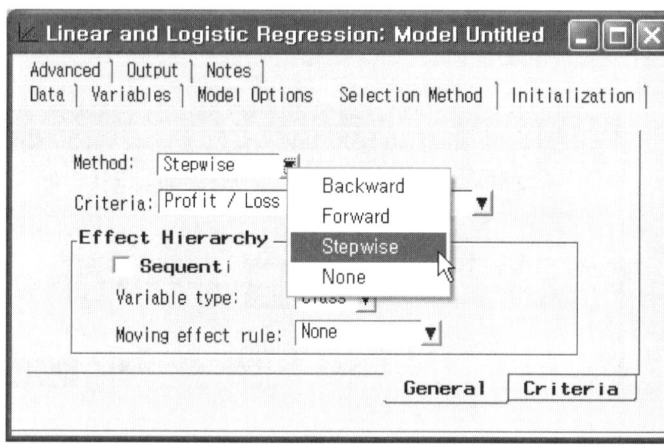

회귀분석결과는 다음과 같다.

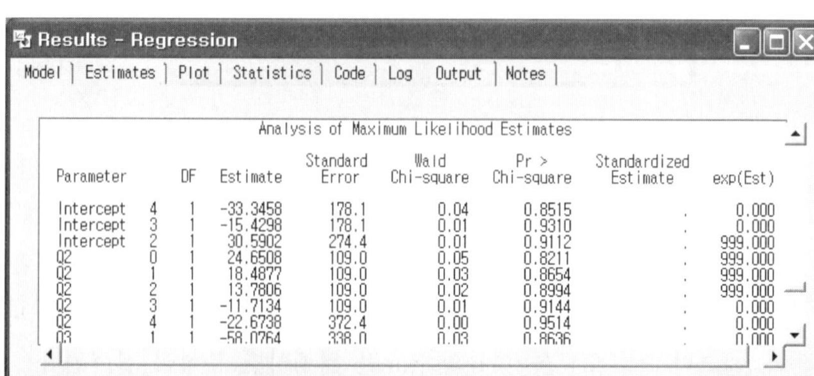

자세한 부분은 다음 장에서 다루도록 한다.

④ 평가 및 예측하기

가. 평가(assessment)

위의 두 모형을 이용하여 분석을 실시하였다. 이 두 모형 중 어느 모형이 더 적절한지를 알아보기 위해 평가를 실시한다. 분석흐름도 작업영역에 Assessment 노드를 위치시킨 후 의사결정나무 노드와 회귀분석 노드를 연결시켜 실행한다.

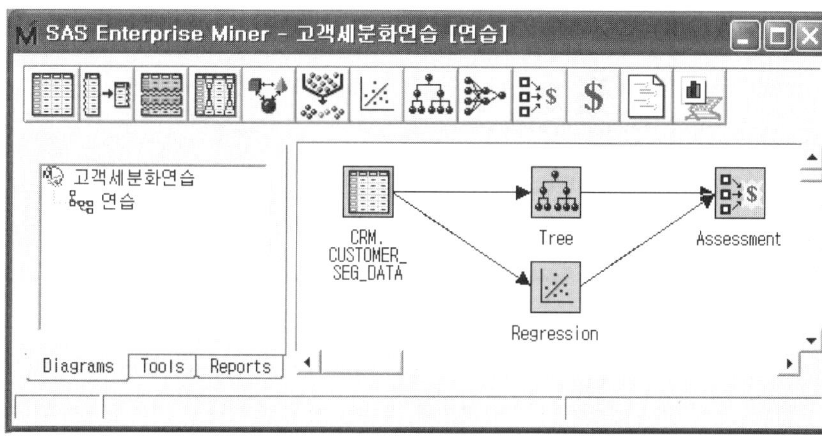

평가결과는 다음과 같다.

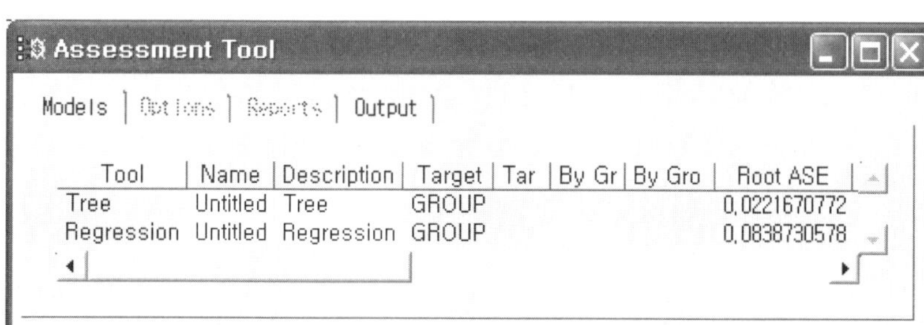

평가 결과 Root ASE 값이 낮은 의사결정나무 모형이 로지스틱 회귀모형보다 좀더 나은 모형이다.

또한 두 모형을 모두 선택(drag)한 후 메뉴의 도구 => Lift Chart를 이용하여 모형을 비교할 수 있다.

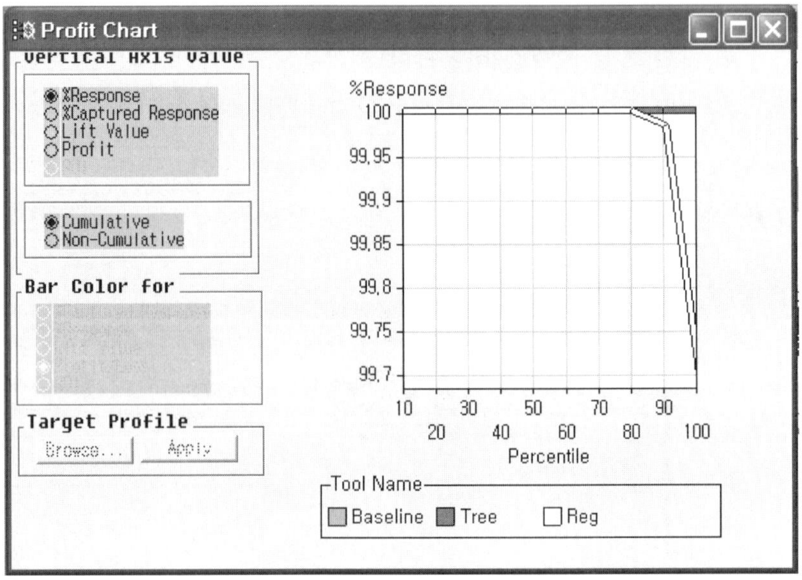

분석 후의 사후확률의 예측력은 나타내는 %Response를 선택해 보면 의사결정나무모형이 로지스틱회귀분석모형보다 약간 높게 나타나 이 예제는 의사결정나무모형이 로지스틱회귀분석모형보다 나은 모형이라 할 수 있다. 더 자세한 내용은 다음 장에서 설명하도록 한다.

나. 예측(score)

두 모형을 이용한 예측을 위해 새로운 데이터 노드와 score 노드 그리고 insight 노드를 분석흐름도 작업영역에 위치시킨 후, 그림처럼 화살표를 만들어준다.

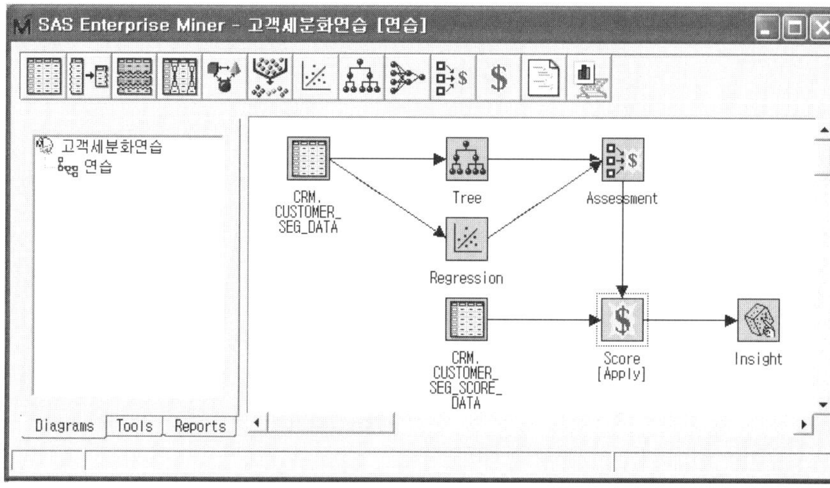

데이터 노드를 열어서 자료를 선정해준다. 또한 자료의 역할 Role에는 score로 선정해준다. Variable 탭에서 보면 자료는 종속변수(target)가 없는 독립변수만으로 구성된 데이터 셋으로 이 자료를 예측한다.

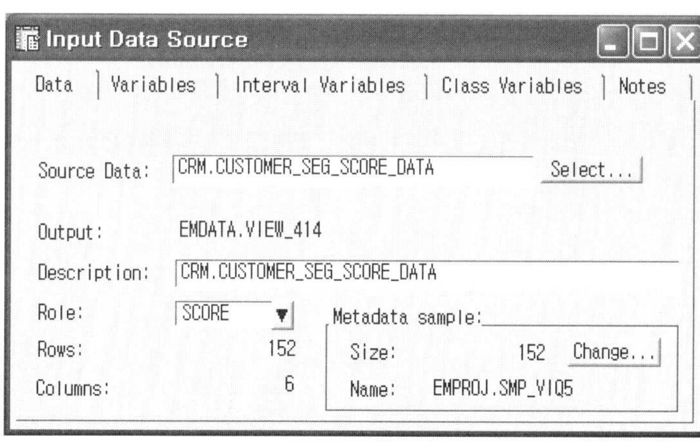

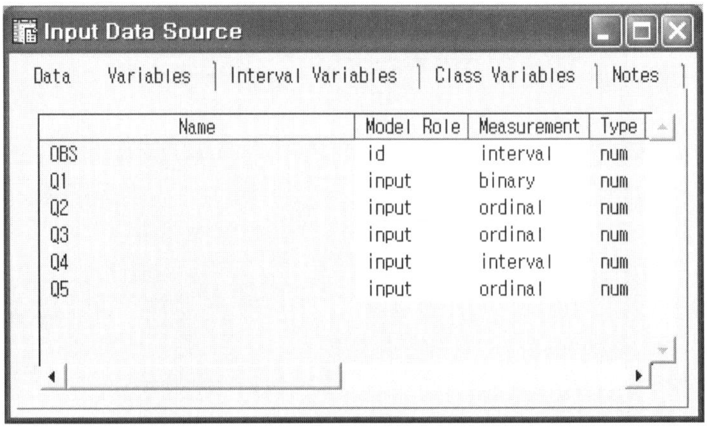

스코어 노드에서는 Setting 탭에서는 “Apply training data scroe code to score data set”을 선택해 준다.

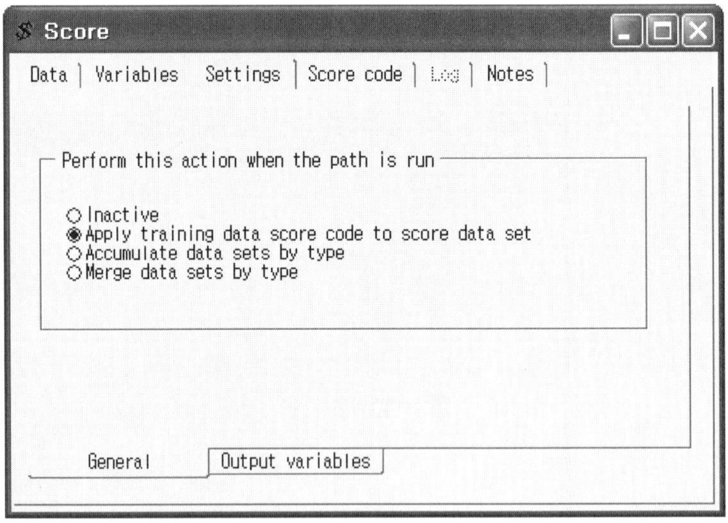

또한 아래 부분의 Output variables를 선택하여 그림과 같은 변수만을 Keep 부분에 놓아두고 저장한다.

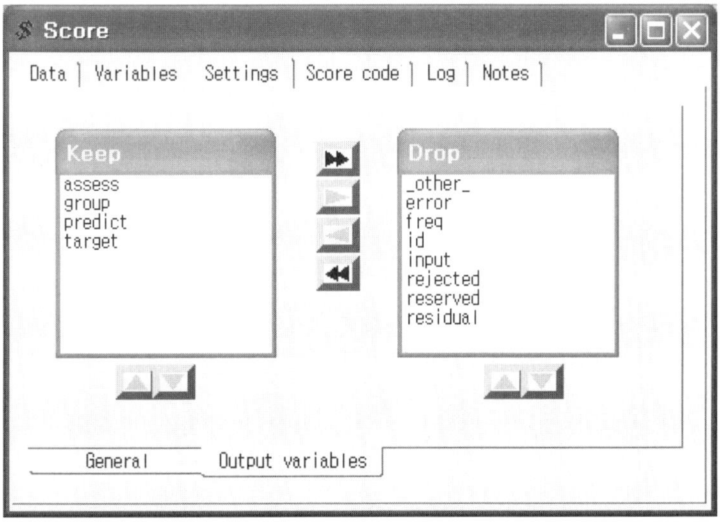

이제 insight 노드를 연다.

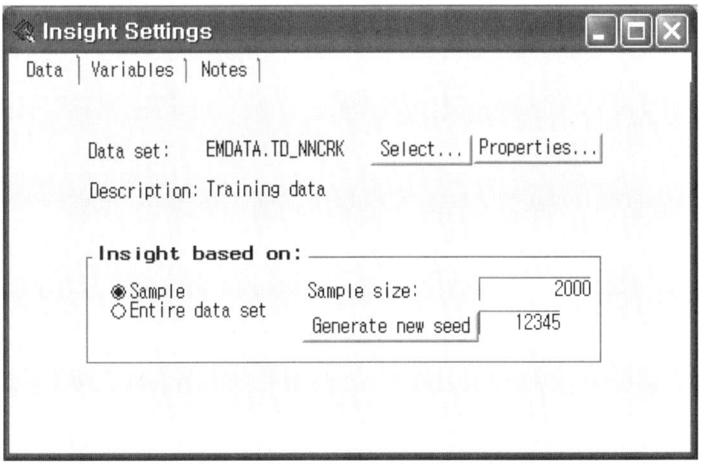

Data 탭에서 확인해 보면 사용자료(description)가 훈련자료(training data)로 설정되어 있다. 이 부분을 예측데이터(score)로 바꿔주어야 한다. 이제 "Select..."를 선택한다. 아래 그림에서 "Score[Apply]"의 앞부분 "⊞" 확장 버튼을 선택하여 Description이 Score data인 부분을 선택한다.

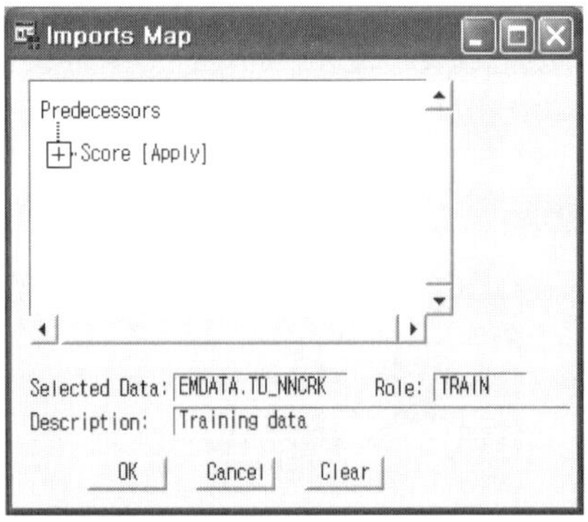

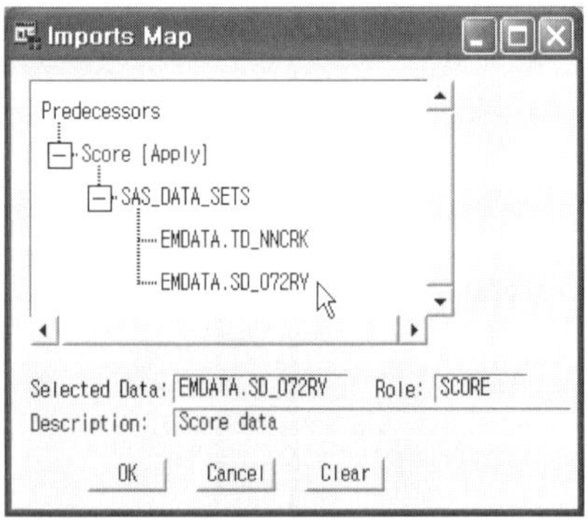

이제 "OK"를 선택하고 저장한 후 insight 노드를 실행시킨다. 결과는 다음과 같다.

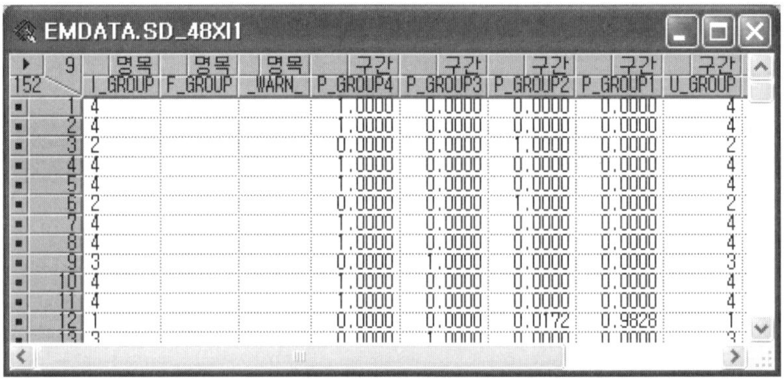

여기에서 I_GROUP는 예측된 고객세분화 그룹을 의미한다. 또한 P_GROUP1에서 P_GROUP4까지는 예측확률을 의미한다. 즉 이것들 중 높은 확률을 갖는 그룹에 대해 세분화를 시키게 된다. 자세한 사항은 다음 장에서 다루도록 한다.

Tip

E-Miner를 운용할 때 비정상적으로 종료하거나 컴퓨가 다운되는 경우 다이어그램이 열리지 않는다. 즉 "관리자에 의해 Lock이 걸려있다"라는 문자를 보내게 된다. 이렇게 되면 다이어그램이 실행되지 않는다. 이럴때는 프로젝트가 저장되어 있는 폴더에서 emproj의 폴더안의 .lck라는 파일을 지우면 된다.

2) 분석흐름도 작업영역(diagram workspace)의 모델링과 노드

(1) 모델링

Data Set의 생성이 완료되면 Model의 수준 및 범위에 따라 E-Miner에서 제공하는 다양한 Node를 활용하여 분석을 수행하는 단계가 진행된다.

일반적으로 다음과 같은 형태로 Model을 구성하며, 실제 알고리즘 적용 부분은 Decision Tree, Logistic Regression 등 다양한 알고리즘의 활용이 가능하다.

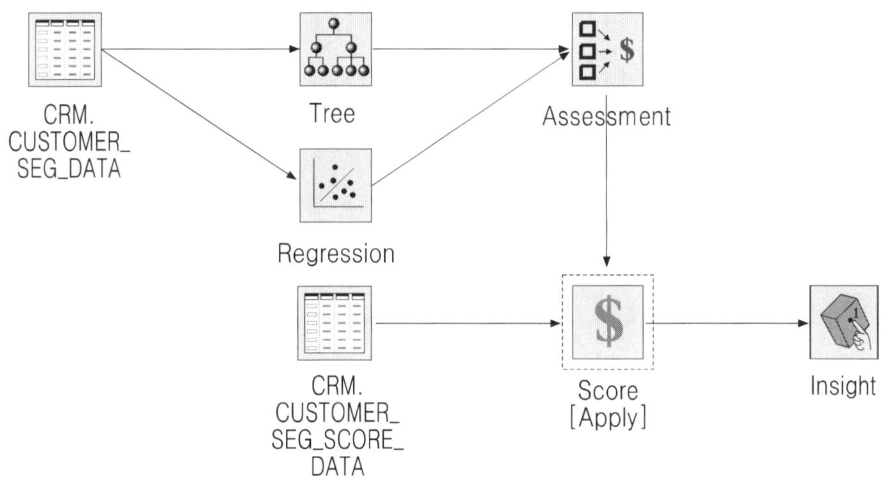

(2) Input Data Source Node

Input Data Source Node는 외부 데이터나 SAS Library에 존재하는 데이터를 E-Miner 상으로 불러들이는 Node로써, E-Miner에서 Minning Model을 만들기 위해서 반드시 가장 처음에 놓여야 하는 Node이다.

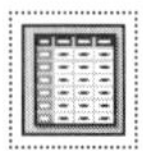 Input Data Source	1.	Input Data Source Node는 Open하면, Data, Variable, Interval Variable, Class Variable, Nodes의 5가지 설정 대화창이 나타난다.
	2.	Data 대화창은 Source Data를 지정하고, Data의 역할을 지정하는 대화창으로써, Source Data 우측에 나타나 있는 Select··· 버튼을 클릭하고 분석용 Data를 정의하며, 하단부에 있는 Role 우측에 보이는 List 중 해당되는 Data의 역할을 지정한다.
	3.	Variable 대화창에서는 각각의 변수가 Model에서 수행하는 역할, 각 변수의 형식을 정의하는 부분으로써, Model Role의 경우, 각 변수가 Model내에서 수행하는 역할 즉, ID, Target, Input, Sequence 등의 속성을 정의하며, Measurement 부분은 각 변수의 형식을 정의함. ☞ 모두 마우스 오른쪽 버튼을 클릭하고, 해당되는 역할이나 형식을 정의한다.
	4.	Interval Variable 대화창은 숫자형 변수들의 최소, 최대, 평균, 표준편차 등의 기초 통계량을 Check 할 수 있는 대화창이며, 간단한 Sorting 기능을 제공한다.
	5.	Class Variable은 범주형 변수의 특성을 보여주는 부분으로써, 역시 간단한 Sorting 기능을 제공한다.

(3) Variable Selection Node

Input 변수, 즉 Data Mining을 위한 Target 변수에 대해 일정 수준 이상 설명력을 갖는 변수를 선택하고, 효율적인 Data Mining Model의 구성을 위해 변수의 개수를 줄이는 Data Reduction 과정이다. 변수 선택은

① Regression을 이용한 R-Sqpare(설명력)을 기준으로 하는 경우 : Target이 연속형 변수인 경우

② Decision Tree(Chi-Square Tree)를 이용 : Target이 0, 1과 같은 Binary형 변수인 경우

E-Miner에서 제공하는 Variable Selection Node를 통해서 수행할 수 있다.

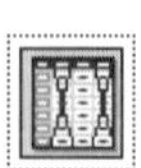 Variable Selection	1.	E-Miner상에서 Input Data Source Node와 Variable Node를 연결.
	2.	Input Data Source상에서 Input 변수들의 Model Role, Measurement, Type을 지정.
	3.	Input Data Source Node를 저장 후 종료.
	4.	Variable Selection Node를 Open한 후, Target Associations 탭을 열고, Selection Criterion 중 Chi-Square Test를 선택 : Target으로 정의된 다음 분기 등급상승 여부는 Binary 형식이므로 Chi-Square 방법을 선택.
	5.	Settingd을 클릭하면 option을 지정할 수 있으며, 연속형 변수의 범주화 개수(Bins), Chi-Square(수준), Tree의 Depth를 지정할 수 있음.
	6.	General 대화창에서는 결측값의 비율과 Dependency 존재 여부에 의해 변수 선정이 가능함.

(4) Data Partition Node

Input 변수가 결정되고 나면, Data mining Algorithm을 적용하여 Model 내부에서 결과를 평가하고 일정 수준 이상 달성되었을 경우, Model의 Processing을 멈출 수 있는 기준 제공을 위해 Training Set을 구분하는 작업을 수행한다.

모델개발을 위한 Training, 모델의 적합도를 평가하는 모델평가용 Varidation, 모델의 결과를 적용하여 검증하는 모델검증용 Test Data Set 세 가지로 분할하여 추출한다.

	1.	Data Partition Node에서는 Partition 대화상자만을 활용.
	2.	Partition 대화상자에서는 Method, Random Seed, Percentage의 세 가지 Option이 존재함.
Data Partition	3.	Method는 Partition의 방법을 의미하며 Simple Random(단순임의추출), Stratified(층화추출), User Defined 방법이 있음.
	4.	Random Seed의 경우 Data Set을 구분하는 시작점을 정의하는 부분으로써, 값을 변경할 경우, 구분 기준이 바뀌므로 Data Set이 달라짐.
	5.	Percentage 부분은 Partition 되는 각각의 Data Set이 전체 Data Set에서 차지하는 비중을 정의하는 부분임.

(5) Tree Node

Tree(Decision Tree)의 경우, 목표 변수가 범주형인 경우 가장 많이 활용되며, 나무 구조로써 결과가 제공되므로, 이해가 용이한 장점을 가지고 있다.

	1.	Tree Node를 Open하면, Data, Variable, Basic, Advance, Score, Node 대화 상자가 존재함.
	2.	Basic 대화상자에서 Splitting Criterion 부분에서는 적용 알고리즘을 정의하며, Chi-Square Test, Entropy reduction, Gini reduction이 있음.
	3.	Splitting Criterion 아래 부분에 나타나 있는 Option 중 Minimum number of observation in a leaf는 의사결정 나무의 최종 Node에 몇 개의 관측치를 포함할 것인가에 대한 Option이며 정지 기준으로써 활용함.
Tree	4.	Observation required for a split search는 하나의 Node가 갈라지기 위한 최소한의 관측치수를 정의하며, 역시 Tree 수행의 정지 기준으로써 활용됨.
	5.	Maximum depth of tree는 Tree의 깊이를 정의하는 Option으로써, 과도하게 많은 가지가 생성될 경우, 정지 기준으로써 활용.
	6.	Score 대화상자에는 Score Data의 사용 여부(Process or Score)와 Model의 평가를 위해 탐색 대상이 되는 Data Set을 지정하는 Option(Show Details of)이 존재함.

Tree 수행 결과는 다음과 같은 형태로 나타나며, Result 중 All 탭에서 확인할 수 있다.

예제

Leaves	Training	Validation
1	0,5030	0,4929
2	0,8279	0,8290
3	0,8279	0,8290
4	0,8368	0,8374
5	0,8381	0,8381
6	0,8381	0,8381
7	0,8415	0,8421
8	0,8428	0,8428
9	0,8439	0,8433
10	0,8439	0,8433
11	0,8439	0,8433
12	0,8439	0,8433

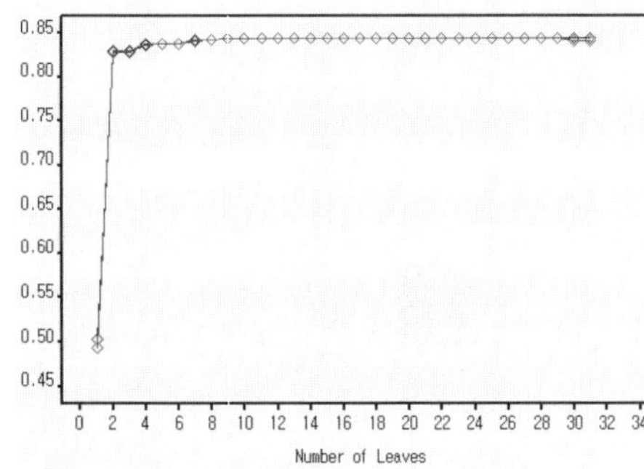

E-Miner의 경우, Tree를 수행한 결과를 다양한 형태로 사용자 제공하며, 일반적으로 All 탭에 나타난 좌측 표와 그래프를 통해서 Model의 분류 정확도를 Check한다. 표에 나타난 Leaves는 Node의 개수를 의미하며, Training과 Validation은 각 Data Set을 기준으로 정확도의 변화를 나타내고 있어, Node의 개수 증가에 따른 정확도의 변화를 확인할 수 있다. 일반적으로 Node의 개수가 증가할수록 정확도가 증가함을 알 수 있다. Graph는 위에 나타난 표를 시각화 한 자료로써, 현재 최적의 Node 개수는 9개임을 나타내고 있다. 예제의 분석 결과, 분류 정확도는 Training Set에서 84%로 나타났으며, Validation Set에서 84%로 나타났다.

(6) Regression Node

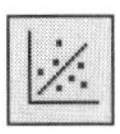 Regression	1.	Regression Node를 Open하면, Data, Variable, Model Options, Selection Method, Initialization, Advanced, Output, Nodes 대화 상자가 존재함.
	2.	Model Option에서는 Type과 Link Function을 선택할 수 있으며, Type의 경우, Target이 연속형 변수인 Linear Regression 또는 Target이 범주형 변수인 Logistic Regression 중 하나를 선택할 수 있음.
	3.	Selection Method 대화상자에서는 변수의 영향력에 따라 Model에 사용될 변수를 평가하기 위해 Stepwise, Forward, Backward 방법을 활용할 수 있는 Option을 제공하고 있음.
	4.	Output 대화상자에는 Tree Node의 Score 대화상자와 같이 Score Data의 사용여부(Process or Score)와 Model의 평가를 위해 탐색 대상이 되는 Data Set을 지정하는 Option(Show Details of)이 존재함.

Logistic Regression의 경우, Target 값이 연속형이 아닌 범주형인 경우에 활용 가능한 회귀분석이며, E-Miner상에 존재하는 Regression Node를 통해 제공된다.

□ Variable Selection Method

Backward	초기모형은 모든 입력변수를 추가한 모형에서 분석을 시작하여 목표변수와 관계되지 않은 입력변수를 단계적으로 제거한다.
Forward	초기모형은 모든 입력변수를 제거한 모형에서 분석을 시작하여 목표변수와 관계있는 입력변수를 단계적으로 추가한다.
Stepwise	초기모형은 모든 입력변수를 제거한 모형에서 분석을 시작하여 목표변수와 관계있는 입력변수를 추가하고, 관계되지 않은 입력변수는 제거하는 단계적인 방법으로 변수선택을 한다.
None	모든 입력변수를 사용하여 모형적합을 실시한다.

□ 모형선택을 위한 Criterion Options

AIC (Akaike's Information Criterion)	n·ln(SSE/n)+2p로 계산되며, 여기서 n은 관측치의 개수, SSE는 오차제곱합, p는 모수의 계수이다.
SBC (Schwarz's Bayesian Criterion)	n·ln(SSE/n) + p·ln(n)으로 계산된다.
Validation Error	Validation Data Set에서 가장 작은 오차율을 갖는 모형을 선택한다. 로지스틱 회귀분석에서 오차율은 우도에 -1을 곱한 값으로, 선형회귀모형의 오차율은 오차제곱합(SSE)이 사용된다.
Validation Misclassification	Validation Data Set에서 가장 작은 오분류율을 갖는 모형을 선택한다.
Cross-Validation Error	교차타당성 검사에 의한 오차율을 의미한다.
Cross-Validation Misclassification	교차타당성 검사에 의한 오분류율이 가장 작은 모형을 선택한다.
Profit/Loss	지정된 이윤 및 손실행렬에 의해 이윤을 최대로 하거나, 손실을 최소로 하는 방법에 의해 입력변수를 선택한다.
Cross-Validation Profit/Loss	Profit/Cross 방법을 교차검증함으로써 입력변수를 선택한다.
None	모형선택의 과정을 수행하지 않는다.

입력변수가 실제로 Model상에서 유의한 영향력을 갖는가를 평가하는 방법으로써, Wald-Chi-Square 값과 유의성 확률을 Check하여 유의한 변수를 Filtering하며, Logistic Regression 수행 결과 중 Output 창에서 확인할 수 있다.

Wald-Chi-Square 값의 경우, 크기가 클수록 설명력을 갖는 변수로 추정할 수 있으며, 유의성 확률은 일반적으로 0.05보다 작으면 채택할 수 있는 변수로 정의한다.

예제

변수명	Wald Chi-Square	Pr>Chi-Square
Var1	543.2	<.0001
Var2	50.6	<.0001
Var3	49.2	<.0001
Var4	33.5	<.0001
Var5	29.3	<.0001
Var6	13.8	0.0002
Var7	13.0	0.0003
Var8	12.0	0.0005
Var9	6.2	0.0131
Var10	3.8	0.0517
Var11	3.6	0.057
Var12	0.1	0.7458
Var13	0.0	.

제외

Regression Node에 마우스 오른쪽 버튼을 누르고 Run부분에 클릭하면 Model이 수행된다. 수행이 완료되면 Output 창을 통해서 다양한 형태로 Model의 수행 결과를 확인할 수 있으며, Output 창을 통해 변수별 설명력 및 유의성을 확인할 수 있다. 위의 표는 변수별 설명력과 유의성을 나타낸 부분을 옮겨 놓은 부분으로써, Wald-Chi-Square 값을 기준으로 Sorting한 결과이다.

유의성 Pr > Chi-Square 부분에서 0.05보다 큰 값을 갖는 경우는 모델에서 유의하게 활용될 수 있는 변수로 볼 수 없으며, Input 변수에서 제외하는 것이 바람직하다. 결과적으로 4개의 변수를 제거하고, 총 9개의 변수를 Input 변수로 활용한다.

변수별 유의성 검증을 통해 Input 변수를 선정한 후, 다중 공선성 즉, 변수간의 상호작용에 의해 예측력에 영향을 미치는 효과의 제거를 위해 상관행렬을 생성하고 상관관계가 높게 나타나는 변수들 중 설명력(wald-chi-square) 값이 낮은 변수를 제거하여 다중 공선성을 제거한다.

다중 공선성을 제거하지 않을 경우, 안정적인 모델로써의 활용성이 떨어질 수 있으므로 상관관계분석를 통해 제거해야 한다.

상관행렬 생성을 위해서는 Regression Node 설정 시, Output 대화상자에서 Printed Output 탭을 클릭한 후, Parameter Estimates에서 Correlation matrix에 Check하여, 다른 통계량에 대해서도 Printed Output 탭을 통해 설정할 수 있다.

예제

	var1	var2	var3	var4	var5	var6	var7	var8	var9	var10	var11	var12	var13	var14
var1	1.0	0.5	-0.3	0.2	-0.1	0.1	0.1	-0.1	-0.2	0.0	0.0	0.0	0.0	-0.8
var2	0.5	1.0	0.3	-0.4	-0.1	0.41	0.0	0.0	-0.2	0.1	0.0	0.0	0.0	-0.7
var3	-0.3	0.3	1.0	-0.7	-0.2	0.0	0.0	0.1	0.1	0.1	0.0	-0.3	0.0	-0.1
var4	0.2	-0.4	-0.7	1.0	0.0	0.0	-0.1	0.0	0.0	0.1	0.0	0.00	0.0	0.0
var5	-0.1	-0.1	-0.2	0.0	1.0	0.0	0.4	-0.4	-0.4	-0.4	0.0	0.8	0.0	0.1
var6	0.1	0.1	0.0	0.0	0.0	1.0	-0.2	-0.3	-0.4	-0.4	0.0	0.2	0.0	-0.1
var7	0.1	0.0	0.0	-0.1	0.4	-0.2	1.0	-0.4	-0.2	-0.3	-0.1	0.5	0.0	-0.1
var8	-0.1	0.0	0.1	0.0	-0.4	-0.3	-0.4	1.0	0.0	0.0	0.1	-0.3	0.0	0.1
var9	-0.2	-0.2	0.1	0.0	-0.4	-0.4	-0.2	0.0	1.0	0.1	0.0	-0.5	0.0	0.2
var10	0.0	0.1	0.1	0.1	-0.4	-0.4	-0.3	0.0	0.1	1.0	0.0	-0.4	0.0	-0.1
var11	0.0	0.0	0.0	0.0	0.0	0.0	-0.1	0.1	0.0	0.0	1.0	-0.1	-0.6	-0.1
var12	0.0	0.0	-0.3	0.0	0.8	0.2	0.5	-0.3	-0.5	-0.4	-0.1	1.0	0.0	0.0
var13	0.0	0.0	0.0	0.0	0.0	0.0	0.0	0.0	0.0	0.0	-0.6	0.0	1.0	0.0
var14	-0.8	-0.7	-0.1	0.0	0.1	-0.1	-0.1	0.1	0.2	-0.1	-0.1	0.0	0.0	1.0

상관행렬 생성 결과, var1, var2와 var14의 상관관계가 높게 나타났으며, var11와 var13의 상관관계가 높게 나타나고 있다. 전체적인 설명력과 제거대상 변수의 개수를 고려하여 제거 대상 변수를 선정한 결과, var1, var2, var11, var12 의 4개 변수를 제거하여 총 5개의 변수를 활용하여 Model을 생성하고 있다.

Logistic Regression의 수행 결과는 Statistics 대화상자를 열면 분석용, 평가용 Data Set 그리고 검증용 Data Set에 대한 모형비교의 기준이 되는 여러 통계량에 대한 계산값을 볼 수 있다.

예제 우량고객예측모델

Model | Estimates | Plot Statistics | Code | Log | Output | Notes |

Fit Statistic	Label	Training	Validation	Test
AIC	Akaike's Information Criterion	16991.635085	.	.
ASE	Average Squared Error	0.1175900323	0.117122692	.
AVERR	Average Error Function	0.3801441551	0.3812115136	.
DFE	Degrees of Freedom for Error	22309	.	.
DFM	Model Degrees of Freedom	11	.	.
DFT	Total Degrees of Freedom	22320	.	.
DIV	Divisor for ASE	44640	19132	.
ERR	Error Function	16969.635085	7293.3386789	.
FPE	Final Prediction Error	0.1177059936	.	.
MAX	Maximum Absolute Error	0.9999992801	0.9954125403	.
MSE	Mean Square Error	0.117648013	0.117122692	.
NOBS	Sum of Frequencies	22320	9566	.
_NW_	Number of Estimate Weights	11	.	.
RASE	Root Average Sum of Squares	0.3429140305	0.3422319272	.
RFPE	Root Final Prediction Error	0.343083071	.	.
RMSE	Root Mean Squared Error	0.3429985612	0.3422319272	.
SBC	Schwarz's Bayesian Criterion	17079.780708	.	.
SSE	Sum of Squared Errors	5249.2190425	2240.7913434	.
SUMW	Sum of Case Weights Times Freq	44640	19132	.
MISC	Misclassification Rate	0.1599014337	0.1564917416	.
PROF	Total Profit for TARGET	11228	4715	.
APROF	Average Profit for TARGET	0.503046595	0.4928914907	.

Logistic Regression 수행 결과는 Output 확인에서 Statistics 부분에 제공되는 화면으로 예제 우량고객 예측모델의 경우 분석의 목적은 분류 정확도 향상에 있으므로 다양한 평가 기준 중 Misclassification Rate를 통해서 평가하는 것이 가장 쉬운 방법이다. Training : 16%, Validation : 16%로 나타나고 있어 약 84%의 분류 정확도를 나타낸다.

(7) Assessment Node

 Assessment	1.	Assessment Node를 수행하면, 각각의 Model에 대한 분류 정확도 및 다양한 기준의 평가 수치가 나타난다.
	2.	하나의 Model(line) 또는 여러 개를 복수로 지정한 후, 좌측 상담 메뉴의 '도구'를 클릭하면, Lift Chart, Response Threshold Chart, ROC Chart의 하위 메뉴가 존재한다.

(8) Score, Insight, Input Data Score Node

 Score	1.	Training Data Set을 통해서 생성된 다양한 Model을 Assessment Node를 통해서 평가한 결과 선정된 Model을 통해 새로운 Data Set에 대한 Scoring을 수행할 때 사용되는 Node이다.
	2.	Score Node에는 Data, Variable, Setting, Score Code, Log, Note의 대화 상자가 존재하며, Setting 대화상자에는 Score Node의 수행 목적을 정의하는 Option이 존재한다.
	3.	새로운 Data Set에 대해 Score를 부여하려면 Apply Training Data Score Data Code to Score Set Option을 선택한다.
 Insight	1.	Model 수행 결과를 Data Table의 형태로 확인하기 위한 Node이며, 좌측 상단에 기초적인 분석을 위한 도구가 제공된다.
	2.	Insight Node에는 Data, Variable, Node의 세 가지 대화상자가 존재하며, Data 대화상자에 Insight Based On Option의 조정을 수행하여, Sample Data를 통해 Score를 확인할 것인지 전체 Data를 통해 Score를 확인할 것인지를 결정한다.
	3.	실행하면, Table 형태의 Output이 나타나며, 이 Table은 파일→저장→데이터 메뉴를 통해 저장 가능하다.

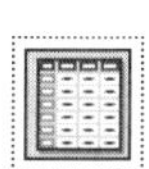 Input Data Source	1.	Input Data Score는 Data Set을 E-miner 상으로 가져올 경우 사용되는 Node이며, Data 대화상자에 Role Option을 통해 Data의 역할을 지정할 수 있다. Training Set과 동일한 형태로 구성해야 한다.
	2.	Scoring을 수행하기 위해서는 Data 대화상자에 나타나 있는 Role Option을 Score로 조정한다.

(9) 모델평가 및 Score Cutoff 결정

Logistic Regression을 통해 생성된 Score에 대해 실제 구매 여부에 대한 분석을 수행하여 Marketing Action의 대상 고객을 선정하기 위한 단계이다.

Training Set과 Validation Set을 동일한 기간 동안의 Data를 통해서 구성한 경우에는, Model의 안정성을 Check하기 위해서는 새로운 Data를 통한 Test Data Set이 추가적으로 필요하다.

Score를 기준으로 10개의 집단으로 구분하고, 각 집단별로 실제 구매 고객의 비율을 측정하여 Score에 대한 Cutoff를 결정한다.

예제 우수고객예측모델

Set	구 분	상위 10%	상위 20%	상위 30%
Validation	Base(모델 적용전 상승률)	1.66%	1.66%	1.66%
	%Response(모델 적용후 상승률)	11.22%	6.94%	4.96%
	%Captured Response	68.41%	84.59%	90.80%
	Lift(예측력)	6.84	4.23	3.03
Test	Base(모델 적용전 상승률)	2.69%	2.69%	2.69%
	%Response(모델 적용후 상승률)	17.26%	11.07%	8.03%
	%Captured Response	64.27%	82.46%	89.68%
	Lift(예측력)	6.43	4.12	2.99

모델을 이용하여 상위 10%를 추천할 경우 실제 등급상승고객의 약 70%를 예측 가능하며, 상위 20%까지 추천했을 경우 약 80% 이상을 예측해 낼 수 있다.

모형을 개발하지 않고 랜덤하게 고객을 추천하는 경우와 비교해서 모델에 의한 상위 10% 고객군을 추천할 경우 약 7배의 효과를 볼 수 있으며, 상위 20% 고객군을 추천하는 경우는 약 4배 정도의 효과를 얻을 수 있다.

Chapter 6

데이터마이닝 분석

1 연관성 분석
2 회귀분석과 로지스틱 회귀분석
3 RFM 모형
4 군집분석
5 의사결정 나무 분석
6 신경망
7 모형의 평가 및 예측

6 데이터마이닝 분석

1 연관성 분석

연관성분석(association analysis)은 데이터 안에 존재하는 품목간의 연관성 규칙(association rule)을 발견하는 과정이다. 연관성 규칙은 상품을 구매하거나 서비스를 받는 등의 일련의 거래나 사건들의 연관성에 대한 규칙이다.

데이터로부터 특정한 연관성 규칙을 찾아내는 것은 데이터마이닝의 주요 작업으로 자율학습을 기반으로 하는 지식발견시스템의 핵심이라 할 수 있다. 연관성 규칙을 발견하는 작업이란 데이터 안에 존재하는 항목간의 종속관계를 찾아내는 작업을 말하는데, 어떤 특정 문제에 아직은 일어나지 않은 답을 얻고자 하는 예측의 문제나 고객들을 특정 목적에 따라 분류하는 문제가 아니라, 상품 혹은 서비스의 거래기록데이터로부터 상품간의 연관성 정도를 측정하여 연관성이 많은 상품들을 그룹화 하는 클러스터링의 일종으로 마케팅에서는 손님의 장바구니에 들어있는 품목간의 관계를 알아본다는 의미에서 장바구니분석(market basket analysis)이라고 한다.

분석의 대상이 되는 데이터는 두 개의 변수, 즉 거래와 품목으로 구성되며, 각각의 거래에 대한 한 개 이상의 품목들이 존재한다. 일반적으로 하나의 거래는 한 고객에 의한 구매를 의미하며, 품목은 그 구매를 통해 구입된 물건이다. 연관성 규칙은 확률을 이용하여 연관규칙을 제공하는데 먼저 하나의 품목에 대해, 다음으로 두 품목간의 연관규칙을 생성하며 계속해서 세 품목간, 네 품목간 등으로 이어진다.

(Item Set A) ⇨ (Item Set B)
(if A then B : 만일 A가 일어나면 B가 일어난다.)

연관성측정에서 연관규칙은 "상품 A가 구매되어진 경우는 상품 B도 구매된다."라고 해석된다. 연관규칙기법을 이용할 수 있는 데이터는 판매시점에서 기록되어진 거래와 품목에 관한 정보를 담고 있어야 한다. 데이터의 형태는 특별히 각 고객들이 누구인지에 대한 구분이나 고객들에 관한 성별, 나이 등의 인구통계학적인 자료를 비롯한 기타 정보들을 필요로 하지 않는다.

1) 연관성 규칙의 평가 기준

데이터마이닝에서 연관성의 측정은 대체로 1차 연관성(기초연관성: support), 2차 연관성(연관성 신뢰도: confidence), 3차 연관성(상대적 연관성: lift) 등으로 나누어 볼 수 있다.

(1) 지지도(support)

두 개의 아이템(itemset A 와 itemset B)이 동시에 발생한 거래의 비율을 의미하며, 전체 거래(transaction)수로 아이템 A와 아이템 B가 동시에 발생한 거래의 수를 나누어서 구한다. 지지도는 전체 거래 중에서 그 숫자만큼 규칙(if-then rule)을 지지한다는 의미이다. 1차 연관성은 아이템의 구매가 동시에 이루어진 거래의 비율이 어느 정도인가를 확인하는 기준이 된다. 1차 관련성이 반드시 둘 이상의 아이템 조합으로만 이루어지는 것은 아니다.

개별 아이템의 1차 관련성을 구할 수도 있으며, 이것은 개별 아이템이 포함되어 있는 거래의 수나 비율을 의미한다. 즉 관련성이 있다고 판단되는 품목들을 포함하고 있는 거래나 사건의 확률 $P(A \cap B)$, 즉 (두 개의 항목이 동시에 일어날 확률)의 의미이다.

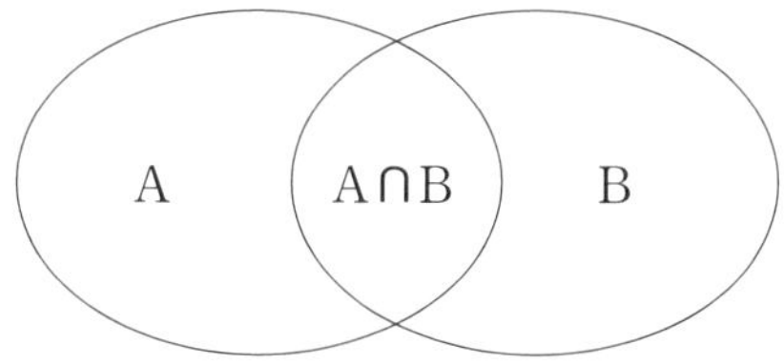

$$\text{지지도} = P(A \cap B) = \frac{\text{품목 } A\text{와 } B\text{를 동시에 포함하는 거래수}}{\text{전체거래수}(N)}$$

규칙 'A ⇨ B'의 지지도는 규칙 'B ⇨ A'의 지지도와 같다.

(2) 신뢰도(confidence)

항목 A를 포함하는 거래 중에서 항목 B가 포함될 확률은 어느 정도인가를 나타내주며 연관성의 정도를 파악할 수 있다. 즉, 품목 A를 구매하였을 경우 품목 B를 구매하는 가능성을 의미하며, 조건부 확률 $P(B \mid A)$로 나타낼 수 있고 상호 대칭적이지 않다.

$$\text{신뢰도} = P(B \mid A) = \frac{P(A \cap B)}{P(A)} = \frac{\text{품목 } A\text{와 } B\text{를 동시에 포함하는 거래수}}{\text{품목 } A\text{를 포함하는 거래수}}$$

(3) 향상도(lift)

만약, 규칙 'A ⇨ B'가 의미가 있다면 전체 거래의 내역에서 품목 B를 포함하고 있는 거래의 비율보다는 품목 A가 구매된 거래 내에서 품목 B를 포함하고 있는 거래의 비율이 더 클 것이다. 따라서 품목 A와 B의 구매가 상호관련이 없다면 $P(B \mid A)$는 $P(B)$와 같게 된다. 이를 상대적으로 표현하기 위해서 규칙 'A ⇨ B'의 향상도(lift)는 실제의 신뢰도를 독립 가정 하에서의 신뢰도로 나눈 값, 즉

$$\frac{P(B \mid A)}{P(B)} = \frac{P(A \cap B)}{P(A)P(B)}$$

로 정의되며, 이는 실제의 지지도를 독립가정 하에서의 지지도로 나눈 값과 동일하다. 이를 풀어보면 아래의 비율로 표현되며, 상호 대칭적으로 향상도(A ⇨

B) = 향상도(B ⇨ A)이다.

$$향상도 = \frac{품목\ A와\ B를\ 동시에\ 포함하는\ 거래수}{품목\ A를\ 포함하는\ 거래수 \times 품목\ B를\ 포함하는\ 거래수}$$

따라서 P(B | A)의 값은 P(B)의 값보다 향상도의 배수만큼 크다. 따라서 이 값이 1에 가까우면 독립에 가까운 사건, 1보다 크면 두 품목이 양의 연관관계, 1보다 작으면 두 품목이 음의 연관관계로 판단하면 된다. 따라서 의미있는 연관성 규칙이 되려면 향상도 값이 1 이상이 되어야 한다.

2) 연관성 분석의 기준 설정

(1) 연관성 분석의 수(number)와 실행 효율성 문제

연관성 분석은 사전에 분석대상과 조합을 미리 지정할 수도 있고(확정적 마이닝, directed mining), 한꺼번에 분석대상을 투입하여 적절한 관련성을 실행사후에 발견하고자하는 경우(사후적 마이닝, undirected mining)에도 적절히 사용될 수 있다. 그러나 일반 소매점의 경우에는 매우 많은 수의 아이템을 가지고 있으므로 모든 조합을 분석에 투입하여 결과를 얻고자하는 것은 분석의 효율성이나 결과의 이용측면에서 바람직한 것은 아니다. 즉, 다음의 표와 같이 아이템의 수가 100개 정도인 경우 모든 분석의 조합을 계산하면 그 수는 기하급수적으로 증가하여, 시간과 분석결과의 유용성 문제에 부딪히게 된다.

|표 6-1| 대형데이터의 문제(아이템의 수가 100개인 경우)

# in combination	# of combination
1	100
2	4,950
3	161,700
4	3,921,225
5	75,287,520
6	1,192,052,400
7	16,007,560,800

(2) 분석을 위한 기준설정 - 가지치기(pruning the tree)

연관성이 있는 규칙을 발견하기 위해서 모든 아이템을 분석에 투입할 수는 없다. 그 이유는 모든 아이템을 분석에 투입할 경우 필요 없는(redundant)분석을 행할 수도 있기 때문이다. 때로는 상위수준의 아이템을 하위수준의 아이템과 결합하여 분석하는 우를 범할 수도 있는데, 이를 위해서는 사전에 분석에 투입해서는 안 될 조합들을 결정하는 것이 바람직하다. 필요없는 분석을 실행하지 않기 위해서는 먼저 적절한 아이템의 수준을 결정하는 것이 좋고, 의미 있는 조건을 만족시키는 분석만을 실행하는 것이 좋다. 이를 위해 다음과 같은 몇 가지 방법들이 그 기준으로 사용될 수 있을 것이다.

i. 최소 1차 연관성기준 가지치기(minimum support : minsup)
ii. 최소 2차 연관성기준 가지치기(minimum confidence : minconf)
iii. 기대확률의 이용
  - 흥미가 없음 → 지지도 (X → Y) = 지지도(X) * 지지도(Y)
    (piatetsky - shapiro)
iv. 지지도와 신뢰도의 동시이용
  - milk → Cereal(8% 지지도, 70% 신뢰도)
  - skim milk → Cereal(2% 지지도, 70% 신뢰도)
    (skim milk가 milk 카테고리에서 25%의 판매비중을 가지고 있을 때)

3) 연관성 분석의 장점과 단점

(1) 장점

① 탐색적 기법 : 일반적으로 조건 → 반응으로 표현되는 연관성 분석을 이해하기 쉽고 적용이 용이하다.

② 강력한 비목적성 분석기법 : 분석방향이나 목적이 특별히 없는 경우, 비목적성 데이터마이닝 분석기법으로써 연관성 분석은 매우 유용하다.

③ 사용 편리한 분석데이터의 형태 : 거래내용에 대한 데이터를 변환 없이 그 자체로 이용할 수 있는 간단한 자료구조를 갖는 분석방법이다.

④ 계산의 용이성 : 분석을 위한 계산은 상당히 간단하기 때문에 단순한 결과만을 위해서는 기초적인 방법만으로도 분석이 가능하다.

(2) 단점

① 상당한 수의 계산과정 : 물품 수의 증가와 여러 품목을 포함하는 연관성 관찰의 경우 계산이 기하급수적으로 증가함.

② 적절한 품목의 결정 : 적절히 구분되는 큰 범주로 구분해 전체분석에 포함시킨 후, 세부적으로 연관을 찾는 작업을 수행해야 함.

③ 품목의 비율차이 : 거래량이 적은 품목의 경우 유사한 품목들과 함께 범주로 구성하는 방법 등을 통해 연관성 규칙의 과정에 포함시킬 수 있다.

4) 사례분석

(1) 예제 데이터 소개

H사의 2000년 구매자들의 상품 목록 중 대분류에 해당하는 품목을 가지고 분석을 실시하였다. 고객에 대한 회원정보, 상품 분류명(대분류), 그리고 시차를 측정할 수 있는 Time Field를 가지고 있으며, 변수는 다음 표와 같다.

변수명	변수설명	속 성	변수값 설명
ID	ID	Nominal	
GOODS	상품 분류명 (대분류)	Nominal	MP3, 가전제품, 게임, 교육방송/외국어. 꽃배달 및 케익, 도서, 모형/RC, 문구, 생활용품, 성인용품, 식품/특산품, 악기, 여행/티켓, 영화/AV, 음악, 의류, 자동차용품, 출산/육아/아동, 취미/레저/스포츠, 카메라, 컴퓨터, 패션/악세서리, 화장품/향수/미용
TIME	시간성	Interval	

(2) Association 분석을 위한 분석 흐름도 작성

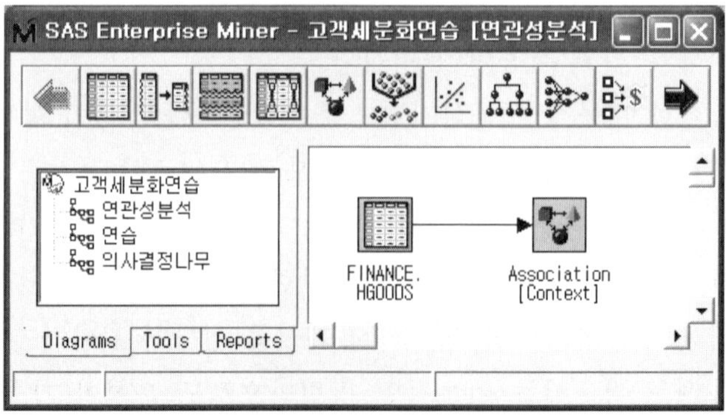

① Input Data Source node와 Association node를 위치시키고 화살표를 연결해준다.

② Source Data - Select를 통한 Hgoods 파일을 지정한다.

③ Variable 탭에서 ID의(model role) 역할을 ID, GOODS의 역할을 Target, TIME은 순차적 연관성 규칙 발견을 위하여 사용하기 위해 여기서는 변수를 제거한다.

④ 분석 전에 23개 품목에 대한 비율을 살펴보기 위해 Association node → 오른쪽 마우스 클릭 → Open → Variable 탭 GOODS 선택 → 오른쪽 마우스 클릭 → View Distribution of GOODS를 선택하면 개략적인 품목의 매출비율을 파악할 수 있다.

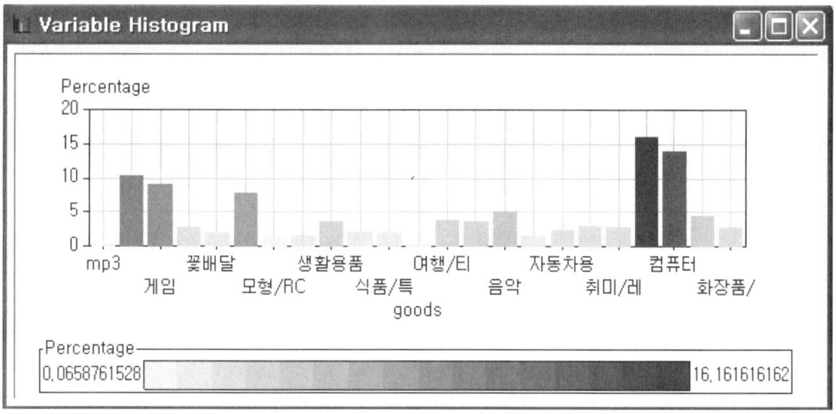

⑤ Association node → General 탭 → Analysis mode의 Default인 By Context는 일반적인 연관성분석(input data source node 행태가 결정)을 Sequences는 시차 연관성 분석에 사용되는 탭이다.

일반적으로 실제 Data를 사용하여 분석을 시행하면 최소지지도를 완화시키는 경우가 많다. 여기서도 분석이 실효성을 위하여 Minimum confidence for rule generation 5%로 완화하여 분석을 시행하였다.

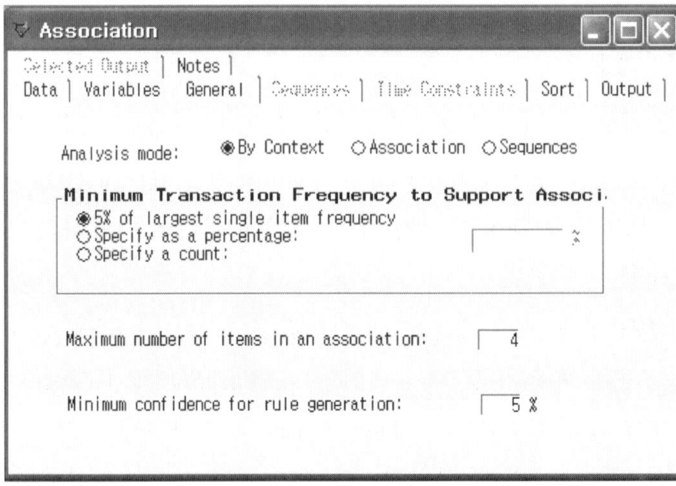

(3) Association 분석 결과

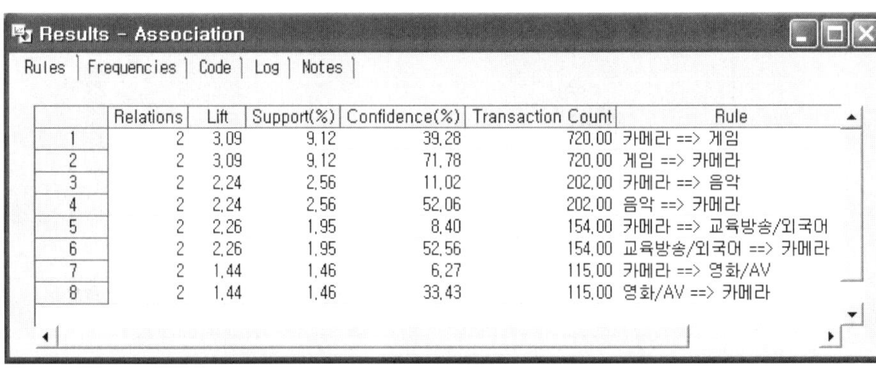

	Relations	Lift	Support(%)	Confidence(%)	Transaction Count	Rule
1	2	3.09	9.12	39.28	720.00	카메라 ==> 게임
2	2	3.09	9.12	71.78	720.00	게임 ==> 카메라
3	2	2.24	2.56	11.02	202.00	카메라 ==> 음악
4	2	2.24	2.56	52.06	202.00	음악 ==> 카메라
5	2	2.26	1.95	8.40	154.00	카메라 ==> 교육방송/외국어
6	2	2.26	1.95	52.56	154.00	교육방송/외국어 ==> 카메라
7	2	1.44	1.46	6.27	115.00	카메라 ==> 영화/AV
8	2	1.44	1.46	33.43	115.00	영화/AV ==> 카메라

① 결과를 살펴보면 각 규칙에 포함된 품목의 개수와 신뢰도의 크기 순으로 정렬되어 있다. 결과 해석의 예는 "카메라 → 게임" 규칙의 경우 지지도가 9.12%, 신뢰도 39.28%로써 카메라를 구매한 고객은 게임을 구매할 비율이 전체고객의 게임을 구매할 비율에 비해 3.09배임을 알 수 있다.

② Association node → 오른쪽 마우스 클릭 → Result 선택 → 메뉴 → 보기 → 그래프 선택 → 연관규칙 결과를 Grid Polt으로 그린 그림을 볼 수 있다.

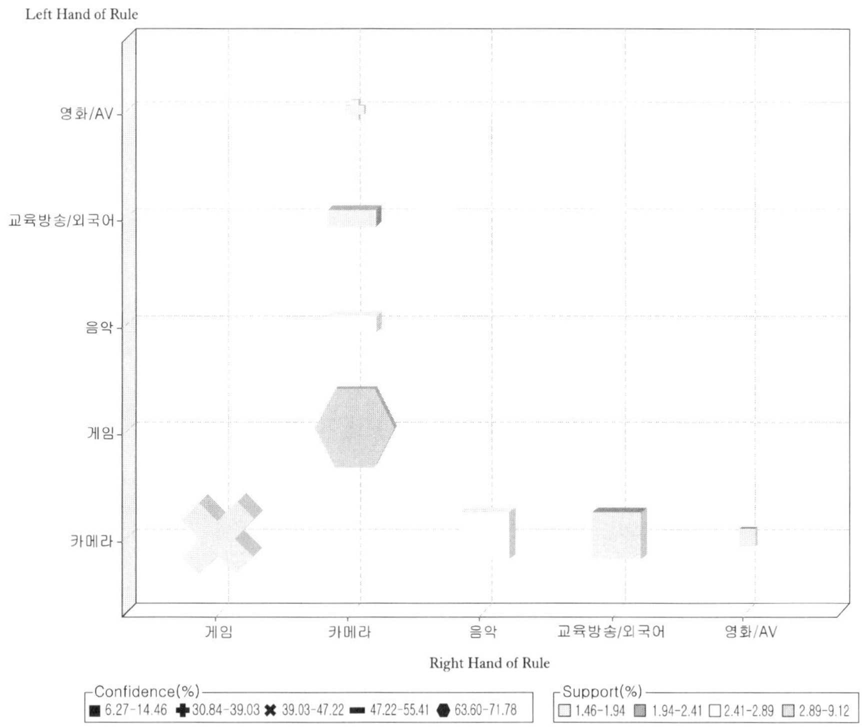

(4) 시차 Association 분석

① Variable 탭에서 ID의(model role) 역할을 ID, GOODS의 역할을 Target, 제거했던 TIME변수의 역할을 sequence로 변환한다.

② Association node → General 탭 → Analysis mode에서 시차 연관성을 위한 Sequences 콤보박스 체크 Association node를 열면 일반적인 연관성 분석 시에 반전되어 있던 Sequence와 Time Constraints 탭이 자동으로 시차 연관성 분석 수행이 가능하도록 전환된다.

Sequence 대화상자에서 Number of items in longest chain은 시차 연관성 규칙을 정의할 최대 시점의 수를 정의하는 것으로 여기서는 최대 3점까지만 분석을 시행하려 한다.

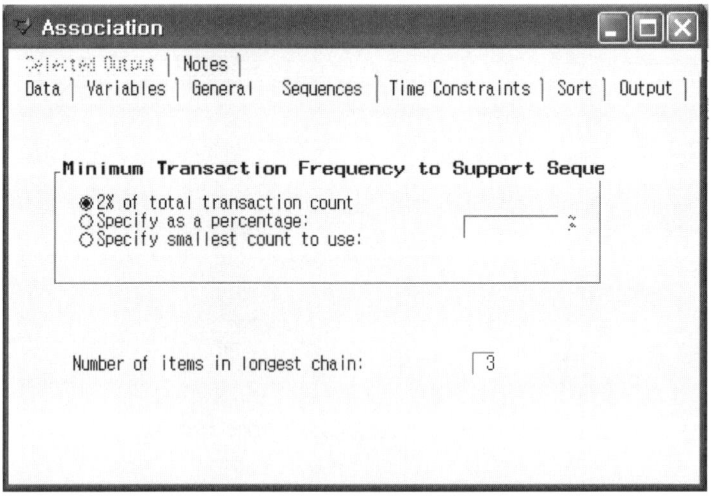

③ 결과의 해석은 일반적인 Association 분석 결과와 동일하게 해석하면 된다.

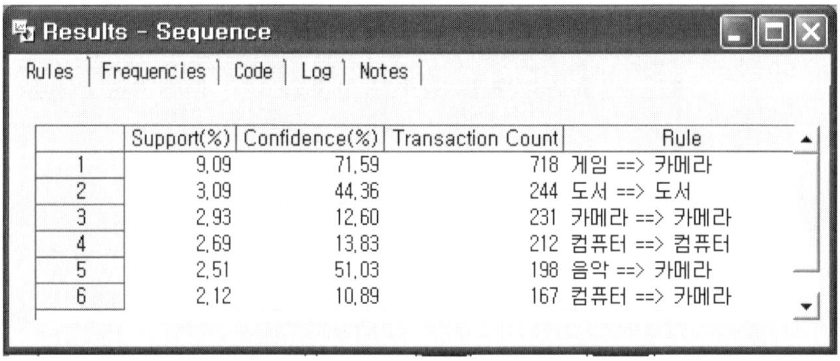

	Support(%)	Confidence(%)	Transaction Count	Rule
1	9.09	71.59	718	게임 ==> 카메라
2	3.09	44.36	244	도서 ==> 도서
3	2.93	12.60	231	카메라 ==> 카메라
4	2.69	13.83	212	컴퓨터 ==> 컴퓨터
5	2.51	51.03	198	음악 ==> 카메라
6	2.12	10.89	167	컴퓨터 ==> 카메라

2 회귀분석과 로지스틱 회귀분석

1) 회귀분석 모형

하나의 종속변수가 설명(독립)변수들에 의해서 어떻게 설명 또는 예측되는지를 알아보기 위해 변수들간의 관계를 적절한 함수식으로 표현하는 통계적 방법을 회귀분석이라 한다. 이러한 회귀분석은 추정해야 될 종속변수의 유형에 따라 두 가지 모형으로 분류할 수 있는데, 종속변수가 연속형이면 일반적인 회귀분석 모형이 되고, 이항형 또는 순서형의 범주형자료 형태로 주어져 있으면 로지스틱 회귀모형이 된다.

실제로 이러한 회귀분석은 고객세분화 기법중 하나인 RFM 모형의 가중치를 구하는데 사용되고 있으며, 로지스틱 회귀분석은 최근 '고객관계관리' 수행에 있어서 고객의 구매력 및 수익률을 예측하는데 주로 사용되고 있다.

또한 이와 같은 회귀분석에서 $y = a + bx$ 의 선형방정식의 형태에 의해 자료를 표현하는 것을 선형회귀분석이라 하고, 연속형 종속변수를 설명하는 독립변수가 하나인 경우 두 변수간의 관계는 $y_i = \alpha + \beta x_i + e_i$ 의 단순선형회귀모형이 된다. 여기서 y_i는 종속변수이고, α와 β는 표본으로부터 추정되어야 될 모수(parameter)들로써, 회귀계수라고 부른다. 즉 회귀계수를 추정하여 x와 y사이의 관계를 규명하는 것이 곧 회귀분석을 수행한다는 의미이며, 주어진 표본측정값으로부터 회귀계수의 추정값, $\hat{\alpha}$와 $\hat{\beta}$를 추정하기 위해서 일반적으로 최소제곱법(least square method)을 사용한다. 여기서 최소제곱법은 실제값 y_i와 측정값 $\hat{y_i}$간의 차이를 잔차라고 표현할 때, 이러한 잔차들의 제곱합이 최소가 되도록 회귀계수를 추정하는 방법이다.

$$\text{Min}(\sum e_i^2) = \text{Min}[\sum (y_i - \hat{y_i})^2] = \text{Min}[\sum (y_i - \hat{\alpha} - \hat{\beta} x_i)^2]$$

위의 식에서도 볼 수 있듯이, 최소제곱법 계산과정은, 먼저 추정값 $\hat{y_i}$의 선형방정식을 대입한 뒤, $\hat{\alpha}$와 $\hat{\beta}$에 대해서 각각 편미분한 값을 0으로 놓고 계산, 산출된 두 개의 식을 연립방정식에 의해 풀어가는 과정을 수행하면 다음과 같은 회귀계수의 추정값 $\hat{\alpha}$와 $\hat{\beta}$가 구해진다.

$$\hat{\beta} = \frac{\sum(x_i - \overline{x})(y_i - \overline{y})}{\sum(x_i - \overline{x})^2}$$

$$\hat{\alpha} = \overline{y} - \hat{\beta}\overline{x}$$

지금까지 단순선형회귀모형에 대한 회귀계수와 회귀식의 추정에 관해 살펴보았지만, 실제로 사회적, 자연적 현상에 있어서의 정확한 예측을 고려할 때 하나의 종속변수에 대하여 여러 개의 설명변수가 존재하는 다중선형회귀모형(다중회귀모형)을 일반적인 회귀모형이라고 할 수 있다.

이러한 다중회귀모형은 $y_i = \alpha + \beta_1 x_{1i} + \beta_2 x_{2i} + \cdots + \beta_k x_{ki} + e_i$의 형태로 표현되며, 추정되어야 할 모수의 개수가 많다는 것을 제외하고는 단순선형회귀모형과 같은 최소제곱법에 의해 회귀식을 추정할 수 있다.

2) 설명변수의 선택

회귀분석이란 앞에서 언급한 것처럼 종속변수에 영향을 미칠 수 있는 몇 개의 설명변수로 종속변수를 설명 또는 예측하는 통계적 방법이다. 따라서 주어진 자료에 적절한 모형을 잘 구축하는 것도 중요하지만 설명변수를 어떻게 선택하느냐가 매우 중요한 일이다. 여기에는 중요한 2가지 원칙이 있다.

① 종속변수에 영향을 미칠 수 있는 설명변수를 가능한 충분히 포함시킨다.
② 너무 많은 설명변수가 관련되어 있으면 데이터를 획득, 분석하고 변수들의 변화를 탐지하고, 관리하는데 많은 노력과 비용이 요구된다.

위의 두 가지 원칙은 서로 이율배반적이므로 적절한 타협점을 찾아야 한다. 따라서 적절한 변수선택방법을 사용하여 의미가 없는 설명변수는 제거하고 필요한 설명변수로 구성된 최적의 회귀모형을 구축하여야 한다. 이때에 변수선택의 판정기준을 사용하게 되는데 SAS에서는 몇 가지 방법을 옵션으로 제공하고 있다. 설명변수의 수가 과다하게 많아지면 상기와 같은 문제 이외에도 소위 다중공선성(multicollinearity)과 같은 문제가 발생하게 되어 일부 회귀계수 추정치의 분산과 예측값의 분산이 매우 커지게 되어 이를 신뢰할 수 없게 된다.

SAS E-Miner에서는 탐색과 변형 단계에서 사전에 종속변수에 영향을 주는 변수를 탐색하는 다양한 방법들이 제공되고 있다. 선형회귀분석의 장점 중의 하나는 모형화 과정에서 필요한 설명변수를 선택하는 작업을 포함시킬 수 있다는 것이다. SAS E-Miner의 회귀분석 노드를 열어서 'Selection Method'를 클릭하여 아래와 같은 Forward, Backward, Stepwise, None 4가지의 변수선택 방법을 지정할 수 있다.

(1) 앞으로부터 선택법(forward)

종속변수에 대한 설명변수의 설명력이 높은 변수부터 하나씩 추가하면서 선택하는 방법이다. 물론 이 경우에 변수 선택기준을 만족하는 유의한 설명력을 갖는 변수만 선택되어진다. 앞으로부터 선택법의 특징은 계산시간이 빠르다는 장점도 있지만, 한번 선택된 변수는 다른 변수가 추가됨으로 중요성을 잃게 되더라도 절대로 제거되지 않는다는 단점이 있다.

(2) 뒤로부터 제거법(backward)

모든 변수를 포함하는 모형(saturated model)으로부터 시작하여 가장 설명력이 낮은 변수부터 하나씩 제거해 나가는 방법이다 물론 이때도 변수선택 판정기준에 따라 유의한 설명력을 갖지 않는 경우에만 제거된다. 여기서도 한 번 제외된 변수는 다시 선택되지 못한다는 단점이 있다.

(3) 단계적 선택법(stepwise)

앞으로부터 선택법을 보완한 방법으로 진행과정은 앞으로부터 선택법과 거의 유사하다. 즉 앞으로부터 선택법에서 한 번 선택된 변수는 제거되지 않는다는 점을 보완한 방법으로 매 단계마다 선택과 제거를 반복하면서 중요한 변수를 찾아내는 방법이다. 이 방법은 중요한 변수를 하나씩 추가로 선택하면서 이미 선택된 변수들이 제거될 수 있는지를 매 단계마다 검토하는 방법이다. 따라서 단계적 선택법은 변수선택과 제거를 위한 판정기준에 대한 유의수준을 설정하여야 한다. 물론 SAS 프로그램은 디폴트로 특정한 값을 지정하고 있다.

(4) 모든 설명변수를 포함하는 회귀(none)

모든 설명변수들을 포함하는 모형을 말한다. 즉 변수선택을 하지 않는 경우를 말하는 것으로 SAS E-Miner의 'Selection Method'에서 None을 선택하면 모든 Input 변수를 설명변수로 처리하여 회귀분석을 실시하여 준다.

상기의 변수선택 방법을 적용하기 위해서는 변수선택의 판정기준(model selection criterion)이 필요하다. 주로 사용되는 판정기준으로 결정계수(coefficient of determination), 수정결정계수(adjusted coefficient of determination), 맬로우스(Mallows)의 C_p, 아카이케(Akaike)의 정보기준(information criterion, AIC) 등이 있다. 모형선택기준은 변수선택의 절대적인 판단기준이라기 보다는 하나의 참고사항이라고 할 수 있다. 연구자는 상기의 기준에 따라 적절한 설명변수를 찾았다 하더라도 이것으로 모형 구축이 완료되는 것은 아니다. 다음으로 이러한 변수들로 구축된 모형에 대한 잔차(residual) 및 영향력 검토, 다중공선성, 이상치의 존재 여부, 자료해석 상의 실제적인 의미 등을 종합적으로 고려하여 최종적인 모형을 선택하는 것이 바람직하다.

3) 로지스틱 회귀모형

종속변수(목표변수)가 "성공"과 "실패", 동전의 "앞면", "뒷면"과 같이 결과가 두 가지로 측정되는 이항형 자료는 범주형 자료의 가장 흔한 형태로써, 이러한 반응변수에 대한 설명변수의 관계를 설명하기 위한 회귀모형을 로지스틱(Logistic) 회귀모형이라고 한다. 이와 같은 로지스틱 회귀모형에 있어서 이항형의 반응변수인 Y(성공=1, 실패=2)와 하나의 설명변수인 X에 대해 $\pi(x)$를 $X=x$일 때 "성공" 확률($\pi(x) = P(Y=1 \mid X=x)$)이라고 정의하면, 확률 $\pi(x)$는 이항분포의 모수가 되며, 로지스틱 회귀모형은 $\pi(x)$의 로짓(Logit)에 대해 아래의 식과 같은 선형식으로 정의된다.

$$
\begin{aligned}
\log[\pi(x)] &= \log\left[\frac{\pi(x)}{1-\pi(x)}\right] = \log\left[\frac{P(Y=1 \mid X=x)}{1-P(Y=1 \mid X=x)}\right] \\
&= \log\left[\frac{P(Y=1 \mid X=x)}{P(Y=2 \mid X=x)}\right] = \alpha + \beta x
\end{aligned}
$$

이와 같은 방법으로, 다중 로지스틱 회귀모형에 있어서도, 로짓모형을 일반화 할 수 있는데, 이는 다음 식과 같이 표현할 수 있다.

$$\log[\pi(x)] = \log\left[\frac{P(Y=1 \mid X=x_1,\ x_2,\ \cdots,\ x_k)}{1-P(Y=1 \mid X=x_1,\ x_2,\ \cdots,\ x_k)}\right]$$

$$= \alpha + \beta_1 x_1 + \beta_2 x_2 + \cdots + \beta_k x_k$$

따라서 위의 식으로부터 구하고자 하는 모수인 $\pi(x)$ 즉 $P(Y=1 \mid X=x_1,$ $x_2, \cdots, x_k)$의 값은 다음의 식에 의해 추정되어진다.

$$\hat{\pi}(x) = \frac{\exp(\hat{\alpha}+\hat{\beta_1}x_1+\hat{\beta_2}x_2+\cdots\ \hat{\beta_k}x_k)}{1+\exp(\hat{\alpha}+\hat{\beta_1}x_1+\hat{\beta_2}x_2+\cdots\ \hat{\beta_k}x_k)}$$

그리고 여기서 추정한 $\hat{\pi}(x)$는 확률값으로 0과 1 사이에 오게 되며, 따라서 $\hat{\pi}(x)$에 대해 적절한 절단값 C를 정하여,

" $\hat{\pi}(x) \geq$ C이면 그룹 1로 분류 "
" $\hat{\pi}(x) <$ C이면 그룹 2로 분류 " 등과 같은 판별규칙을 정하여 활용할 수 있다.

〉〉 4) 오즈(odds)와 오즈비(odds ratio)

이와 같은 로지스틱 회귀모형의 다른 해석 방법으로는 오즈(odds)와 오즈비(odds ratio)가 있는데, 오즈는 어떤 사건이 발생할 확률이 발생하지 않을 확률에서 차지하는 정도라고 할 수 있다.

$$Odds = \frac{p(\text{성공확률})}{1-p(\text{성공확률})}$$

이러한 오즈는 로지스틱 회귀모형에서는 $\frac{\pi(x)}{1-\pi(x)}$의 형태로 계산되어지며, 이때 구해진 오즈가 1보다 크다는 것은 성공확률 $\pi(x)$가 실패확률보다 크다는 뜻이 되고, 반대로 1보다 작다는 것은 실패확률이 성공확률보다 크다는 것을 의미한다. 예를 들어 로지스틱 회귀모형에 있어서 $X=a$에서의 추정값을 π_a, $X=a+b$에서의 추정값을 π_{a+b}라고 정의한다면, 각각에 대한 오즈는 다음과 같이 표현할 수 있다.

$$\circ\ Odds\,(X=a) = \frac{\pi_a}{1-\pi_a}$$

$$\circ\ Odds\,(X=a+b) = \frac{\pi_{a+b}}{1-\pi_{a+b}}$$

이때 오즈비(승수비)는 이러한 두 개의 오즈들간의 상대적 비율을 나타낸 것으로, X의 값이 b만큼 증가했을 때 오즈비는 다음의 식과 같이 계산되며, 산출된 오즈비 값들은 1을 기준으로 하여 해석할 수 있다.

$$\circ\ Odds\ \ ratio = \frac{Odds\,(X=a+b)}{Odds\,(X=a)} = \frac{\dfrac{\pi_{a+b}}{1-\pi_{a+b}}}{\dfrac{\pi_a}{1-\pi_a}}$$

○ $Odds\ \ ratio > 1$: 성공확률의 증가

○ $Odds\ \ ratio < 1$: 성공확률의 감소

○ $Odds\ \ ratio = 1$: 성공확률에 변화가 없음

5) 사례 분석

(1) 예제 데이터 소개

S금융사에서는 우수고객과 비우수고객의 구별을 위한 분석을 실시하였다. 성별, 연령, 금융상품, 거래건수, 거래금액 등 14개 변수를 고객속성과 고객행동 Data를 가지고 분석하였으며, 변수에 대한 세부사항은 다음 표와 같다.

변수명	변수설명	속 성	변수값 설명
ID	ID	Nominal	
GOODS	금융상품	Nominal	1. 일반예금, 2. 주택청약, 3. 정기적금, 4. 대출, 5. 펀드
JOB	직업	Nominal	1. 자영업, 2. 언론인, 3. 정부기관, 4. 법조인, 5. 종교 및 자선단체, 6. 회사원, 7. 외국법인, 8. 금융기관, 11. 특수공무원, 12. 전문직, 13. 일반공무원, 14. 교직, 15. 제조업, 16. 농업, 광·공업종사자, 17. 상업, 18. 서비스업, 19. IT, 20. 유통업

TARGET		Binary	
SEX	성별	Binary	1. 남성, 2. 여성
AGE	연령	Interval	
AREA	지역	Nominal	
AREA_SO	지역 소분류	Nominal	
DURING	가입일수	Interval	
CNT_YN	최근 1개월내 거래여부	Binary	1. 거래, 2. 비거래
AVG5_CNT	최근 5개월 평균거래회수	Interval	
AVG5_AMT	최근 5개월 평균거래금액	Interval	
CAR_TYPE	차량종류	Nominal	
TOT_CNT	5개월 총 거래건수	Interval	
TOT_SELL	5개월 총 거래금액	Interval	
AVG_CNT_AMT	TOT_SELL/TOT_CNT	Interval	

TARGET 변수로 쓰이는 우수고객유무(TARGET)는 우수고객은 1, 비우수고객은 0의 값을 가지는 이진변수(binary)이다. 설명변수의 경우 SEX(성별)은 남자 1, 여자 2로 값을 가지는 이진변수이며, AGE(연령)은 카테고리화 하지 않은 원시변수를 그대로 사용하였다. AREA(지역)와 AREA_SO(지역소분류), CAR_TYPE는 1, 2 등의 Index 처리를 하지 않고 Field 값 내에 자료화하여 구분하였다. 가입기간과(2000년 12월 31일 기준으로 가입기간을 산정함), AVG5_CNT(최근 5개월 평균거래회수), AVG5_AMT(최근 5개월 평균거래금액), TOT_CNT(5개월 총 거래건수), TOT_SELL(5개월 총 거래금액) AVG_CNT_AMT(TOT_SELL/TOT_CNT) 등은 고객 행동 Data로 연속형(interval) 변수이다.

(2) Logistic Regression 분석을 위한 분석 흐름도 작성

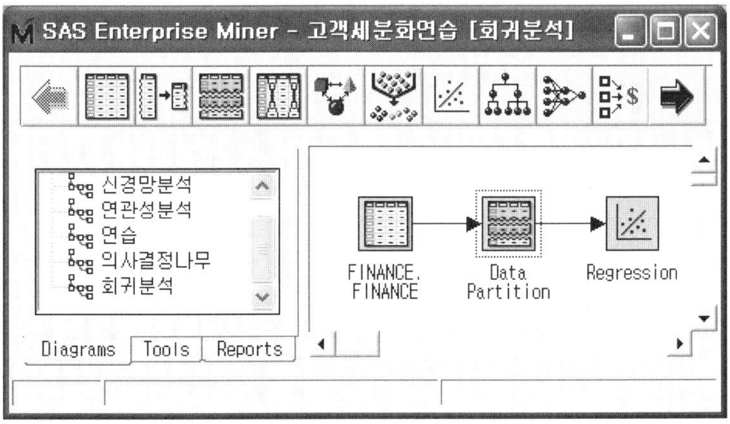

① Input Data Source 노드와 Data Partition 노드를 설정한다.

가. Input Data Source node 설정

(i) Input Data Source node에서 오른쪽 마우스 클릭 - Open 선택

(ii) Source Data - Select를 통한 Finance 파일 지정

(iii) Finance 파일 지정 후 Rows와 Columns에 지정한 데이터 Set 정보 표시

(iv) 오른쪽 Metadata Sample 창에서 Use Complete data as sample의 콤보박스를 체크하면 전체 데이터 생성 82,628행 생성(기본은 2,000 Sample로 구성됨)

(v) Input Data Source node의 Variables 선택 → Target 변수의 변환 및 선택(Model Role)

(vi) 변수의 구간 통계량 등은 사전 분석에 의해 파악하는 것이 보통이나 Mining 분석 시 간략하게 변수의 특성을 Interval Variables, Class Variables로 나누어 살펴볼 수 있다.

(vii) Input Data Source node에서 변수 선택 및 개괄적인 변수 측정을 실시하고 오른쪽 마우스 클릭 → 대화상자 → Run을 선택하여 node를 실행시킨다.

나. Data Partition node 설정

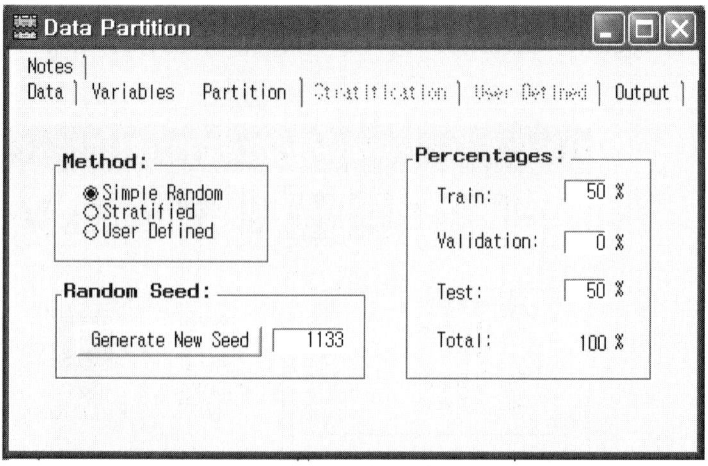

(i) 윗 그림처럼 Data Partition node를 이용하여 분석용(Training), 평가용(Validation), 검증용(Test) 데이터로 분할하고, 분석용으로 모형을 구축하며 평가용, 검증용 데이타로 모형의 비교나 검증을 실시하게 된다.

(ii) Data Partition 노드 → 오른쪽마우스 클릭 → Open 대화상자

(iii) Percentages 필드에서 분석용 50%, 검증용 50%로 설정하고 Sample 추출 방법은 Simple Random으로 진행하였다(Default는 분석용 40%, 평가용 30%, 검증용 30%로 Sample 추출 방법은 Simple Random으로 설정되어 있음).
평가용을 생략한 것은 기 실행한 자료를 가지고 모형을 만들었기 때문에 평가용의 의미가 반감되기 때문이다.

(iv) Random Seed 필드에는 Data를 임의로 분할하려면 추출에 대한 초기값을 동일하게 유지하면 된다. 그러므로 매번 같은 조건을 제시하여야 한다.(여기서는 1133을 Seed로 사용함)

(v) Data Partition 노드를 실행시킨다. 이때 메시지(Do you want to Save Changes to Data Partition Settings?)에서 Yes를 선택한다.

② 회귀분석(regression) node 작성

가. Model Option 탭에서 Type을 Logistic으로 하고, Link Function은 Logit으로 설정한다. Input Coding에는 Deviation, GLM 두 가지가 있는데, Deviation은 지시변수를 생성할 때, 마지막 범주를 -1로 정하고 나머지 범주를 1로 정하는 것이고, GLM은 마지막 범주를 0으로 나머지 범주를 1로 설정한다.

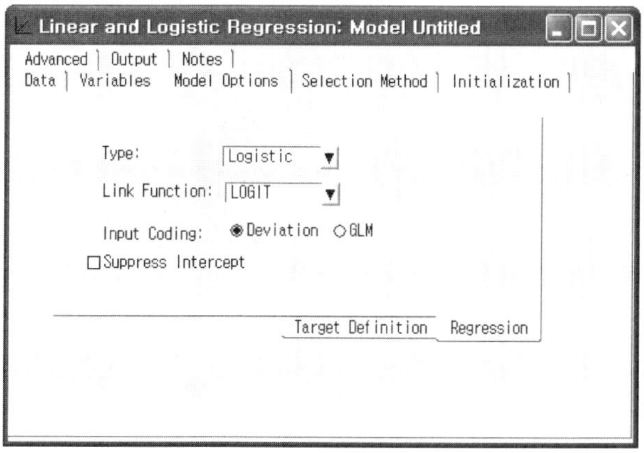

나. 변수선택 방법을 지정하기 위해서 Selection Method 탭을 선택한 후에 Stepwise 방법을 선택한다. 그리고 변수선택의 기준(critetia)은 Cross-Validation Misclassification으로 설정한 후 실행시킨다.

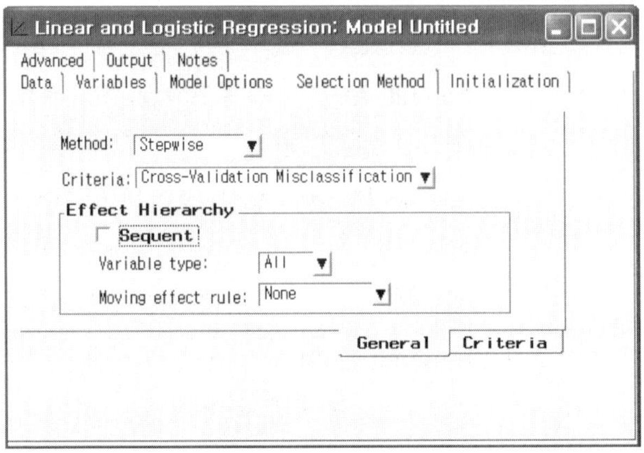

③ 로지스틱 회귀분석(logistic regression) 결과

가. 결과창에서 Estimates 탭을 선택하면 변수의 중요도를 나타내는 T-score 그래프가 나타난다. T-score의 절대 값이 크면 목표변수에 대한 설명력이 큰 변수임을 의미한다. 이 예제에서는 가입기간(during)과 연령(age), 최근 1개월 내 거래여부(CNT_YN) 등이 우수고객과 비우수고객을 세분함에 있어 설명력이 큰 변수로 나타났다.

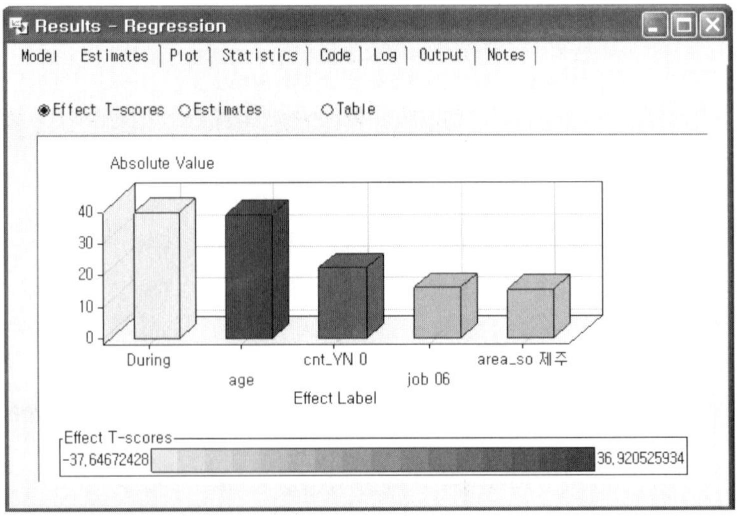

나. Satatistics 탭을 보면, 오분류율(misclassification rate)이 Training set에서 0.0568, Test set에서 0.057임을 알 수 있다.

Results - Regression

Model | Estimates | Plot | Statistics | Code | Log | Output | Notes

Fit Statistic	Label	Training	Validation	Test
DFT	Total Degrees of Freedom	41314	.	.
DIV	Divisor for ASE	82628	.	82628
ERR	Error Function	14156.893937	.	14681.067666
FPE	Final Prediction Error	0.0471412254	.	.
MAX	Maximum Absolute Error	0.999912703	.	0.9999955468
MSE	Mean Square Error	0.0468734678	.	0.0472900227
NOBS	Sum of Frequencies	41314	.	41314
_NW_	Number of Estimate Weights	236	.	.
RASE	Root Average Sum of Squares	0.215883557	.	0.2174626926
RFPE	Root Final Prediction Error	0.2171203017	.	.
RMSE	Root Mean Squared Error	0.2165028124	.	0.2174626926
SBC	Schwarz's Bayesian Criterion	16665.327719	.	.
SSE	Sum of Squared Errors	3850.9366199	.	3907.4799937
SUMW	Sum of Case Weights Times Freq	82628	.	82628
MISC	Misclassification Rate	0.0568088299	.	0.0569540592
PROF	Total Profit for TARGET2	3770	.	3722
APROF	Average Profit for TARGET2	0.09125236	.	0.0900905262

다. Output 탭에서 보다 자세한 결과 값들을 확인할 수 있다.

④ Logistic Regression 사례 분석(SAS Data Step을 활용한 분석)

가. 자료의 변환

앞서 언급했던 S금융사의 고객 행동 Data를 통하여 우수고객과 비우수고객의 구별을 위한 Logistic 분석을 SAS Data Step을 이용하여 실시하였다. Target 변수는 우수고객유무(Target)로 우수고객은 1, 비우수고객은 0의 값을 가지며, 설명변수 중 범주형 변수인 GOODS(금융상품), JOB(직업), AREA(지역), CAR_TYPE(차량종류)의 4개 변수는 다음과 같이 범주화 하였다.(변수의 Missing 값은 하나의 범주화하여 분석 시행)

총 67,107개의 데이터에서 Training과 Validation을 6 : 4비율로 Random Sampling하여 분석 데이터를 구성하였다.

GOODS	goods01	일반예금	AREA	area01	강원도
	goods02	주택청약		area02	경기도
	goods03	정기적금		area03	경상남도
	goods04	대출		area04	경상북도
	goods05	펀드		area05	광주광역시
JOB	job_cd01	자영업		area06	대구광역시
	job_cd02	언론인		area07	대전광역시
	job_cd03	정부기관		area08	부산광역시
	job_cd04	법조인		area09	서울특별시
	job_cd05	종교 및 자선단체		area10	울산광역시
	job_cd06	회사원		area11	인천광역시
	job_cd07	외국법인		area12	전라남도
	job_cd08	금융기관		area13	전라북도
	job_cd11	특수공무원		area14	제주도
	job_cd12	전문직		area15	충청남도
	job_cd13	일반공무원		area16	충청북도
	job_cd14	교직	CAR_ TYPE	car01	RV
	job_cd15	제조업		car02	경차
	job_cd16	농,광,공업 종사자		car03	대형차
	job_cd17	상업		car04	생계형
	job_cd18	서비스업		car05	소형차
	job_cd19	IT		car06	중형차
	job_cd20	유통업			

나. Logistic Regression 분석을 위한 SAS Program

```
proc logistic data=finance.training descending ;
          model target =  GOODS01
                          GOODS02
                          /*중간 생략*/
                          TOT_CNT
                          TOT_SELL
                          AVG_CNT_AMT

                          /selection=stepwise slentry=0.1  slstay=0.1  STB
                          ;

                          /*slentry=0.1 : 변수 추가시 유의수준을 0.1로 한다. */
                          /*slstay=0.1 : 변수 제거시 유의수준을 0.1로 한다. */

          output out=finance.result p=phat ;
run ;
```

종속변수가 1과 0값만 취하는 이항변수이므로 로지스틱회귀모형을 자료에 적합시키기 위해서 Training 데이터에 PROC LOGISTIC 문을 사용하였다. 로지스틱모형의 구성은 "종속변수(target) = 독립변수들"이며 옵션 Descending은 내림차순으로 종속변수가 1일 확률모형을 추정을 위한 것이다. 설정된 모형에 포함된 많은 변수들 중에서 유의한 변수를 선택하기 위해서 Stepwise Selection(단계별 선택법)을 사용하였고 Slentry와 Slstay 옵션은 변수추가 또는 제거 시 유의수준을 정하는 것으로 위의 프로그램에서는 0.1로 정하였다.

다. SAS결과와 해석

(i) Stepwise 변수선택 요약

Summary of Stepwise Selection

Step	Effect Entered	Effect Removed	DF	Number In	Score Chi-Square	Wald Chi-Square	Pr > ChiSq
1	During		1	1	2698.1440		<.0001
2	age		1	2	2540.2066		<.0001
3	job_cd19		1	3	2117.9883		<.0001
4	cnt_YN		1	4	1000.2706		<.0001
5	job_cd06		1	5	620.6008		<.0001
6	area09		1	6	312.8946		<.0001
7	area03		1	7	323.7221		<.0001
8	area15		1	8	243.9409		<.0001
9	area07		1	9	188.6561		<.0001
10	car06		1	10	205.2094		<.0001
11	area06		1	11	274.9266		<.0001
12	area05		1	12	151.6483		<.0001
13	area10		1	13	146.1791		<.0001
14	area14		1	14	77.5611		<.0001
15	car03		1	15	74.2749		<.0001
16	job_cd12		1	16	45.1320		<.0001
17	job_cd05		1	17	51.5255		<.0001
18	goods01		1	18	68.8655		<.0001
19	avg_cnt_amt		1	19	40.6214		<.0001
20	area04		1	20	27.3465		<.0001
21	job_cd11		1	21	20.7414		<.0001
22	sex1		1	22	16.4619		<.0001
23	area11		1	23	15.5458		<.0001
24	area02		1	24	16.6165		<.0001
25	area08		1	25	16.3484		<.0001
26	goods03		1	26	10.2925		0.0013
27	area16		1	27	6.8718		0.0088
28	car04		1	28	15.2465		<.0001
29	job_cd18		1	29	5.9406		0.0148
30	avg5_amt		1	30	5.1514		0.0232
31	job_cd14		1	31	4.7935		0.0286
32	avg5_cnt		1	32	4.7126		0.0299
33		avg5_amt	1	31		2.1030	0.1470
34	tot_sell		1	32	5.4724		0.0193
35	avg5_amt		1	33	3.6824		0.0550
36		avg5_amt	1	32		1.4710	0.2252

Stepwise Selection은 각 단계마다 변수를 모형에 추가적으로 포함시키거나 제외시키기 위해서 Forward Seletion와 Backward Selection을 혼합하여 사용하는 방법으로 각 단계마다 모형에 추가 혹은 제외될 변수, 각 변수에 대한 카이제곱 검정통계량 값과 대응되는 P-값을 보여준다.

(ii) 추정된 회귀계수 및 결과

Stepwise Selection 결과 추정된 회귀계수를 회귀식에 적용하여 우수고객이 될 확률이 큰 고객을 예측할 수 있다.

$$
\begin{aligned}
Y = {} & -1.3797+(-0.00075*\text{During})+(0.0634*\text{age})+(-0.6731*\text{avg5\_cnt}) \\
& +(0.000000097*\text{avg\_cnt\_amt})+(0.7448*\text{car03})+(0.652*\text{car04})+(0.7571*\text{car06}) \\
& +(-2.1545*\text{cnt\_YN})+(-2.6139*\text{goods01})+(-1.4789*\text{goods03})+(-0.1855*\text{sex1}) \\
& +(0.000000007198*\text{tot\_sell})+(-5.5458*\text{job\_cd05})+(-4.6433*\text{job\_cd06}) \\
& +(1.0663*\text{job\_cd11})+(-2.6007*\text{job\_cd12})+(-0.3045*\text{job\_cd14}) \\
& +(-1.2072*\text{job\_cd18})+(0.3563*\text{job\_cd19})+(0.5073*\text{area02})+(2.3022*\text{area03}) \\
& +(0.5924*\text{area04})+(1.7452*\text{area05})+(1.7845*\text{area06})+(2.3484*\text{area07}) \\
& +(0.327*\text{area08})+(1.1543*\text{area09})+(2.7679*\text{area10})+(0.8126*\text{area11}) \\
& +(2.6386*\text{area14})+(2.5806*\text{area15})+(-0.9212*\text{area16})
\end{aligned}
$$

The LOGISTIC Procedure

Analysis of Maximum Likelihood Estimates

Parameter	DF	Estimate	Standard Error	Wald Chi-Square	Pr > ChiSq	Standardized Estimate
Intercept	1	-1.3797	0.3855	12.8092	0.0003	
During	1	-0.00075	0.000017	1954.8333	<.0001	-0.6041
age	1	0.0634	0.00148	1836.2464	<.0001	0.5301
avg5_cnt	1	-0.6731	0.1604	17.5972	<.0001	-2.9671
avg_cnt_amt	1	9.735E-8	3.625E-8	7.2106	0.0072	0.0495
car03	1	0.7448	0.1378	29.2188	<.0001	0.1372
car04	1	0.6520	0.1698	14.7443	0.0001	0.1176
car06	1	0.7571	0.1224	38.2743	<.0001	0.1857
cnt_YN	1	-2.1545	0.1791	144.6800	<.0001	-0.4547
goods01	1	-2.6139	0.3625	51.9900	<.0001	-0.3716
goods03	1	-1.4789	0.4926	9.0123	0.0027	-0.1002
sex1	1	-0.1855	0.0457	16.4688	<.0001	-0.0489
tot_sell	1	7.198E-9	3.324E-9	4.6907	0.0303	0.0850
job_cd05	1	-5.5458	0.6527	72.1925	<.0001	-0.2629
job_cd06	1	-4.6433	0.3538	172.2567	<.0001	-1.1754
job_cd11	1	1.0663	0.2892	13.5999	0.0002	0.0526
job_cd12	1	-2.6007	0.4629	31.5646	<.0001	-0.2894
job_cd14	1	-0.3045	0.1400	4.7344	0.0296	-0.0366
job_cd18	1	-1.2072	0.4560	7.0094	0.0081	-0.0434
job_cd19	1	0.3563	0.0970	13.5013	0.0002	0.0980
area02	1	0.5073	0.1353	14.0500	0.0002	0.0900
area03	1	2.3022	0.1636	198.1375	<.0001	0.1543
area04	1	0.5924	0.1105	28.7437	<.0001	0.0883
area05	1	1.7452	0.1352	166.7147	<.0001	0.1563
area06	1	1.7845	0.1024	303.6948	<.0001	0.1800
area07	1	2.3484	0.2169	117.2072	<.0001	0.1102
area08	1	0.3270	0.1403	5.4297	0.0198	0.0588
area09	1	1.1543	0.1439	64.3128	<.0001	0.2081
area10	1	2.7679	0.2256	150.5478	<.0001	0.1115
area11	1	0.8126	0.1704	22.7456	<.0001	0.0622
area14	1	2.6386	0.3072	73.7628	<.0001	0.0644
area15	1	2.5806	0.2146	144.5704	<.0001	0.1232
area16	1	-0.9212	0.1996	21.2942	<.0001	-0.1531

오즈비 추정값

```
                     Odds Ratio Estimates

                        Point          95% Wald
Effect               Estimate      Confidence Limits

During                  0.999       0.999       0.999
age                     1.065       1.062       1.069
avg5_cnt                0.510       0.372       0.699
avg_cnt_amt             1.000       1.000       1.000
car03                   2.106       1.608       2.759
car04                   1.919       1.376       2.677
car06                   2.132       1.677       2.710
cnt_YN                  0.116       0.082       0.165
goods01                 0.073       0.036       0.149
goods03                 0.228       0.087       0.598
sex1                    0.831       0.759       0.909
tot_sell                1.000       1.000       1.000
job_cd05                0.004       0.001       0.014
job_cd06                0.010       0.005       0.019
job_cd11                2.905       1.648       5.120
job_cd12                0.074       0.030       0.184
job_cd14                0.737       0.561       0.970
job_cd18                0.299       0.122       0.731


                 The LOGISTIC Procedure

                  Odds Ratio Estimates

                        Point          95% Wald
Effect               Estimate      Confidence Limits

job_cd19                1.428       1.181       1.727
area02                  1.661       1.274       2.165
area03                  9.996       7.254      13.773
area04                  1.808       1.456       2.245
area05                  5.727       4.394       7.464
area06                  5.956       4.873       7.280
area07                 10.469       6.843      16.016
area08                  1.387       1.053       1.826
area09                  3.172       2.392       4.206
area10                 15.924      10.234      24.779
area11                  2.254       1.614       3.147
area14                 13.994       7.663      25.553
area15                 13.205       8.670      20.110
area16                  0.398       0.269       0.589

Association of Predicted Probabilities and Observed Responses

    Percent Concordant          92.5    Somers' D    0.854
    Percent Discordant           7.1    Gamma        0.858
    Percent Tied                 0.4    Tau-a        0.149
    Pairs                  140909824    c            0.927
```

라. 모형 검증 및 평가

(i) Stepwise를 이용한 변수 선택 시 모형 검증 및 평가

Training 데이터에서 Stepwise 결과 선택된 독립변수들과 추정된 회귀계수를 Validation 데이터에 적용하여 모형 성과를 평가한다.

1. Validation SAS Program

```
data result_validation ;
      set finance.Validation;

               zz=  -1.3797
                    +(-0.00075*During)
                    +(0.0634*age)
                    +(-0.6731*avg5_cnt)
                    +(0.00000009735*avg_cnt_amt)
                    +(0.7448*car03)
                    +(0.652*car04)
                    +(0.7571*car06)
                    +(-2.1545*cnt_YN)
                    +(-2.6139*goods01)
                    +(-1.4789*goods03)
                    +(-0.1855*sex1)
                    +(0.000000007198*tot_sell)
                    +(-5.5458*job_cd05)
                    +(-4.6433*job_cd06)
                    +(1.0663*job_cd11)
                    +(-2.6007*job_cd12)
                    +(-0.3045*job_cd14)
                    +(-1.2072*job_cd18)
                    +(0.3563*job_cd19)
                    +(0.5073*area02)
                    +(2.3022*area03)
                    +(0.5924*area04)
                    +(1.7452*area05)
                    +(1.7845*area06)
                    +(2.3484*area07)
                    +(0.327*area08)
                    +(1.1543*area09)
                    +(2.7679*area10)
                    +(0.8126*area11)
                    +(2.6386*area14)
                    +(2.5806*area15)
                    +(-0.9212*area16)      ;

                 zzz=exp(zz) ;
                    phat=zzz/(1+zzz);
 run ;

 proc sort data= result_validation ; by descending phat ; run ;
```

2. Training 데이터와 Validation 데이터 비교

추정된 회귀모형을 Validation 데이터에 적용하여 Phat값 기준으로 내림차순 정렬한다. Phat값이 큰 순서대로 상위 10%씩 구간을 나누어 구간별 우수고객의 비율을 비교하고 추정된 회귀모형의 성과를 평가한다.

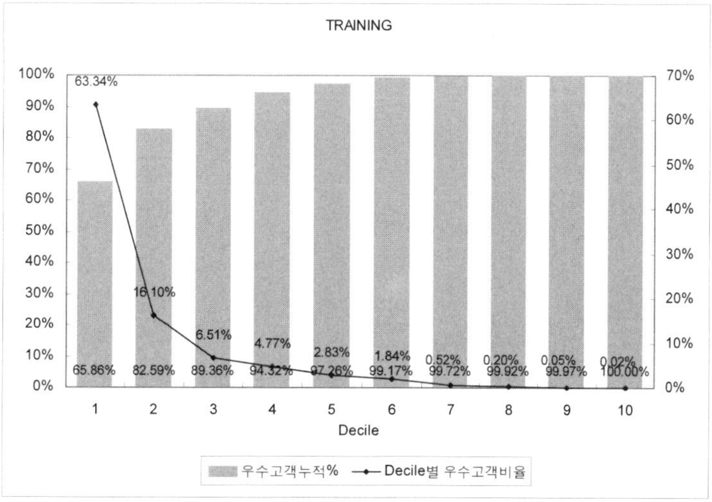

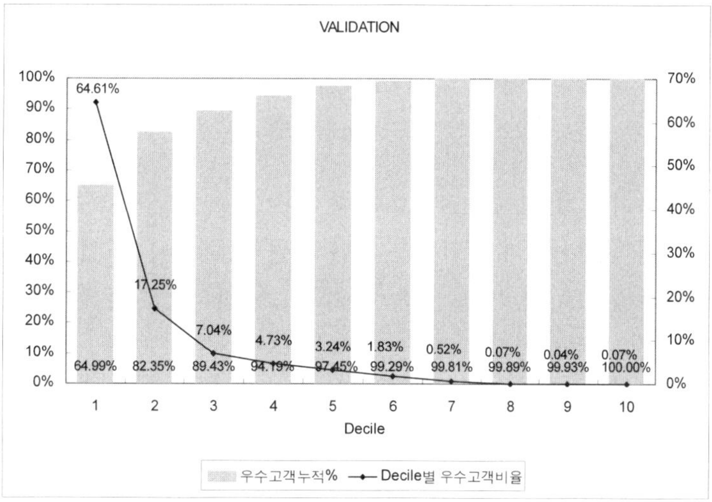

Training과 Validation에서의 모형의 성과 차이가 거의 나타나지 않으며 추정된 로지스틱회귀모형에 따르면 상위 30%에서 우수고객의 누적비율이 전체 대비 약 90%를 차지하고 있음을 볼 수 있다.

3 RFM 모형

1) RFM의 개념

RFM은 최근성(recency), 구매빈도(frequency), 구매금액(monetary) 등 고객의 수익기여도를 나타내는 세 가지 지표들의 선형결합으로 구한 점수(score)이다. 즉 가장 최근에, 얼마나 자주, 상품 구매에 많은 비용을 들였는가에 대한 개별정보를 수치화 시켜 각각의 요인(R, F, M)에 가중치를 부여한 후 합산하여 구하는 방법으로 가장 일반적인 RFM 모형은 다음과 같다.

$$RFM = A \cdot Recency + B \cdot Frequency + C \cdot Monetary$$

여기서 A, B, C는 각 요인에 대한 가중치가 되고, RFM은 각 요인들과 가중치의 선형결합에 의한 점수가 되는 것이다. 따라서 RFM 분석에서 가장 중요한 부분은 가중치(A, B, C)를 구하는 것이며, 일반적으로 통계적 기법 중 하나인 다중회귀분석을 통해 추정되어진다.[1)]

특히 RFM의 세 가지 지표 중 구매금액은 수익성과 직결된다는 점에서 가장 중요한 평가기준이 될 수 있으며, 실질적으로 가중치 중에서 가장 큰 비중을 차지하고 있다.

또한 이러한 RFM 모형은 계산방법이 간단하면서도 높은 반응률을 이끌어 낼 수 있다는 특징을 가지고 있어 마케팅 실무자들 사이에서는 지금까지도 널리 사용되고 있으며, 이와 같은 장점을 바탕으로 '고객관계관리' 수행에 있어서 RFM 모형은 고객의 평생가치 극대화, 우수고객 차별화, 고객의 거래형태에 대한 이해 제고로 효율적인 고객관리를 위해서 도입되고 있다. 그리고 이러한 RFM 모형은 데이터베이스 내에 존재하는 모든 고객을 대상으로 마케팅을 하는 것이 아니라 고객을 세분화하고 채산성이 있는 고객만을 대상으로 마케팅을 하는 것이 바람직하다는 사고에 기초하고 있다. 즉 RFM 분석은 구매가능성이 높은 우수고객에게 집중한

1) 김승아, "DB마케팅 분석법", 「경영과 컴퓨터」 (1998), pp.212-214.

마케팅 전략을 실행하고 불필요한 자원낭비를 방지함으로써 근본적으로 매출액 증대보다는 수익을 창출하기 위한 모형이라고 할 수 있다.

실제로 '고객관계관리'에 있어서 RFM 분석은 기존의 데이터베이스 마케팅에서와 같이 고객데이터베이스(데이터웨어하우스)를 RFM 점수에 의해 등급화하고 세분화하는 방법으로 진행되며 도출된 결과를 이용하여 차별화 되고, 효과적인 고객관리를 목적으로 실시한다. 다음의 **|그림 6-1|**은 RFM을 이용한 고객데이터베이스 세분화의 간단한 예를 보여주고 있다. 우선 R 값에 의해 5개의 세그먼트가 나누어지게 되고, 생성된 5개의 세그먼트는 F 값에 의해 다시 5개로 나누어지며, 마지막으로 M 값에 의해 각각의 세그먼트들은 5등분되어진다. 따라서 전체 고객데이터베이스는 결국 5×5×5＝125개의 세그먼트로 분할되며, 이렇게 분할된 세그먼트들은 곧바로 마케팅 활동에 적용될 수도 있지만, 일반적으로 분석의 용이함을 위하여 더 작은 그룹으로 나누어 활용되어진다.

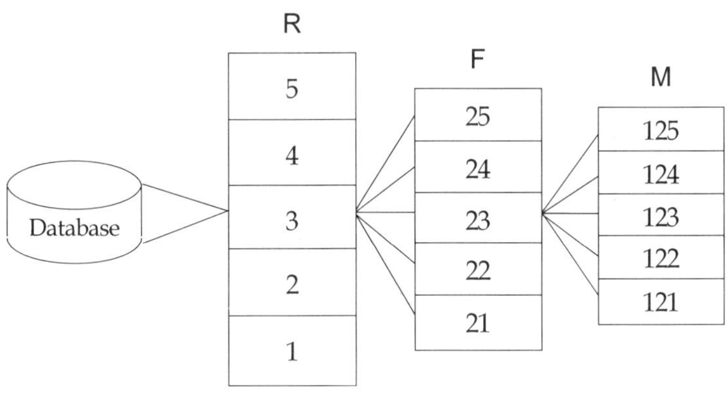

|그림 6-1| RFM을 이용한 고객 세분화

2) 최근성, 구매빈도, 구매금액

(1) 최근성

다음표는 최근 시점에서부터 구입한 고객에 대한 광고 카달로그 메일 응답확률간에 관계를 나타내 주고 있다.

최 근 성	메일보낸 고객수	응 답 자	응 답 율
1	1,000	100	10%
2	1,000	80	8%
3	1,000	60	6%
4	1,000	40	4%
5	1,000	30	3%
6	1,000	20	2%
7	1,000	10	1%
8	1,000	5	0.5%
9	1,000	4	0.4%
10+	1,000	1	0.1%
Total	10,000	350	3.5%

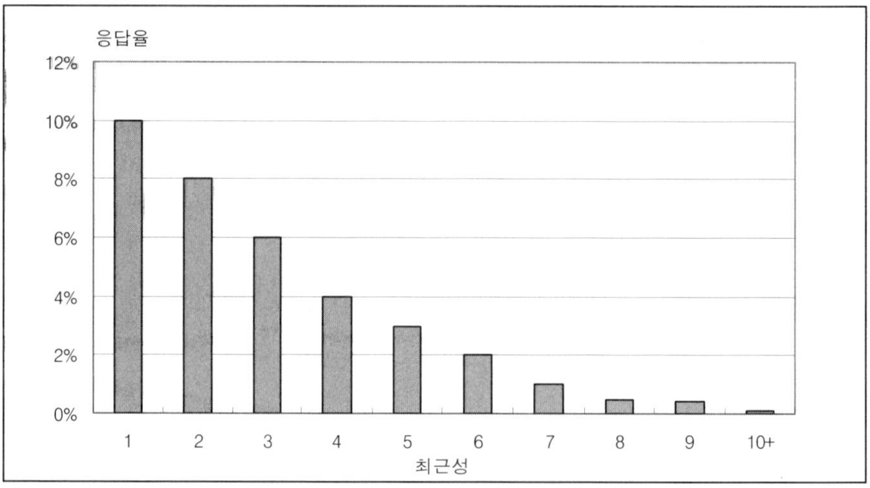

이 표에서도 나타내 주고 있듯이 최근 시점(recency-1)에서 물건을 구입한 고객일수록 광고 카달로그 메일에 높은 응답률(10%)을 보이며 구입시점이 멀어질수록(recency=10+) 응답확률이 낮은(0.1%) 것을 알 수 있다.

이러한 원리를 이용하여 현재에서 물건 구입시점이 가까운 고객일수록 Recency의 점수를 높게 선정할 수 있겠다.

ex) 거래의 최근성(Recency)	지난 3개월 내에 거래가 있었다. 5점 지난 6개월 내에 거래가 있었다. 4점 지난 12개월 내에 거래가 있었다. 3점 지난 18개월 내에 거래가 있었다. 2점 지난 24개월 내에 거래가 있었다. 1점

(2) 구매빈도

어느 일정한 기간동안 고객이 얼마나 빈번하게 구매를 했는가를 점수화하여 표시한다.

ex) 거래의 빈도성(Frequency): 지난 24개월 내에 거래가 있었으며 각 거래마다 0.5점씩 할당(최고 총 점수는 5점을 넣지 못함)

(3) 구매금액

구매금액에 따른 점수는 화폐단위로 1점씩 주어 계산하되 상한점을 선정해야 한다. 그 이유는 비정상적으로 높은 금액들이 이 공식에서 나올 결과치를 왜곡할 우려가 있기 때문이다.

3) RFM 점수산출

고객 응답률은 산출해내기 위해서는 RFM에 각각 점수를 부여하고 이들 세 변수를 조합하여 단일지표로 나타내는 방법이 이용된다. 예를 들어 Recency를 기준으로 전체고객을 정렬한 뒤, 상위 20%의 고객에게는 5점을 다음 20%의 고객에게는 4점을 부여하는 식으로 점수를 나열한다. 즉, 고객들은 5, 4, 3, 2, 1 중 하나의 Recency 점수를 가지게 되며 같은 방식으로 Frequency와 Monetary 점수도 가지게 된다. 결과적으로 전체고객은 125(5*5*5)개의 집단으로 세분화되며 각 집단은 555, 554, …, 111 등의 RFM 점수로 대표된다.

R	F	M	메일 보낸 수	응 답 자	응 답 율
5	5	5	100	15	15.0%
5	5	4	90	13	14.4%
5	5	3	100	13	13.0%
5	5	2	80	10	12.5%
5	5	1	70	7	10.0%
4	5	1	100	8	8.0%
	⋮		⋮	⋮	⋮
1	1	2	70	1	0.01%
1	1	1	90	0	0.00%
	계		10,000	350	3.50%

위 표에서 알 수 있듯이 고객 응답률은 RFM이라는 세 개의 변수의 함수로 모형화될 수 있다. 예를 들어 위 테이블에서 R.F.M이 5인 고객들은 응답확률이 15%라는 것을 예언할 수 있다.

4) RFM모형의 통계적 해석

(1) 다중회귀분석을 이용한 모형(R.F.M 5그룹)

다중회귀분석은 다이렉트 마케팅에서 가장 흔히 쓰이는 통계기법이며 최선의 기법으로 간주되고 있다. RFM 모형은 고객의 과거 구매 행동을 나타내는 R.F.M을 각각 독립변수로 하고 고객응답률을 종속변수로 하여 미래의 고객응답률을 예측하는 다중회귀모형으로 해석할 수 있다.

$$Y_i = \alpha + w_1 R_{ij} + w_2 F_{ij} + w_3 M_{ij}$$

여기서 이 수식에서 사용된 기호들을 보면 i=고객, R_{ij}=Recency 변수, F_{ij} = Frequency 변수, M_{ij}=Monetary 변수, 그리고 w_1, w_2, w_3는 각 변수들에게 주어지는 가중치를 나타낸다. 회귀분석을 통해 각 변수의 회귀계수 α, w_1, w_2, w_3가 구해지면 고객 개개인의 대해 사용될 회귀식을 결정한 뒤, 모든 고객의 응답률 Y_i를 구할 수 있다. 일단 모든 고객들의 응답률이 구해지면 응답률이 큰 순서대로 나열한 후 목표고객을 선정할 수 있다.

RFM 분석결과를 통한 고객 세분화($\alpha = 3,\ w_1 = 10,\ w_2 = 8,\ w_3 = 5$일 때)

고객 번호	R점수	w_1 가중치	F점수	w_2 가중치	M점수	w_3 가중치	총점	순위	고객 세분화
001	5	10	4	8	3	5	100	13	우량
002	5	10	4	8	4	5	105	10	우량
003	1	10	4	8	5	5	70	39	불량
004	3	10	5	8	5	5	98	16	우량
⋮	⋮	⋮	⋮	⋮	⋮	⋮	⋮	⋮	⋮
100	1	10	2	8	1	5	31	90	휴면

(2) 신경망(neural network)를 적용한 모형 - Zahabi와 Levin의 연구

다이렉트 마케팅에서 메일을 발송할 목표고객을 선정하는데 있어서 신경망의 적응방법에 대한 논의를 바탕으로 신경망 모델과 로지스틱 회귀모델의 효과성을 비교하고 로지스틱 회귀모델을 보완하는 차원에서 신경망 모델의 이용가능성을 연구하였다.

연구결과 신경망 모델을 단독으로 사용하였을 때 로지스틱 회귀모델에 비교하여 효과성이 저하되었으며 신경망 모델을 로지스틱 회귀모델의 보충역할로써 이용하였을 때는 효과성이 높아졌다.

(3) 확률적 RFM 모형(stochastic RFM model) - Colombo와 Weina의 연구

과거의 관찰된 고객응답을 이용해 미래의 응답을 예측하는 행동모델(behavioral model)을 제시하였다.

기존의 회귀모형이 회귀계수에 대한 이론적 설명력을 충분히 갖추지 못했으며, 변수의 이질성(heterogeneity)을 노이즈(noise)로 간주함으로써 실제상황에서 보이는 이질적인 고객 구매행동을 모형에 반영하지 못했음을 비판하였다.

따라서 새로운 모형은 고객의 구매행위를 설명하는 두 개의 확률분포를 결합한 모델로써 고객구매행동의 이질성을 반영할 수 있도록 하였다. 즉, 고객의 구매행위는 구매확률과 각각의 구매활동시 소비하는 구매액(monetary amount)이라는 두 가지 변수로 설명할 수 있으며 각각의 변수는 정상분포를 가지지 않는다고 가정하였다.

새로운 모형을 적용하여 목표고객을 선정하는데에는 2단계 접근법을 이용하였다. 즉, 고객 데이터베이스는 미래에 기업과 거래관계를 맺게 될 활동적인 고객

(active one)과 미래에 기업과 아무런 거래관계도 맺지 않게 될 비활동적인 고객(inactive one)으로 구분된다는 가정 하에 1단계로 비활동적인 고객을 가려내어 모집단에서 제거한 뒤, 2단계로 frequency와 monetary 변수를 이용하여 남은 활동적인 고객집단 중 목표고객을 선정하였다.

확률적 RFM 모형을 도입함으로써 얻는 이점은 다음과 같다. 일단 변수가 정해지면 해당하는 값을 새로운 값으로 쉽게 수정할 수 있고 관측치가 아는 실제값을 이용하여 의사결정을 할 수 있으며 이질성을 고려하였기 때문에 마케팅 전략을 수립할 때 매우 용이하다.

5) RFM 모형과 단순선형회귀모형의 비교

RFM 모형은 그 원리가 간단하면서도 효과성은 매우 뛰어나 업계에서 광범위하게 이용되고 있지만 어떠한 이유로 높은 반응 예측률을 나타나는지는 알려져 있지 않다. 특히 RFM 모형이 실제로 매우 임의적인 방법으로 이용되고 있다는 점을 고려할 때 이보다 체계적인 통계기법과 비교하여 얼마만큼 뛰어난 우수성을 가졌는지 혹은 어떠한 단점을 가지고 있는지 살펴볼만할 것이다.

여기에서는 통계모형 가운데 가장 기본적인 모형으로써 널리 이용되고 있는 선형회귀모형과 RFM 모형을 비교해 보려 한다. 이 때, 선형회귀모형의 종속변수는 고객의 반응여부(0 혹은 1, No 혹은 Yes)이며 독립변수는 RFM 점수로 코딩(555, 554, 553 …)되기 이전의 RFM 변수이다. 종속변수가 명목변수라는 점을 고려한다면 로지스틱 회귀모형을 이용해도 될 것이다.

선형회귀모형은 다음 두 가지 면에서 RFM 모형에 비해 우수하다. 먼저 RFM 모형에서 추정해야 할 모수의 개수는 RFM 변수를 각각 5그룹으로 세분화 했을 때 125로 모형이 복잡해지지만, 아래 식에서 보는 바와 같이 회귀모형에서 추정되는 모수의 개수는 4개로 모형이 간단해진다.

$$Y = \beta_0 + \beta_1 Recency + \beta_2 Frequency + \beta_3 Monetary$$

두 번째로 선형회귀모형을 이용하면 RFM 모형에서 고객 세분화로 인해 나타내는 '정보의 손실'을 경험하지 않을 수 있다.

등급	Frequency	Average
5(20%)		7.4
4(20%)		3.4
3(20%)		2.7
2(20%)		1.4
1(20%)		1.0

전체 고객의 40%가 단 한번의 상품구매를 했다고 가정하자. 위 표와 같이 Frequency 변수를 5그룹으로 나누었을 때 전체의 40%에 해당하는 고객들은 같은 구매특성을 가졌음에도 각각 '1'과 '2'로 점수화된 두 그룹으로 나뉘어지게 된다.

이번에는 최상위 그룹을 살펴보게 되면, '5'로 점수화된 고객들은 평균 7.4번 구매를 일으켰으며 이들은 최하위 '1' 그룹의 7배 이상, '4' 그룹 고객의 2배 이상의 구매횟수를 발생시켰다. 즉 상위 20%의 고객이 전체 구매의 상당부분을 차지하고 있음을 알 수 있다.

이와 같이 RFM 모형에서는 고객을 세분화 함으로써 동질성이 있는 고객들을 통합하여 '정보의 손실'을 유발하는 것이다.

한편, RFM 모형이 선형회귀모형에 비해 우수한 점도 있다. 먼저, 독립변수와 종속변수가 비선형 관계를 가질 때 RFM 모형이 보다 우수한 결과를 가져온다.

선형회귀모형은 기본적으로 독립변수와 종속변수의 관계가 선형임을 가정하고 있다. 그러나 실제 RFM 모형을 이용하여 고객을 그 특성에 맞는 최적의 수준으로 세분화하기만 한다면 고객특성과 반응간의 비선형관계에 매우 근접한 모형을 만들 수 있다.

두 번째로 독립변수간 교호작용이 있을 때 RFM 모형이 더욱 효과적이다. 선형회귀모형은 교호작용을 고려하지 않는 모형인 반면, RFM 모형은 독립변수의 주효과와 교호작용을 모두 고려한 모형이기 때문이다.

이상에서 살펴본 바와 같이 RFM모형은 세분화를 통해서 변수간 근접한 모델링을 할 수 있다는 장점과 함께 정보의 손실이라는 단점을 함께 가지고 있다. 반대로 선형회귀모형은 정보의 손실을 가져오지는 않으나 변수간 비선형성을 고려할 수 없다는 단점을 가지고 있다.

6) 사례분석

(1) 예제 데이터 소개

TMALL에서는 고객의 수익성을 나타내는 지표인 RFM 바탕으로 고객을 세분화하고 이를 바탕으로 고객 마일리지 정책과 Up-Selling과 Cross-Selling을 전개하고자 한다. 실적이 있는 고객을 대상으로 분석하였으며, R, F, M값에 의해서 고객을 최종적으로 125(5×5×5)개의 리스트를 생성하였다. 그리고 향후 관리를 위하여 5개의 세분화 그룹으로 나누어 분석을 시행한다. 다음 표는 데이터 사용과 매출현황에 대한 자료이다.

변 수 명	변수설명	변수값 설명
ID	회원번호	고유 번호
AREA	지역	지역을 16개 범주로 구분
AGE1	연령대	10대, 20대 초반, 20대 후반, 30대 초반, 30대 후반, 40대, 50대 이상
GENDER	성별	남, 여
JOB	직업	회사원, 자영업, 대학(원)생, 학생(초/중/고), 주부, 공무원, 교직자, 전문직, 의료인, 법조인, 군인, 종교인, 방송인, 농·축산업 등, 일용직, 기타
WEDDING	결혼여부	미혼, 기혼
COSTMETHOD	결재수단	1 : 현금결제(무통장입금, 계좌이체 포함) 2 : CARD 결제
SELLING	총 구매금액	단위 : 원
AMOUNT	총 구매수량	단위 : 개수
CNT	구매회수	단위 : 회수
RECENCY	최근 구매시기	물건을 구매한 시점 ex) 1이면 1개월 내에 구입, 2이면 2개월 내에 구입

(2) Recency 분류

R값을 정의하기 위하여 고객들의 구매 데이터를 최근성에 의거하여 5개 그룹으로 분류하였다. 다음 표에서 볼 수 있듯이 최근 구매시기가 2개월 이내인 경우를 가장 높은 가중치 값인 5점을 부여하였다.

최근 구매시기	R값	빈도	%
3개월 이내	5	2,097	34.29
4 ~ 6개월	4	2,368	38.72
7 ~ 9개월	3	909	14.86
10 ~ 12개월	2	351	5.74
12개월 초과	1	391	6.39

(3) Frequency 분류

F값을 5개의 새로운 구간으로 분류하기 위하여 전체 범위를 동일하게 나누어 적용하는 방법보다는 구매회수가 아닌 구매수량을 고려한 F값을 설정하였다.(1회 구매자 비중이 75.74%로 이를 구간화한다면 특정 분류 그룹에 쏠림 현상이 발생하기 때문이다) 다음 표는 F값을 설정한 표이다.

총 구매 수량	F값	빈도	%
5개 이상	5	4,433	72.48
4개	4	975	15.94
3개	3	301	4.92
2개	2	161	2.63
1개	1	246	4.02

(4) Monetary 분류

M값을 5개의 새로운 구간으로 분류하기 위하여 6,116명의 고객의 총 매출금액을 정렬시킨 후 동일하게 5개 그룹으로 나누어 M값을 적용하였다. 아래 표는 M값의 분기점을 보여주고 있다.

총 구매 금액	빈 도	%	누적 %
1,000	40	0.65	0.65
⋮	⋮	⋮	⋮
6,000	35	0.57	20.27
⋮	⋮	⋮	⋮
25,700	1	0.02	40.01
⋮	⋮	⋮	⋮
42,000	145	2.37	61.48
⋮	⋮	⋮	⋮
88,000	11	0.18	80.04
⋮	⋮	⋮	⋮
51,415,000	1	0.02	100.00

다음은 최종적으로 M 값을 분류한 표이다.

총 구매 금액	M값	빈도	%
88,820 이상	5	1,221	19.96
42,500 ~ 88,000원 이하	4	1,135	18.56
25,900 ~ 42,000원 이하	3	1,313	21.47
6,200 ~ 25,700원 이하	2	1,207	19.74
6,000원 이하	1	1,240	20.27

위와 같이 분류된 R, F, M 변수들의 각각의 값에 가지고 하나의 RFM값으로 조합하여 전체 고객을 세분화 할 수 있다. 즉 전체 고객 6,116명은 RFM값 111에서부터 555까지 125개의 그룹으로 나뉘어진다.(여기서 RFM값 111은 R=1, F=1, M=1의 값을 말한다) 다음은 RFM으로 세분화된 집단의 빈도를 나타난 표이다.

RFM값	빈도	%	누적 %
111	455	7.44	7.44
112	377	6.16	13.60
113	493	8.06	21.66
114	298	4.87	26.54
115	276	4.51	31.05
121	14	0.23	31.28
⋮	⋮	⋮	⋮
551	1	0.02	98.09
552	6	0.10	98.19
553	5	0.08	98.27
554	17	0.28	98.54
555	89	1.46	100.00

RFM으로 세분화된 그룹(125개)은 고객을 세분화하기에는 너무 많은 분류를 가지고 있다. 이에 RFM을 조합(여기서는 5개 집단으로 재구성)하여 몇 개의 분류로 세분화하는 것이 바람직하다. 각 구간별로 상위 20%에 해당하는 사람들의 평균값을 가지고 실제 점수화를 하였을 때 가장 유사한 가중값을 산출하였다(R : 0.2, F : 0.1, M : 0.7).

이를 통하여 새로운 Score값을 생성하였으며, 고객에 대한 세분화 작업을 진행한 것은 다음과 같다.

○ 고객의 평균 RFM Score=R×0.2+F×0.1+M×0.7
○ RFM Score = (평균 RFM Score×20)

RFM Score	기존 RFM 계층	빈도(%)	Segment Group 명명
80점 초과~100점	145, 155, 225, 235, 245, 255, 315, 325, 335, 345, 355, 425, 435, 445, 454, 455, 525, 534, 535, 544, 545, 554, 555	455 (7.44)	VIP
60점 초과~80점	114, 115, 124, 125, 134, 135, 144, 154, 214, 215, 224, 234, 244, 254, 314, 324, 334, 343, 344, 353, 354, 423, 424, 433, 434, 443, 444, 453, 523, 524, 533, 543, 553	1,722 (28.16)	GOLD
40점 초과~60점	113, 123, 133, 143, 152, 153, 213, 223, 232, 233, 242, 243, 252, 253, 312, 313, 322, 323, 332, 333, 342, 352, 422, 432, 442, 452, 522, 532, 541, 542, 551, 552	1,495 (24.44)	SILVER
20점 초과~40점	112, 121, 122, 131, 132, 142, 151, 211, 212, 221, 222, 231, 241, 251, 311, 321, 331, 351, 421, 431, 441, 521, 531	1,766 (28.88)	BRONZE
20점 이하	111	678(11.09)	NORMAL

RFM Score를 통하여 고객을 세분화한 결과 R, F, M 각각에 대하여 Segment Group별로 평균값을 살펴보면 다음과 같다. 전체 평균 대비 상위에 해당하는 인원은 VIP, GOLD 그룹이며, 최근 구매시기가 빠를수록 일반고객(NORMAL)에 가깝다. VIP, GOLD 등에게는 구매 시기를 앞당길 수 있도록 Promotion을 전개하는 것이 바람직하며, 최근 구매이력이 있는 집단인 NORMAL층 등은 구매력을 높일 수 있는 마케팅 전개를 해야 할 것이다.

RFM값	최근 구매 시기(R)	총 구매 수량(F)	총 구매금액(M)
VIP(678명)	11.76	4.50	460,598
GOLD(1,766명)	5.19	1.47	152,663
SILVER(1,495명)	5.01	2.08	31,151
BRONZE(1,722명)	4.75	1.22	9,583
NORMAL(455명)	2.12	1.00	2,111
전체(6,116명)	5.52	1.85	105,612

RFM Score 및 Segment를 분석을 위한 SAS 프로그램

```
/* recency(R)에 대한 구간 분류 */
data one;
        set finance.tmall;         format  re_index $20.;
        if recency<=3   then re_index="01.3개월 이내";
                  else if recency<=6   then re_index="02.4~6개월";
                            else if recency<=9   then re_index="03.7~9개월";
                                      else if recency<=12   then re_index="04.10~12개월";
                                                else re_index="05.12개월 초과";
run;

/* Frequency(F)에 대한 구간 분류 */
data two;
        set one;     format am_index $12.;
        if amount=1 then am_index="01.1개";
                  else if amount=2 then am_index="02.2개";
                            else if amount=3 then am_index="03.3개";
                                      else if amount=4 then am_index="04.4개";
                                                else am_index="05.5개이상";
run;

/* Monetary(M)에 대한 구간 분류 */
data three;
        set two;     format mo_index $24.;
        if selling<=6000   then mo_index="01.6000이하";
                  else if selling<=25700 then mo_index="02.6000~25700";
                            else if selling<=42000 then mo_index="03.25700~42000";
                               else if selling<=88000 then mo_index="04.42000~88000";
                                                else mo_index="05.88000~초과";
run;
```

```
/* RFM Score를 위한 구간 값 설정(recency(R)에 대한 구간 분류) */
data four;
        set three;   format  re_index1 $2. am_index1 $2. mo_index1 $2.;
        if recency<=3   then re_index1="1";
                else if recency<=6   then re_index1="2";
                        else if recency<=9   then re_index1="3";
                                else if recency<=12   then re_index1="4";
                                        else re_index1="5";
        if amount=1 then am_index1="1";
                else if amount=2 then am_index1="2";
                        else if amount=3 then am_index1="3";
                                else if amount=4 then am_index1="4";
                                        else am_index1="5";
        if selling<=6000   then mo_index1="1";
                else if selling<=25700 then mo_index1="2";
                        else if selling<=42000 then mo_index1="3";
                                else if selling<=88000 then mo_index1="4";
                                        else mo_index1="5";
run;

/* RFM SCore 생성을 위한 Matrix를 만들기 위한 사전 작업 */
data five;
        set four; RFM=compress(trim (re_index1||am_index1 || mo_index1));
run;

/* RFM SCore Matrix의 현황 파악 */
proc freq data=five;            tables rfm;     run;

/* RFM SCore 도출을 위한 전개식 */
data six;
        set five; RFMScore=(re_index1*0.2+am_index1*0.1+mo_index1*0.7)*20;
run;
/* RFM SCore 도출을 통한 Segmetation */
data finance.tmall_1;
        set six;
        if rfmscore<=20 then RFM_index="1";
                else if rfmscore<=40 then RFM_index="2";
                        else if fmscore<=60 then RFM_index="3";
                                else if rfmscore<=80 then RFM_index="4";
                                        else RFM_index="5";
run;

proc freq;          table RFM*RFM_index;          run;
```

위의 프로그램을 실행하면 finance 라이브러리에 tmall_1이라는 데이터셋이 만들어진다. 이 데이터셋을 열어보면 지금까지 구분지었던 RFM의 결과를 확인해 볼 수 있다.

4 군집분석

군집분석(cluster analysis)이란 N개의 개체들을 대상으로 P개의 변수를 측정하였을 때 관측한 P개의 변수값을 이용하여 N개 개체들 사이의 유사성(similarity) 또는 비유사성(dissimilarity)의 정도를 측정하여 개체들을 가까운 순서대로 군집화하는 통계적 분석방법으로, 주어진 많은 수의 관측개체를 몇 개의 그룹(군집)으로 나눔(세분화)으로써 대상집단을 이해하고 군집을 효율적으로 활용하고자 하는 것에 목적을 두고 있으며, 경제학, 사회학, 의학, 생물학 등 다양한 분야에서 이용된다.

군집분석의 역사를 간단히 살펴보면, Ward가 군집분석의 각 단계에서 개체들을 하나의 군집으로 묶음으로써 생기는 정보의 손실을 평균과 개체들 사이의 편차들의 제곱합(최소분산방법)으로 측정하였으며, Fogy(1965)는 군집에 재할당하는 일을 더 이상 소속 군집의 변화가 없을 때까지 반복하는 처리 절차를 제안했으며, Edward, Cavalli-Sforza (1965)[2]는 tr(W)최소화 기준을 제시했으며, Friedman & Rubin(1967)은 log(max|T|/|W|)를 분리기준으로 제안tr(BW^{-1})이 최대가 되도록 주어진 개체들을 재할당하는 기준을 제시했으며, jardine & Sibson(1968)은 중복군집 방법을 제시하였다.

P개

ID	성별	직업	······	나이
1	2	3	······	23
2	1	2	······	32
:	:	:	······	:
:	:	:		:
N	2	2	······	30

N개

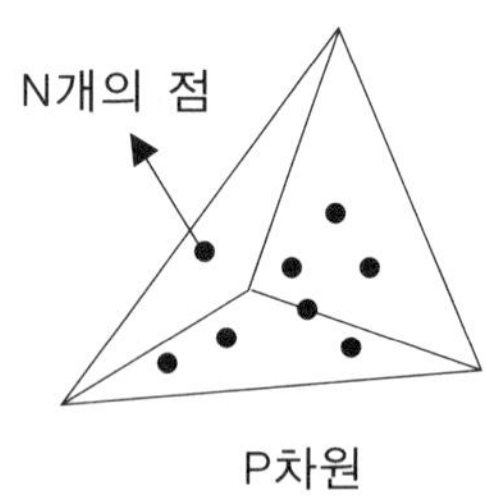

1) 유사성의 측정

두 개체 사이의 유사성의 측정은 측정 방법에 따라 거리(distance)와 유사성(similarity)으로 구분할 수 있다. 거리(distance)는 값이 작을수록 두 개체가 서로

2) 전체 산포행렬 T, 군집내 산포행렬 W, 군집간 산포행렬 B
tr(T)=tr(w)+tr(B)

유사한 것을 의미하며 유사성(similarity)은 값이 클수록 두 개체가 서로 유사한 것을 의미한다.

두 개체 X, Y에서 다음과 같이 P개의 변수를 관측하였다고 할 때 두 개체 사이의 유사성을 측정하는 방법들은 다음과 같다.

두 개체 사이의 유사성을 측정하는 방법은 위에 설명한 것과 같이 많지만 그 중에서 가장 일반적으로 이용되는 방법은 두 개체 사이의 거리를 측정하는 Squared Euclidean Distance와 Pearson's correlation이다. 그러나 이와 같은 개체들 사이의 거리를 측정 방법들은 각 변수들의 측정단위의 영향을 받는다. 예를 들어 변수 A는 키를 측정하고 변수 B는 몸무게를 측정하였을 때, 키를 cm, 몸무게를 kg으로 측정한 경우와 키를 m, 몸무게를 g으로 측정한 경우 각 개체 사이의 거리 또는 유사성의 정도가 다르게 관측된다. 이와 같이 거리 또는 유사성의 측정에서 측정단위의 영향력을 없애기 위하여 각 변수를 표준화하는 방법을 이용한다.

개체 \ 변수	1	2	3	…	P
X	X_1	X_2	X_3	…	X_P
Y	Y_1	Y_2	Y_3	…	Y_P

Method	Distance
Euclidean Distance	$D(X,\ Y) = \sqrt{\sum_{i=1}^{P}(X_i - Y_i)^2}$
Square Euclidean Distance	$D(X,\ Y) = \sum_{i=1}^{P}(X_i - Y_i)^2$
Pearson's correlation	$S(X,\ Y) = \dfrac{\sum_{i=1}^{P}(X_i - \overline{X})(Y_i - \overline{Y})}{\sqrt{\sum_{i=1}^{P}(X_i - \overline{X})^2 \sum_{i=1}^{P}(Y_i - \overline{Y})^2}}$
Chebyshev Distance	$D(X,\ Y) = \max_i \mid X_i - Y_i \mid$
Block Distance	$D(X,\ Y) = \sum_{i=1}^{P} \mid X_i - Y_i \mid$
Minkowski Distance	$D(X,\ Y) = (\sum_{i=1}^{P} \mid X_i - Y_i \mid^{m})^{1/m}$ 단, m은 양의 정수값으로 디폴드한 값은 2이다.

예제

A, B 맥주를 대상으로 측정한 4변수(calories, sodium, alchol, cost)가 다음과 같이 주어졌다.

BEER	Calories	Sodium	Alchol	Cost
A	144	15	4.7	0.43
B	151	19	4.9	0.43
평균	132.4	14.95	4.44	0.5
표준편차	30.26	6.58	0.76	0.14

① Euclidean Distance

$$D(A,\ B) = \sqrt{\sum_{i=1}^{4}(Z_{1i} - Z_{2i})^2}$$

$$= [(0.3833 - 0.6147)^2 + (0.0076 - 0.6155)^2 + (0.3421 - 0.6053)^2 + (-0.5 - (-0.5))^2]^{1/2}$$

$$= \sqrt{0.4922}$$

$$= 0.7016$$

② Square Euclidean Distance

$$D(A,\ B) = \sum_{i=1}^{4}(Z_{1i} - Z_{2i})^2 = 0.4922$$

③ Pearson's correlation

$$S(A,\ B) = \frac{S_{12}}{\sqrt{S_1^2 \times S_2^2}} = \frac{0.2065}{\sqrt{0.17 \times 0.31}} = 0.9096$$

④ Chebyshev Distance

$$D(A,\ B) = \max_i |\ Z_{1i} - Z_{2i}\ | = \text{두맥주에서 각 관측 변수값 차이의 최대값}$$
$$= \max(0.2314,\ 0.6079,\ 0.2632,\ 0) = 0.6079$$

⑤ Block Distance

$$D(A,\ B) = \sum_{i=1}^{4} |\ Z_{1i} - Z_{2i}\ | = 0.2314 + 0.6079 + 0.2632 + 0 = 1.1025$$

2) 군집화 방법

거리척도를 이용하여 군집분석의 수행하는 방법은 크게 계층적 군집방법(hierarchical clustering method)과 비 계층적 군집방법(non-hierarchical clustering method)으로 나눌 수 있다. 계층적 군집방법은 작은 것부터 큰 것으로 군집을 만들어내는 방법이며, 비 계층적 군집방법은 임의적으로 결정한 군집의 수에 따라 반복적인 실행을 통해, 군집을 만들어 내는 기법이다.

(1) 계층적 군집방법

N×N 거리행렬이 주어진 경우에 계층적 군집방법은 병합적(agglomerative) 방법과 분할적(division)방법이 있다. 병합적 방법은 가까운 개체들끼리 묶어감으로써 군집을 만들어 가는 방법이며, 분할적 방법은 반대로 먼 개체들을 나누어 가는 방법이다. 병합적인 방법은 우선 가장 가까운 2개의 개체를 묶어서 하나의 군집을 만들고, 나머지 (N−2)개의 개체는 각각 하나의 군집을 이루도록 한다. 다음은 (N−1)개의 군집 중에서 가장 가까운 2개의 군집을 묶어 (N−2)개의 군집을 만든다. 이와 같은 방법으로 (N−1) 단계를 반복하면 결국 N개의 개체가 모두 묶여서 하나의 군집을 만들게 된다. 병합적 방법을 이용하여 군집을 형성하는 과정을 정리하면 다음과 같다.

① 최초에 N개의 군집으로 시작하여, N×N 거리행렬 D를 만든다.
② 군집간의 거리가 가장 작은 두 군을 묶어 하나의 군집으로 만든다.
③ 2에서 형성된 새로운 군집과 나머지 군집들간의 거리를 계산하여 새로운 거리 행렬 D_1을 만든다.
④ 2와 3의 과정을 N−1번 반복한다.

이와는 반대로 분할적인 방법은 먼저 N개의 개체를 2개의 군집으로 나누는 것으로부터 시작되어 병합적인 방법의 역순으로 진행된다. 군집들이 병합 또는 분리되는 과정은 나무모양그림(dendrogram)을 이용하여 간단히 표현될 수 있다.

계층적 군집화 방법은 최단 연결법과 최장 연결법은 개체들 사이의 거리로 군집을 분류하는 데 있어서, 가장 짧은 거리와 가장 긴 거리를 이용하는 것으로 다음 그림과 같은 형태로 이루어진다.

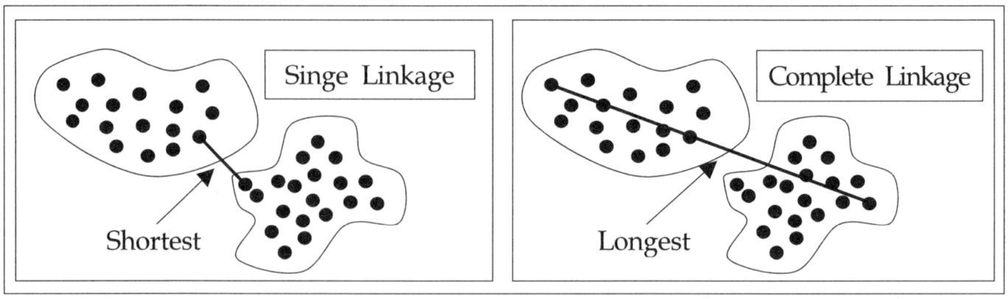

① 최단연결법

최단연결법은 두 군집 C_1과 C_2 사이의 거리를 각 군집에 속하는 두 개체들 사이의 거리 중 최단거리로써, 다음과 같이 정의한다.

$$d\{C_1,\ C_2\} = \min\{d(x,\ y) \mid x \in C_1,\ y \in C_2\}$$

이때 최단연결법은 어느 단계에서 특정 두 군집간의 거리가 다른 두 군집간의 거리보다 작을 때 그 두 군집을 병합시키게 된다. 예를 들어 살펴보자. 다음과 같은 거리행렬

$$D = \begin{array}{c} \\ 1 \\ 2 \\ 3 \\ 4 \\ 5 \end{array} \begin{array}{c} \begin{array}{ccccc} 1 & 2 & 3 & 4 & 5 \end{array} \\ \begin{pmatrix} 0 & & & & \\ 9 & 0 & & \text{대칭} & \\ 3 & 7 & 0 & & \\ 6 & 5 & 9 & 0 & \\ 11 & 10 & 2 & 8 & 0 \end{pmatrix} \end{array}$$

이 주어졌다고 하자. 첫 단계로 $d_{53} = 2$가 최소이므로, 개체 5와 3을 묶어 하나의 군집 (35)를 만든다. 다음 군집 (35)와 나머지 개체 1, 2, 4와의 거리

$$\begin{aligned} d\{(35),\ 1\} &= \min\{d_{31},\ d_{51}\} = \min\{3,\ 11\} = 3 \\ d\{(35),\ 2\} &= \min\{d_{32},\ d_{52}\} = \min\{7,\ 10\} = 7 \\ d\{(35),\ 4\} &= \min\{d_{34},\ d_{54}\} = \min\{9,\ 8\} = 8 \end{aligned}$$

를 계산하여 다음과 같은 새로운 거리행렬 D_1을 얻는다.

$$D_1 = \begin{matrix} (35) \\ 1 \\ 2 \\ 4 \end{matrix} \overset{\begin{matrix}(35) & 1 & 2 & 4\end{matrix}}{\begin{pmatrix} 0 & & & \\ 3 & 0 & & \\ 7 & 9 & 0 & \\ 8 & 6 & 5 & 0 \end{pmatrix}}$$

두 번째 단계로써 $d_{(35)i} = 3$이 최소이므로, 개체 (35)와 1을 묶어 다음 군집 (351)을 만든다. 그러면,

$$\begin{aligned} d\{(135),\ 2\} &= \min\{d_{(35)2},\ d_{12}\} = \min\{7,\ 9\} = 7 \\ d\{(135),\ 4\} &= \min\{d_{(35)4},\ d_{14}\} = \min\{8,\ 6\} = 6 \end{aligned}$$

이므로, 다음 거리행렬 D_2는

$$D_2 = \begin{matrix} (135) \\ 2 \\ 4 \end{matrix} \overset{\begin{matrix}(135) & 2 & 4\end{matrix}}{\begin{pmatrix} 0 & & \\ 7 & 0 & \\ 6 & 5 & 0 \end{pmatrix}}$$

이 된다. 다음으로 개체 2와 4를 묶어 군집 (24)를 형성한다. 따라서 두개의 군집은 (135)와 (24)가 되며, 이들의 최단거리는

$$d_{(135)(24)} = \min\{d_{(135)2},\ d_{(135)4}\} = \min\{7,\ 6\} = 6$$

이 되므로, 최종적인 거리행렬은 다음과 같다.

$$D_3 = \begin{matrix} (135) \\ (24) \end{matrix} \overset{\begin{matrix}(135) & (24)\end{matrix}}{\begin{pmatrix} 0 & \\ 6 & 0 \end{pmatrix}}$$

이와 같은 병합과정을 나무모양그림(dendrogram)으로 나타내면 다음과 같다.

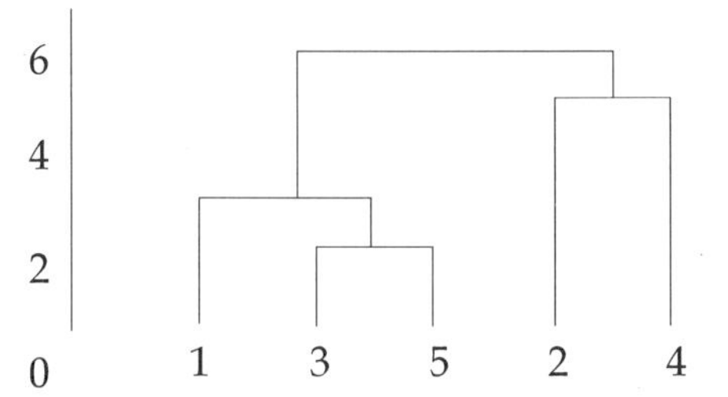

② 최장연결법

최장연결법은 최단연결법과는 정반대로 두 군집 C_1과 C_2 사이의 거리를, 두 군집사이에 있는 개체들 사이의 거리 중 최장거리

$$d\{C_1,\ C_2\} = \max\{d(x,\ y) \mid x \in C_1,\ y \in C_2\}$$

를 이용하는 점에서 차이가 있을 뿐이다. 앞의 최단연결법에서 예로 사용했던 거리행렬 D를 이용하여 최장연결법을 살펴보도록 하자. 첫 단계는 최단연결법에서와 같이 가장 가까운 두 군집을 병합함으로써 시작된다. 즉, $d_{53} = 2$가 최소이므로, 개체 5와 3을 묶어 하나의 군집 (35)를 만든다. 이때 군집 (3, 5)와 나머지 개체들 1, 2, 4와의 거리

$$\begin{aligned} d\{(35),\ 1\} &= \max\{d_{31},\ d_{51}\} = \max\{3,\ 11\} = 11 \\ d\{(35),\ 2\} &= \max\{d_{32},\ d_{52}\} = \max\{7,\ 10\} = 10 \\ d\{(35),\ 4\} &= \max\{d_{34},\ d_{54}\} = \max\{9,\ \ 8\} = 9 \end{aligned}$$

를 계산하여 다음과 같은 새로운 거리행렬 D_1을 얻는다.

$$D_1 = \begin{matrix} \\ (35) \\ 1 \\ 2 \\ 4 \end{matrix} \begin{matrix} \begin{matrix} (35) & 1 & 2 & 4 \end{matrix} \\ \begin{pmatrix} 0 & & & \\ 11 & 0 & & \\ 10 & 9 & 0 & \\ 9 & 6 & 5 & 0 \end{pmatrix} \end{matrix}$$

두 번째 단계로써 $d_{24} = 5$가 최소이므로, 개체 2와 4를 묶어 다음 군집 (24)를 만든다.

그러면,

$$d\{(24),\ (35)\} = \max\{d_{2(35)},\ d_{4(35)}\} = \max\{10,\ 9\} = 10$$
$$d\{(24),\ 1\} = \max\{d_{21},\ d_{41}\} = \max\{\ 9,\ 6\} = 9$$

이므로, 다음 거리행렬 D_2는

$$\begin{array}{cc} & \begin{array}{ccc}(35) & 1 & (24)\end{array} \\ D_1 = \begin{array}{c}(35)\\ 1 \\ (24)\end{array} & \begin{pmatrix} 0 & & \\ 11 & 0 & \\ 10 & 9 & 0 \end{pmatrix}\end{array}$$

이 된다. 다음으로 개체 1과 (24)를 묶어서 군집 (124)를 형성한다. 따라서 두개의 군집은 (35)와 (124)가 되며, 이들의 최단거리는

$$d_{(35)(124)} = \max\{d_{(35)1},\ d_{(35)(24)}\} = \max\{11,\ 10\} = 11$$

이 되므로, 최종적인 거리행렬은 다음과 같다.

$$\begin{array}{cc} & \begin{array}{cc}(35) & (124)\end{array} \\ D_1 = \begin{array}{c}(35)\\ (124)\end{array} & \begin{pmatrix} 0 & \\ 11 & 0 \end{pmatrix}\end{array}$$

이와 같은 병합과정은 나무모양그림(dendrogram)으로 나타내면 다음과 같다.

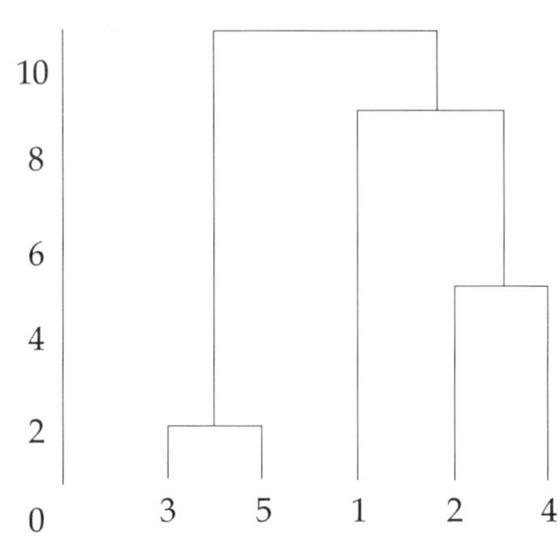

(2) 비계층적 군집방법

K-평균 군집분석은 계층적 군집분석과는 달리 개체가 어느 한 군집에만 속하도록 하는 상호배반적 군집방법이다. 이 방법은 군집의 수를 미리 정하고, 각 개체가 어느 군집에 속하는지를 분석하는 방법으로써 대량의 데이터의 군집분석에 유용하게 이용되는 방법이다. 군집절차는 다음과 같다.

① 개체를 초기의 K 군집으로 분류한다. 이러한 군집의 초기 분류는 분석자가 지정할 수도 있고, 프로그램에서 제공할 수 있다.
② 각 군집의 각각의 변수에 대해서 중심점들을 계산한다.
③ 주어진 케이스에 대해서 중심점과의 거리를 계산한다. 만약 현재 속하고 있는 군집의 중심점과 가까우면 그대로 놔두고, 그렇지 않으면 다른 군집으로 배정한다.
④ 각 케이스에 대하여 ③번 절차를 시행한다.
⑤ 어느 케이스도 다른 군집에 재배정되지 않을 때까지 ②,③,④ 과정을 반복한다.

K-평균 군집방법을 사용하기 위해서는 초기에 군집의 수를 미리 제공해야 한다. 군집분석은 데이터를 분석하면서 결정하는 경험적 분석방법이므로 적절한 군집의 수를 안다는 것은 어려운 일이다. 따라서 군집의 수를 변화시켜 가면서 수행된 결과들을 비교해가는 분석방법이 요구된다. 이러한 점에서 유용하게 이용될 수 있는 방법이 각 군집의 평균들이 동일하다는 가정을 검정하는 F-검정법을 이용할 수 있다. 이러한 방법은 단지 비교의 목적에서만 유용하게 이용되며, 또한 각 변수에 대한 F-값은 각 군집을 결정하는데 있어서 상대적인 중요도의 의미를 나타내고 있다.

(3) 군집의 개수 및 분석 방법의 선택

① 군집의 개수
- 일반적으로 덴드로그램(dendrogram)의 검토.
- 어떤 판정기준의 최적화를 따르는 군집방법들에 있어서는 군집의 개수에 대응되는 판정기준의 값을 플롯하여 그 값에서 급격한 증가가 발생하는

곳에서 개수를 결정.

- 일단 선택된 군집의 수를 가지고 시작하여 군집의 수와 구조를 동시에 결정.

② 군집 분석 방법의 선택

- 계보적 군집방법은 자료자체가 어떤 계보를 지니고 있을 때 유용하다. (예 : 생물표본들의 분류에 있어서 종-류-과-목과 같은 계층들이 있음)
- 최적분리방법들은 여러 가지 이점들이 있지만 비교적 큰 자료를 처리하는데 좋은 계산 능력이 있는 컴퓨터를 필요로 한다.
- 대부분의 군집방법은 특이값에 민감하므로 특이값들은 세밀히 검토하여 제거한다.
- 자료에 관한 개괄적인 구조가 명백하지 못할 경우, 다른 종류의 군집분석 기법을 적용함은 곧 상이한 결과를 얻게 된다. 일단 발견된 군집의 타당성 검토가 필요하다.

(4) 군집 분석 시 유의사항

① 집단들 사이에 상당한 차이가 없다면 분석에서 매우 명확한 결과를 기대할 수 없다. 특히 개체들이 비선형 형태로 분포되어 있다면 명확한 군집들을 찾아내는 것은 어렵다.

② 군집 분석은 이상치에 대하여 상당히 민감한 결과를 갖는다

③ 변수들의 측정 정도가 서로 다른 경우에는 표준화 한다.

④ 군집의 타당성을 검토 - 자료에 대하여 여러 가지 군집 방법을 적용한 후 결과들이 유사한가를 검토 - 자료를 랜덤하게 이등분하고 각각에 대하여 여러 가지 군집 방법을 실시한 후 두 개의 결과가 유사한지 여부를 검토하여 일치도가 높은 군집 방법을 선택한다.

(5) 군집 분석의 장점과 단점

① 장점

가. 탐색적기법 - 주어진 데이터의 내부구조에 대한 사전 정보없이 의미있는 자료구조를 찾아낼 수 있다.

나. 다양한 형태의 데이터에 적용가능 - 기본적으로 관찰치의 거리를 데이터 형태에 맞게만 정의하면, 거의 모든 형태의 데이터에 대하여 적용이 가능하다.

다. 적용용이성 - 분석대상 데이터에 대한 사전정보를 거의 요구하지 않으므로 적용하는 데에 큰 어려움이 없다.

② 단점

가. 가중치와 거리 정의 - 여러 가지(예를 들어 연속형, 범주형)을 포함하는 데이터의 경우, 관찰자들 사이의 거리를 정의하고 각 변수에 대한 가중치를 결정하는 것은 매우 어려운 문제다.

나. 초기 군집수의 성정 - K - 평균 군집분석에서는 사전에 정의된 군집수를 기준으로 동일한 수의 군집을 찾게 되므로 만일 군집수 K가 원 데이터구조에 적합하지 않으면 좋은 결과를 얻을 수 없다.

다. 결과해석의 어려움 - 사전에 주어진 목적이 없으므로 결과를 해석하는 데 있어서 어려움이 있다.

3) 사례분석

(1) 예제 데이터 소개

A백화점에서는 기성복과 캐주얼에 대하여 물품납부 계획을 세우려 한다. 5,037 고객에 대하여 분석을 실시한 결과 매출액을 기준으로 몇 개의 그룹으로 구분하고, 정해진 그룹에 대하여 차별화된 마케팅을 전개하려고 한다. 다음의 표는 데이터 사용과 매출현황을 조사한 자료이다.

변 수 명	변 수 설 명	속 성	변수값 설명
ID	ID	Nominal	
SUIT	기성복	Interval	매출금액
CASUAL	캐주얼	Interval	매출금액
SELLTOT	총합	Interval	기성복, 캐주얼 매출금액 총합

(2) 군집분석(clustering) 분석을 위한 분석 흐름도 작성

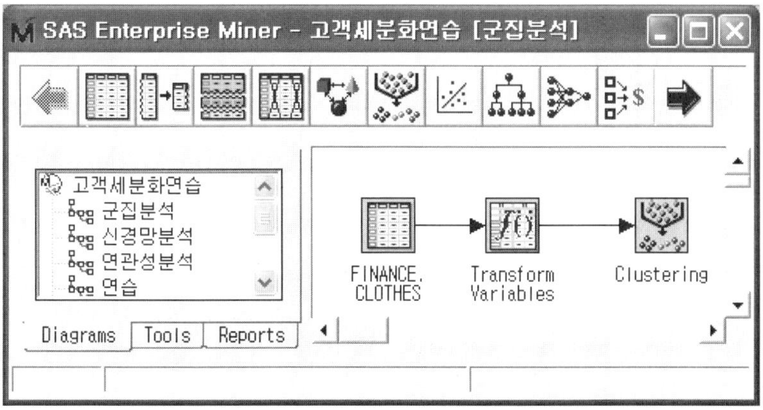

① Input Data Source node 설정
Input Data Source node → 데이터 셋 CLOTHES로 지정 → ID 변수를 id로 변환(Model Role)

② Transform Variable Node 설정
Variable 탭 상태에서 풀다운 메뉴의 도구 → 변수생성을 선택한다. 아래의 창이 나타나면 Name 필드에 CASUAL_RATIO라고 입력 → Define 선택 → LOG(CASUAL/SELLTOT)라고 수식을 정의하고 새로운 변수로 정의한다.

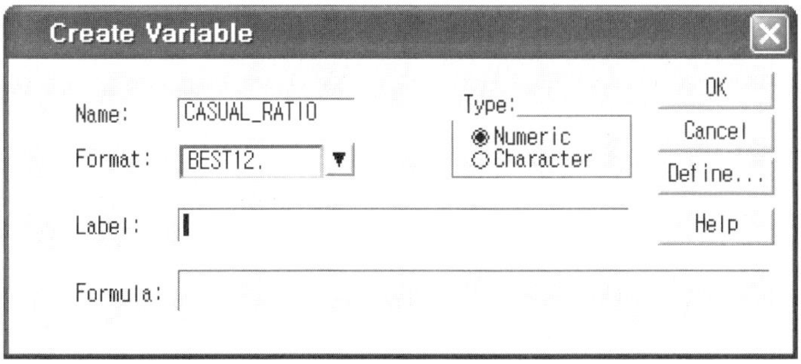

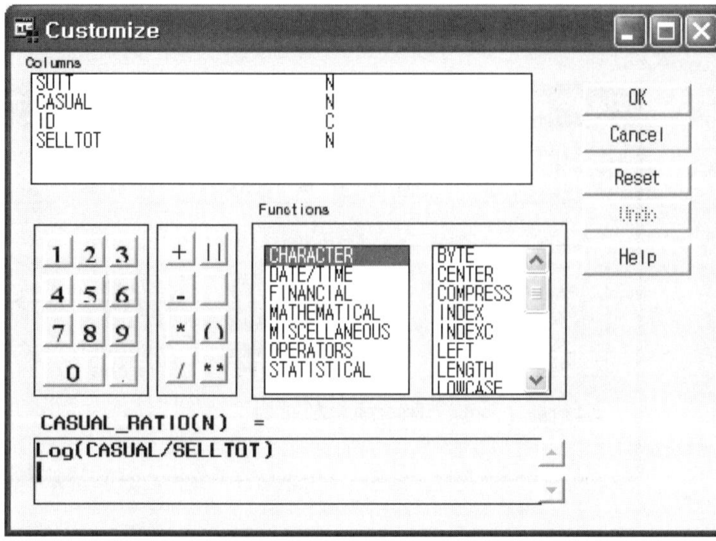

위의 과정을 이용하여 다음의 각 제품 매출액의 상대비율을 정의한다.

SUIT_RATIO = LOG(SUIT/SELLTOT)

다음은 최종적으로 변수를 생성하였을 때의 그림이다.

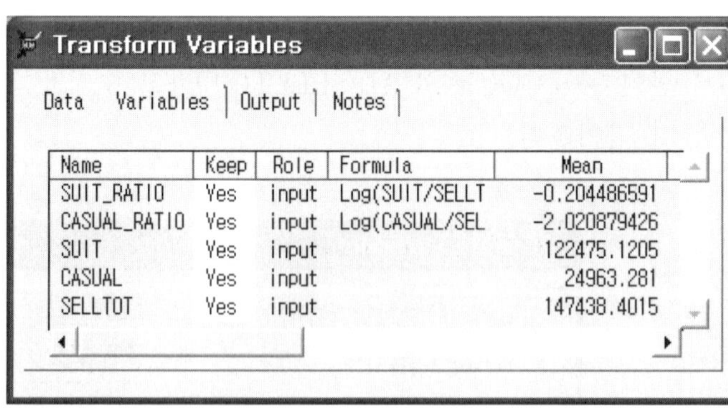

③ Clustering Node 설정

가. Cluster Node 선택 → 오른쪽 마우스 클릭 → Open → Variable 탭에서 선택될 필드에 음영 → Set Status에서 변수 사용 여부 결정

나. 다음 그림은 변수 사용여부를 선택한 결과이며, Variable 탭에서 표준화 방법(standardization)을 선택한다. 여기서는 일반적인 표준화

방법으로 평균을 빼고 표준편차로 나누는 방법(Std Dev.)을 사용하였다(Default는 None).

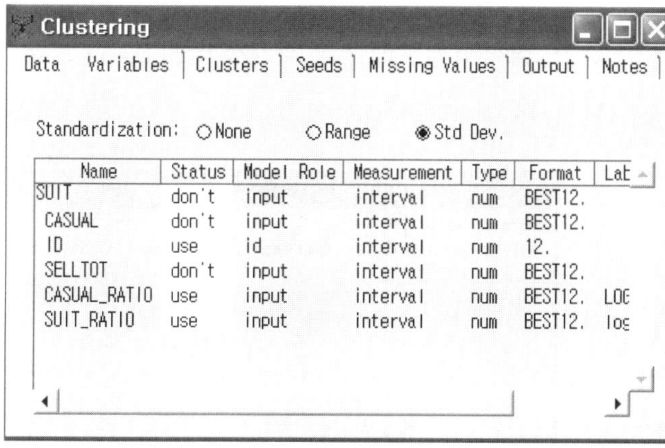

다. Clusters 탭 → Number of Clusters에서 군집의 수 결정한다. 분석자가 직접 군집의 수를 지정하는 User Specify와 자동으로 군집의 수를 지정하는 Automatic(Default 10) 과정이 있다. 여기서는 User Specify 사용하고 군집의 수를 4로 설정하였다.

(3) 군집분석(clustering) 결과

군집의 수를 4로 지정한 결과를 보여주고 있으며, 오른쪽 그림을 살펴보면 LOG(Suit/Selltot)에 대한 정규화 평균이 LOG(Casual/Selltot)보다 높다는 것은 LOG(Suit/Selltot)의 평균이 큰 군집에 많다는 것을 의미한다.

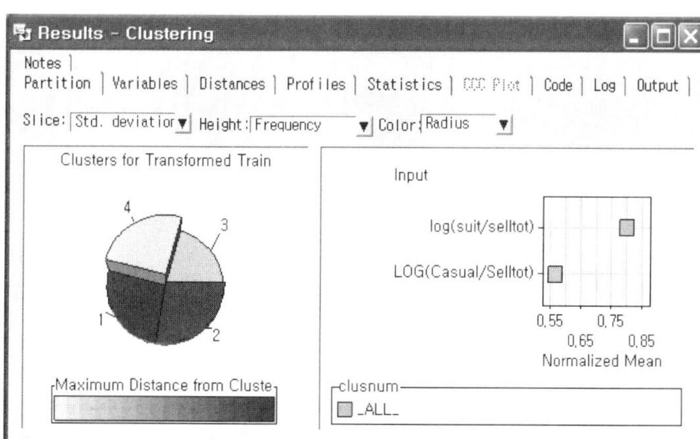

① 아이콘에서 포인트(▶) 선택 → 원그림에서 원하는 군집을 선택 → 입력평균도표 새로 고침(3번째 아이콘)을 누르면 다음과 같은 그림이 출력되어지며 그림을 살펴보면 군집 4는 전체와 큰 차이를 보이고 있지 않음을 확인할 수 있다. 다른 군집도 마찬가지로 전체평균과 각 군집 평균과의 차이를 살펴 볼 수 있다.

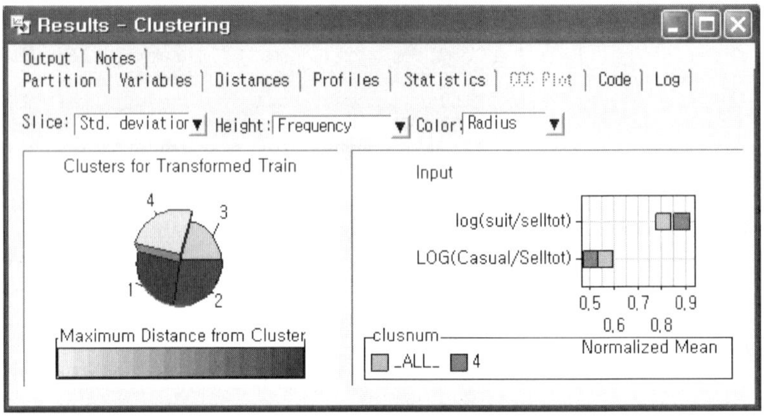

② Distance 탭에서는 다음과 같은 그림이 나오며 '*'는 군집의 중심을 나타내고, 타원은 군집의 반경을 의미한다.

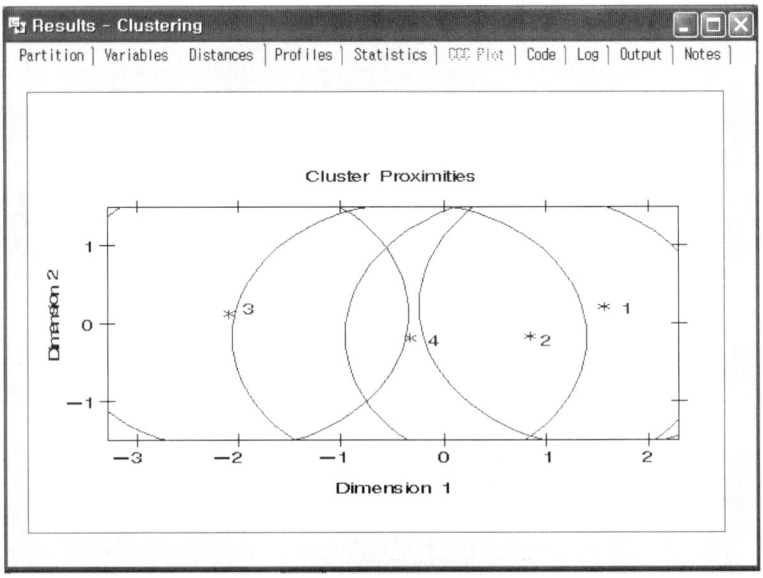

③ Statistics 탭에서는 군집의 통계량을 살펴볼 수 있으며, Profiles 탭에서는 군집 1과 군집 2는 빈도수는 적으면서 작은 값을 가지고, 군집 4는 큰 값을 가지고 있음을 알 수 있다.

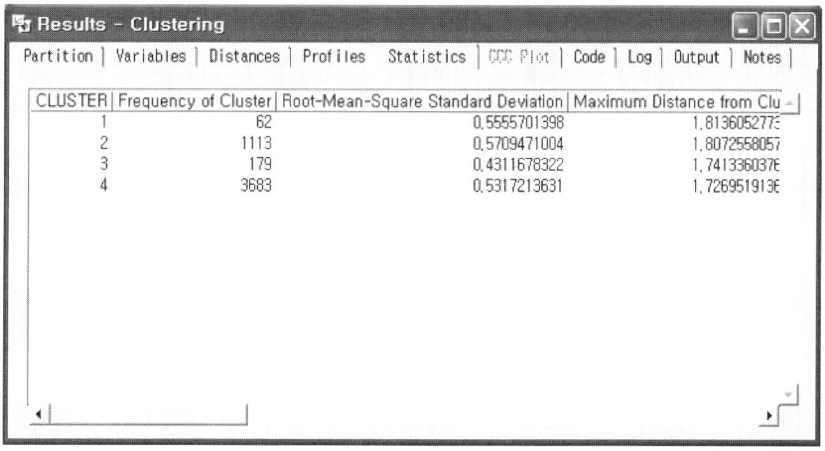

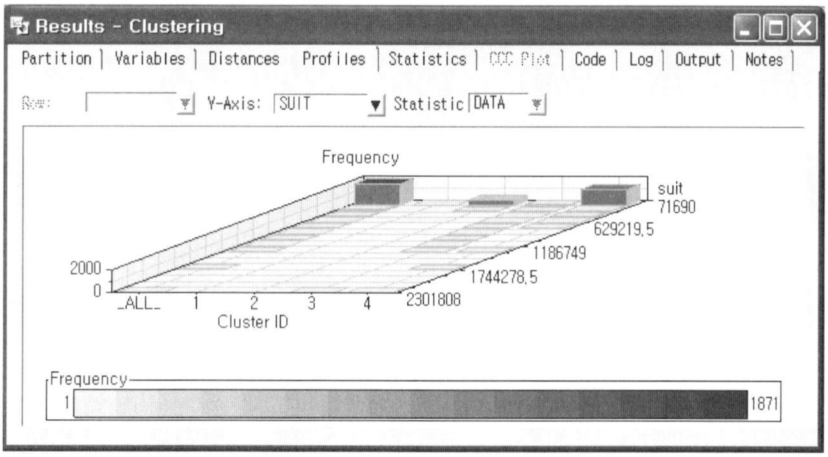

5 의사결정 나무 분석

의사결정나무(decision tree)는 의사결정규칙(decision rule)을 나무구조로 도표화하여 분류(classification)와 예측(prediction)을 수행하는 분석 방법이다. 이 방법은 분류 또는 예측의 과정이 나무구조에 의한 추론규칙(induction rule)에 의해서 표현되기 때문에, 다른 방법들(신경망, 판별분석, 회귀분석 등)에 비해서 분석자가 그 과정을 쉽게 이해하고 설명할 수 있다는 장점을 가지고 있다.

데이터마이닝에서의 의사결정나무는 탐색과 모형화라는 두 가지 특성을 모두 가지고 있다고 할 수 있다. 즉, 의사결정나무는 판별분석 또는 회귀분석등과 같은 모수적모형을 분석하기 위해서 사전에 이상치를 검색하거나 분석에 필요한 변수를 찾아내고 모형에 포함되어야 할 교호효과를 찾아내는 데에 사용 될 수도 있고, 그 자체가 분류 또는 예측 모형으로 사용될 수도 있다.

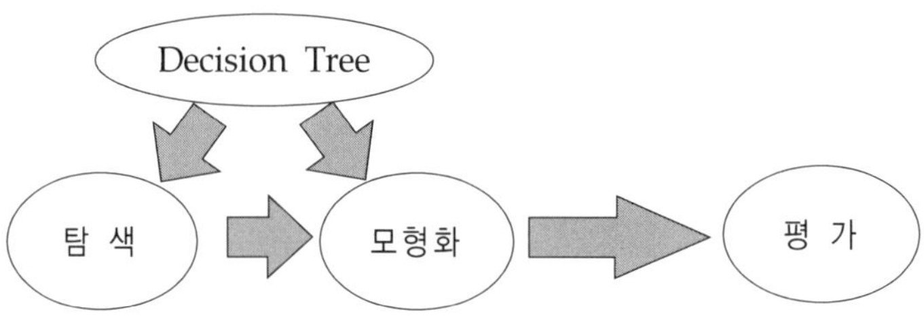

의사결정나무분석을 위해서 CHAID(Kass, 1980), CART(Breman et. 1984), C4.5 (Quinlan, 1993)와 같은 다양한 알고리즘이 제안되어 있으며, 최근에는 이들의 장점을 결합하여 보다 개선된 알고리즘들이 제안되고 상용화되고 있다. 사실, 많은 연구자들과 소프트웨어들에 의해서 이들 알고리즘들이 개선되었고 장점이 서로 결합하고 확장하여 Decision Tree Node에서 다양한 의사결정 나무 분석을 수행할 수 있도록 하고 있다.

예제

변 수	변 수 설 명
job	1=무직, 2=자영, 3=회사원
gender	1=남, 2=여
residence	1=강북, 2=강남
response	1=예, 0=아니오
age	

no	job	gender	residence	age	reponse
1	1	1	1	35	0
2	1	2	1	51	0
3	2	2	1	31	1
4	3	1	1	38	1
5	3	2	2	33	1
6	3	1	2	54	0
7	2	2	2	49	1
8	1	2	1	32	0
9	1	1	2	32	1
10	3	1	2	35	1
11	1	2	2	54	1
12	2	1	1	50	1
13	2	2	2	36	1
14	3	1	2	49	0

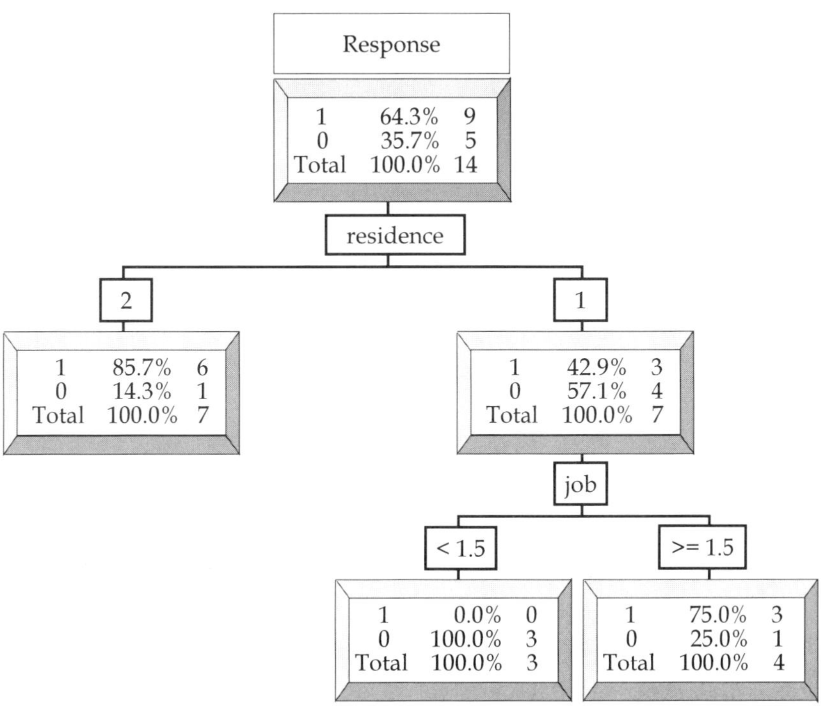

1) 의사결정나무의 구성요소

의사결정나무(decision tree)의 구성요소는 다음과 같다.

- 뿌리마디(root node) : 나무구조가 시작되는 마디로써 전체 자료로 전체 현황을 포함한다.(그림 ①마디)
- 자식마디(child node) : 뿌리마디 또는 부모마디로부터 2개 이상 분리된 마디들을 의미한다.(그림 ②와 ③번 마디는 ①마디의 자식마디이다)
- 부모마디(parent node) : 자식마디의 상위마디이다.(그림 ①마디는 ②와 ③번 마디의 부모 마디이다.)
- 끝마디(terminal node) 또는 잎(leaf) : 각 나무 줄기의 마지막에 위치하고 있는 마디로써 분류 규칙상 맨 하단을 의미하며 더 이상의 분류규칙이 일어나지 않는다.(그림 ⑤, ⑦, ⑧, ⑨, ⑩, ⑪ 마디)
- 중간마디(internal node) : 나무구조의 중간에 있는 모든 마디(그림 ②, ③, ④, ⑥)
- 가지(branch) : 하나의 마디로부터 끝마디까지 연결된 일련의 마디들을 의미한다.(그림 ③, ⑥, ⑦, ⑩, ⑪) 이때 가지를 이루고 있는 개수를 깊이(depth)라고 한다.(3depth)

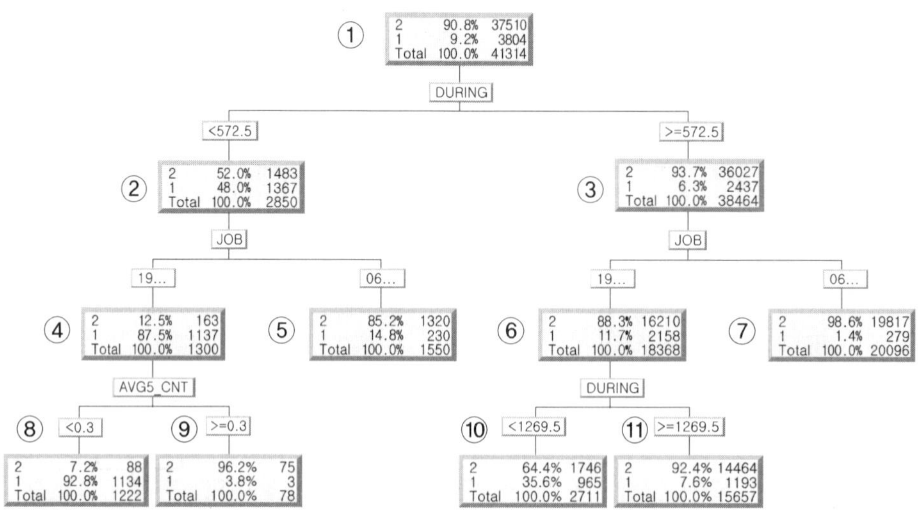

2) 의사결정나무의 형성

일반적으로 의사결정나무 분석은 다음과 같은 단계를 거치게 된다.

[의사결정나무의 형성]
분석의 목적과 자료구조에 따라서 적절한 분리기준(split criterion)과 정지규칙(stopping rule)을 지정하여 의사결정 나무를 얻는다.

↓

[가지치기]
분류오류(classification error)를 크게 할 위험(risk)이 높거나 부적절한 추론규칙(induction rule)을 가지고 있는 가지(branch)를 제거한다.

↓

[타당성 평가]
이익도표(gains chart)나 위험도표(risk chart) 또는 검정용 자료(test data)에 의한 교차타당성(cross validation) 등을 이용하여 의사결정나무를 평가한다.

↓

[해석 및 예측]
의사결정나무를 해석하고 예측 모형을 설정한다.

이상과 같은 과정에서 정지규칙, 분리기준, 평가기준 등을 어떻게 지정하느냐에 따라서 서로 다른 의사결정나무가 형성된다.

3) 분리기준(splitting criterion)

하나의 부모마디(parent node)로부터 자식마디(child node)들이 형성될 때, 설명변수(predictor)의 선택과 범주(category)의 병합이 이루어 질 기준을 의미한다. 즉, 어떤 설명변수를 이용하여 어떻게 분리하는 것이 목표변수의 분포를 가장 잘 구별하는지를 파악하여 자식마디가 형성되는데, 목표변수의 분포를 구별하는 정도를 순수도(purity) 또는 분리기준에 의해서 측정하는 것이다.

(1) 이산형 목적변수에 대한 분리기준

① 카이제곱 통계량(chi-square statistic)의 p-값 : p-값이 가장 작은 예측 변수와 그 때의 최적 분리에 의해서 자식마디를 형성

② 지니 지수(gini index) : 불순도를 측정하는 하나의 지수로써 지니지수를 가장 감소시켜 주는 예측변수와 그 때의 최적분리에 의해서 자식마디를 선택

③ 엔트로피 지수(entropy index) : 다항분포에서의 우도비 검정통계량을 사용하는 것과 같은 것으로 알려져 있음. 이 지수가 가장 작은 예측 변수와 그 때의 최적분리에 의해서 자식마디를 형성

(2) 연속형 목적변수에 대한 분리 기준

① F 통계량 : 목표변수가 연속형인 경우에는 두 개 이상의 그룹에 대해서 평균의 차이를 검정하는 ANOVA(analysis of variance) F 통계량을 분리기준으로 사용할 수 있다. F 통계량은 평균과 분산을 기초로 한 분산분석표로부터 계산된다. p-값이 가장 작은 예측변수와 그 때의 최적분리에 의해서 자식마디가 형성된다.

② 분산의 감소량 : 목표변수가 연속형일 때는 각 마디의 다양도의 측도로써 다음과 같은 분산을 고려할 수 있다.

$$V = \frac{1}{n}\sum_{i=1}^{n}(y_i - \overline{y})^2$$

이는 마디의 목표변수의 평균을 그 마디에 속하는 모든 개체의 예측값으로 사용하는 것을 고려한다면, 예측오차를 최소화하는 것과 같다. 예측오차를 최소화하는 것과 동일한 기준으로 분산의 감소량을 최대화하는 기준의 최적분리에 의해서 자식마디가 형성된다.

4) 의사결정나무의 장점과 단점

① 의사결정나무의 장점

○ 해석의 용이성 : 나무구조에 의해서 모형이 표현되기 때문에 모형을 사

용자가 쉽게 이해할 수 있다. 또한 새로운 개체에 대한 판별 또는 예측을 하기 위해서 뿌리마디로부터 끝마디까지를 단순히 따라가면 되기 때문에 새로운 자료에 모형을 적합시키기가 매우 쉽다.

○ 교호효과의 해석 : 두 개 이상의 변수가 결합하여 목표변수에 어떻게 영향을 주는지를 쉽게 알 수 있다. 의사 결정나무는 유용한 예측변수나 비선형성을 자동적으로 찾아내는 알고리즘이라고 할 수 있으며, 사실 CHAID의 AID는 'automatic interaction detection'의 약어이다. 회귀분석이나 로지스틱 판별분석과 같은 모수적모형에서 모든 가능한 교호효과를 모형에 포함시켜 분석한 다는 것은 거의 불가능한 일이라는 것을 생각해 보면 의사결정나무의 매력을 보다 크게 느낄 수 있을 것이다.

○ 비모수적 모형 : 의사결정나무는 선형성이나 정규성 또는 등분산성등의 가정을 필요로 하지 않는 비모수적인 방법이다. 또한 의사결정나무에서는 순서형 또는 연속형 변수는 단지 순위만 분석에 영향을 주기 때문에 이상치에 민감하지 않은 장점을 가지고 있다.

② 의사결정나무의 단점

○ 비연속성 : 실제로 의사결정나무에서는 연속형 변수를 비연속적인 값으로 취급하기 때문에 분리의 경계점 근방에서는 예측오류가 클 가능성이 있다. 예를 들어, 연령이라는 변수가 연속형 변수로써 1에서 100 사이의 값을 가질 수 있다 하더라도 실제자료에는 40에서 50 사이의 값을 가지는 자료가 거의 없을 수가 있는 것이다. 이러한 경우에 연령에 의한 자식마디의 분리는 40보다 작은 값 또는 50보다 큰 값을 기준으로 분리규칙이 생성될 가능성이 많은데, 이 규칙을 새로운 자료에 적용하는데 있어서 40에서 50 사이의 연령을 가지는 개체에 대해서는 이 개체를 어느 마디에 포함시켜야 할지가 분명하지 않게 된다. 최근에 이러한 단점을 극복하기 위하여 장점을 해치지 않고 모수적 모형이나 신경망 등을 의사결정나무와 결합하는 방법들이 연구되고 있다.

○ 선형성 또는 주효과의 결여 : 예를 들어 선형회귀분석으로부터 다음과 같은 회귀식을 얻었다면

$$\text{고객신용점수} = 50 + 0.3 \times \text{연령} + 0.8 \times \text{소득}$$

소득이 1단위 증가하면, 고객신용점수가 0.8 증가한다는 해석을 할 수 있다. 또한 로지스틱 판별분석으로부터 다음과 같은 판별식을 얻었다면,

$$\text{Logit}(P(\text{신용상태}=\text{좋음}))=0.5+0.3\times\text{연령}+0.8\times\text{소득}$$

오즈비를 이용하여 소득이 10만원 증가하면, 신용상태가 좋을 상대확률이 exp(0.8)=2.225배만큼 증가한다는 해석을 할 수 있다. 이러한 선형모형에서 주효과는 다른 예측변수와 관련시키지 않고서도 각 변수의 영향을 해석할 수 있다는 장점을 가지고 있는데 의사결정나무에서는 선형 또는 주효과 모형에서와 같은 결과를 얻을 없다는 한계점이 있다.

○ 비안정성 : 분석용 자료에만 의존하는 의사결정나무는 새로운 자료의 예측에서는 불안정할 가능성이 높다. 이와 같은 현상은 분석용 자료의 크기가 너무 작은 경우와 너무 많은 가지를 가지는 의사결정나무를 얻는 경우에 빈번히 발생한다. 따라서 검증용 자료에 의한 교차타당성 평가나 가지치기에 의해서 안정성 있는 의사결정나무를 얻는 것이 바람직하다고 여겨진다.

5) Decision Tree 사례 분석

(1) 예제 데이터 소개 : 회귀분석에서 사용한 S금융사의 자료를 이용한다.

(2) 의사결정나무의 분석을 위한 분석 흐름도 작성

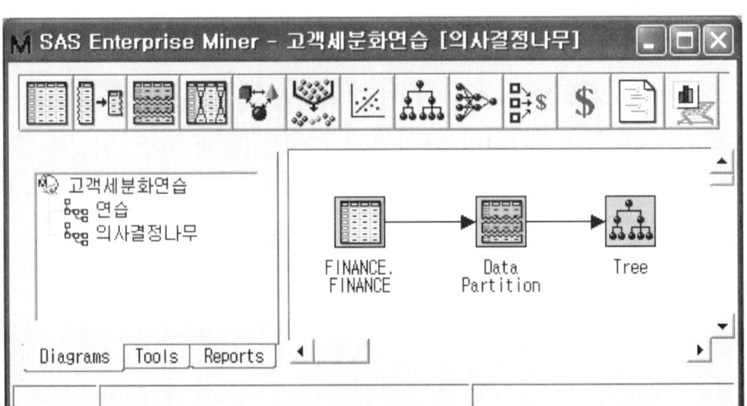

① Input Data Source node를 연다. → Target 변수의 역할(model role)을 Target으로 설정하고 node를 종료한다.(회귀분석 참조)

② Data Partition node를 연다. → Random seed를 1133으로 맞춘다. → Data를 Training 50%, Test 50%로 설정한다. → node를 종료한다.(회귀분석 참조)

③ 의사결정나무(Decision Tree) 노드 설정

가. Tree 노드 → 오른쪽 마우스 클릭 → Open을 하면 아래 그림처럼 대화상자가 나타난다. 일반적으로 분석 시 설정된 Default로 먼저 분석을 진행하며, 이후 여기가지 조합 형태로 설정을 변경하며 분석을 시행한다.

나. Maximum number of branches from a node에서처럼 보통은 이진분리(binary split)를 많이 사용하나 때에 따라서 다중 Tree를 사용하는 경우도 있다.

다. Tree 노드를 실행하면 Run for Tree completed successfully, Do you wish to view result? 라는 Pop-up창이 뜨며, YES를 누르면 결과탐색기 윈도우가 나타난다.

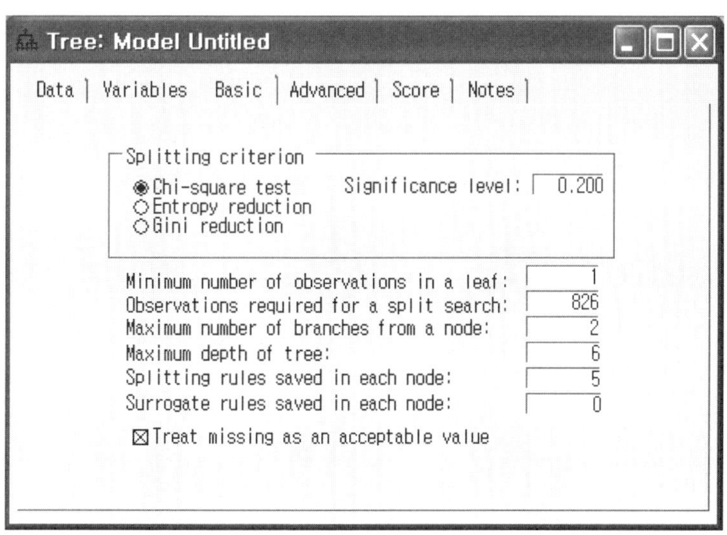

(3) 의사결정나무 분석 결과

의사결정나무(decision tree)의 결과 창은 아래 그림처럼 Summary Table(좌측상단), Tree Ring(우측상단), Assessment Table(좌측하단), Assessment Plat(우측하단) 등 4개의 화면으로 구성되어 나타난다.

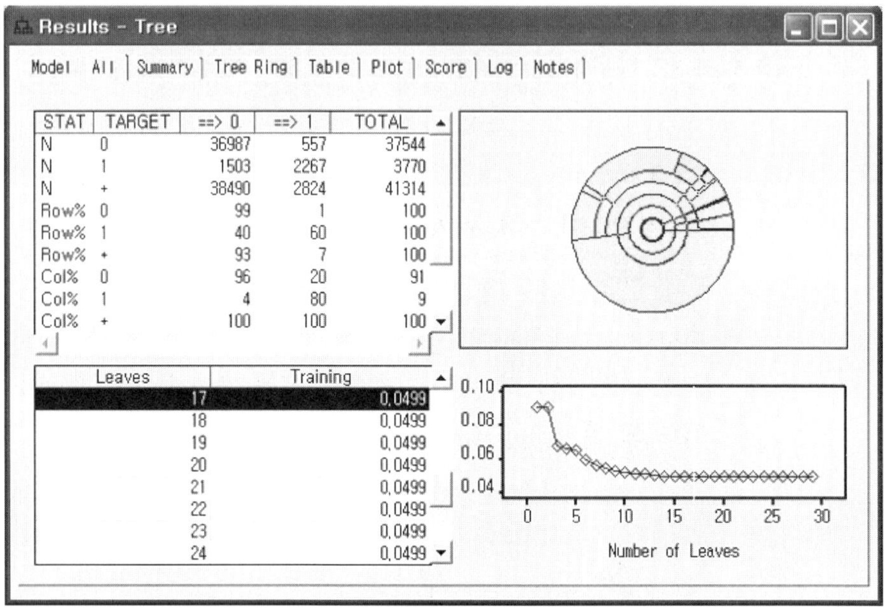

① 통계량의 해석

위의 그림은 전체 분석결과를 보여주고 있다. 이 중 좌측상단의 Summary Table은 통계량을 보여주고 있다. STAT 열은 통계량을 보여주고 있으며, Target 열의 1은 우수고객, 2는 비우수고객을 의미하며, +표시는 목표변수의 총계를 나타낸다. ==>1과 ==>2열은 예측된 목표변수의 통계량을 의미한다.(Training 결과치임)

- 분석용 데이터에서 1을 1로 정확하게 예측한 것이 2,267이다.
- 분석용 데이터에서 1을 0로 잘못 예측한 것이 1,503이다.
- 분석용 데이터에서 0을 0로 정확하게 예측한 것이 36,987이다.
- 분석용 데이터에서 0을 1로 잘못 예측한 것이 557이다.

열 Percent, 행 Percent 그리고 전체 Percent로 같은 방법으로 의미를 해석하면 된다.

빈도 (열 퍼센트)		예측 값	
		우수고객	비 우수고객
실제 값	우수고객	2,267 (60.13%)	1,503 (39.87%)
	비 우수고객	557 (1.48%)	36,987 (98.52%)
예측 분류 정확도			95.01%

Training Tree 결과

분류정확도(Ex.2,267+36,987/41,314)는 약 95%로 매우 높게 나타났지만 우수고객의 예측 정확도(2,267/3,770)는 약 60%로 다소 떨어지게 나타나고 있다.

② Tree 구조형태

아래 그림은 오른쪽 상단의 Tree ring을 Tree형태로 보여주기 위한 것으로 메뉴에서 보기 → 트리를 선택하면 아래의 그림을 볼 수 있다.

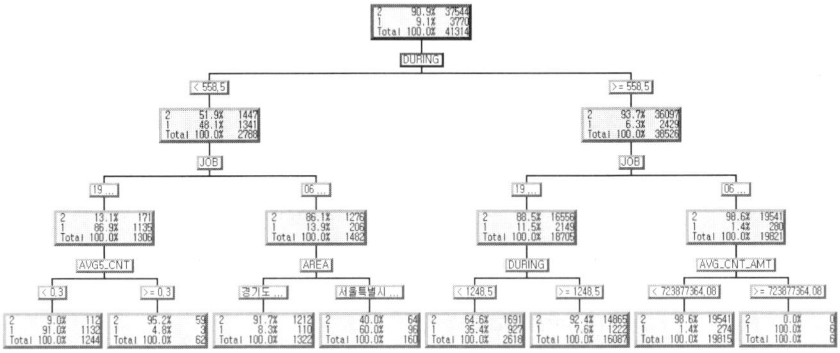

위의 그림에 나타난 의사결정나무 결과를 살펴보면 우수고객유무에 가장 영향을 준 변수는 During(가입일수)로써 During < 558.5인 사람 중 우수고객은 48.1%로 나타났고. 이들 중 JOB(직업)이 19, 17, 14, 18, 20, 04(IT, 상업, 교직, 서비스업, 유통업, 법조인)인 경우 86.9%가 우수고객이었으며 이들 중 AVG5_CNT(최근 5개월 평균거래회수) < 0.3인 경우는 91.0%가 우수고객으로 나타났다.

분석 결과 Depth를 3기준으로 하여 출력한 결과 Tree이며 이를 확장하거나 축소하는 경우는 결과 Tree창 → 오른쪽 마우스 → Tree options.. → Tree depth down에서 조정할 수 있다.

6 신경망

1) 신경망의 개념

신경망 또는 인공신경망(artificial neural networks)에 관한 연구는 뇌 신경생리학(neurophysiology)으로부터 영감을 얻어 시작되었다. 학습이란 생명체가 가지는 중요한 특성으로 다양한 분야에서 살아있는 것을 연구하는 과정에서 필연적으로 제기되어 학습행동 연구에 적절한 모형을 제공한다. 인간의 두뇌는 10^{11}개의 뉴런이 매우 큰 개수의 스냅스에 의해 연결된다. 하나의 뉴런은 다시 다른 뉴런과 수천개의 스냅스에 의해 연결된다.

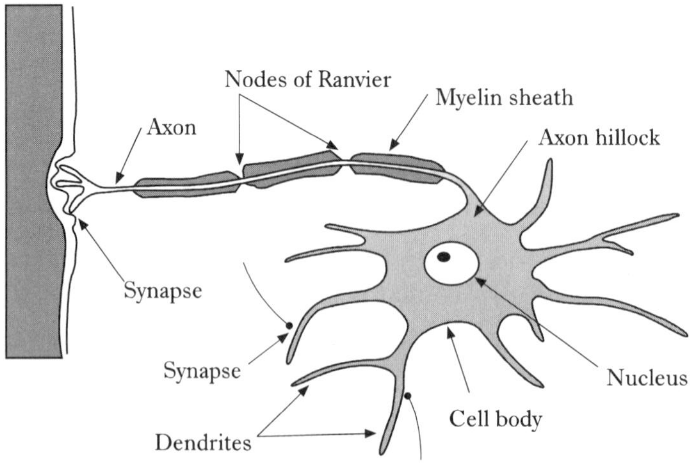

위의 그림을 통하여 뉴런간의 정보교환을 설명할 수 있는데, 다른 여러 개의 뉴런의 축색돌기(axon)를 통하여 입력된 신호들이 특정 뉴런의 수상돌기(dendrites)

에 도착하여 입력된 신호는 모두 펄스 신호로 바뀌고 이 신호들의 합계치가 어떤 임계값에 도달하게 되면 하나의 신호만을 축색돌기를 통하여 다른 뉴런으로 전달하게 된다. 이러한 모델을 제공으로 인공 신경망(arificial neural networks)을 탄생시키게 되었다.

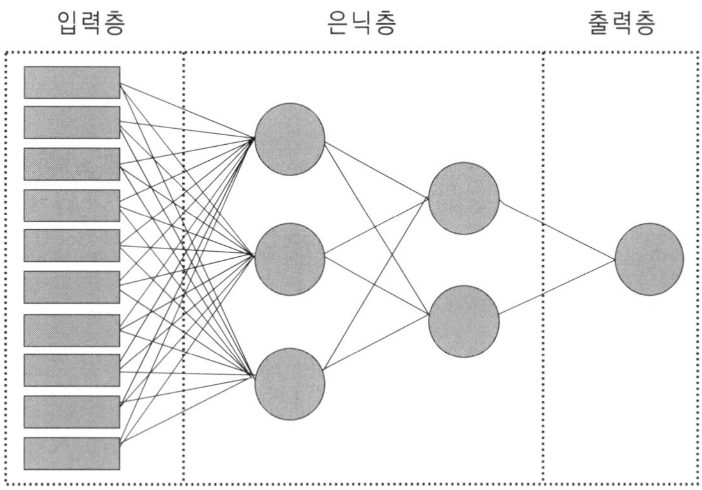

자료분석 분야에서 신경망은 복잡한 구조를 가진 자료에서의 예측(prediction) 문제를 해결하기 위해서 사용되는 유연한 비선형모형(nonlinear models)의 하나로 분류될 수 있다. 그러나 신경생리학과의 유사성 때문에 일반적으로 다른 통계적 예측모형에 비해 보다 흥미롭게 받아들여지고 있다. 신경망은 은닉마디(hidden units)라고 불리는 독특한 구성요소에 의해서 일반적인 통계모형과 구별되어 진다. 은닉마디는 인간의 신경세포를 모형화한 것으로써, 각 은닉마디는 입력변수들의 결합(combination)을 수신하여 목표변수에 전달한다. 이때 결합에 사용되는 계수(coefficient)들을 연결강도(synaptic weights)라고 부르며, 활성함수는 입력값을 변환하고 이를 입력으로 사용하는 다른 마디로 출력하게 된다.

2) 신경망의 특성

(1) 병렬처리(parallel processing)

기존의 컴퓨터는 하나의 CPU로 모든 행동에 대해 순차적으로 명령하는 직렬 형태였다. 이와는 대조적으로 신경망은 다수의 뉴런이 모여서 동시에 서로 다른 처리를 한다. 이 때 뉴런 각각은 그 처리 속도가 느리지만 여러 개에 의한 병렬 분산 처리로 직렬처리 보다 빠른 정보처리를 할 수 있다.

(2) 학습과 훈련을 통한 적응성(adaptive by learning & training)

신경망은 인간의 두뇌처럼 경험을 통하여 학습하는 기능이 있는데 이것이 신경망의 핵심적인 점이다. 학습방법으로는 관리학습과 비관리학습의 두 가지가 있다. 우선 관리학습은 모형의 분석에서 입력자료와 출력결과에 대한 정보를 가지고 있을 때 선호되는 방법이다. 얻어진 자료를 가지고 입력층에서 마지막으로 출력층에 이를 때까지 다음 층에 가중치를 부과하는 과정을 반복해 가면서, 모형을 만들어 분석을 한다. 즉 관리학습은 실제 값의 차이로 발생하는 값을 이용하여 학습하고 새로운 모형을 구축하게 된다. 관리학습에 대표적인 방법으로는 다층인식모형(MLP)가 있다. 비관리학습은 주로 자료의 유사성을 측정하여 같은 군집으로 분류하는데 사용되며, 관리학습처럼 사전에 어떠한 정보를 요구하거나 처리요소들을 그 중요도에 따라 가중치를 주지 않는다. 대표적인 모델로는 투에보 코호넨의 자가구성지도(self-organizing map)가 있다.

(3) 뉴런간의 고도의 상호 연결성

신경망은 정보를 기억장치의 정해진 장소에 일괄 저장해 두지 않고, 노드(혹은 뉴런)이라 불리는 많은 처리장치에 저장한다. 이는 노드간에 고도의 연결성을 의미한다. 예를 들어 '아기'라는 음성을 인식할 때, 전통적인 음성인식 시스템에서는 음성의 한 단어나 음절을 저장한 뒤, 탐색표를 가지고 있어 입력된 음성을 이 표와 일일이 대응시켜 비교하여 결국에는 '아가'라는 음성을 인식하게 된다. 하지만 신경망에서는 여러 개의 처리장치들을 동시에 사용하여 그와 같은 음성을 인식하게 된다. 그러므로 하나의 정보가 네트워크 전체나 어느 부분에 걸쳐 분산되어 있을 수도 있으며, 여러 개의 정보가 하나의 네트워크에 동시에 저장될 수도 있다. 이러한 분산저장법은 정보의 표현이 풍부하며 일부정보가 파손된다 하더라고, 작업을 계속 수행할 수 있다. 이러한 점에서 신경망은 결함 허용 시스템(fault-tolerant system)이라고 할 수 있다.

3) 신경망 모형과 알고리즘

(1) 다층인식자 신경망

① 모형과 알고리즘

신경망에는 여러 가지 다양한 모형이 있으나, 그 중에서도 자료분석을 위해 가장 널리 사용되는 모형은 MLP(multilayer perceptron, 다층인식자) 신경망이다. MLP는 입력층(input layer), 은닉마디로 구성된 은닉층(hidden layer), 그리고 출력층(output layer)으로 구성된 전방향(feed-forward) 신경망이다.

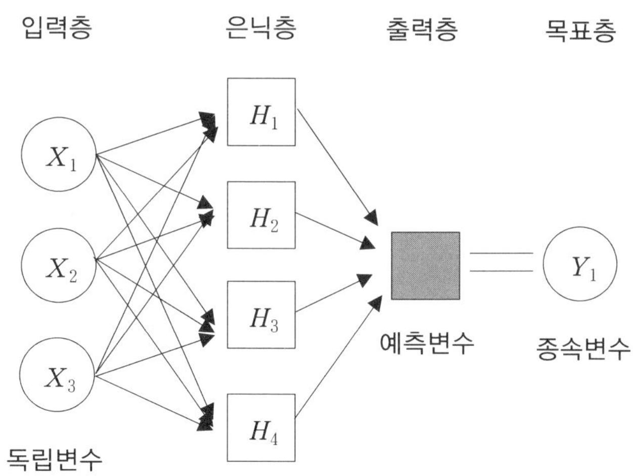

다층인식자 신경망

○ 입력층 : 각 입력변수에 대응되는 마디들로 구성되어 있다. 명목형(nominal) 변수에 대해서는 각 수준에 대응하는 입력마디를 가지게 되는데, 이는 통계적 선형모형에서 가변수(dummy variable)를 사용하는 것과 같다.

○ 은닉층 : 여러 개의 은닉마디로 구성되어 있다. 각 은닉마디는 입력층으로부터 전달되는 변수값들의 선형결합(linear combination)을 비선형함수(nonlinear function)로 처리하여 출력층 또는 다른 은닉층에 전달한다

○ 출력층 : 목표변수(target)에 대응하는 마디들을 갖는다. 여러 개의 목표변수 또는 세 개 이상의 수준을 가지는 명목형 목표변수가 있을 경우에는 여러 개의 출력마디들이 존재한다.

○ 결합함수(combination function) : 결합함수는 입력층 또는 은닉층의 마디들을 결합하는 형태를 의미한다.

예를 들어, 위 식에서 각 은닉마디 H_1, H_2, H_3, H_4는 입력변수들을 선형결합하여 이를 변환한다.

$$MLP : H_p = f_p(b_p + \sum_{i=1}^{n} w_{ip} X_i)$$

$$MLP : Y_j = g_j(k_j + \sum_{j=1}^{n_y} w_{pj} H_p)$$

$$H_1 = f_1(b_1 + w_{11}X_1 + w_{21}X_2 + w_{31}X_3 + w_{41}X_4)$$
$$H_2 = f_2(b_2 + w_{12}X_1 + w_{22}X_2 + w_{32}X_3 + w_{42}X_4)$$
$$H_3 = f_3(b_3 + w_{13}X_1 + w_{23}X_2 + w_{33}X_3 + w_{43}X_4)$$
$$H_4 = f_4(b_4 + w_{14}X_1 + w_{24}X_2 + w_{34}X_3 + w_{44}X_4)$$
$$Y_1 = g_1(k_1 + w_{11}H_1 + w_{21}H_2 + w_{31}H_3 + H_{41}X_4)$$

대부분의 신경망에서는 결합함수로 이와 같은 선형함수(linear function)를 사용하지만, 다른 형태의 결합함수를 사용하는 신경망들도 있다.

○ 활성함수(activation function) : 입력변수 또는 은닉마디의 결합을 변환하는 함수를 의미한다. 위의 식에서 f_1, f_2, f_3, f_4 각각 활성함수라고 불리며, 결과 Y_1의 함수(g)를 출력활성함수(output activation function)라 하며, 보통 S-자형의 비선형곡선의 형태를 가지게 되어 스쿼싱함수(squashing function)라고 불리기도 한다. 활성함수와 출력활성함수는 동일한 함수를 사용하는 것이 일반적이다.

활성함수는 통계적 선형모형에서, 연결함수(link function)의 역함수와 유사한 의미를 가지며, 가장 보편적으로 사용되는 활성함수는 다음과 같은 로지스틱(logistic) 함수와 쌍곡탄젠트(hyperbolic tangent) 함수이다.

로지스틱 함수 : $f(x) = \dfrac{1}{1+e^{-x}}$

쌍곡탄젠트 함수 : $f(x) = \dfrac{e^{x} - e^{-x}}{e^{x} + e^{-x}}$

② 신경망의 특징

가. 범용근사자(universal approximator)

MLP는 종종 범용근사자라고 불리기도 하는데, 이는 이론적으로는 적절한 활성함수와 적당한 수의 은닉마디를 가지는 MLP는 모든 비선형 곡선(또는 표면)을 매우 정확하게 근사시킬 수 있다는 것을 의미한다.

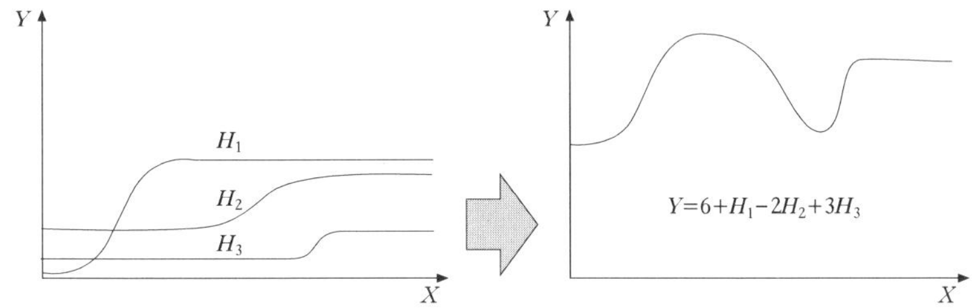

예를 들어, 두 변수 Y와 X의 관계가 위의 그림과 같이 비선형곡선의 형태를 가지는 경우에 MLP를 이용하여 두 변수의 관계를 모형화하는 것을 생각해 보자. 사실 이 경우에는 왼쪽 그림에서와 같은 형태를 가지는 세 개의 은닉마디를 이용하여 적합시킬 수 있는데, 이는 다음과 같은 수식으로 표현할 수 있다.

$$H_i = \frac{1}{1+e^{-(b+w_i X)}}, \; i = 1,\ 2,\ 3$$

$$Y = b_1 + w_{11}H_1 + w_{12}H_2 + w_{13}H_3$$

즉, 이 경우에 연구자는 활성함수로 로지스틱 함수를 사용할 것과 은닉마디의 수를 3개로 할 것만을 결정하면 된다. 이 문제를 비선형 회귀모형으로 적합하는 경우에는 두 변수가 가지는 대략적인 형태, 예를 들면

$$Y = a + b_1X + b_2X^2 + \cdots + b_pX^p \quad \text{또는} \quad Y = ae^{bx}$$

이와 같은 관계를 연구자가 미리 파악하고 있어야 하기 때문에 매우 어렵게 된다. 여러개의 입력변수를 가지고 있는 경우에는 이러한 함수 형태를 미리 파악한다는 것 자체가 대부분 거의 불가능하다. 따라서 신경망은 많은 입력변수를 가지고 있으며 입력변수들과 목표변수간의 관계가 복잡한 비선형 형태를 가질 때 유용하다. 즉, 은닉층은 파악하기 어려운 다차항(polynomial term) 또는 복잡한 비선형성을 근사시키는 역할을 수행하는 것이다.

나. 목적함수(object function)

적절한 수의 은닉층과 은닉마디의 수가 결정되면, 신경망에 대해서 주어진 데이터를 가장 잘 반영하는 계수값을 찾아내야 한다. 이는 오차함수(error function)라고도 불리는 목적함수(object function)를 최소로 하는 문제가 된다. 일반적으로 주로 사용되는 목적함수는 일반적인 선형모형에서 흔히 오차제곱합이라고 불리는 다음과 같은 함수이다.

$$\sum_{i=1}^{1}(Y_i - P_i)^2$$

여기서 Y_i는 i번째 개체의 실제값이고 P_i는 i번째 개체의 예측값이다.

목적함수 : $\sum_{i=1}^{n}(Y_i - P_i)^2 = \sum_{i=1}^{m}(Y_i - b_1 - w_{11}H_{1i} - w_{12}H_{2i} - w_{13}H_{3i})$

다. 최적화와 비수렴성

목적함수의 최적화하는 계수 추정방법은 다음과 같다.(수치해석적

반복기법)

- 각 계수에 대해서 임의의 초기값을 부여한다.
- "새로운 값 = 이전 값+수정값"과 같은 공식을 이용하여 계수값을 개선한다.
- 이전 값과 새로운 값의 차이가 거의 없을 때까지(수렴) 반복적으로 수행한다.

○ 비수렴성 : 초기값이 국부최소값(local minimum)에 가까우면 추정치는 전체최소값(global minimum)이 아닌 국부최소값으로 수렴할 것이며, 국부최소값에서의 모수 추정치는 실제 데이터를 정확하게 추정하지 못할 가능성이 많다. 이럴 때는 여러 개의 초기치를 통한 해를 구해 비교하거나 변수변환, 표준화(standardization)수행을 통해 보완해야 한다.

(2) 원형기준함수와 타원기준함수

RBF(radial basis function, 원형기준함수) 신경망은 원래 신경의학에서 시작되었다는 점에서 엄밀한 의미의 신경망이라 할 수 없지만, 그러나 대부분의 논의에서 신경망 체계하에서 RBF를 다루고 있다. RBF 신경망에는 은닉층이 한 개만 있으며 수학적 형태는 MLP 신경망과 유사하나, 앞에서도 언급한 바와 같이 은닉층에서의 결합함수로 다음과 같은 원형기준함수를 사용한다는 점이 다르다.

$$H_i = \exp\left(- \frac{(x_1 - c_{1i})^2 + (x_2 - c_{2i})^2 + \cdots + (x_k - c_{ki})^2}{r_i^2} \right)$$

RBF 신경망에서 추정해야 할 모수의 수는 MLP에서와 동일하나 그 추정방법은 상이한 경우가 많다. 은닉마디의 개수를 k라고 할 때, 일반적으로 RBF 신경망에서는 k개의 중점(center) $c_{1i}, c_{2i}, \cdots, c_{ki}$와 반경(radius) $r_i (i = 1, \cdots, k)$를 군집분석(cluster analysis)과 같은 자율추정방법(unsupervised method)에 의해서 추정하고, 다음에 은닉층으로부터 출력층으로 전달되는 계수를 지도추정방법(supervised method)에 의해서 추정한다. 즉, 은닉층에서의 모수를 먼저 추정하고 그 다음에 출력층에서의 모수를 추정하는 것인데, 이러한 2단계 추정방법을 흔히 혼합형 추정방법(hybrid method)이라고 한다.

이와 같은 추정방법은 MLP 신경망에서와 같이 모든 모수를 동시에 추정하는 방법보다 계산 과정이 간단하고 시간이 적게 걸린다는 장점이 있으나, 수렴성의 측면에서 볼 때 MLP 신경망에 비해서 효율적인 것은 아니다. 즉, RBF 신경망은 전체 최소값에 수렴하지 않을 가능성이 많은데, 특히 중점을 잘못 잡거나 은익마디의 수가 충분하지 않은 경우에 이러한 현상이 발생한다. 따라서 RBF 신경망은 다수의 은닉마디를 요구할 때가 많으며, 필요한 은닉마디의 수는 문제의 차원(변수)이 많아질수록 급속하게 증가한다. 또한 RBF 신경망은 불필요하거나 중복된 입력자료에 대하여 민감하다.

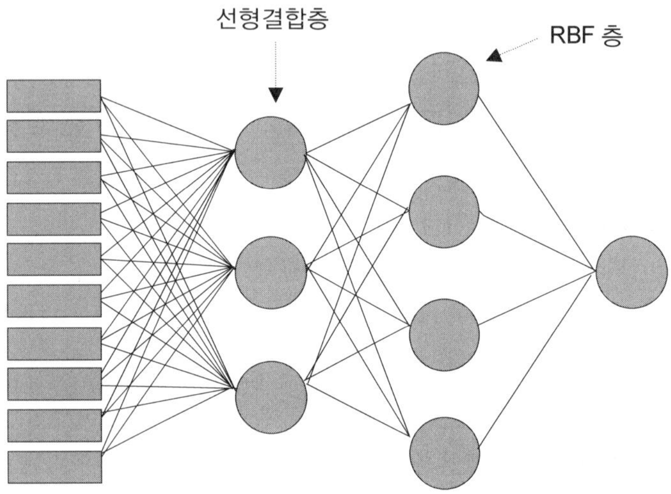

EBS 신경망 구조

RBF 신경망이 갖는 적용상의 문제를 어느정도 보완할 수 있는 것이 타원형기준함수(elliptical basis function : EBF) 신경망이다. 위 그림과 같이 2개의 은닉층이 있다.

첫 번째 은닉층은 입력변수의 단순선형결합(항등 활성함수)으로 다음과 같이 표현된다.

$$z_j = b_j + w_{1j}X_1 + w_{2j}X_2 + \cdots + w_{pj}X_p$$

첫 번째 은닉층은 입력층의 차원을 감소시키며, 입력공간을 회전시킨다. 두 번째 은닉층은 앞에서 설명한 RBF로 구성된다. 즉,

$$H_i = \exp\left(-\frac{(z_1 - c_{1i})^2 + (z_2 - c_{2i})^2 + \cdots + (z_d - c_{di})^2}{r_i^2}\right)$$

이와 같이 EBF 신경망은 첫 번째 은닉층에서 입력층의 차원을 축소시킴으로써 RBF 신경망이 가지는 문제점을 보완한 것이다.

4) 신경망의 장점과 단점

(1) 장점

① 다각도의 문제점 처리에 용이하다. 신경망은 문제점에 접근하여 일반적인 방법을 제시한다. 출력된 데이터의 값들이 연속형인 변수일 때는 신경망은 예측을 실행하며, 이산형인 변수일 때는 판별분석을 실행한다. 간단한 뉴런의 재배열을 통해서, 신경망은 각 군집들을 탐지하는데 숙달될 수 있다.

② 복잡한 도메인의 자료에서도 좋은 결과 도출 가능하다. 신경망은 결과 값을 직교 블록 범위 안에 제한시키지 않고, 결과 값을 비선형 모형에 적응시킨다. 이로써, 신경망은 모든 가능한 결과 값의 조합으로부터 최선 값을 선택할 수 있다.

③ 연속형과 범주형 자료 모두 처리 가능하다. 비록, 자료들은 신경망에서 사용되기 전에 일련의 훈련과정을 통하여, 적응되어 변환되지만 범주형과 연속형 자료 모두 신경망에서 사용될 수 있다. 특히, 범주형 자료 분석에서는 신경망은 다음의 두 가지 방법을 사용한다. 첫째, 1과 0의 범위 안에서 부여된 각 범주를 하나의 객체로 인식하여 사용하는 방법이다. 둘째, 각 범주를 각기 다른 범주로 인식하여 사용하는 방법이 그것이다. 연속형 자료 분석에서는 각 자료의 인식에 별다른 문제점이 없다.

(2) 단점

① 모든 입력값과 출력값이 0과 1범위에서 정의되어야 한다. 신경망에서 사용되는 입력 값은 특정범위(대개의 경우 0과 1사이)로 변환되어야 한다. 이러한 제약은 입력 자료에 대한 추가적인 변환작업과 조작작업을 필요로 한다. 여

기서, 파생되는 문제점은 자료의 변환/조작작업은 많은 시간, 빠른 cpu의 속도 그리고 무엇보다도 방대한 디스크 공간이 요구된다는 것이다. 한 가지 주의할 점은 자료의 변환 방법의 선택이 신경망의 결과 값에 영향을 미친다는 것이다. 그러나 대부분의 신경망 응용프로그램들은 자료의 변환을 가능한 간단히 하고, 찾고자 하는 범주의 값에 해당하는 히스토그램들과 수치의 값들을 자동적으로 범주의 값으로 변환한다. 그러나 여전히 몇몇 이상치를 가지는 한 쪽으로 치우친 분포의 자료는 신경망에서 좋은 결과를 기대하기 어렵다.

② 결과의 도출 과정이 명확하지 않다. 결과의 도출과정을 명확하게 설명할 수 없는 것이야 말로 신경망이 가지는 최대의 취약점일 것이다. 신경망은 결과 값이 결과의 도출과정보다 중요한 경우 사용될 수 있는 자료 분석 기법인 것이다.

③ 바람직하지 못한 결과 값으로 수렴할 수 있다. 보편적으로, 신경망은 주어진 훈련집합에 대하여 임의의 결과 값에 수렴한다. 그러나 이렇게 얻어진 결과 값이 최선의 자료 모형을 제시한다는 보장은 없다. 이런 의미에서 신경망의 훈련을 수행할 때 주의를 기울여야 한다.

5) 사례 분석

(1) 예제 데이터 소개 : 회귀분석에서 사용한 S금융사 Data를 사용한다.

(2) 신경망의 분석을 위한 분석 흐름도 작성

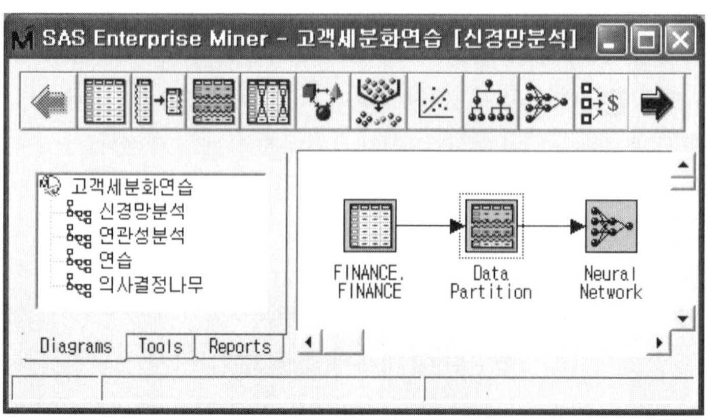

① 회귀분석에서와 마찬가지로 Input Data Source 노드와 Data Partition 노드를 설정한다.(회귀분석 참조)

가. Input Data Source node를 연다. → Target 변수의 역할(Model Role)을 Target으로 설정하고 node를 종료한다.

나. Data Partition node를 연다. → Random seed를 1133으로 맞춘다. → Data를 Training 50%, Test 50%로 설정한다. → node를 종료한다.

② 신경망(neural network) node 작성

가. Neural Network node를 열어서 신경망 분석에 익숙하지 않은 사용자들을 위해 간단한 몇 가지 옵션을 선택하여 디폴트로 정의된 신경망 분석을 하기로 한다.(Basic탭 사용)

나. General 탭에서 Model selection criteria를 Misclassification Rate로 지정한다. 여기서는 오분류율이 가장 작은 모형을 선택하였다.

다. Basic 탭을 사용한 분석을 위하기 위해서는 General 탭에서 Advanced user interface 박스에 체크를 해제 하여야 한다.

라. Basic 탭을 선택하면 다음과 같이 신경망에 구조를 설정하는 Network architecture 옵션이 있다. 기본으로 설정되어 있는 Multilayer Perceptron으로 지정한다. 이 경우 은닉층(hidden neurone)의 수는 자료에 따라 자동으로 설정이 되며, 은닉층의 수를 직접 입력할 경우는 set number를 선택한 후에 원하는 수를 입력한다.

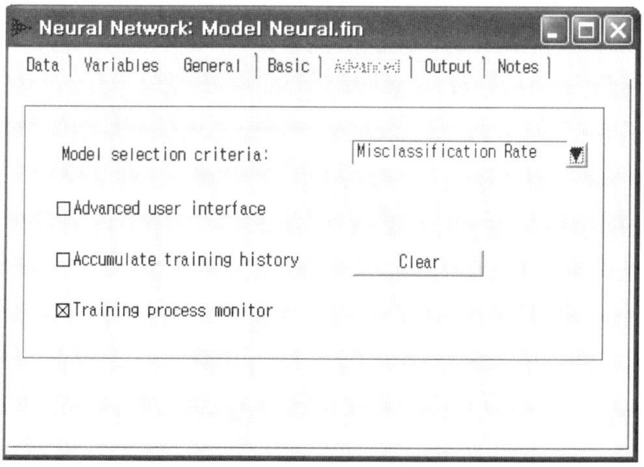

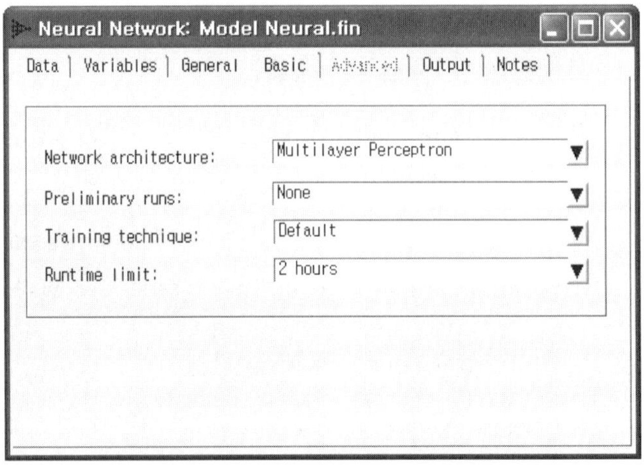

마. 이제 분석을 시작하면 아래와 같은 Monitor 창이 나타나며 진행 상황을 알 수 있다.

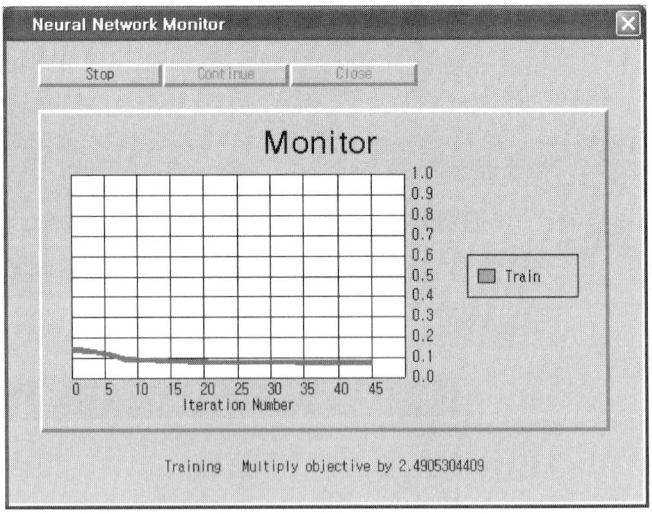

(3) 신경망(neural network) 분석 결과

① 신경망(neural network)의 결과 창에서 Table 탭의 Fit Statistics 결과를 보면, 오분류율(misclassification rate)이 Training set에서 0.056, Test set에서 0.058임을 알 수 있다.

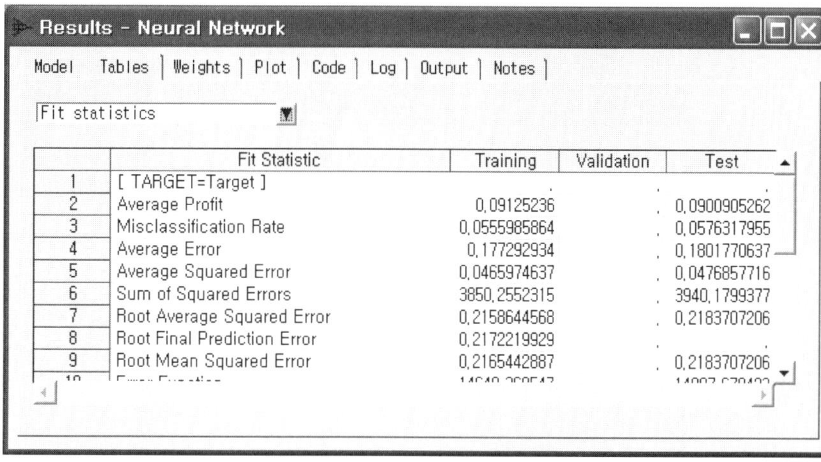

Results - Neural Network

Model | Tables | Weights | Plot | Code | Log | Output | Notes

Fit statistics

	Fit Statistic	Training	Validation	Test
1	[TARGET=Target]	.	.	.
2	Average Profit	0.09125236	.	0.0900905262
3	Misclassification Rate	0.0555985864	.	0.0576317955
4	Average Error	0.177292934	.	0.1801770637
5	Average Squared Error	0.0465974637	.	0.0476857716
6	Sum of Squared Errors	3850.2552315	.	3940.1799377
7	Root Average Squared Error	0.2158644568	.	0.2183707206
8	Root Final Prediction Error	0.2172219929	.	.
9	Root Mean Squared Error	0.2165442887	.	0.2183707206

② Table 탭의 Output training data 결과를 보면, From(실제 값)과 Into(모델 결과 값)을 볼 수 있고, Predicted : Target =1은 Target =1(우수고객)으로 될 확률 값이다.

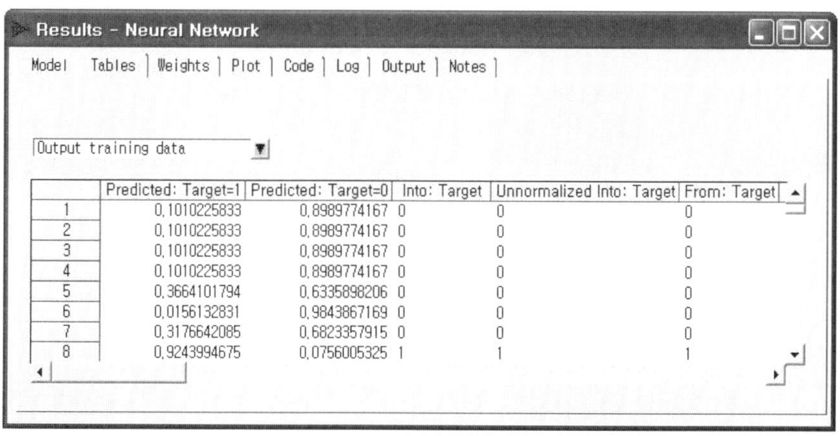

Results - Neural Network

Model | Tables | Weights | Plot | Code | Log | Output | Notes

Output training data

	Predicted: Target=1	Predicted: Target=0	Into: Target	Unnormalized Into: Target	From: Target
1	0.1010225833	0.8989774167	0	0	0
2	0.1010225833	0.8989774167	0	0	0
3	0.1010225833	0.8989774167	0	0	0
4	0.1010225833	0.8989774167	0	0	0
5	0.3664101794	0.6335898206	0	0	0
6	0.0156132831	0.9843867169	0	0	0
7	0.3176642085	0.6823357915	0	0	0
8	0.9243994675	0.0756005325	1	1	1

③ Weight 탭의 결과를 보면 연결강도가 계산되어 있다.

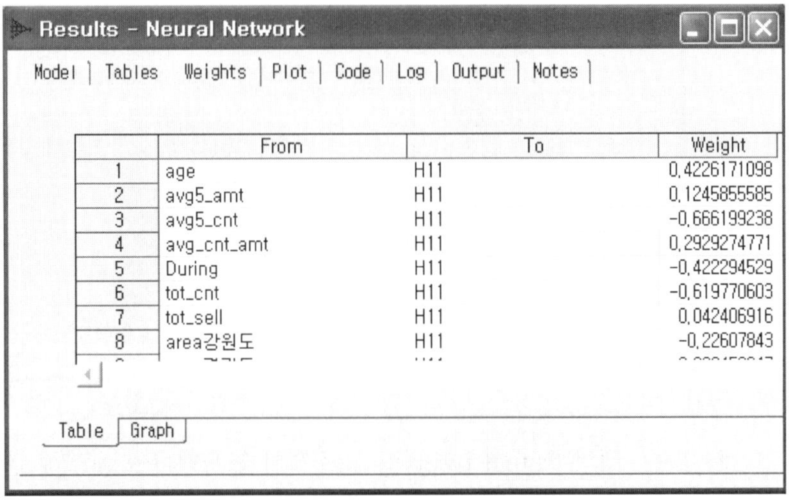

	From	To	Weight
1	age	H11	0.4226171098
2	avg5_amt	H11	0.1245855585
3	avg5_cnt	H11	-0.666199238
4	avg_cnt_amt	H11	0.2929274771
5	During	H11	-0.422294529
6	tot_cnt	H11	-0.619770603
7	tot_sell	H11	0.042406916
8	area강원도	H11	-0.22607843

위 결과의 신경망 모형을 수식과 그림으로 표현하면 다음과 같다.

$$f(x) = \text{age} \times 4.23 + \text{avg5amt} \times 0.12 \ \cdots \ 1 \times -4.79$$
$$\text{Target} = f(x) \times 3.54 + 1 \times -0.95$$

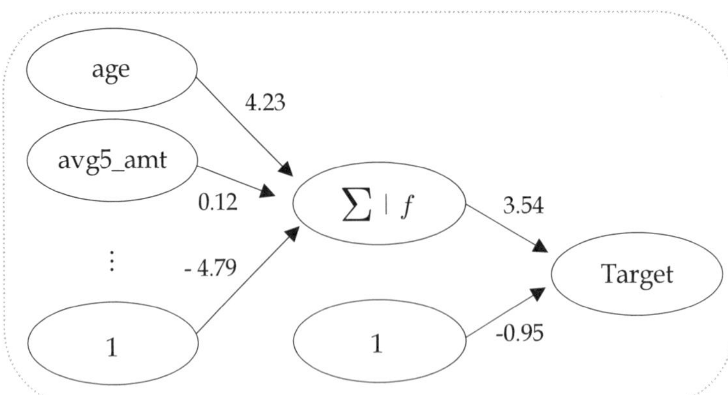

7 모형의 평가 및 예측

1) 평가(assessment)

자료를 분석할 때 여러 가지 통계적인 모형들을 이용하여 분석해 보는 것이 바람직하다. 모형을 평가하는 주된 목적은 지금까지 해 온 모든 분석과정이 올바르게 진행되어 왔는지 올바르게 진행되었다면 여러 가지의 모형 중 최적의 모형을 선택하여 가장 좋은 예측을 하기 위한 것이라 할 수 있겠다. 모형 평가의 결과가 좋지 않다면 이는 자료의문제 혹은 변수선택 등의 문제일 것이다.

모형을 평가하는 방법으로는 얼마나 예측을 잘하는가에 초점이 맞추어져 있다. 이를 위해서 SAS E-Miner는 ROC(receivve operating characteristic) 도표, 이익(Lift)도표, Response Threshold 도표를 이용하여 평가한다.

(1) ROC도표

ROC 도표는 구축한 모형의 성능을 사후확률과 각 분류기준값에 의해 오분류 행렬을 만든 다음, x축은 1-특이도로 y축은 민감도로 설정하여 그려지는 모형을 평가하는 도표이다.

민감도란 관찰값이 1이며 예측값도 1인 즉 범주 1에서의 정분류된 빈도를 원래의 관찰값이 1인 빈도로 나눈값이다. 1에 가까울수록 분류가 잘 되었다라고 볼 수 있다.

$$\text{민감도(sensitivity)} = \frac{\text{(관찰1, 예측1)인 빈도}}{\text{관찰값이 1인 빈도}}$$

특이도란 관찰값이 0이며 예측값도 0인 즉 범주 0에서의 정분류된 빈도를 원래의 관찰값이 0인 빈도로 나눈값이다.

$$\text{특이도(specificity)} = \frac{\text{(관찰0, 예측0)인 빈도}}{\text{관찰값이 0인 빈도}}$$

이를 이용하여 ROC곡선을 그리게 되며 곡선들의 해석은 다음과 같다.

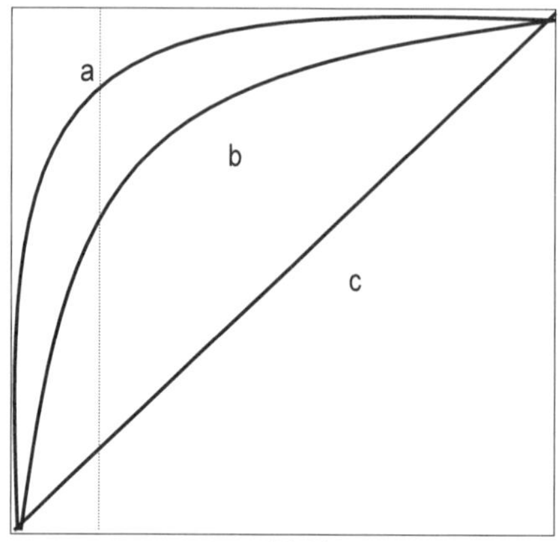

위의 그림에서 ROC 도표상의 a, b, c 모형이 제시되었다. 이 중 같은 1-특이도 상(점선)에서 민감도는 a의 모형이 가장 높음을 알 수 있다. 즉 범주 0에서의 오분류율(1-특이도)이 동일한 경우 범주 1에서의 정분류율(민감도)는 a의 모형이 가장 좋은 모형임을 알 수 있다.

(2) 이익(lift)도표

이익도표는 ROC도표와는 다른 평가도구로 도표를 작성해준다. 평가도구로는 %Captured Response, %Response, Base Line %Response, Lift이다. 각각의 통계량은 다음과 같이 계산되어진다.

$$\%\ \text{Captured Response} = \frac{\text{해당집단에서 목표변수의 특정범주 빈도}}{\text{전체에서 목표변수의 특정범주 빈도}} \times 100$$

$$\%\ \text{Response} = \frac{\text{해당집단에서 목표변수의 특정범주 빈도}}{\text{해당집단에서 전체 빈도}} \times 100$$

$$\text{BASE Line \%Response} = \frac{\text{전체에서 목표변수의 특정범주 빈도}}{\text{전체빈도}} \times 100$$

$$\text{Lift} = \frac{\text{해당집단의 \%Response}}{\text{BASE Line Lift}} \times 100$$

즉, %Captured Response란 전체에서 해당집단을 분리해내는 비율을 의미하며 %Response란 해당집단에서 해당집단에 속할 비율을 나타낸다. Lift는 전체집단에 비해서 해당 집단에서 예측력이 향상된 정도를 의미한다.

① % Response

'도구'메뉴의 Lift Chart를 클릭하면 첫 화면으로 % Response가 나타난다. 위 그래프는 Scoring 결과를 나타낸 것으로써, Baseline는 예측을 수행하지 않을 경우를 나타내고, 나머지 두 개의 직선은 Logistic Regression과 Decision Tree를 수행한 결과를 나타내고 있다. X축의 경우, Score를 기준으로 상위 10%~100%까지 10개의 집단을 구분한 것이며, Y축은 반응률을 나타내고 있다. 전체적으로 Logistic Regression의 정확도가 높게 나타나고 있으며, 특히 Score 상위 고객들에 대한 정확보다 높게 나타나고 있다. 예제의 경우 Model의 정확도(약 85%)는 비슷하게 나타났으나, Score 상위 고객에 대한 정확도가 높은 Regression이 더 효과적인 Model로 판단된다.

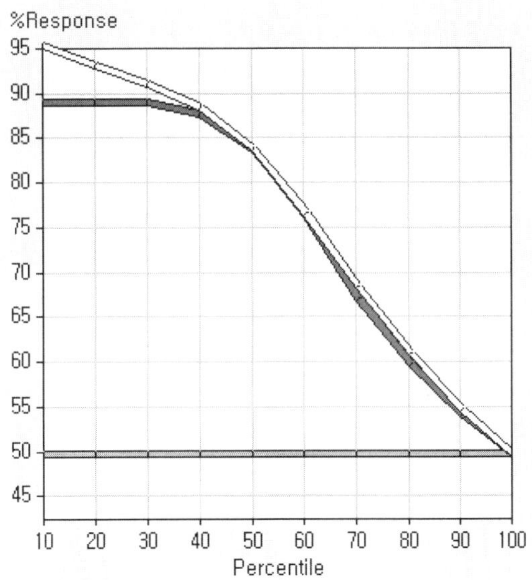

② %Captured Response

%Captured Response는 Score에 따라 고객을 10개의 집단으로 구분하고, 집단이 누적됨에 따라 전체 재구매 고객 대비 Percentile별 누적 구매 고객

의 비율을 나타낸다.

특정 범주의 고객에게 Action을 수행할 경우, 실제 반응이 나타난 고객 중 몇 %의 고객을 확보할 수 있는지에 대한 수치로 해석할 수 있다.

'도구' 메뉴의 Lift Chart를 클릭한 후, Vertical Axis Value 칸에서 %Captured Response를 선택한다. %Response와 같은 형식으로 출력되며, Score를 기준으로 상위 10%~100%까지의 고객을 10개 집단으로 구분한 후, 전체 고객 대비 누적 반응률이 Graph로 표현된다. X축의 경우, Score를 기준으로 상위 10%~100%까지 10개의 집단을 구분한 것이며, Y축은 누적 반응률을 나타내고 있다. Regression과 Tree가 비슷한 형태로 나타나고 있으나, Regression이 전체적으로 높게 나타나고 있다.

예제의 경우 큰 차이가 나타나지 않으나, 상대적으로 다소 높은 반응률 구간이 나타나고 있는 Regression이 안정적인 Model로써 활용 가능할 것으로 보인다.

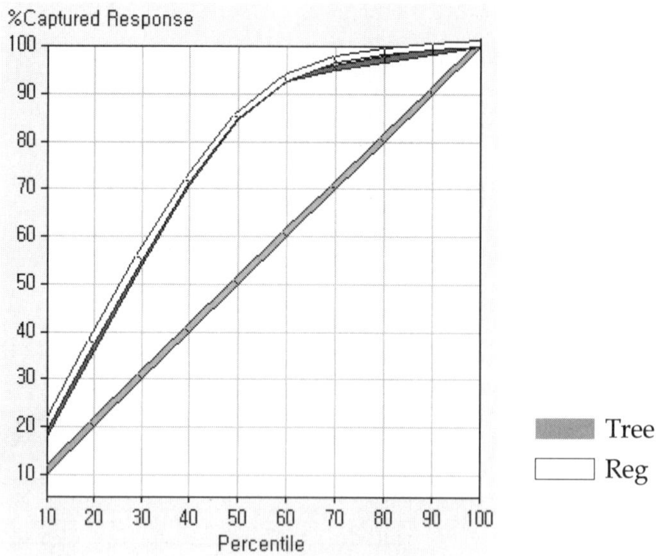

③ %Lift Chart

Lift Chart는 앞서 나타난 Measure와 마찬가지로 Score에 따라 고객 집단을 생성하고 집단이 누적됨에 따라 Model을 통한 예측이 어느 정도의 효과를 가지는가를 평가하는 Measure이다.

'도구' 메뉴의 Lift Chart를 클릭한 후, Vertical Axis Values 칸에서 Lift Chart를 선택한다.

Score를 기준으로 상위 10%~100%까지의 고객을 10개 집단으로 구분한 후, 전체 고객 중 재구매 고객의 비율 대비 해당 Percentile의 구매 고객비율로써 Lift Value를 산정하여 나타낸다. X축의 경우, Score를 기준으로 상위 10%~100%까지 10개의 집단을 구분한 것이며, Y축은 고객 집단 누적에 따른 Lift값을 나타내고 있다. Score 상위 집단에서 Regression의 Lift값이 높게 나타나고 있으며, 상위 40% 이후 집단부터 거의 동일한 형태로 변화하고 있다.

예제의 경우 상위 40% 이전 고객에서 큰 차이가 나타나고 있으며, 앞서 나타난 결과들과 종합하여 판단하면, Regression을 채택하여 Scoring을 수행하는 것이 바람직할 것으로 보인다. Output 대화상자에서 Scoring 대상 모델에 Pointer를 위치시킨 후 종료하면 해당 Model을 통해 Scoring을 수행한다.

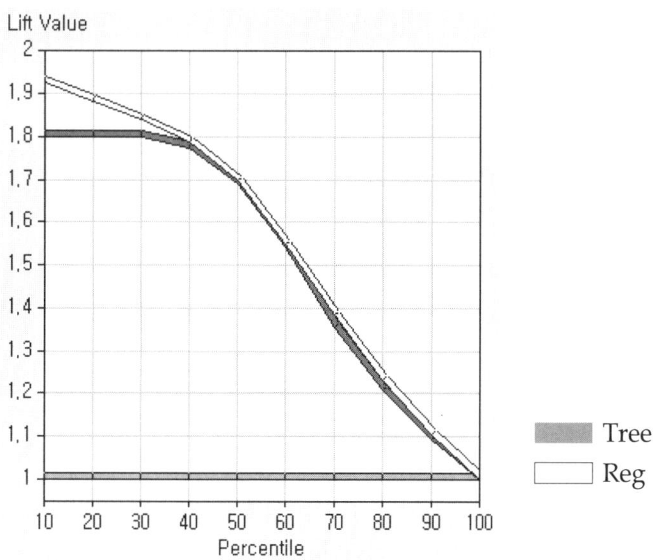

(3) Response Threshold 도표

분류기준값 및 목표변수의 특정범주를 이용하여 모형을 평가하는 도표로써 분류기준값의 변화에 따른 모형분류결과의 변동여부, 즉 모형의 일치성을 이용하여 판단한다. 좋은 모형은 분류기준값에 따른 정분류율의 변화가 많지 않은 모형이다.

x축은 threshold가 되며 y축은 Accurate Rate(정분류율)로 구성된다.

아래의 그림은 두 모형에 대한 Response Threshold 도표를 나타낸다.

(a)의 경우는 사후확률이 양 극단으로 치우쳐져 있음을 알 수 있다. 이는 분류기준값을 어떻게 설정하더라도 분류결과에는 영향이 없다. 특히 분류결과가 매우 안정적임을 알 수 있다. (b)의 경우는 사후 확률이 고루퍼져 있다. 이는 분류기준값을 약간만 변동함에 따라 분류결과가 달라지게 된다는 것을 나타내므로 구축된 모형의 성능이 좋지 않음을 나타낸다.

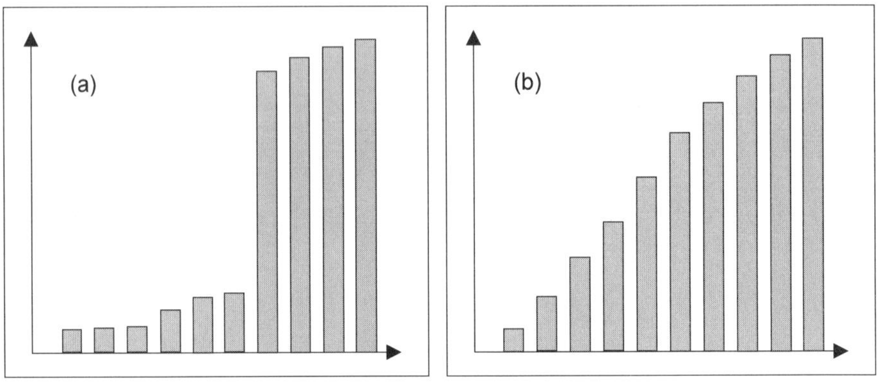

(4) Threshold based 도표

Threshold based 도표의 종류로는 오분류 행렬, 대화식 이익도표(interactive profit chart), Correct Classification 도표 등이 있다. 이중 대화식 이익 도표에서는 이익행렬을 어떻게 지정하느냐에 따라 달라진다. 이러한 이익도표를 통해 최대수익을 가져올 수 있는 분류기준값을 찾을 수 있게 된다.

Correct Classification 도표는 민감도와 특이도 및 정분류율을 이용하여 분류기준값을 찾는데 도움을 주는 도표이다. 어떤 모형에서든 민감도와 특이도, 정분류율을 모두 높게 분류할 수 있는 분류기준점은 존재하지 않는다. 그러므로 이 들중 어느 하나가 매우 높거나 매우 낮은 값을 갖지 않는 분류기준값을 찾는 것이 바람직하다고 볼 수 있다. 단 SAS E-Miner에서는 목표변수가 이진인 경우에만 지원된다.

다음의 그림은 Correct classification 도표이다. 맨 앞의 곡선(BOTH)는 전체 정분류율을 나타내며 두 번째 곡선은 민감도 세 번째 곡선은 특이도를 나타낸다. 이러한 곡선들의 교차점이 바람직한 분류기준값이라고 할 수 있다.

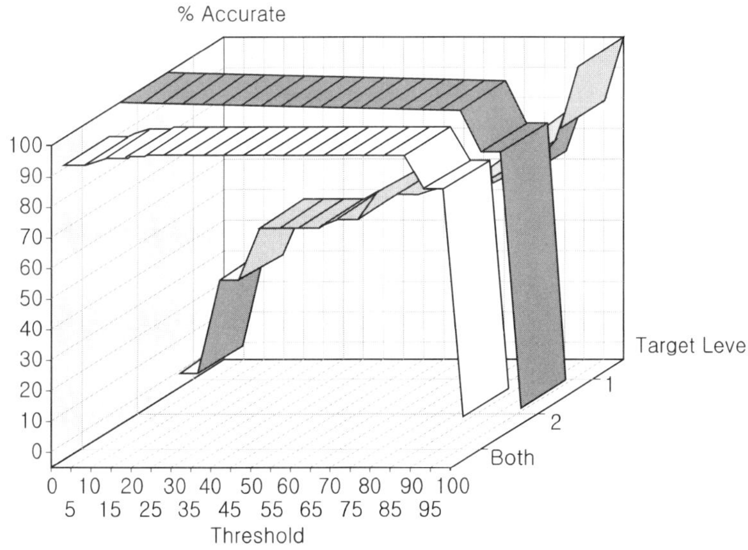

2) 예측(scoring)

CRM의 성공적인 수행을 위해서는 무엇보다도 수많은 고객들 중 수익을 가져다 줄 고객이 누구인가를 선별하는 과정이 요구되어지는데 이러한 선별 기준이 바로 Scoring이다. 그러나 기존의 고객 평가 방법은 평가에 있어 단순 인구통계학적 변수만을 사용하여 고객의 실적을 반영하지 못하였고, 실적을 반영한 평가라 할지라도 횡단면적인 자료를 이용한 특정시점에서의 평가로 인해 고객의 미래실적으로 예측할 수 없는 단점을 보이고 있다. 또한 위험 측면만을 고려한 우량고객과 불량고객을 구분하는 판별분석은 특정고객에게 알맞은 개별 마케팅 수행이 불가능하며 수익 극대화란 기본적인 경영목표에도 부합하지 못하고 있다.

(1) Scoring의 역사

통계의 발전과 더불어 금융분야, 나아가 개인 신용평가에 있어서는 평가자의 주관에 의하지 않고 대수의 법칙을 이용한 현대적 의미의 개인신용평가 이론이 등장하게 되었다.

① 통계적 방법에 의한 최초의 신용평점시스템
☞ 판별분석을 이용한 Durand(1941)의 연구

② 유보표본(holdout sample)을 이용한 모형평가
☞ Wolbers(1949)

③ 판별함수와 선형 회귀분석을 이용
☞ Myers와 Forgy(1963)

④ 통계적 기법을 이용한 판별에 있어 발생되는 문제점을 제시
☞ Capon(1982)

최근에는 decision trees와 같은 데이터마이닝 기법을 이용하여 우수고객을 유지하는데 있어 성공적인 결과를 보여주는 연구도 보고되고 있다. 한편 고객 분류에 있어 미래의 위험만을 고려한 Scoring 기법들과는 달리 한 고객이 기업의 고객으로 존재하는 전체기간동안 기업에게 제공할 것으로 추정되는 재무적인 공헌도의 합계를 이용한 고객의 평생가치(life time value : LTV)란 개념도 등장했다.

이러한 수리적 접근방법의 신용 Scoring 기법들이 지속적으로 적용되는 이유는 주관적인 판단을 배제할 수 있고, 신용 승인에 관한 법적문제를 제거할 수 있으며, 신용요구의 증가로 인한 신속한 의사결정이 요구되고 있기 때문이다.

80년대 이전의 Credit Scoring은 주로 가계대출 및 소규모 사업체의 대출 심사에 주로 사용되었으나 80년대에 들어서는 개인 대출심사에, 90년대 이후에는 직접 마케팅 분야와 광고 캠페인의 반응률을 향상시키기 위한 방법으로도 사용될 만큼 그 영역이 확대되어져 가고 있는 추세이다.

또한 과거 Credit Scoring은 위험 최소화 측면에서 단순 신용승인의 기준으로써 역할을 하였는데 반해 최근에는 수익 최대화 측면에서 더 많은 신용을 제공해 줄 수 있는 수단으로 사용되고 있으며, 이전에는 고려하지 않았던 하위 주요시장에 있어 위험을 고려한 신용 승인 확대에도 Credit Scoring을 사용하고 있다.

(2) Scoring 접근방법

고객에 대한 정보를 계량화하여 우량고객을 효과적으로 선발하고 불량고객을 사전에 예방시켜 줄 수 있도록 해주는 Credit Scoring은 크게 두 가지로 접근할 수 있다.

① 판단적 접근 방법(judgement approach)
5C, 즉 고객의 특성(characteristic), 자본(capital), 담보물(collateral), 능력(capacity), 경제상황(condition)을 바탕으로 심사자의 주관적 판단에 의한 방법.

② 수리적 접근 방법(numeric approach)
판별분석, 로지스틱 회귀분석 등을 이용한 모수적 방법과 인공신경망, 전문가시스템, 유전자알고리즘 등과 같은 비모수적 방법, 그리고 선형계획법과 같은 방법.

최근에는 고객의 평생가치(life time value : LTV)를 산출하는 기법도 등장하였다.

③ Credit Scoring을 이용한 고객 평가기준의 다원화
예를 들어 신용카드 회사는 고객에 대한 리스크뿐만 아니라 수익/이탈 등 다양한 측면을 분석하여 고객을 입체적으로 평가함으로써 이익을 극대화하는 전략수립을 하여야 할 것이다. 그러므로 다각적으로 고객을 평가하기 위해서는 각 측면에 따른 각각의 스코어가 필요하게 된다.

가. 위험 스코어(risk-score)
고객에 대한 미래 발생위험을 예측하기 위해 사용되는 스코어로써 대외 신용정보 회사가 고객이 거래하는 모든 금융기관의 신상정보, 소득정보, 각종 금융기관의 한도, 사용정보, 연체정보를 이용하여 위험을 예측하는 risk-score와 개별 금융기관에서 발생한 데이터(신규입회 요청서, 기존회원을 관리하기 위한 행동 스코어)만을 가지고 회원들의 risk를 예측하는 내부용 스코어가 있다.

신용카드 회사들은 실제로 고객의 위험 예측 시 내부용 스코어와 대외 신용정보 회사들이 제고하는 스코어를 동시에 사용한다.

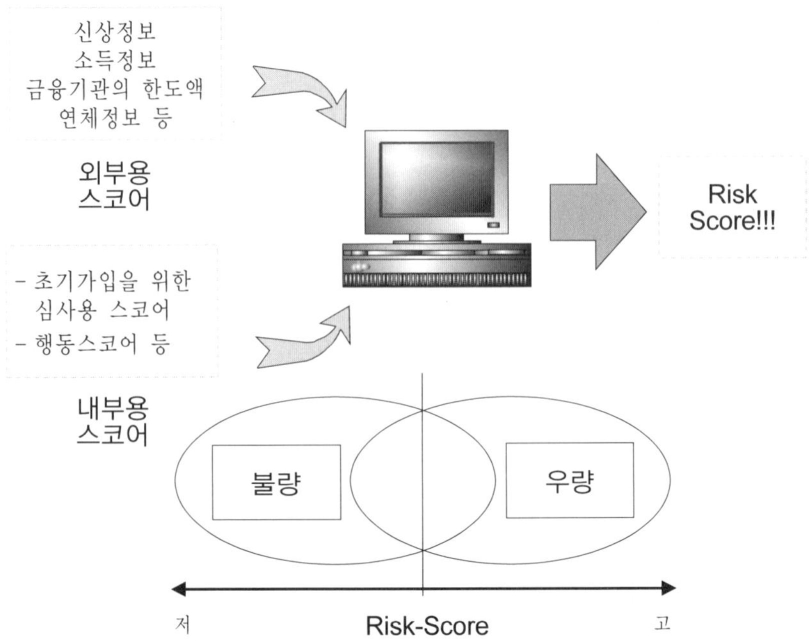

나. 수익 스코어(profit-Score) & 이탈 스코어(attrition-Score)

수익 스코어는 수익을 기준으로 개인별 순위를 예측하여 현재 수익은 낮으나 잠재적 수익은 높은 회원들을 예측함으로써 선택적인 마케팅을 가능케 하는 역할을 한다. 이때 순수익은 가맹점 수수료와 이자 수입에서 자금조달 비용을 차감한 것으로 정의할 수 있으며, 입금여부에 따라 실제로 수익이 발생되었는가는 risk-score를 감안하여 이를 평가, 활용할 수 있다.

이탈 스코어는 고객의 이탈 확률과 수익성을 감안하여 마케팅에 대한 투자 대비 수익을 높이기 위해 사용되며 이탈 스코어는 상품 및 수수료의 경쟁력, 고객서비스, 소비 패턴의 변화, 시장의 환경변화가 고객 이탈에 미치는 영향을 과학적으로 분석하여 고객과의 관계를 강화함으로써 고객의 이탈을 방지할 수 있다. 또한 한정된 수익과 자원으로 이탈이 예측되는 모든 회원에 대하여 공격적인 회원 관리를 실시한다는 것은 사실상 불가능하기 때문에 수익 스코어를 동시에 고려한 마케팅 전략을 수립하게 된다.

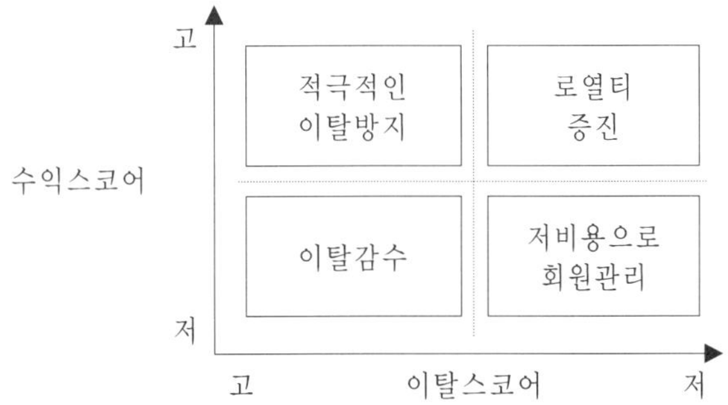

(3) Scoring System

① Credit Scoring System (CSS)

고객의 과거 일정기간 동안 축적된 신용거래 형태 등의 고객정보(historical data)를 현재시점에서 세밀히 관찰, 통계적으로 분석하여 일정기간 이후 가까운 미래의 고객신용도(credit worthiness)를 예측하는 과학적이고 합리적인 개인 신용평가 기법이다. CSS는 개발된 모형을 시스템 구축을 통하여 효율적인 위험관리와 시스템심사를 통한 경비절감 뿐만 아니라 합리적인 의사결정, 신속하고 일관성 있는 심사지원으로 고객만족 실현이 가능하다.

DATA : 개인신상정보, 거래실적정보, 신용거래불량정보, 신용평잔, 신용한도, 신용소진, 연체 등이다.

② Personal Credit management System (PCMS)

IMF 시대의 경제환경 변화로 말미암아 금융업무의 영업환경이 변화하였고, 그로 인하여 금융업계 또한 개인 고객에 대한 과학적 신용평가와 통합적 관리를 위해서 PCMS가 탄생하였다.

개인 고객에 대한 신용도 평가 및 고객관리를 위한 Solution을 제공하며, 개인 대출업무에 대한 신속한 의사결정을 지원하며, 고객관리를 통한 DB로 운영한다.

PCMS는 card scoring system과 loan scoring system으로 나뉘며, card scoring system은 가입조건의 합리적 구분, 신용도별 카드한도의 다단계구현, 신용정보를 기초로 한 cross-selling을 하고 loan scoring system은 불량고객을 차단하며, 이자율, 상환방법, 수수료의 차등적용을 한다.

가. Loan Scoring System의 개발

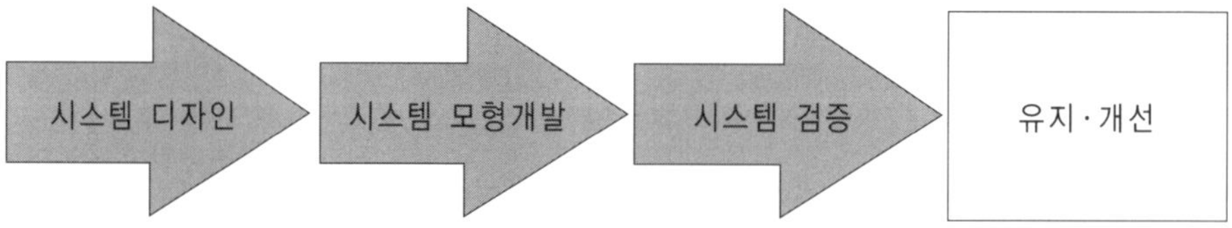

- 첨단의 방법으로 개발된 모형·법칙을 가장 효과적으로 활용할 수 있는 방법으로 시스템 디자인
- 시스템 환경을 분석해 컴퓨터 시스템으로 개발
- 개발된 기본 모형 시스템은 실무에 적용되기 전에 그 신뢰성과 효과를 검증
- 실무에 적용된 후에는 계속적인 자료축적 과정을 통해 미비점을 개선

나. Loan Scoring System의 변수선정

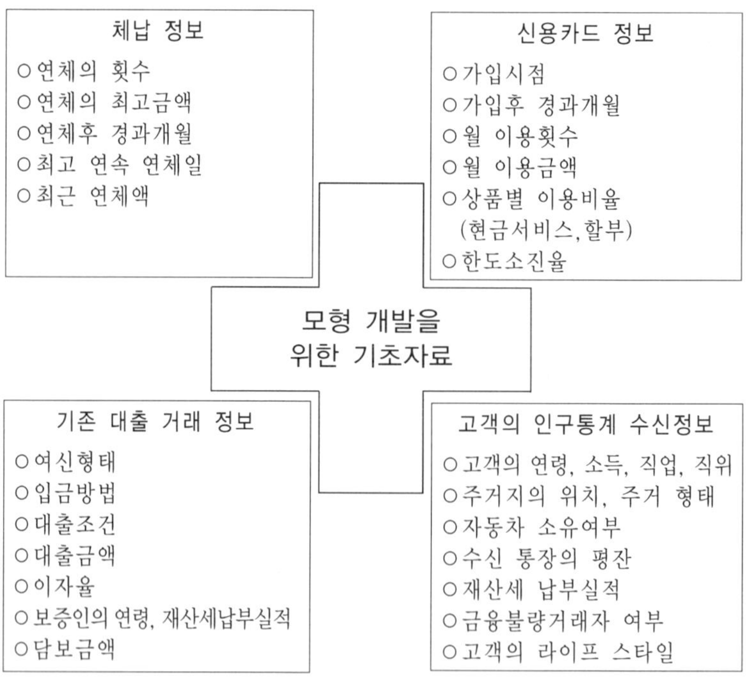

다. Loan Scoring System 모형 개발

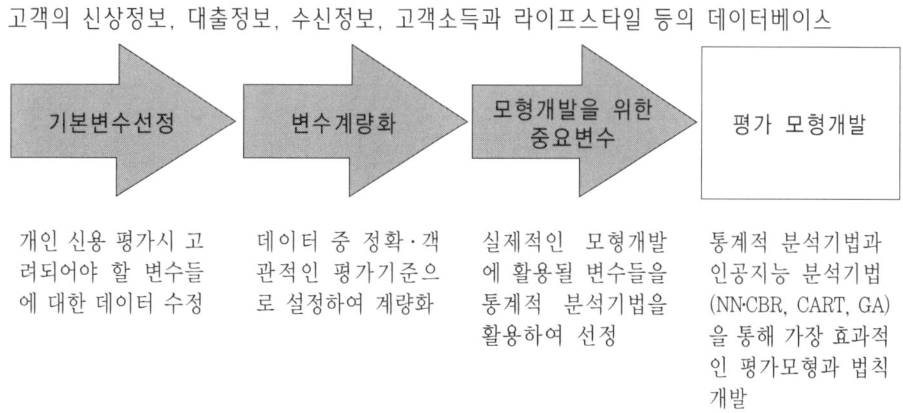

라. 모형개발을 위한 분석방법

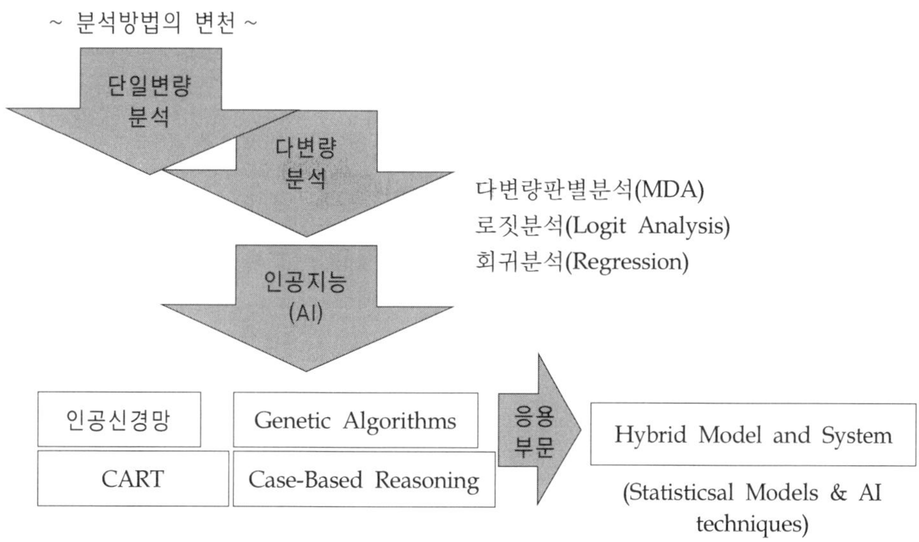

SAS E-Miner에서 모형의 예측을 위해서는 Score 모드를 사용하여야 한다. 그러나 이미 데이터노드에서 자료가 확보되어 있어야 한다. 즉 모형설정을 위한 자료가 있으며 예측을 위한 자료가 따로 확보되어 있어야 한다. 또한 예측을 위한 자료는 목표변수가 존재하지 않는다. 또한 다음 그림처럼 데이터노드에서 자료의 역할(role)부분을 Score로 설정해주면 된다.

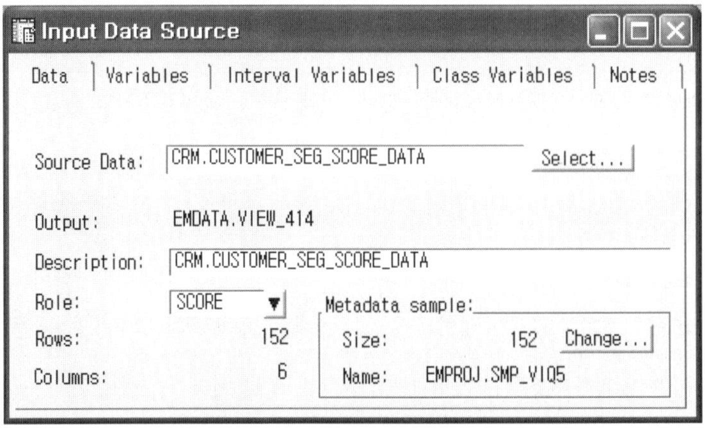

스코어 노드에서는 Setting에서 Keep 부분과 Drop 부분이 존재하는데 이때 Keep 부분의 내용이 나타나므로 알고 싶은 변수에 대해 선택하면 된다.

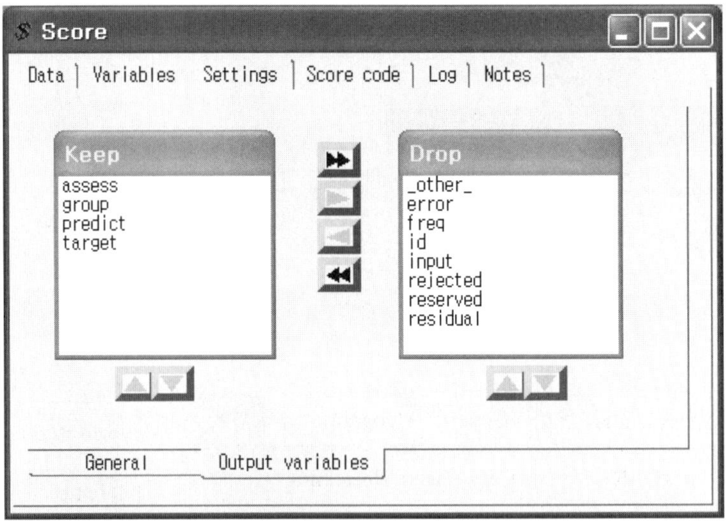

3) 모형의 비교 및 평가 사례분석

최적의 모형을 얻기 위해서는 여러 모형을 비교/평가해야 하고, 이를 통해서 하나의 모델을 선택하여야 한다. 평가(assessment)노드를 이용, 위 사례분석에 사용된 3가지 모형(decision tree, neural network, logistic regression)을 비교/평가한다.

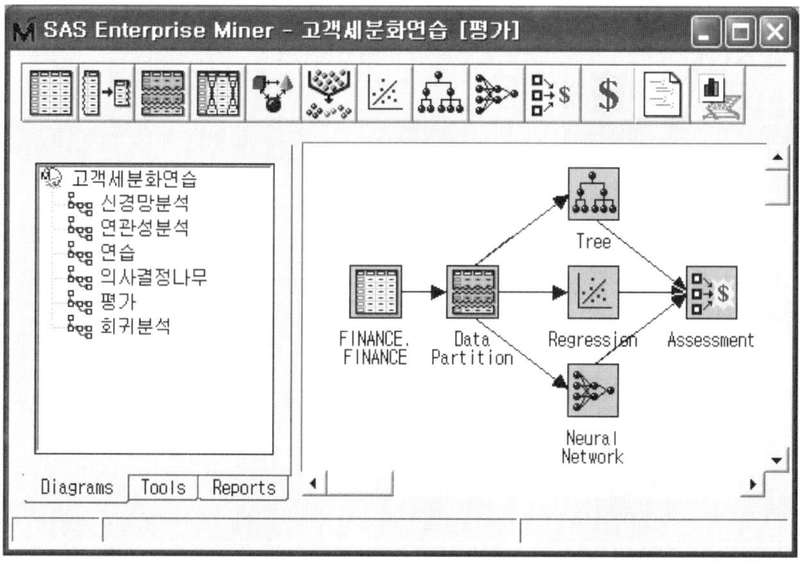

다음 결과는 평가(assessment)노드를 실행하여 얻은 결과이다.

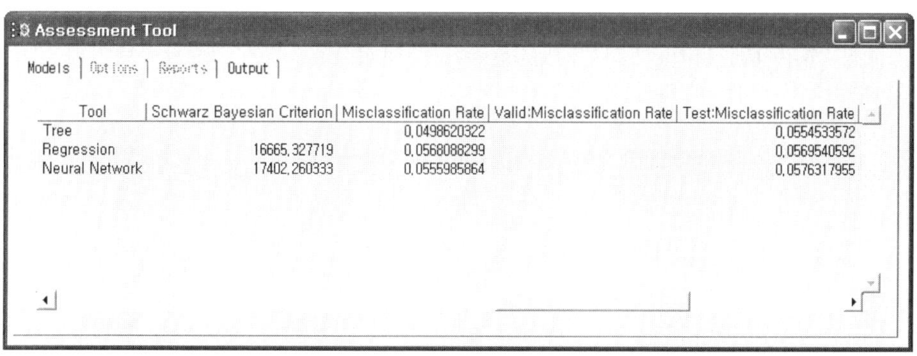

Tool	Schwarz Bayesian Criterion	Misclassification Rate	Valid:Misclassification Rate	Test:Misclassification Rate
Tree		0,0498620322		0,0554533572
Regression	16665,327719	0,0568088299		0,0569540592
Neural Network	17402,260333	0,0555985864		0,0576317955

Tree모형의 경우 분석용(training)데이터와 테스트(test)데이터 모두에서 가장 작은 오분류율(misclassification rate)을 보이고 있다.

(1) 리프트 그래프(lift chart)

평가(assessment)노드를 열고 비교할 모형을 선택한 다음 메인메뉴에 도구 → 리프트 차트를 클릭하면 다음과 같은 결과를 볼 수 있다.

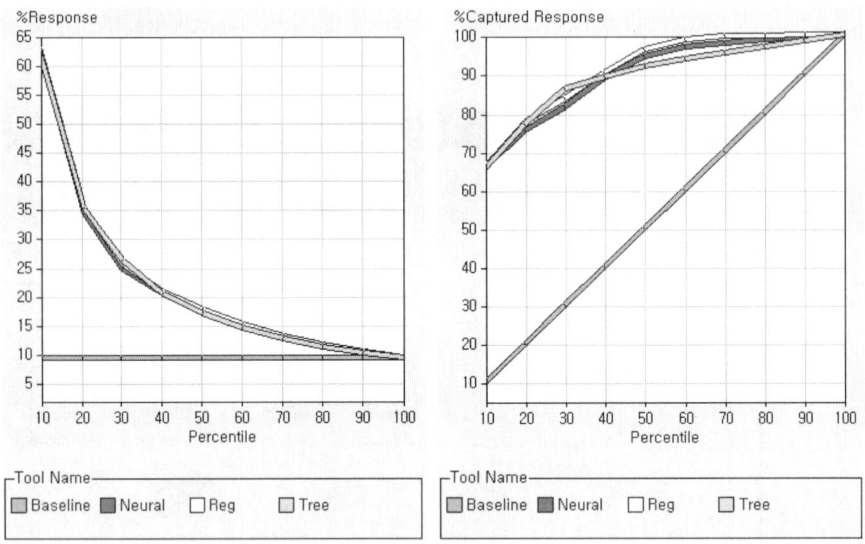

위 결과에서 왼쪽 그림을 살펴보면 사후확률의 상위 20%에서 35.4%가 우수회원이고, 전체 우수회원은 9.13%(Baseline)임을 알 수 있다. 오른쪽 그림에서는 사후확률의 상위 30%에서 Tree의 경우 우수회원의 86.22%를 찾았고, Logisitc의 경우는 83.72%, Neural Network는 81.5%를 찾아낸 것을 알 수 있다. 그러므로 상위 Percentile에서는 Tree모형이 상대적으로 좋은 성능을 보임을 알 수 있고, 40%이상 하위 Percentile에서는 Logistic이 상대적으로 좋은 성능을 보인다.

(2) ROC도표(receiver operation characteristic chart)

예측모형의 성능을 평가하기 위한 대표적인 방법으로 정확도(정분류율) 관점에서 모형의 성능을 비교한다. 정확도 관점은 3가지로 구분하여 볼 수 있는데,

		예측범주		합계
		1	0	
실제 범주	1	n_{11}	n_{10}	n_{1+}
	0	n_{01}	n_{00}	n_{0+}
합계		n_{+1}	n_{+0}	n_{++}

○ 정확도(accuracy : 정분류율) = $(n_{11}+n_{00}) / n_{++}$

○ 민감도(sensitivity) = n_{11} / n_{1+}

○ 특이도(specificity) = n_{00} / n_{0+}

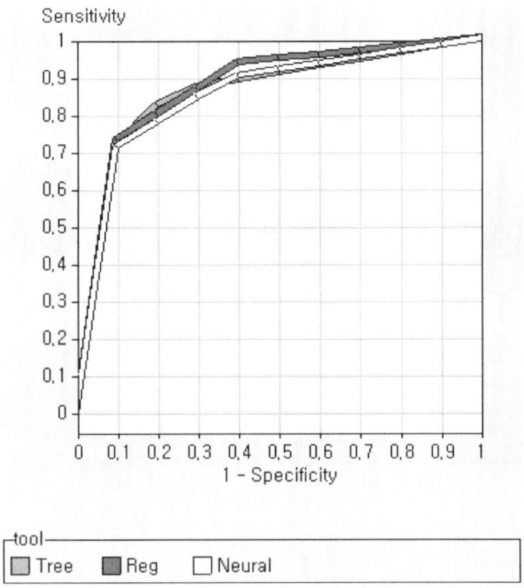

위 그림으로만은 정확한 정분류율을 구할 수는 없지만, 성능이 좋은 모형일수록 위쪽에 위치한다. 다시 말해, 그래프 아래쪽의 넓이가 클수록 좋은 성능을 보이는 모형이라 말 할 수 있다. 위 결과를 보면 3가지 모형이 거의 비슷한 성능을 보이고 있음을 알 수 있다.

(3) 스코어(score)

지금까지 S금융사에서는 우수고객과 비우수고객을 구분하고 예측을 위한 모형 3가지(decision tree, neural network, logistic regression)를 구축하였다. 이 3가지 모형을 평가(assessment)노드를 이용하여 평가한 뒤, 더 나은 모형이라고 판단되는 모형을 점수화하기 위해 다음 그림과 같이 분석 흐름도를 작성하였다.

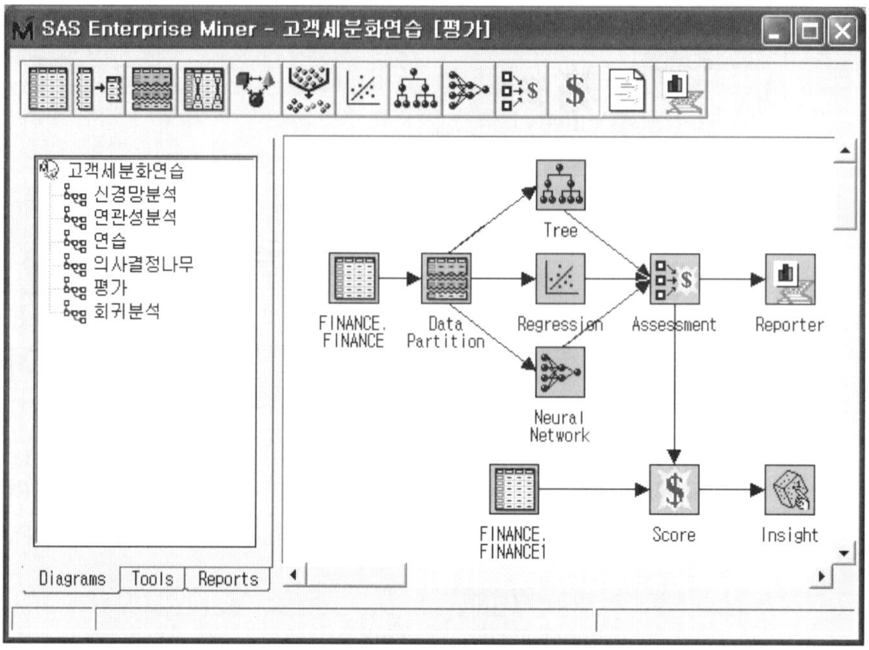

① 목표(target) 변수가 없는 가상의 점수화 데이터 세트를 만든다(FINANCE.FINANCE1). 이는 사용한 데이터 세트에서 목표변수를 뺀(reject) 데이터세트이다. 이때, 아래 그림과 같이 Input Data Source를 열어 Data 탭에서 Role을 SCORE로 설정한다.

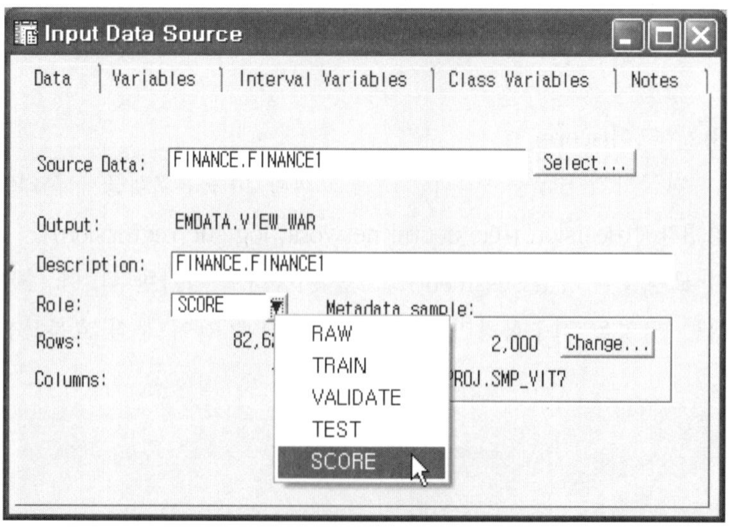

② Score 노드를 열어 Setting 탭 선택 → 점수화를 위한 데이터세트를 이용하여 점수화를 수행하기 때문에 General 탭에서 Apply training data score code to score data set을 선택한다.

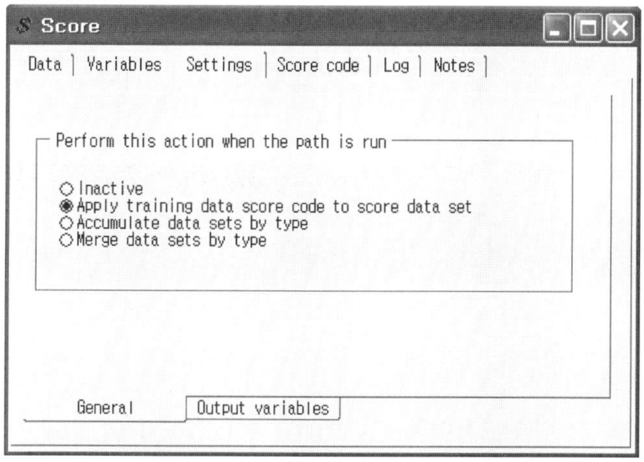

③ Setting 탭에서 Output variable을 선택하여, Score data set에 저장될 새로운 변수를 선택한다. 기본으로는 추가될 모든 변수가 선택되어 있다. Score 노드를 닫는다.

④ Insight 노드를 열고, Data 대화상자에서 select를 누르고, Import Map 창에서 SAS_DATA_SET을 계속 더블클릭하여, 아래 그림과 같이 SD (scored data set)로 시작하는 Data set을 선택하고, Insight 노드를 닫는다.

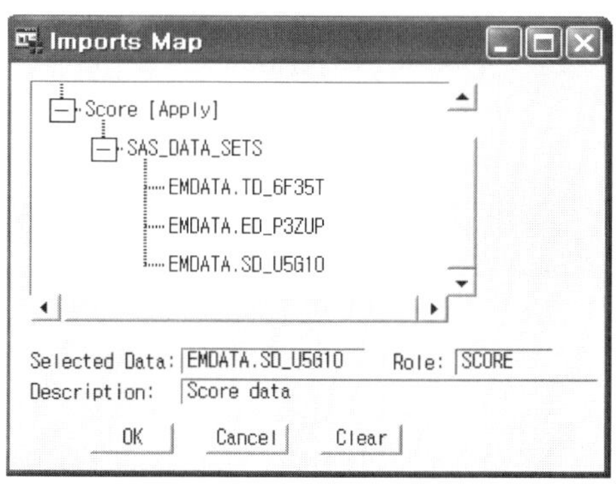

⑤ Insight 노드를 실행하면 아래와 같은 결과의 테이블을 볼 수 있다. 이 테이블을 보면 기존의 변수 외에 새로 추가된 변수를 볼 수 있는데, P_Target1

(우수고객일 확률)과 P_Target0(비 우수고객일 확률)은 로지스틱회귀분석에 의해서 계산된 우수고객여부에 대한 예측된 확률을 나타내고, I_Target은 P_Target1과 P_Target0 두 변수에 의한 Target 값을 나타낸다.

평가(assessment)노드를 통해 로지스틱회귀분석 모형이 선택되었는데, 이는 Score 노드를 실행시킨 후 나타나는 Scoring 결과 창의 Score code 탭에서 확인할 수 있다.

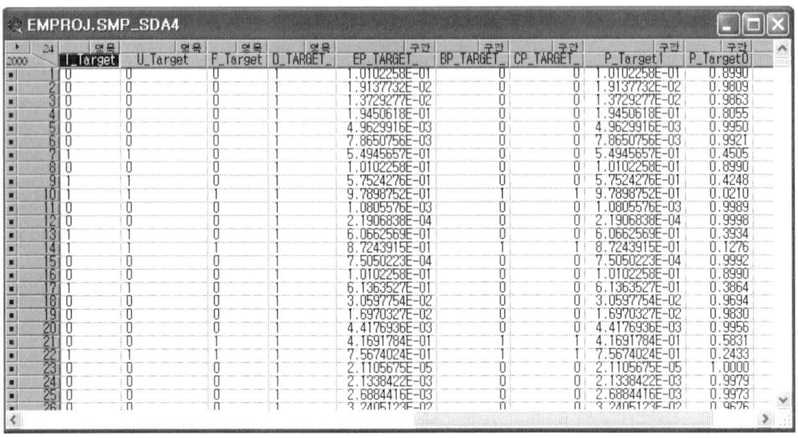

EMPROJ.SMP_SDA4

	I_Target (명목)	U_Target (명목)	F_Target (명목)	D_TARGET_ (명목)	EP_TARGET_ (구간)	BP_TARGET_ (구간)	CP_TARGET_ (구간)	P_Target1 (구간)	P_Target0 (구간)
1	0	0	0	1	1.0102258E-01	0	0	1.0102258E-01	0.8990
2	0	0	0	1	1.9137732E-02	0	0	1.9137732E-02	0.9809
3	0	0	0	1	1.3729277E-02	0	0	1.3729277E-02	0.9863
4	0	0	0	1	1.9450618E-01	0	0	1.9450618E-01	0.8055
5	0	0	0	1	4.9629916E-03	0	0	4.9629916E-03	0.9950
6	0	0	0	1	7.8650756E-03	0	0	7.8650756E-03	0.9921
7	1	1	0	1	5.4945657E-01	0	0	5.4945657E-01	0.4505
8	0	0	0	1	1.0102258E-01	0	0	1.0102258E-01	0.8990
9	1	1	0	1	5.7524276E-01	0	0	5.7524276E-01	0.4248
10	1	1	1	1	9.7898752E-01	1	1	9.7898752E-01	0.0210
11	0	0	0	1	1.0805576E-03	0	0	1.0805576E-03	0.9989
12	0	0	0	1	2.1906838E-04	0	0	2.1906838E-04	0.9998
13	1	1	0	1	6.0662569E-01	0	0	6.0662569E-01	0.3934
14	1	1	1	1	8.7243915E-01	1	1	8.7243915E-01	0.1276
15	0	0	0	1	7.5050223E-04	0	0	7.5050223E-04	0.9992
16	0	0	0	1	1.0102258E-01	0	0	1.0102258E-01	0.8990
17	1	1	0	1	6.1363527E-01	0	0	6.1363527E-01	0.3864
18	0	0	0	1	3.0597754E-02	0	0	3.0597754E-02	0.9694
19	0	0	0	1	1.6970327E-02	0	0	1.6970327E-02	0.9830
20	0	0	0	1	4.4176936E-03	0	0	4.4176936E-03	0.9956
21	0	0	1	1	4.1691784E-01	1	1	4.1691784E-01	0.5831
22	1	1	1	1	7.5674024E-01	1	1	7.5674024E-01	0.2433
23	0	0	0	1	2.1105675E-05	0	0	2.1105675E-05	1.0000
24	0	0	0	1	2.1338422E-03	0	0	2.1338422E-03	0.9979
25	0	0	0	1	2.6884416E-03	0	0	2.6884416E-03	0.9973
26	0	0	0	1	3.2405123E-02	0	0	3.2405123E-02	0.9676

(4) Reporter node

Reporter 노드는 분석흐름도를 통한 작업의 개요와 분석흐름도, 이전 노드 작업에 대한 분석결과를 HTML 보고서 형식으로 작성하여준다. 평가(assessment) 노드 뒤에 붙여서 앞서 시행한 S금융사에서는 우수고객과 비 우수고객을 구분 및 예측 모형에 대한 각각의 정오분류표를 볼 수 있다.

다음은 3개의 모형(decision tree, neural network, logistic regression)에 대한 정오분류표를 정리한 것이다.

빈도 (열 퍼센트)		예측 값	
		우수고객	비 우수고객
실제 값	우수고객	2,267 (60.13%)	1,503 (39.87%)
	비 우수고객	557 (1.48%)	36,987 (98.52%)
예측 분류 정확도			95.01%

Decision Tree

빈도 (열 퍼센트)		예측 값	
		우수고객	비 우수고객
실제 값	우수고객	2,029 (53.82%)	1,741 (46.18%)
	비 우수고객	556 (1.48%)	36,988 (98.52%)
분류 정확도			94.82%

Neural Network

빈도 (열 퍼센트)		예측 값	
		우수고객	비 우수고객
실제 값	우수고객	1,946 (51.62%)	1,824 (48.38%)
	비 우수고객	523 (1.39%)	37,021 (98.61%)
예측 분류 정확도			95.01%

Logistic Regression

Chapter 7

A 통신회사의 고객세분화를 위한 데이터마이닝 분석

7

A통신회사의 고객세분화를 위한 데이터마이닝 분석

1 자료수집 및 정제

우리나라의 이동통신 사업은 1960년에 정부를 대상으로 한 수동 교환방식의 IMTS (improved mobile telephone service) 서비스를 시작으로 발전하였으며, 1997년 10월 이후 1,800MHz 대역을 사용한 PCS 서비스가 등장해 치열한 경쟁관계로 돌입하게 되었다. 현재는 통합을(신세기 통신 SKT에 합병, 한솔PCS KTF에 합병) 거쳐 통신 3사(SKT, KTF, KGT : 2002년 이후)로 재편되어 고객서비스와 가입자 증대를 위하여 영업을 하고 있는 상황이다.

이동통신 가입자는 현재 약 4,000만명으로 새로운 변수가 없는 한 가입자가 양적으로 팽창해지는 시장은 없을 것으로 보고 있다. 그동안 통신 3사가 질적인 면 보다 양적인 팽창에 치우쳤다면 이제는 무선컨텐츠의 다양한 확보, 기 가입자들의 질적 업그레이드 등 고객서비스 관점에서 원활한 모바일 비즈니스의 환경 조성을 통해 사업자는 수익을 확보해야 할 것으로 본다.

무선통신 회사로 알려진 A사는 자사 고객들의 행태 분석을 통하여 회원들의 가치를 측정하고 고객세분화를 통하여 분류된 고객들의 특성과 수익률을 살펴봄으로써 효율적인 마케팅 전략수립을 전개함에 있어서 이해를 돕고자 한다.

고객세분화를 위하여 사용된 자료는 2006년 5월 자료이다. 이는 A사가 보유한 현재 가용고객 중 일부를 Sampling하였으며, 회원 당 ID를 통하여 중복되는 회선번호를 통합하거나 제거하였다. 또한 제휴 카드사용에 대한 이력을 통해 향후 통신 매출 외에 다른 부가서비스 항목에 대한 평가를 실행하였다.

그리고 실제로 수익창출에 기여한 회원들을 대상으로 분석을 실시하기 위하여 카드

이력이 1회 이상인 고객들을 추출하여 정제 및 변환과정을 수행한 뒤 34,900개의 데이터를 생성하였다. 또한 구매시기(recency), 총 카드 이용수(frequency), 총 구매금액(monetary)변수와 수립된 모형의 고객 특성을 평가하기 위해 성별, 연령, 직업, 지역, 결혼여부, 차량소유여부 등의 변수들을 선택하여 최종적인 분석데이터를 생성하였다.

다음의 표는 분석에 사용된 변수들로 고객들의 기본적인 인구통계학적인 요소 및 구매 자료를 요약한 것이다.

변 수	설 명	내 용
cust_id	회원번호	고유번호
Sex	성별	1: 남성, 2: 여성
Age	연령	연령
WED_YN	결혼여부	1: 기혼, 2: 미혼
CAR_YN	차량보유여부	1: 소유, 2: 미소유
ALLOTMENT_AMT_AVG6	6개월 평균 할부금액	금액(원)
FOOD_AMT_AVG6	6개월 평균 먹거리 금액	일반음식점 등
OIL_AMT_AVG6	6개월 평균 주유금액	주유소 이용금액
CULTURE_AMT_AVG6	6개월 평균 문화/예술 금액	문화/예술, 영화, 연극 등
MED_AMT_AVG6	6개월 평균 의료비 금액	의료비
EDU_AMT_AVG6	6개월 평균 교육비 금액	학원, 학교 등
OIL_CNT_TOT6	6개월이용 주유소 개수	
M_PERIOD	가입개월수	
DEPARTMENT_AVG6	6개월 평균 백화점 금액	
BANK_AMT_AVG6	6개월 평균 은행이용 금액	은행, 보험 등
POLY_BELL_YN	음원 타입	0:미싱, 1:Beep, 2:4poly, 3:16poly, 4:40poly, 5:64poly
LCD_YN	Color 타입	0:미싱, 1:단색, 2:4gray, 3:256, 4:65k, 5:262k
CCT_FQY_AVG6	6개월 평균서킷 이용시간	
PKT_CNT_AVG6	6개월 평균패킷 사용량	
CAL_CNT_AVG6	6개월 평균 통화호수	
USE_TM_AVG6	6개월 평균 사용시간	
MOBILEINT_CAL_AVG6	6개월 평균 무선인터넷 사용호수	
INFO_AMT_AVG6	6개월 평균 무선인터넷 사용 금액	
MOBILEINT_HIT_AVG6	6개월 평균 무선인터넷 사용 Hit수	
F_ARPU	6개월 평균 ARPU	
USE_SCORE	사용포인트	

변 수	설 명	내 용
USE_PSBL_SCORE	가용포인트	
TOT_ACCUM_SCORE	적립포인트	
OIL_CNT_AVG6	6개월 평균 주유회수	
age1	연령대	5세 단위로 구분화
CARD_TOT_AVG6	6개월 평균 카드 사용금액	
corporationsell	기업가치	
corporationgrade	기업가치 파레토 법칙	파레토법칙 Index
CARD_TOT_AVG6grade	6개월 평균 카드 사용금액 파레토 법칙	파레토법칙 Index
F_ARPUgrade	6개월 평균 ARPU 파레토 법칙 Index	파레토법칙 Index
JOB	직업	01:전문직, 02:공무원, 03:회사원, 04:자영업, 05:주부, 06:학생, 07:직종기타, 08:미상
CNT_AVG6	6개월 평균 카드 이용회수	
AREA	지역	
customergrade	고객가치 파레토 법칙	파레토법칙 Index
custmersell	고객가치	

여기서 Cust_id는 고객 분류 변수이며 이는 직접적으로 분석에 사용되지는 않지만, 각각의 고객이 세분화된 그룹들 중 어디에 속하는지를 파악하여 향후 마케팅 수행에 있어서 DM발송이나 고객관리에 있어서 차별화 된 전략을 수립하는데 중요한 정보를 제공하는 변수이다. A통신사의 주 연령층은 25~40세에 속하는 연령층이 전체의 71%로 많은 비중을 차지하고 있다. 따라서 향후 정확하고 세분화된 전략을 수립하기 위해, 이들을 몇 개의 그룹으로 나누어 분석 범주를 정의하였다. 또한 거주지역은 우편번호를 기준으로 전국 16개의 도 및 광역시로 구분하였고, 총 매출금액, 총 매출수량, 가입기간은 DB에 저장된 원(raw) 데이터를 사용하였다. 분석에 사용된 통계 Package는 SAS 9.1(SAS E-miner)이다.

2 파레토 법칙과 분석

파레토 법칙은 '상위 20%에 속하는 고객들이 전체 매출의 80%를 차지한다'는 이론으로 약 100년 전 이탈리아의 경제학자인 빌프레도 파레토(Vilfredo Paredo)에 의해 처음으로 고안되었다.

실제로 세계적인 On-line 통화 회사의 경우 1년 동안 전체 총 방문객의 비율 중 85%가 상위 20%의 고객이었다는 분석결과에도 잘 나타나듯이 파레토 법칙은 현재 ON-Offline상의 기업들이 자사에 이익을 주는 고객의 가치평가를 위하여 일반적으로 사용하고 있다. 하지만 기업이 가지는 방대한 양의 데이터 속에서 상위 20% 고객을 선별하기란 쉽지 않다. 단지 마케팅의 목적, 매출크기 측정 등 다양한 관점에 따라 과거의 고객 거래이력과 현재 기업에 수익을 주는 정도에 부합되는 기준변수를 선별하여 사용하고 있을 뿐이다.

A통신사의 경우 여러 변수 중 기업의 수익창출에 가장 영향력을 끼친다고 생각되는 총 매출금액과 ARPU(average revenue per unit)를 가지고 파레토 분석을 실시하였다. 또한 총 매출금액을 기업가치와 고객가치로 나누어 세부적인 파레토 법칙의 유무를 점검하였으며, 34,900명의 회원고객의 총 매출금액을 내림차순에 의해 정렬한 후 누적 20%에 해당되는 고객을 우수고객으로 분류하였다.

기업가치는 제휴카드 매출액의 0.2%를 수수료 형태로 얻어지므로 기업가치를 재조정하여 매출을 측정하였다.

> 고객가치 = 6개월 평균 통신 매출 + 6개월 평균 카드 사용금액
> 기업가치 = 6개월 평균 통신 매출 + 6개월 평균 카드 사용금액 × 0.2%

변 수	분 류	평균값	표준편차	최소값	최대값
6개월 평균 통신요금 (F_ARPU)	전체(34,900)	50,149.2	33,141.2	-1,472	992,959
	상위20%(6,980)	99,270.4	40,156.2	68,986	992,959
	하위80%(27,920)	37,869	14,689.8	-1,472	68,985
6개월 평균 카드 사용금액 (CARD_TOT_AVG6)	전체(34,900)	683,853.6	922,492.1	11,401.5	12,370,573.2
	상위20%(6,980)	1,915,055.3	1,484,259.4	862,764	12,370,573.2
	하위80%(27,920)	376,053.1	198,311.6	11,401.5	862,679.8
기업가치 (corporationsell)	전체(34,900)	51,516.9	33,225.1	122.9	996,410.3
	상위20%(6,980)	100,749.6	40,206.1	70,380.7	996,410.3
	하위80%(27,920)	39,208.8	14,775.6	122.9	70,379.6
고객가치 (custmersell)	전체(34,900)	734,002.8	923,672.8	53,901.2	12,396,975.7
	상위20%(6,980)	1,968,665.4	1,481,789.2	918,551	12,396,975.7
	하위80%(27,920)	425,337.1	203,018.6	53,901.2	918,514.8

기업의 입장에서 본 기업가치에서 매출금액이 70,380.7원(상위 20%의 평균금액: 100,749.6) 이상인 고객이 전체 회원들 중 상위 20%에 속하는 우수고객으로 분류되었다. 그러나 전체 34,900명의 매출금액에 대한 평균은 약 50,149.2원으로 상위 20%와 약 50,000여원의 차이가 있음을 알 수 있다.

상위 20%에 해당되는 고객의 수는 34,9005명중 6,980명이며, 총 구매금액은 전체 1,797,941,320원 중 703,232,335원으로 전체의 39.1%를 차지하고 있었다. 이는 파레토 법칙을 정확히 따르지는 않지만, 전체적으로 상위 20%의 우수고객에 대한 중요성을 잘 보여주고 있다.

변　수	상위 20%	하위 80%	합　계	점유율
6개월 평균 통신요금 (F_ARPU)	692,907,395	1,057,300,946	1,750,208,341	39.6%
6개월 평균 카드 사용금액 (CARD_TOT_AVG6)	13,367,086,033	10,499,402,800	23,866,488,833	56.0%
기업가치(corporationsell)	703,232,335	1,094,708,985	1,797,941,320	39.1%
고객가치(custmersell)	13,741,284,235	11,875,412,939	25,616,697,174	53.6%

다음의 표는 총 매출금액(고객가치)을 기준으로 하여 이에 따른 기업가치 및 6개월 평균 통신요금, 6개월 평균 카드 사용금액 등을 보조 지표로 설정하여 상위 20% 구간점을 표시하였다.

총매출금액 (고객가치)	F_ARPU	6개월 평균 카드 사용금액	기업가치	빈도	%	누적 %
12,396,975.7	26402.5	12,370,573.2	51,143.7	1	0.00	0.00
12,348,380.5	19642.7	12,328,737.8	44,300.1	1	0.00	0.00
12,227,676.5	49241	12,178,435.5	73,597.9	1	0.00	0.01
12,224,946	52752.5	12,172,193.5	77,096.9	1	0.00	0.01
⋮	⋮	⋮	⋮	⋮	⋮	⋮
918,551	122,108	796,443.0	123,700.9	1	0.00	20.0
918,514.8	104,256	814258.8	105,884.5	1	0.00	20.0
⋮	⋮	⋮	⋮	⋮	⋮	⋮
53,901.2	20,796	33,105.2	20,862.2	1	0.00	100.0

파레토 법칙 분석을 위한 SAS 프로그램

```
/* 파레토 분석 */
data one; set telco.telco; run;
proc sort data=one; by descending custmersell; run;
data one1; set one; format customergrade $12.;
if _n_<=6980 then customergrade="01.상위20%";
else  customergrade="02.하위80%"; run;

/* 6개월평균 통신요금, 6개월평균 카드 사용금액 */
/* 중략 */
proc sort data=one4; by descending corporationsell;run;
data one5; set one4; format corporationgrade $12.;
if _n_<=6980 then corporationgrade="01.상위20%";
else  corporationgrade="02.하위80%"; run;

/*6개월평균 통신요금의 상위20%와 하위80% 금액 Sum 도출*/
proc means data=one5 sum;
class  F_ARPUgrade; var F_ARPU; run;

/*6개월평균 6개월평균 카드 사용금액의 상위20%와 하위80% 금액 Sum 도출*/
proc means data=one5 sum;
class  CARD_TOT_AVG6grade; var CARD_TOT_AVG6; run;

/*6개월평균 기업가치의 상위20%와 하위80% 금액 Sum 도출*/
proc means data=one5 sum;
class  corporationgrade ; var corporationsell; run;

/*6개월평균 고객가치의 상위20%와 하위80% 금액 Sum 도출*/
proc means data=one5 sum;
class customergrade; var custmersell; run;
```

3 RFM 분석

RFM 분석은 고객의 수익성을 나타내는 세 가지 지표인 Recency, Frequency, Monetary를 변수별로 균등하게 분류한 후 새로운 지표를 생성하여 고객을 세분화시키는 방법이다.

R, F, M의 세 변수를 각각 5개의 세그먼트로 나누어 R값에 의해 고객을 세분화하고 다음으로 F, M값에 의해서 고객을 세분화함으로써, 최종적인 125(5×5×5)개의 RFM 리

스트를 생성하고 향후 관리의 효율성을 높이기 위해 이를 다시 5개의 세분화 그룹으로 나누어 분석을 수행한다.

1) R값 설정 및 빈도

R값을 정의하기 위하여 고객들의 구매 데이터를 최근성에 의거하여 5개 그룹으로 분류하는 것이 일반적이나, A통신사의 경우 1개월 기간의 Data를 기반으로 하고 있고, 또한 제휴 카드 사용금액과 통신금액이 장기적으로 사용가능하다면 기업의 이익에 반영됨으로 최근성을 일반적인 구입시기가 아닌 가입기간으로 선정하였다. 즉 가입시기가 최근(30개월 이내)일수록 가중값을 1로 설정하고 나머지 기간은 수집된 자료의 분포를 고려하여 다음의 표와 같이 분류하였다.

최근 구매시기	R값	빈도	누적%
30개월 이내	1	7,022	20.12
31개월 ~ 55개월	2	6,970	40.09
56개월 ~ 71개월	3	6,466	58.62
72개월 ~ 75개월	4	4,322	71.00
76개월 ~	5	10,120	100.00

2) F값 설정 및 빈도

F값은 A통신사의 특성상 통화호수(CAL_CNT_AVG6)와 카드 사용회수(CNT_AVG6)를 고려한 새로운 변수를 생성할 필요성이 존재하므로 어느 특정한 한 변수만을 선택하여 5개 구간으로 나누기 보다는 두 변수의 조합을 통한 신규변수를 생성하려 한다.

먼저 R값을 생성할 때 처럼 통화호수와 카드 사용회수 각각에 대하여 5구간으로 등급을 나누고, 결과는 다음의 표와 같다.

통화호수에 의해 분류된 F1값 분포

CAL_CNT_AVG6	F1값	빈도	누적%
111.245회 이하	1	6,979	20.00
176.61회 이하	2	6,978	40.00
259.66회 이하	3	6,985	60.01
400.66회 이하	4	6,981	80.01
400.66회 초과	5	6,977	100.00

카드 사용회수에 의해 분류된 F2값 분포

CNT_AVG6	F2값	빈도	누적%
3.3336666667회 이하	1	7,128	20.42
5.034회 이하	2	6,838	40.02
7.2회 이하	3	6,981	60.02
10.999333333회 이하	4	6,979	80.02
10.999333333회 초과	5	6,974	100.00

위와 같이 분류된 통화호수(CAL_CNT_AVG6)와 카드 사용회수(CNT_AVG6)를 조합하여 하나의 Frequency값으로 변환하면 다음과 같이 25개 그룹으로 나타난다.

RFM값	빈도	%	누적 %
11	1,377	3.95	3.95
12	1,440	4.13	8.07
13	1,399	4.01	12.08
14	1,482	4.25	16.33
⋮	⋮	⋮	⋮
52	1,486	4.26	88.80
53	1,341	3.84	92.64
54	1,291	3.70	96.34
55	1,276	3.66	100.00

총 매출을 고려하면 전체 매출액 비중은 0.03(1750208341 : 통신매출) : 0.97(47732977.7 : 카드매출)로 나타나고 있다.

그러므로 F값을 산출하는데 있어 가중값을 다음과 설정하였다.

F값(통화호수와 카드 이용횟수 고려) = 통화호수 × 0.97 + 카드사용횟수 × 0.03

F Score	기존 F1, F2 계층	빈도(%)	Segment Group 명명
4점 초과~5점	45, 51, 52, 53, 54, 55	8,418(24.1)	5점
3점 초과~4점	34, 35, 41, 42, 43, 44	8,422(24.1)	4점
2점 초과~3점	23, 24, 25, 31, 32, 33	8,249(23.6)	3점
1점 초과~2점	12, 13, 14, 15, 21, 22	8,434(24.2)	2점
1점 이하	11	1,377(3.9)	1점

3) M값 설정 및 빈도

M값을 5개로 분류하기 위해 전체 34,900명의 회원에 대하여 총 구매금액(기업가치)을 정렬시킨 후 전체 자료를 균등하게 분할하여 새로운 M값을 설정하였다. 다음의 M값들의 절사점(cutting point)을 보여주고 있다.

총 구매금액	빈도	%	누적 %
122.849	1	0.00	0.00
150.626	1	0.00	0.01
⋮	⋮	⋮	⋮
27605.616	1	0.00	20.00
⋮	⋮	⋮	⋮
37793.015333	1	0.00	40.69
⋮	⋮	⋮	⋮
50327.274	1	0.00	60.00
⋮	⋮	⋮	⋮
70374.036	1	0.00	80.00
⋮	⋮	⋮	⋮
920273.36867	1	0.00	100.00
996410.30333	1	0.00	100.00

따라서 최종적으로 정의된 M값은 다음과 같다.

총 구매금액	M값	빈도	누적%
27605.616원 이하	1	6,979	20.00
37793.015333원 이하	2	6,980	40.00
50327.274원 이하	3	6,980	60.00
70374.036원 이하	4	6,980	80.00
70374.036원 초과	5	6,981	100.00

위와 같은 방법으로 분류된 R, F, M 변수들을 각각의 값에 의해 하나의 RFM값으로 조합하여(5×5×5), 전체 고객을 세분화할 수 있다. 111에서부터 555까지 125개의 자료로 세분화되며, 수익성이 낮은 고객은 R값이 1, F값이 1, M값이 1임을 의미하게 되고, 반대로 RFM=555인 고객은 가장 높은 수익성을 갖는 고객으로 분류될 것이다. 다음의 표는 125개로 나누어진 결과이다.

RFM값	빈도	%	누적 %
111	118	0.34	0.34
112	53	0.15	0.49
113	19	0.05	0.54
114	7	0.02	0.56
115	6	0.02	0.58
⋮	⋮	⋮	⋮
551	479	1.37	94.49
552	466	1.34	95.83
553	460	1.32	97.14
554	454	1.30	98.44
555	543	1.56	100.00

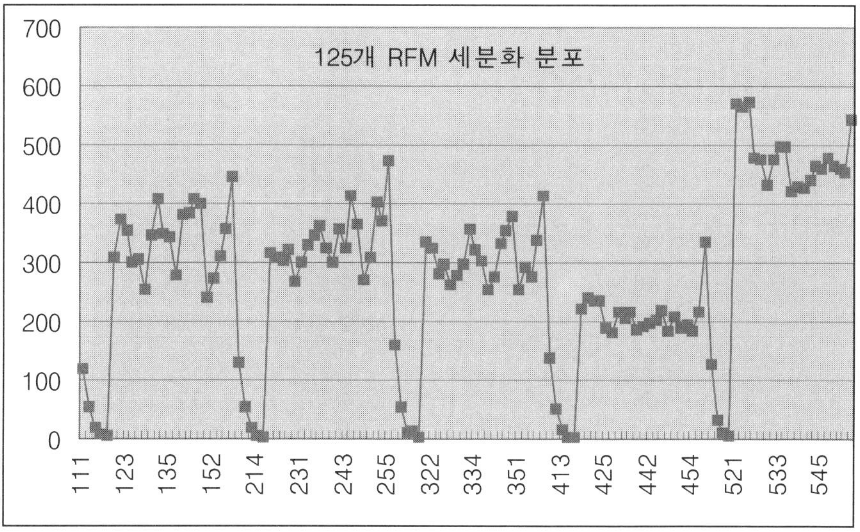

각각의 R, F, M값들을 5개로 분류하여 전체 고객을 125개로 나누어 보았다. 세분화 계층 중 523이 가장 높은 빈도(573)를 가지고 있음을 알 수 있는데, 이는 가입시기가 76개월 이상이며, 통화호수와 카드 이용횟수를 반영한 점수가 2점대이며, 총 매출금액(기업가치) 50327.274원 이하인 고객으로, 전체 고객 중 1.64%를 차지하고 있었다.

각 층별 구성요소를 살펴보면 125층은 너무 세분화된 집단으로 구분되기 때문에 그 구성인원이 3명인 경우도 나타나고 있다. 여기서는 최소한의 고객세분화 기준(5개 그룹)으로 구분하고 실제 마케팅에 적용할 수 있도록 하였다.

가입시기(R), 총 구매수량(F), 총 구매금액(M)에 대한 가중치는 파레토 법칙의 상위 20%고객의 평균값을 기준으로, 실제 점수화를 실시하였을 때의 평균값과 비교하여 가장 유사한 수준에서 각각 0.2, 0.2, 0.6으로 결정하였다. 평균 RFM score는 1에서 5 사이의 값을 가지며, 이를 다시 100점 만점을 기준으로 환산하여 각 고객의 최종 RFM Score를 산출하였다.

고객의 평균 RFM score = 0.2 × R + 0.2 × F + 0.6 × M
RFM score = (평균 RFM score × 100) / 5

이와 같은 점수화를 통해 얻어진 5개 세분화 그룹의 절사점은 RFM score를 동일한 점수 범위로 나누는 곳에서 결정되었다.

RFM scoring을 통한 세분화 그룹의 절사점

RFM 스코어(환산점수)	빈도	%	누적%
20	118	0.34	0.34
24	437	1.25	1.59
⋮	⋮	⋮	⋮
36	1,804	5.17	12.01
40	1,982	5.68	17.69
44	1,982	5.68	23.37
⋮	⋮	⋮	⋮
56	1,997	5.72	43.04
60	2,178	6.24	49.28
64	2,665	7.64	56.92
⋮	⋮	⋮	⋮
76	2,493	7.14	76.48
80	2,043	5.85	82.33
84	1,958	5.61	87.94
⋮	⋮	⋮	⋮
96	677	1.94	98.44
100	543	1.56	100.00

또한 이렇게 RFM 점수화에 의해 생성된 5개의 세분화 그룹은 125개 세분화 계층을 모두 포함하고 있으며, 다음의 표와 같이 그룹화 할 수 있다.

RFM score	기존 RFM 계층	Segment group
80점 초과~100점	**155**, 245, 255, 335, 345, 355, 425, 435, 445, 454, 455, 515, 525, 535, 544, 545, 554, 555.	최우수고객
60점 초과~80점 이하	**115, 125, 134, 135, 144, 145, 154, 215, 224, 225, 234, 235, 244, 253, 254, 314, 315, 324, 325, 334, 343, 344, 353, 354, 414, 415, 424, 433, 434, 443, 444, 453, 514, 523, 524, 553, 534, 543, 552, 553.**	우수고객

40점 초과 ~ 60점 이하	**113, 114, 123, 124, 133, 142, 143, 152, 153, 213, 214, 223, 232, 233, 242, 243, 252, 313, 322, 323, 332, 333, 342, 351, 352, 412, 413, 422, 423, 432, 441, 442, 451, 452, 512, 513, 522, 531, 532, 541, 542, 551.**	일반고객
20점 초과 ~ 40점 이하	**112, 121, 122, 131, 132, 141, 151, 211, 212, 221, 222, 231, 241, 251, 311, 312, 321, 331, 341, 411, 421, 431, 511, 521.**	하위고객
20점 이하	**111.**	최하위고객

결국 5개의 그룹의 세분화 작업결과 RFM score가 80점 초과~100점인 고객을 최우수고객 그룹으로 분류하고 동일한 방법으로 나머지 4개의 그룹을 우수고객, 일반고객, 하위고객, 최하위고객으로 분류하였다. 일반적으로 최우수고객 그룹은 기업의 수익창출에 많은 기여할 것으로 생각되는 고객이며, 그 바로 아래 단계 등급인 우수고객의 최우수고객화로 전이될 수 있도록 마케팅을 전개하는 것이 일반적이다. 또한 최하위고객에 대해서는 이벤트 등을 통하여 구매 의욕을 높일 수 있도록 유도해야 할 것이다.

우선 5개의 세분화 그룹에 대한 R, F, M값의 전체평균은 |표 7-1|과 같이 나타났으며, 이는 실질적으로 34,900명의 전체 고객에 대한 평균으로 해석할 수 있다.

|표 7-1| 전체 그룹에 대한 R, F, M 값의 평균

RFM 전체계층	가입시기(R)	총 구매회수(F)	총 구매금액(M)
평균(average)	56개월 ~ 71개월(55.3)	3.0회	51516.9원
고객수(명)	34,900	34,900	34,900

즉 위의 결과를 살펴보면, 전체 회원고객의 평균근 구매시기에 대한 평균은 56개월 ~ 71개월 사이로 나타났다. 또한 총 구매수량에 대한 평균은 3회로 이는 달동안에 약 3번 정도의 통화나, 신용카드 구매가 일어나는 것을 의미하며, 이 때 총 매출액(기업가치)은 51516.9원으로 나타났다. 그리고 실질적인 점수화을 통해 분류된 세분화그룹의 변수들에 대한 평균의 분포는 다음의 표와 같다.

RFM 그룹	가입시기(R)	총 구매회수(F)	총 구매금액(M)
최우수고객 (6,166명)	64.9개월	3.54회	93,237.8원
우수고객 (11,535명)	55.6개월	2.99회	60,317.3원
일반고객 (11,024명)	54.6개월	3.07회	34816.1원
하위고객 (6,057명)	46.7개월	2.35회	23301.6원
최하위고객 (118명)	17.3개월	1회	19,723.1원

위의 결과 현재 A사의 경우 가입기간이 오래될수록 평균적으로 기업 기여가치가 높게 나타나는 것을 알 수 있다. 특히 우수고객과 최상위 고객 등급은 로얄티를 어느 정도 가지고 있다고 판단할 수 있으며, 타 등급의 우수 고객화를 위하여 Churn 방지 프로그램을 운영한다면 수익성 확보가 지속적으로 가능할 것으로 생각된다.

RFM Score 및 Segment 분석을 위한 SAS 프로그램

```
data one;
set telco.telco;
keep cust_id M_PERIOD  CNT_AVG6  CAL_CNT_AVG6 corporationsell; run;
/* 가입기간 범주화 */
data one1; set one; format re_index $20.;
if  M_PERIOD<=30 then re_index="01.30개월이내";
else if M_PERIOD<=55 then re_index="02.31~55개월이내";
else if M_PERIOD<=71 then re_index="03.56~71개월이내";
else if M_PERIOD<=75 then re_index="04.72~75개월이내";
else re_index="05.76개월이상"; run;

/* 카드사용횟수 범주화 */
data one2; set one1; format f1_index $20.;
if  CNT_AVG6<=3.3336666667 then f1_index="01.3.3336666667이내";
else if CNT_AVG6<=5.034 then f1_index="02.5.034이내";
else if CNT_AVG6<=7.2 then f1_index="03.7.2이내";
else if CNT_AVG6<=10.999333333 then f1_index="04.10.999333333이내";
else f1_index="05.10.999333333초과"; run;

/* 통화 호수 범주화 */
data one3; set one2; format f2_index $20.;
if  CAL_CNT_AVG6<=111.245 then f2_index="01.3.3336666667이내";
else if CAL_CNT_AVG6<=176.61 then f2_index="02.5.034이내";
else if CAL_CNT_AVG6<=259.66 then f2_index="03.7.2이내";
else if CAL_CNT_AVG6<=400.66 then f2_index="04.10.999333333이내";
else f2_index="05.400.66초과"; run;

/* 카드사용횟수 범주화, 통화 호수 범주화 변환*/
data one4; set one3; format fre1_index $20.;
if  CNT_AVG6<=3.3336666667 then fre1_index="1";
else if CNT_AVG6<=5.034 then fre1_index="2";
else if CNT_AVG6<=7.2 then fre1_index="3";
else if CNT_AVG6<=10.999333333 then fre1_index="4";
else fre1_index="5"; run;
```

```
data one5; set one4; format fre2_index $20.;
if  CAL_CNT_AVG6<=111.245 then fre2_index="1";
else if CAL_CNT_AVG6<=176.61 then fre2_index="2";
else if CAL_CNT_AVG6<=259.66 then fre2_index="3";
else if CAL_CNT_AVG6<=400.66 then fre2_index="4";
else fre2_index="5"; run;

/* 카드사용횟수와 통화호수 두 변수의 신규 범주화*/
data one6; set one5; F=compress(trim (fre1_index ||fre2_index)); run;

/* 카드사용횟수와 통화호수 변환율*/
data one7; set one6; frequencyscore=fre1_index*0.97+fre2_index*0.03; run;

/* 최종 frequency 도출*/
data one8; set one7; format frequency_index $20.;
if  frequencyscore<=1 then frequency_index="1";
else if frequencyscore<=2 then frequency_index="2";
else if frequencyscore<=3 then frequency_index="3";
else if frequencyscore<=4 then frequency_index="4";
else frequency_index="5"; run;

/* M 변수 범주화*/
data one9; set one8; format mo_index $24.;
if corporationsell<=27605.616  then mo_index="01.27605.616이하";
else if corporationsell<=37793.015333 then mo_index="02.37793.015333이하";
else if corporationsell<=50327.274 then mo_index="03.50327.274이하";
else if corporationsell<=70374.036 then mo_index="04.70374.036이하";
else mo_index="05.70374.036초과"; run;
data one10; set one9; format re_index1 $20.;
if M_PERIOD<=30 then re_index1="1";
else if M_PERIOD<=55 then re_index1="2";
else if M_PERIOD<=71 then re_index1="3";
else if M_PERIOD<=75 then re_index1="4";
else re_index1="5"; run;
data one11; set one10; format mo_index1 $24.;
if corporationsell<=27605.616  then mo_index1="1";
else if corporationsell<=37793.015333 then mo_index1="2";
else if corporationsell<=50327.274 then mo_index1="3";
else if corporationsell<=70374.036 then mo_index1="4";
else mo_index1="5"; run;

/* RFM SCore 생성을 위한 Matrix를 만들기 위한 사전 작업 */
data one12; set one11;
RFM=compress(trim (re_index1||frequency_index || mo_index1)); run;

/* RFM SCore Matrix의 현황 파악 */
proc freq data=one12; tables rfm; run;

data one13; set one12;
RFMScore=(re_index1*0.2+frequency_index*0.2+mo_index1*0.6)*20; run;

proc freq data=one13; tables rfmscore; run;

/* RFM SCore 도출을 통한 Segmetation */
data telco.RFM; format RFM_index $12.;
if rfmscore<=20 then RFM_index="1";
else if rfmscore<=40 then RFM_index="2";
else if rfmscore<=60 then RFM_index="3";
else if rfmscore<=80 then RFM_index="4";
else RFM_index="5"; run;

proc freq table RFM*RFM_index/ norow nocol nopercent ; run;
```

위의 프로그램을 실행하면 Telco 라이브러리에 RFM이라는 데이터 셋이 만들어진다. 이 데이터셋을 열어보면 지금까지 A통신사 RFM 결과를 확인할 수 있다.

4 Clustering

매출을 바라보는 입장은 기업측면과 고객측면으로 분리해 볼 수 있다. 고객이 일으키는 모든 매출이 기업에 입장에서는 모두가 다 순수 매출일 수 없기 때문이다. A통신사처럼 제휴신용카드를 통한 매출은 그 일부분만이 매출로 환산되지만 통신요금은 모두를 매출로 집계된다고 한다면 통신요금과 제휴신용카드 금액의 경중을 달리 바라볼 수 밖에 없다. 군집분석에서 고객가치와 기업가치를 축으로 고객층을 몇 개의 그룹으로 나누어 보고 그룹 내의 특징을 살펴보겠다.

변수명	변수설명	속성	변수값 설명
Cust_id	Cust_id	Nominal	
corporationsell	기업가치	Interval	기업측면 매출금액
custmersell	고객가치	Interval	순수 고객 매출 금액

1) 군집분석(Clustering) 분석을 위한 분석 흐름도 작성

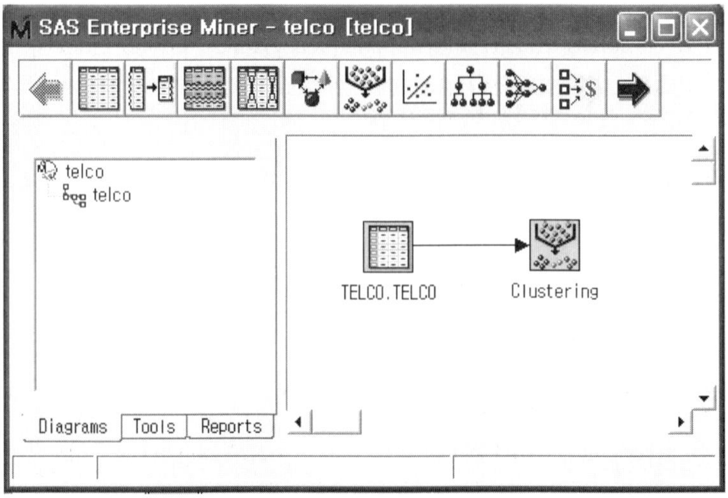

(1) Input Data Source node 설정

Input Data Source node → 데이터 셋 CLOTHES로 지정 → ID 변수를 id로 변환(Model Role)

(2) Clustering Node 설정

① Cluster Node 선택 → 오른쪽 마우스 클릭 → Open → Variable 탭에서 선택될 필드에 음영 → Set Status에서 변수 사용 여부 결정

② 아래 그림은 변수 사용여부를 선택한 결과이며, Variable 탭에서 Default인 None을 사용하였다.

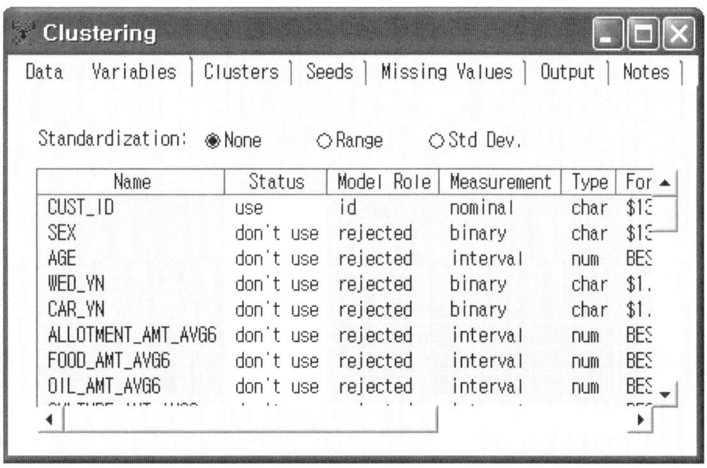

③ Clusters 탭 → Number of Clusters에서 군집의 수를 결정한다. 분석자가 직접 군집의 수를 지정하는 User Specify와 자동으로 군집의 수를 지정하는 Automatic(Default 40) 과정이 있다. 여기서는 User Specify 사용하고 군집의 수를 4로 설정하였다.

〉〉 2) 군집분석(clustering) 결과

군집의 수를 4로 지정한 결과를 보여주고 있으며, 오른쪽 그림을 살펴보면 Custmersell에 대한 정규화 평균이 corporationsell보다 높다는 것은 Custmersell

의 평균이 큰 군집에 많다는 것을 의미한다.

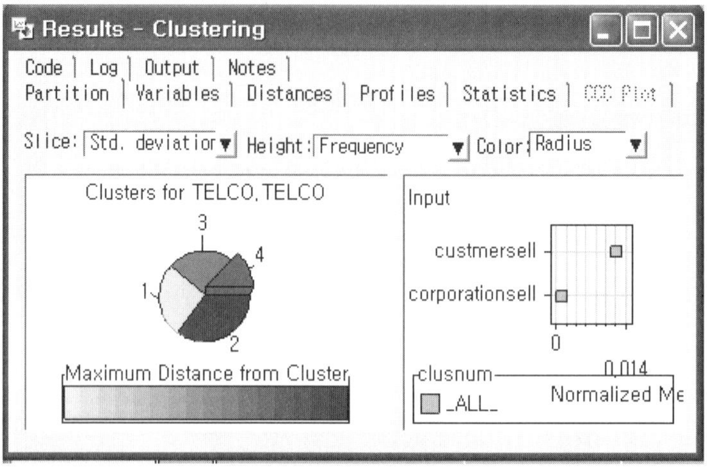

① Distance 탭에서는 다음과 같은 그림이 나오며 '*'는 군집의 중심을 나타내고, 타원은 군집의 반경을 의미한다.

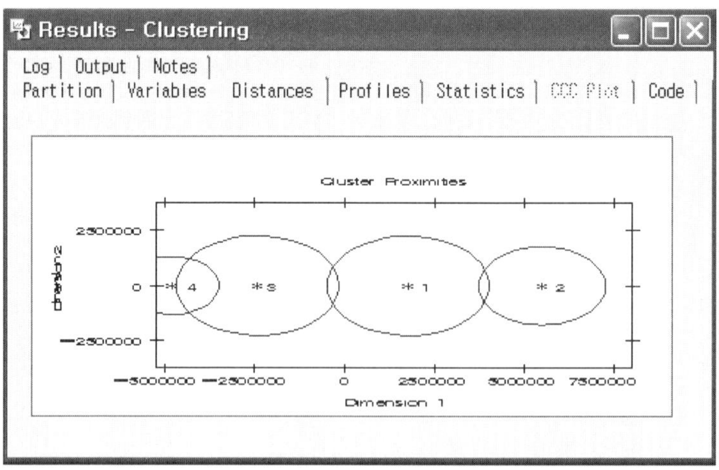

② Statistics 탭에서는 군집의 통계량을 살펴볼 수 있으며, Profiles 탭에서는 군집 1과 군집 2는 빈도수는 적으면서 작은 값을 가지고, 군집 4는 큰 값을 가지고 있음을 알 수 있다.

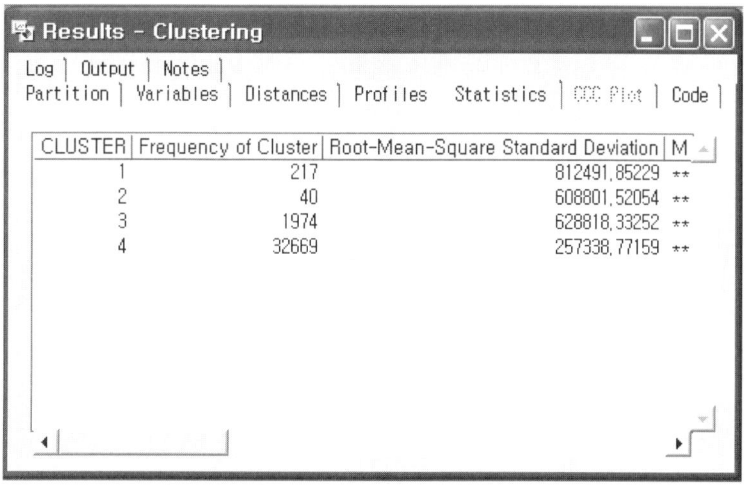

③ SAS Miner의 Emdata → 윈도우 탐색기에서 파일을 열고 데이터 set 확인 → SAS 프로그램에서 기존 Telco Data Set과 Merge 작업(Data set 작업 시 Emdata label이 아닌 Name(_SEGMNT_)으로 작업을 수행하여야 한다.

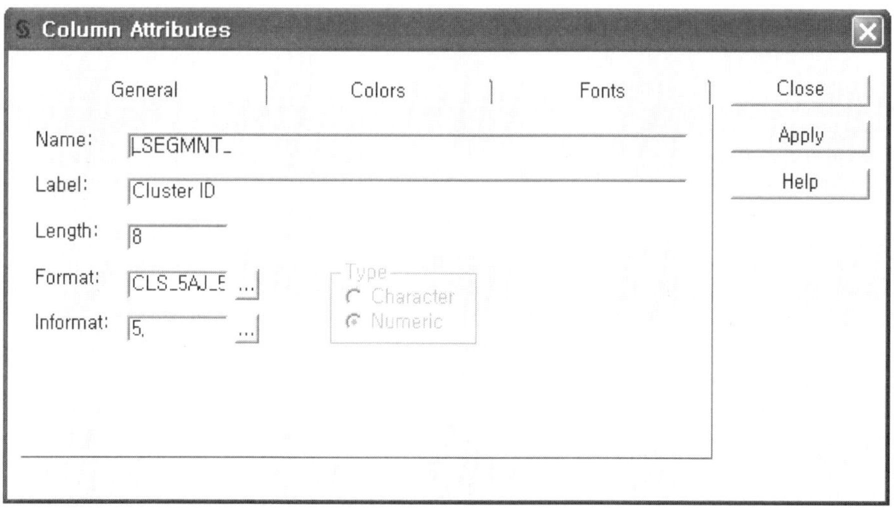

〉〉 3) Cluster의 특성 파악

Cluster 분석을 통해 정해진 4그룹의 특성을 살펴보기 위하여 분석에 사용된 전체 변수에 대하여 각 그룹별 평균값, 도수 분포를 살펴보고 이를 통한 그룹의 특성을 이끌어낸다. 또한 이러한 특성을 반영하여 그룹의 명명도 이루어지게 된다.

다음의 표는 4그룹의 특성을 살펴보기 위하여 각 변수에 대한 평균값을 기재하였다. 그룹2의 경우 백화점과 의료 부분에서 특히 카드 이용금액이 높은 것으로 나타났으며, 고객가치면에서 VIP 그룹으로 볼 수 있다. 그룹3의 특징은 주유횟수 및 주유소 이용개수가 많은 것으로 나타나고 있어 영업사원이나 자영업의 비중이 상당히 높을 것으로 보인다. 그룹1의 특징은 문화/예술 금액, 교육비 금액이 높게 나타나고 있고 연령대도 35 ~ 45세가 주축을 이루고 있다. 그룹4의 경우는 가장 많은 비중을 차지하고 있으나 전반적으로 기업가치나 고객가치가 타 그룹에 비하여 떨어진다. 이는 전체 고객특성을 반영한 결과로 해석된다.

변 수 명	그룹1 (217)	그룹2 (40)	그룹3 (1,974)	그룹4 (32,669)
6개월평균 할부금액	30,394	34,333	21,328	20,599
6개월평균 먹거리 금액	1,767,597	2,698,732	575,906	94,667
6개월평균 주유금액	325,684	114,728	277,676	112,869
6개월평균 문화/예술 금액	956,855	880,456	522,465	24,652
6개월평균 의료비 금액	1,191	129,336	1,699	1,404
6개월평균 교육비 금액	70,510	34,087	34,878	8,304
6개월이용 주유소 개수	6.4	4.9	6.8	5.2
가입개월수	67.1	67.5	63.3	54.7
6개월평균 백화점 금액	2,513,243	3,988,287	1,050,028	171,167
6개월평균 은행이용 금액	34,100	57,384	44,437	17,466
6개월평균서킷 이용시간	1,584	1,457	1,877	2,003
6개월평균패킷 사용량	7,412	1,368	8,094	9,116
6개월평균 통화호수	234	203	248	282
6개월평균 사용시간	16172	14929	19490	20981
6개월 평균 무선인터넷 사용호수	4.9	4.2	4.4	4.1
6개월 평균 무선인터넷 사용 금액	1,956	2,199	2,630	2,178
6개월 평균 무선인터넷 사용 Hit수	7.3	6.9	10.1	6.9
6개월 평균 ARPU	46,614	46,909	51,135	50,117
사용포인트	6,311	5,628	6,802	6,898
가용포인트	6,997	7,824	7,356	6,782
적립포인트	14,069	14,339	15,123	14,620
6개월 평균 주유횟수	3.8	2.1	4.2	2.4
고객가치	7,112,588	10,846,231	2,932,724	546,396
6개월평균 카드 이용횟수	14.3	16.1	13.5	7.5
6개월 평균 카드 사용금액	7,065,974	10,799,322	2,881,589	496,279
기업가치	60,746	68,508	56,898	51,110
주연령대	35·45	35·40	30~40	25~40
성별	남: 81.6%	남: 77.5%	남: 80%	남: 71.5%
지역	서울	경기	-	-
차량소유	85.7%	80%	82%	67%

4) 캠페인 수행 및 ROI 평가

Cluster 분석을 통해 정해진 4그룹에 대하여 SMS와 E-Mail을 통하여 기능성 화장품에 판매를 위한 Test Marketing을 실시하였다. 행사기간은 2006년 9월 4일부터 8일까지 5일간 이었으며, SMS는 고객에게 인지도를 높이기 위한 보조 수단으로 사용하였고, E-Mail은 세부 상품을 담아 발송하였다. 판매는 지정된 오프라인 매장방문을 통한 소비자 구매를 유도하기 위하여 매장 방문 시 샘플을 증정하는 이벤트를 동시에 진행하였다.

변 수	설 명	내 용
cust_id	회원번호	고유번호
SEGMNT	Segment	그룹세분화
SMS_rec_Cnt	SMS 수신	
SMS_Response	SMS 반응	
SMS_currency	SMS 통화료	SMS 반응시 통화료 부가내역
e_mail_Rec_Cnt	e_mail 수신	
e_mail_Open	e_mail Open	e_mail Open Index
e_mail_Click	e_mail Click	e_mail Click Index
Campaign_sell		판매금액

캠페인 결과 그룹간의 차이가 뚜렷하게 구별되는 것을 확인할 수 있다. 다음의 표를 살펴보면 그룹2의 경우 인원(40명)은 작으나 구매율, 구매금액 및 수익 측면에서 높게 나타나고 있어 다른 그룹과 차별성을 보이고 있고, 그룹1의 경우 그룹전체 수익(213,124.8원)은 떨어지나 구매자 평균 금액이 177,724원으로 사이트 전체 특성치라 볼 수 있는 그룹4보다는 다소 높은 것으로 파악되고 있다. 그룹3의 경우 세그먼트 상의 무선인터넷 사용량(2,630원)이 높게 나타나는 것과 같은 SMS 반응이나 통화료 부분에서 평균적으로 상당히 높게 나타나고 있음을 보여주고 있다. 그러나 e-mail 채널의 Open이나 Click 면에서는 다소 반응이 저조하며, 이 집단은 특히 SMS 채널 등 무선에 많은 의존도를 높이고 있음을 반증한다. 그러므로 향후 즉시성을 요하는 캠페인 등을 수행할 때 이 집단에 대한 집중적인 마케팅이 가능할 것으로 생각한다.

또한 사이트 전체적인 수익성을 높이기 위해서는 그룹4에서 타 그룹으로의 이동성을 증대시키기 위한 고객 Retention 작업들이 지속적으로 전개되어야 할 것이다.

우선 순위의 이벤트 참여 기회와 고객에 대한 혜택을 지속적으로 제공한다면 고객과의 커뮤니케이션을 높일 수 있기에 그룹 내의 가치는 점점 상승할 것으로 기대된다.

항 목	그룹1 (217)	그룹2 (40)	그룹3 (1,974)	그룹4 (32,669)
SMS 수신자수	217	40	1,974	32,669
SMS 반응자수	11	2	151	1,601
SMS 반응률	5.1%	5.0%	7.6%	4.9%
SMS 반응자의 평균 통화료	776	805	1,216.9	793
통화료 금액	8,536	1,610	183,754	1,269,535
e_mail_Open자수	33	8	257	2,940
e_mail_Open률	15.2%	20.0%	13.0%	9.0%
e_mail_Click자수	4	2	26	323
e_mail 수신대비 Click률	1.8%	5.0%	1.3%	1.0%
e_mail_Open대비 Click률	12.1%	25.0%	10.1%	11.0%
SMS 반응자중 구매자수	1	0	1	6
e_mail_Open자 중 구매자수	2	2	7	63
구매자 평균 금액	177,724	431,997	53,635.8	10,116.1
총금액	355,448	863,994	375,451	637,315.7
그룹 평균구매금액(총금액/수신자수)	1,638	21,599	190.2	19.5
채널 비용(SMS : 30원, E-mail 10원)	8,680	1,600	78,960	1,306,760
상품마진(60%)	142,179.2	345,597.6	150,180.4	254,926.3
수익(총금액+통화료금액-채널비용-상품마진)	213,124.8	518,406.4	330,064.6	345,164
그룹4 인원으로 늘어날 경우 예측 구매자수	301.1	1,633.5	115.8	63

Chapter 8

성공적인 CRM을 위한 제안서와 실증분석

[1] PS은행의 CRM을 위한 제안서

1. 비즈니스 환경
2. 금융산업의 CRM 전략
3. PS은행 CRM 전략

[2] 우체국금융 CRM 실증적 구축방안

1. CRM 구축방법
2. 환경분석
3. 고객분석
4. CRM 전략방향설정
5. CRM 프로세스분석
6. 분석(analytical) CRM
7. CRM 단계별 구축 방안
8. 우체국금융의 마케팅 전략

8 성공적인 CRM을 위한 제안서와 실증분석

1 비즈니스 환경

1) 비즈니스 추세

디지털기술

결합성(connectivity)	+	**협동성**(collaboration)
○ 인터넷 및 정보 네트워크 활용 ○ 마케팅, 판매, 구매활동 등의 전자상거래 수행		○ 디지털 기술을 활용하여 기업내, 기업간, 기업과 고객간의 Value Chain 연계 및 기업 경영의 투명성 확보

e-비즈니스의 도래

○ 새로운 채널 확보를 통한 매출 증대
○ 신규사업기회확보
○ 운영(operation) 효율성 향상 및 비용 절감 가능

2) 금융산업의 환경변화

- ○ 금융시장의 자유화, 세계화 : 업종장벽의 완화, 세계적 은행의 국내시장 진입
- ○ 무한경쟁, 적자생존 : 거대은행들의 소비자 금융시장 진입
- ○ 동종업계간 상품의 차별성 약화
- ○ 신 테크놀로지 : 인터넷, 사이버뱅킹
- ○ 새로운 비즈니스 경영 : 리엔지니어링, 조직감축, 구조조정
- ○ 경제가치의 변화 : 지적자산의 중요성 부각(H/W → S/W)

3) 금융산업 경쟁환경분석

정 부

- ○ 대부분의 시장에서 높은 규제
- ○ 점차 규제완화 추세
- ○ 변화를 감당하기 위한 대책

진입가능자

증권사, 보험사, 캐피탈 회사, 우체국, 온라인 증권, 신탁회사, 종금사, 신용금고

경 제

- ○ 은행은 경제변화에 고도로 민감
- ○ 경제상황은 효율적 서비스에 영향을 미침
- ○ 경제의 '다양화' 추세

공 급 자

오라클, SAP, SAS, IBM, EDS, Microsoft

경쟁자

시중은행

고 객

- ○ 대부분 제대로 서비스 받지 못하는 상태
- ○ 점차 금리에 민감해짐
- ○ 금융상품도 일종의 물자
- ○ 특권의식의 점차 감소

테크놀러지

- ○ 은행 외 테크놀러지 기업이 큰 위협
- ○ 인터넷의 급격한 팽창
- ○ 전략적 제휴시 경쟁력 증대가능

대체자

뮤추얼, 증권, 보험, 채권, MMF(Money Market Funds) 부동산

인구통계

- ○ 세계인구 60억(1999), 69억(2010)
- ○ 선진국의 인구 고령화 추세
- ○ 잠재고객 대부분 미개발국에 존재
  - 국가 리스크의 이슈화
- ○ 고객의 판단 및 선택능력 증가

4) 패러다임의 변화

(1) 관계중심의 패러다임 변화

	현존의 패러다임	새로운 패러다임
Focus	성장 및 시장 점유율	효율성과 수익성
	고객확보(acquisition)	고객유지(retention)
마케팅	매스마케팅	타겟 마케팅
	감성기반의 마케팅	정보기반의 마케팅
세분화	기본적 고객 세분화	고객가치에 기초한 고객 세분화
고객서비스	약간강조	강한 강조
고객접촉	제한적임	높음
고객몰입	제한적임	높음

관계중심

(2) 매체환경의 변화

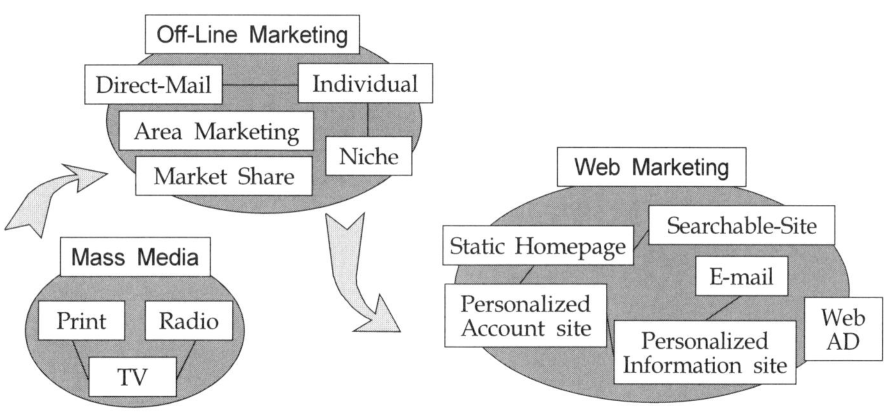

- Mass Marketing
- Percent Value
- Know/Manage Your Product
- Market Share
- Manual Campaign
- Sales Channel Management

Requirement & Issue

One-To-One/Target Marketing
Cross/Up-selling
Life Time Value
Personalization
Know/Manage Your Customers
Customer Retentioin
Campaign Automation
Channel Management

(3) 비즈니스기회

"새로운, 변화된 환경에 맞는 repositioning의 필요성 대두"

○ 고객과의 수익창출 관계를 만들기 위한 조직(organization), 전략(strategy), 과정(process), 기술(technology)을 재정립

○ 효율적인 고객관리를 통하여 수익창출고객의 유지 및 획득관리

"고객관계중심의 경영(CRM)"

2 금융산업의 CRM 전략

1) 금융산업의 CRM 도입배경

- 신규예금 50% 이상, 수익의 70% 이상이 기존고객으로부터 창출(선진국의 검증사례)
- 미디어를 이용한 광고마케팅 효과의 약화
- 고객상호작용순환(customer interaction cycle) 중심의 접근을 위한 분석 요구

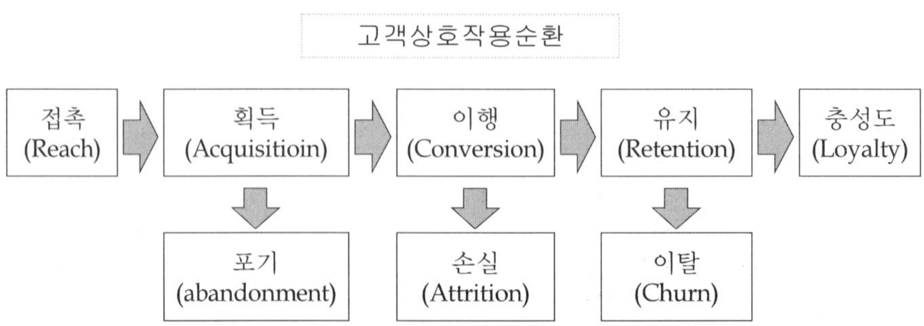

"누가 어떠한 행동을 취하는가?
얼마나 많은 고객이, 왜 떠나는가?
중점관리대상은 누구인가?"
문제제기 – 무엇을 근거로, 어떻게 대응할 것인가?

"고객 유지율을 5% 포인트 증가시키면 평균 고객의 가치는 25~100% 증가된다."
"신규고객획득에 소요되는 평균 비용은 기존고객 유지비용보다 5~10배 높다."

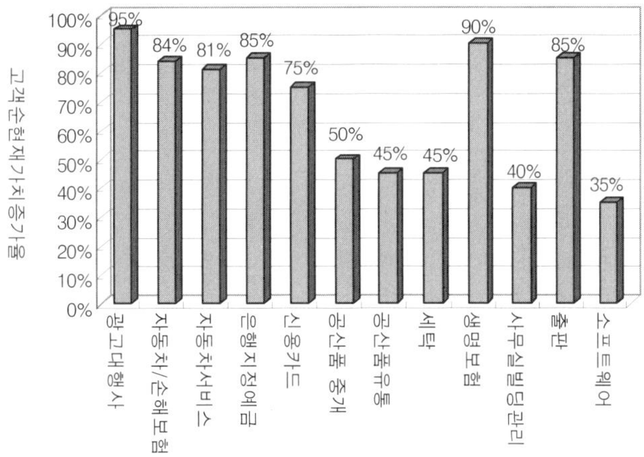

고객유지율(고객로열티)이 수익성(고객가치)에 미치는 영향
(베인&캠퍼니)

2) 고객상호작용순환에 따른 차별화 전략

단 계	의 미	행동과 측정	은행의 차별화전략
접 촉	Target 고객의 관심	광고, DM발송, 웹사이트 광고, 주변사람의 추천	차별화된 이미지, 광고, 서비스노출
획 득	고객의 참여	매장방문, 웹사이트방, Survey에 참여, 상담요구, 이벤트참여 문의	차별화된 서비스, 가격, 고객중심 판매 상담절차 다양한 접촉채널 확보 (웹, 폰, ATM)
이 행	목적에 고객이 도달	개설등록, 상품구매	일괄거래(on-stop)관계 시작 관계의 폭, 깊이 확대 (전담직원제_관계에 따른 가격 차별화
유 지	요구행동의 반복	시간에 따른 재방문 반복참여 재구매 활동	이동점포, 인터넷뱅킹, 폰뱅킹, 모바일뱅킹, 제휴서비스(카드, 증권), 지역행사 등을 통한 교류
충성도	수익을 주는 관계	충성도 발휘, 구전, 추천, 스스로 활동 참여	고객만족도 확인 스스로 참여하는 마케팅 진행

3) 고객생애순환(customer life cycle) 및 소득수준에 따른 고객 세분화

나이 / 금융	18 ~ 24 (학생)	25 ~ 34 (신흥부부세대)	35 ~ 44 (기반안정세대)	54+ (성숙세대)
니즈 (Need)	○일반거래 ○학생대출 ○유학경비송금	○결혼에 따른 주택, 전세, 자동차구입의 자금 소요 ○일반거래의 편리성 중시(효율적 시간관리) ○고수익 예금	○내집마련 ○자녀교육 ○예금, 대출 ○위험관리 ○카드 ○일반거래의 편의성 + 수익성	○부모님 부양 ○자녀결혼 ○고수익 투자, 세금 ○노후대책 ○위험관리
전략적 위치	○미래고객확보	○고객기반 마련	○거래관계 활성화	○고객충성도 고양
소득수준별 상품군	○거래통장 ○카드 ○학생대출 ○유학생서비스 ○콜링카드	○거래통장 ○마이너스 대출 ○카드 ○대출(주택, 가계자금, 자동차, 학자금) ○투자상품	○거래통장 ○골드카드 ○주택구입대출 ○자동차대출 ○보험 ○투자상품 ○자산관리계좌	○자산관리 계좌 ○플래티늄카드 ○연금신탁 ○VIP 고객서비스 ○수익증권 등 투자 상품 ○보험 ○주택담보 대출

4) 금융산업의 마케팅 프로세스

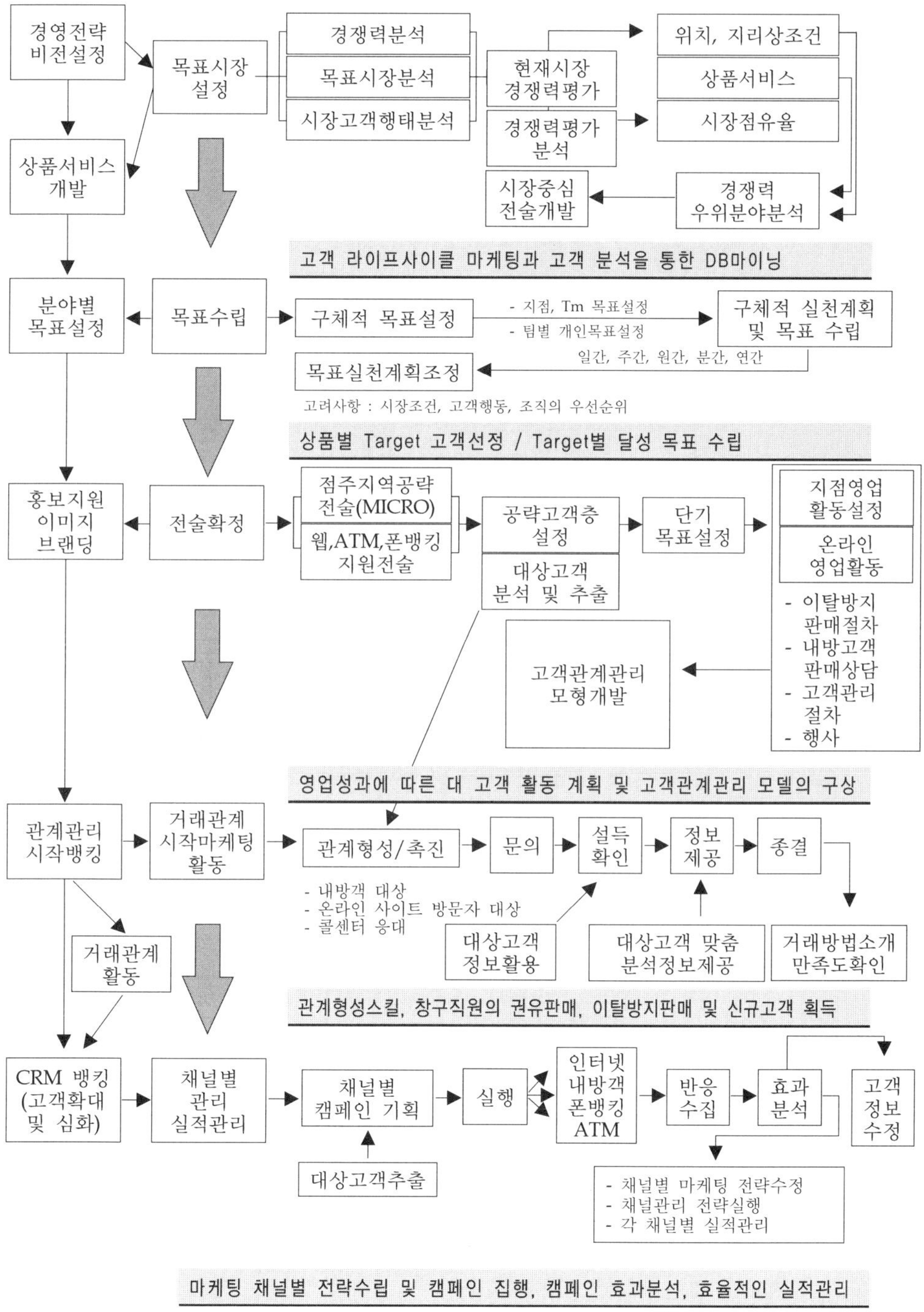

5) 금융사업 CRM Framework

(1) CRM Flow

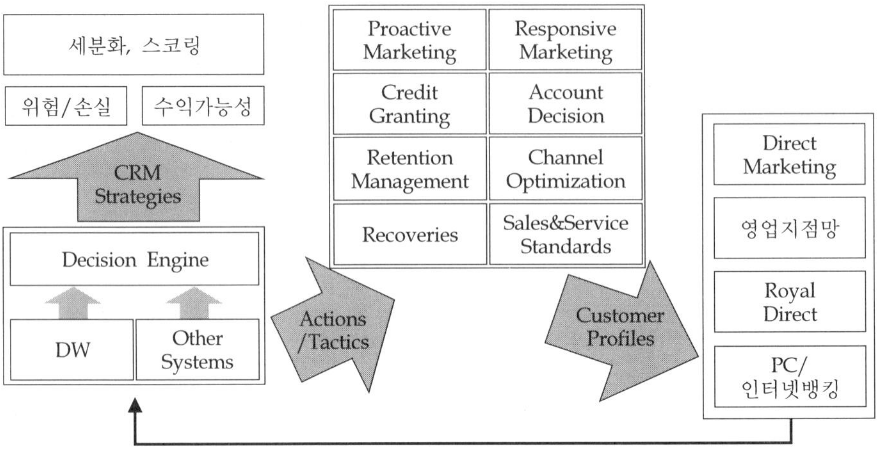

(2) System Framework

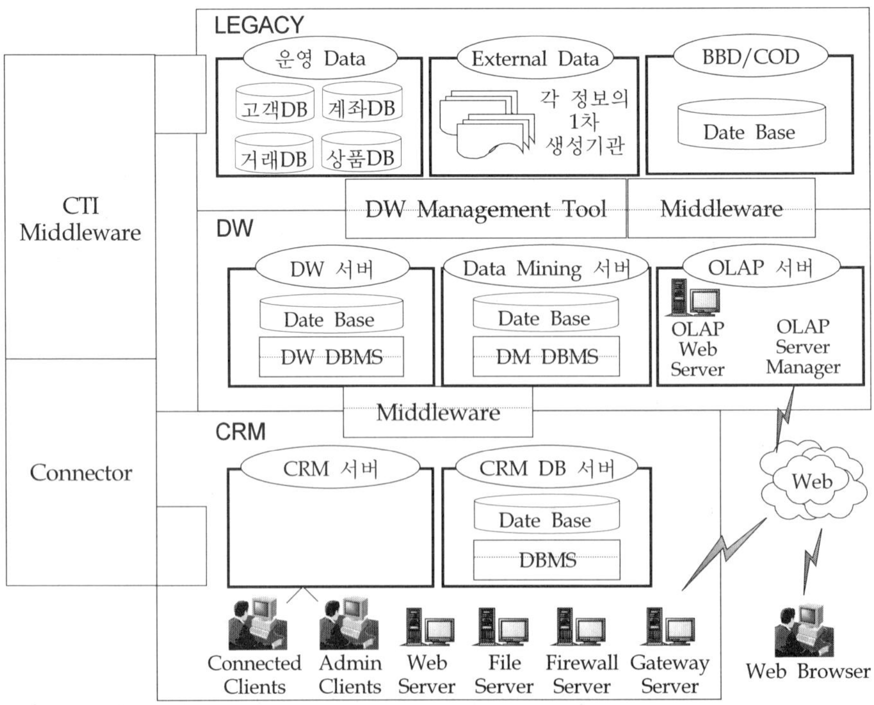

3 PS은행 CRM 전략

1) 전략접근방법

(1) 고객의 특성분석

- ㅇ수익성이 높은 고객은 누구이며, 그들의 특성은 무엇인가?
- ㅇ다양한 상품 중 연관성이 높은 상품들은 무엇인가?
- ㅇ각 상품의 주 고객 군은 어떤 특성을 가지고 있는가?
- ㅇ거래접점매체(창구, 인터넷, 전화, mobile 등)별로 고객은 어떠한 성향을 가지는가?
- ㅇ대출여부판단을 위한 각 고객의 신용평점을 어떻게 정의할 것인가?
- ㅇ고객의 등급 부여를 위한 기준은 어떻게 정의할 것인가?
- ㅇ계좌를 해지하는 고객은 누구이며 해지 가능 고객을 어떻게 예측할 것인가?
- ㅇ휴면계좌를 가진 고객들은 누구이며, 그 특성은 무엇인가?
- ㅇ신용카드의 부정사용을 어떻게 탐지할 것인가?

(2) CRM의 종류

① 데이터마이닝 기반의 과학적이고 체계적인 분석 CRM

② 종합자산관리(wrap account)시스템 기반의 운영 CRM

③ 캠페인 관리 시스템 기반의 협업 CRM

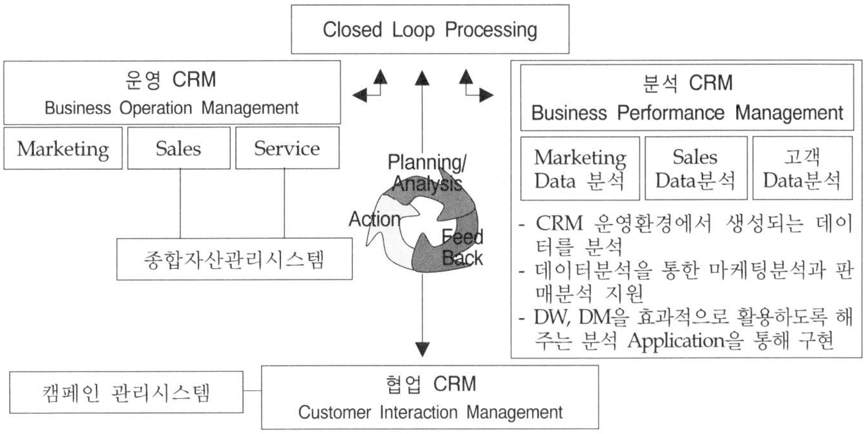

(3) CRM 분석대상

	영업분석정보	영업분석 D/W	Cross/up Selling
영업 및 마케팅	거래유지분석	영업력에 의한 세분화분석	외환/타사 동시 가입자 분석
	고객인별분석	고객수에 의한 세분 시장 관리	복수거래 상품 특성 분석
	영업경쟁력분석	수익성 기준 세분시장 분석	동시판매 상품 특성 분석
	가망고객분석	Area Marketing 지원	종합자산관리
	상품분석	Campaign 진행 효과분석	

	신규고객획득	우수고객관리	고객이탈관리
고객	Market Basket 분석	우수고객 등급선정	고객위험도 관리
	연체기록분석	방문 및 등급이력	고객성향, 행위분석
	신용불량 거래분석	고객 충성도 분석	이윤구조개선
	인적특성 및 고객특성분석	우량고객 특성 및 원인분석	Market Trend 분석
	고객별 종합 Scoring	서비스 제공 차별화	이자 지급 관리

(4) 데이터마이닝

① 데이터마이닝의 개념

○ 다차원분석을 통한 수익변화요인 도출
○ 고객 Clustering
○ 고객 세분화
○ 상품 포지셔닝 Map 분석 및 설계
※ House-Holding 분석

↓

수익변화요인, 고객 유형 및 성향, 상품 포지셔닝 Map

↓

① 고객에 대한 차별화된 마케팅을 전개하기 위한 자료 제공
② 고객에 대한 투자 유도시 영업사원에게 정보제공
③ 고객관계관리 만족도 향상

② 데이터 마이닝의 분석내용

가. 다차원분석을 통한 시장 점유율 영향 요인 도출	
분석 방법	차원별 이탈고객 분석, 수익분석
분석 목적	차원별 이탈고객, 수익 변화추이 파악, 이탈고객수와 수익변화 변동폭이 큰 기간 구별

나. 고객 Clustering	
분석 방법	Average linkage, Centroid, Word's minimum-variance 등
분석 목적	기준별로 속성이 비슷한 유사군집 고객을 구분하여 마케팅 활동시 활용

기대효과	1. 고객에 대한 차별화된 마케팅을 전개하기 위한 자료제공 2. 고객에 대한 투자유도시 영업사원에게 정보제공 3. 고객관계관리 만족도 향상

다. 고객 Segmentation	
분석 방법	데이터마이닝 분석을 통해 세분고객의 속성 도출
분석 목적	mining을 통해 고객을 scoring, 각 속성별로 고객을 1차원 및 2차원으로 분석 고객세분화

라. 상품포지셔닝 Map 분석 및 설계	
분석 방법	연관성분석
분석 목적	마이닝을 통해 투자상품간 연관성정도 파악, 상품의 포지셔닝 Map 구축

③ 데이터마이닝의 과정

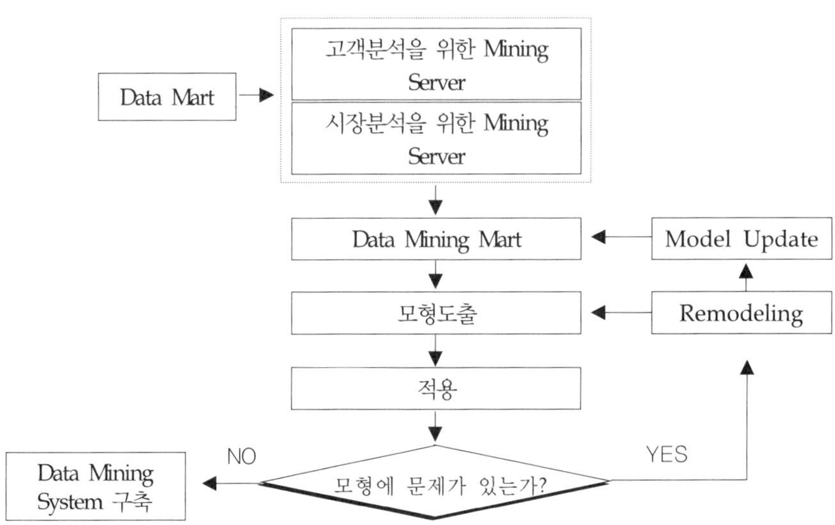

가. 다차원분석을 통한 수익변화 요인 도출

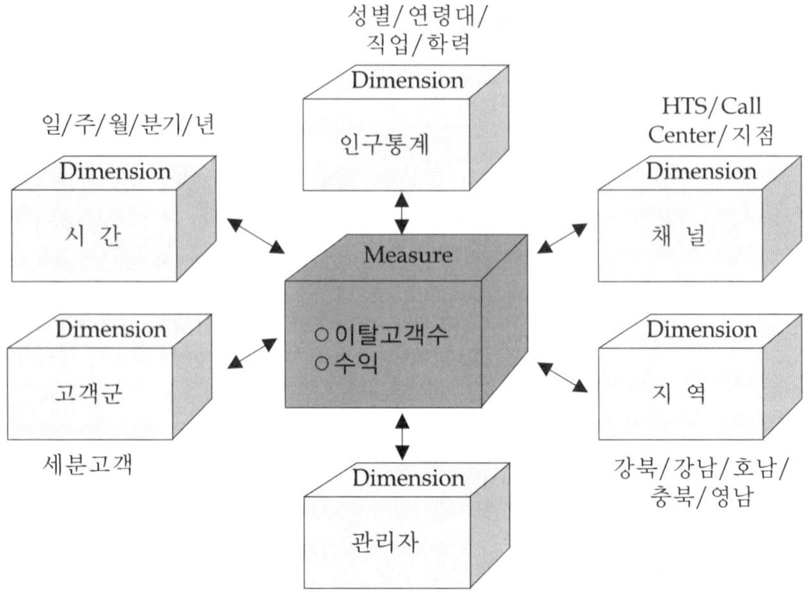

나. 고객세분화

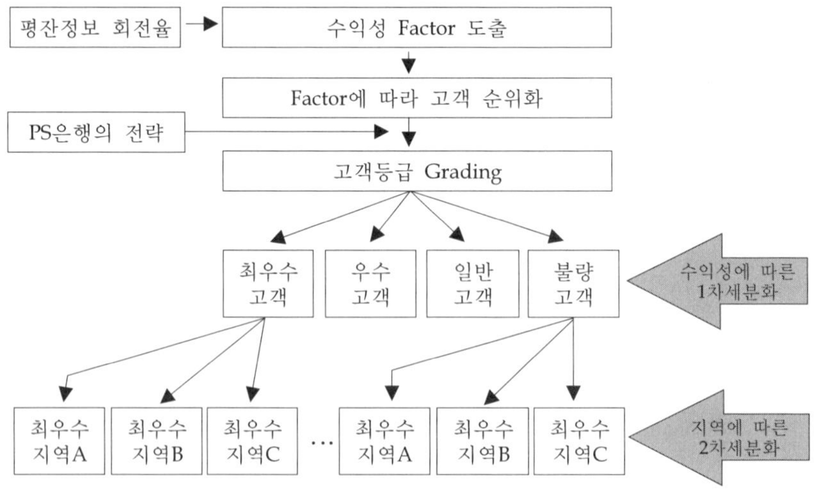

다. 고객세분화

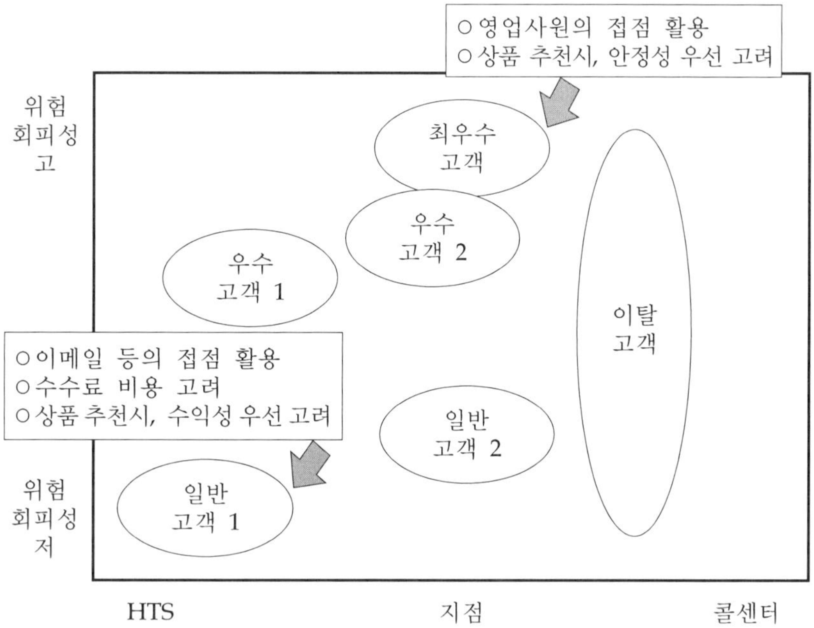

(5) 업계현황 파악 및 PS은행의 포지셔닝

○각종 거시경제지표, 금융정책의 변화에 대한 조사

○경쟁사 동향 파악

○기간에 따라 PS은행과 관련된 사건 조사

○기준별 고객평가 정보수집

PS 은행의 Positioning Map

1. 은행업계에 대한 전반적인 이해

2. 은행업계에서의 PS은행의 Positining

각종거시경제지표, 금융정책의 변화에 대한 조사	
경쟁사 동향 파악	- 은행사별 시장점유율 변동 현황 파악 - 은행사별 수지구조, 경영지표에 대한 비교 - 은행사별 지점 현황 및 영업 실적 파악 - 은행사별 캠페인 현황 및 실적 파악 - 은행사별 신상품 출시 현황 및 상품에 대한 반응 파악 - 신규 은행사/ 외국은행사 진출 현황 및 성과 파악 - 경쟁사의 신 시스템 도입, 개발, 구축현황 파악
기간에 따라 PS은행과 관련된 사건 조사	타은행의 합병, 경쟁은행의 정리, 전산장애, 수익률 변화 추이, 관련기사, 악성루머
기준별 고객 평가 정보 수집	수익성, 시스템 편리성, 안정성, 정보제공성, 제공서비스 등

↓

PS은행의 Positioning Map 도출

↓

기대효과	1. 은행업계 대한 전반적인 이해 2. 은행업계에서의 PS은행의 Positioning 파악

(6) 마케팅 분석

○ 상품분석

○ 고객접점(영업, 서비스망) 분석

○ 고객세분화에 따른 마케팅 차별화를 위한 현행 마케팅전략 분석

○ Brand Value 분석

↓

마케팅 분석 결과 보고서

↓

1. PS은행의 마케팅 활동 효과 파악
2. 경쟁력 제고를 위한 대응 방안 마련 및 효과적 자원 배분
3. 브랜드 통합 및 관리 정도 파악

① 상품분석

분석목적	시장경쟁구조분석을 통한 상품별 Competence 파악 및 포지셔닝 Map 구성
분석방법	- 상품별 수익률 분석 - 핵심/열등상품 파악 및 원인분석 - 활성화 방안 실행 및 효과분석 - 상품 포지셔닝 분석
분석결과	- 핵신상품 재강화 및 열등상품 보완 방안 마련 - 효율성 및 수익성 제고를 위한 상품 포지셔닝 Map 재설계

② 고객접점(영업, 서비스망)분석

분석목적	영업지점·채널별 수익분석을 통한 지점관리 및 채널관리의 효율성 증대
분석방법	- 영업지점·접점채널별 수익분석 - 타 지방은행 /일반은행과의 경쟁분석
분석결과	- 지점별 경쟁력 강화방안, 지점배치의 최적화 방안, 지점관이의 효율성 방안 마련 - 채널별 효과적 자원배분

③ Brand Value 분석

분석목적	기업이미지 및 신뢰도 제고를 위한 브랜드 가치 측정
분석방법	- Quota Dampling - 설문지를 활용한 1:1 individual interview - 브랜드 인지도, 로열티, 이미지 조사 - 브랜드 연상조사 - 속성별(서비스 품질, 상품품질, 안전성, 편리성, 수익성 등)평가 - 브랜드 커뮤니케이션 채널 및 미디어 분석 - 브랜드 로열티 활성화 방안 실행 및 효과분석
분석결과	- PS은행의 브랜드 가치평가 - 브랜드 강/약점 파악 - 브랜드 커뮤니케이션 채널 파악

기대효과	1. PS은행의 현 마케팅 활동효과 파악 2. 경쟁력 제고를 위한 대응방안 마련 및 자원의 효과적 배분 3. 브랜드 통합 및 관리 정도 분석

④ 상품 포지셔닝 분석 및 설계

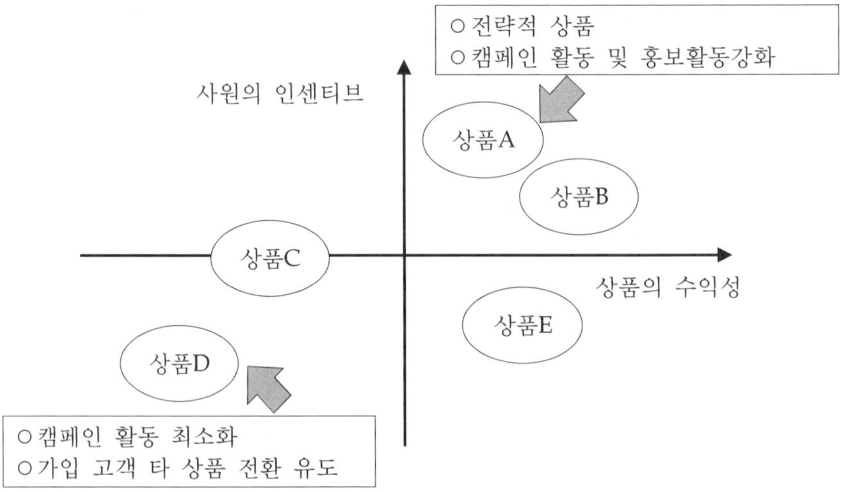

(7) 캠페인관리 시스템

① 캠페인 관리시스템의 구성

PLANNER	각 목적별로 대상 상품, 고객, 채널 등의 세부항목 선택 및 내용 구성 등을 통해 개별 캠페인을 구성하는 기능 구현
HISTORY	개별 캠페인에 대한 내용, 진행상태, 고객반응, 효과분석 등을 여러 기준으로 조회할 수 있는 기능 구현
ADMIN	실행관리, 스케줄관리, 용품관리, 비용관리 등 캠페인의 기본설정을 관리하는 기능 구현
효과분석	기본반응 Report, 효과 Report, 추가 상세분석으로 캠페인의 효과를 관리하는 기능 구현

② 캠페인 관리시스템의 내용

- ○ Topic : 고객의 주요한 이벤트를 찾아서 적절한 서비스를 실시
- ○ 시스템 기능 : 고객의 마음변화, 행동변화, 환경변화 등 탐색, 고객의 변화를 정량화

- 고객의 마음변화 : 불평, 불만, 상품문의
- 고객의 행동변화 : 체널 사용의 변화, 재정 환경변화, 거래상품변경
- 고객의 환경변화 : 지불수단 변경, 고액입금/출금, 계좌 개설/해지, 거리지역 변화

○ 기타관리항목

- 상담/클리닉, 기념일, 전산장애, 상품만기 도래, 각종 문의, 조회, 투자 성향변화, 공모주 발행, 유상 청약, 미수금 빈발, 신용거래 담보 부족, 긴급정보, 거래빈도수 변화

③ 캠페인 관리 시스템의 전체 구성도

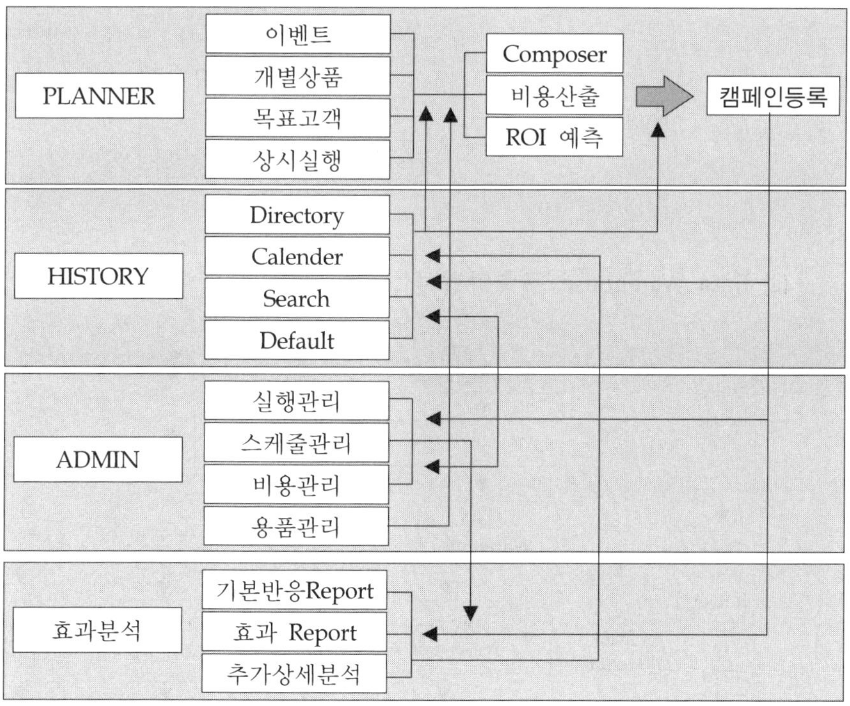

2) Data Warehousing

(1) Data Warehouse

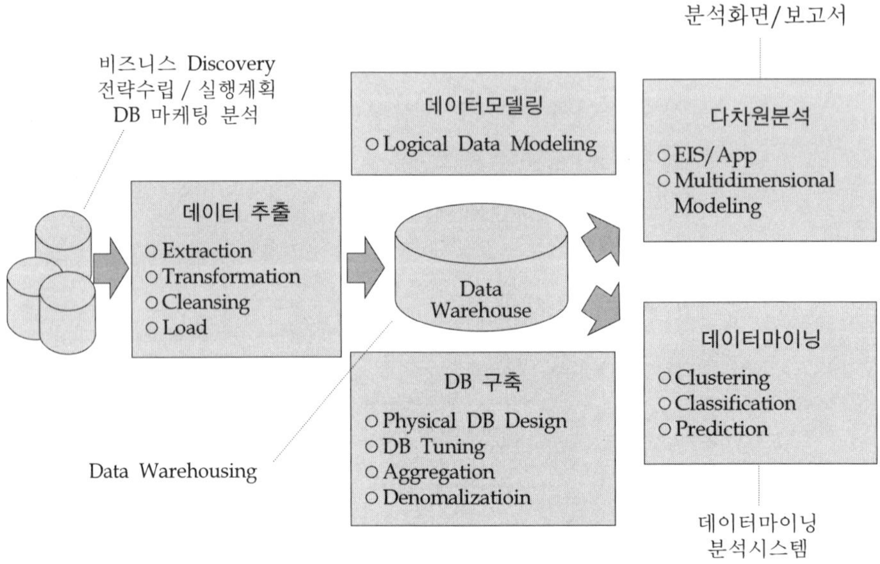

(2) Data Warehouse 구축방법론

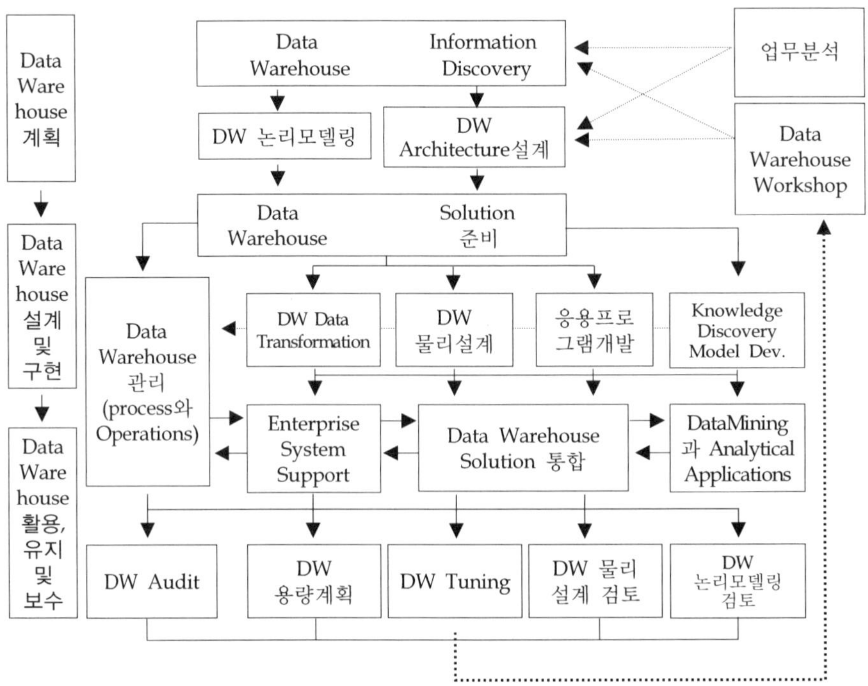

(3) Data Warehouse Architecture

효율적 정보관리를 위한 기반 구조 확립

- 통합 DB를 통해 운영계와 정보계의 데이터 일관성 유지
- 통합 DB를 기반으로 필요한 데이터마트 구축 지원

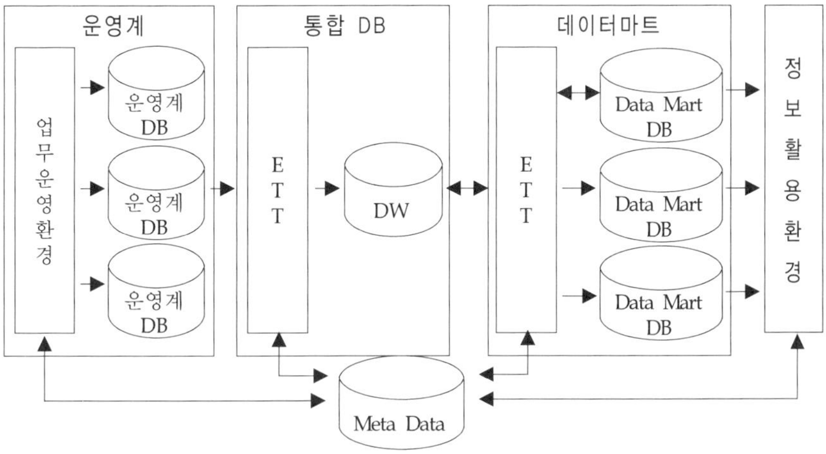

3) Analytical CRM

(1) Process & Subject Area

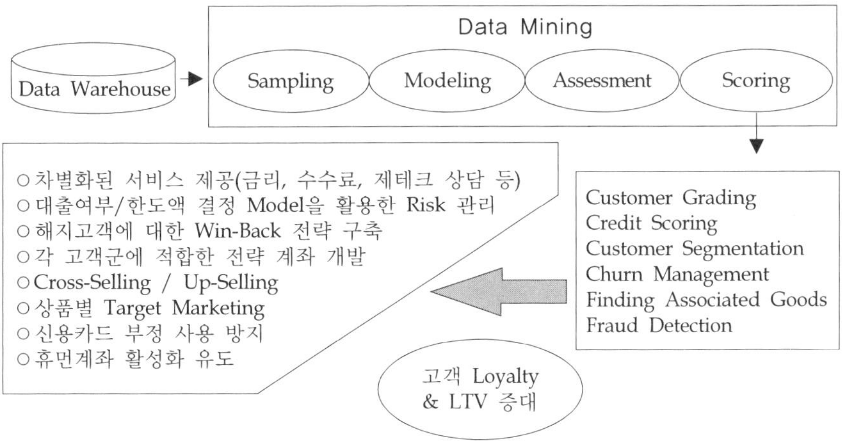

(2) Applying the Analytical CRM

① Customer Grading

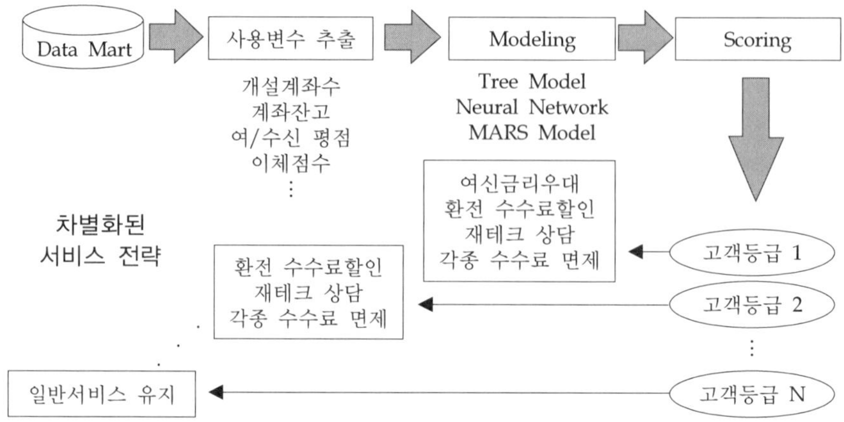

② Recommendation / Association

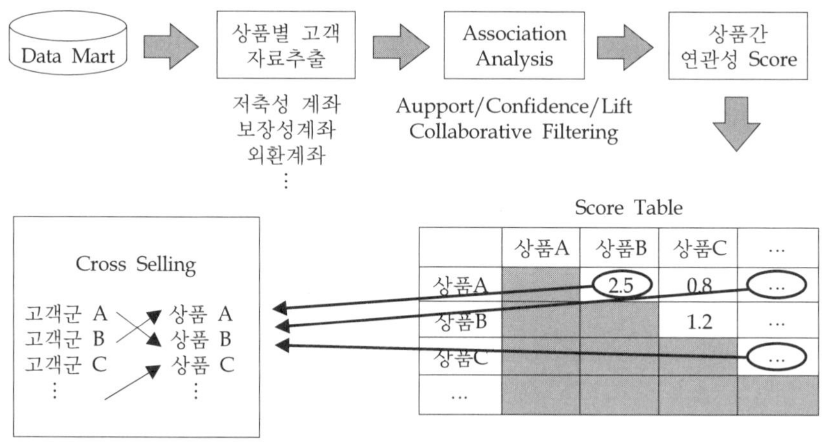

③ Credit Scoring

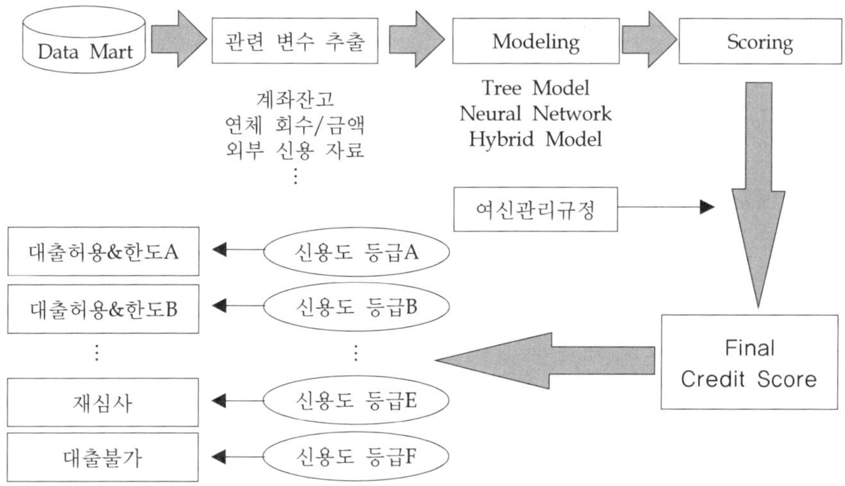

④ Customer Segmentation

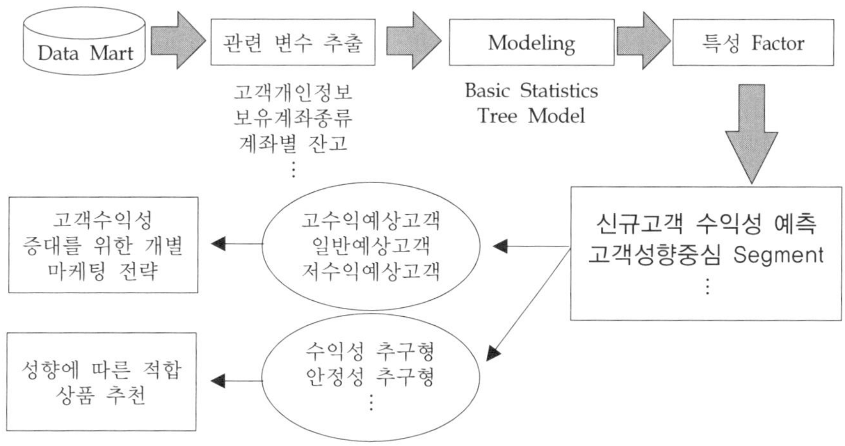

⑤ Churn Management

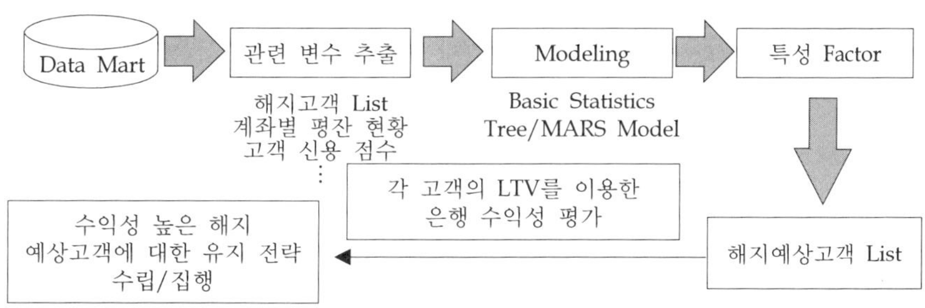

⑥ Channel Analysis

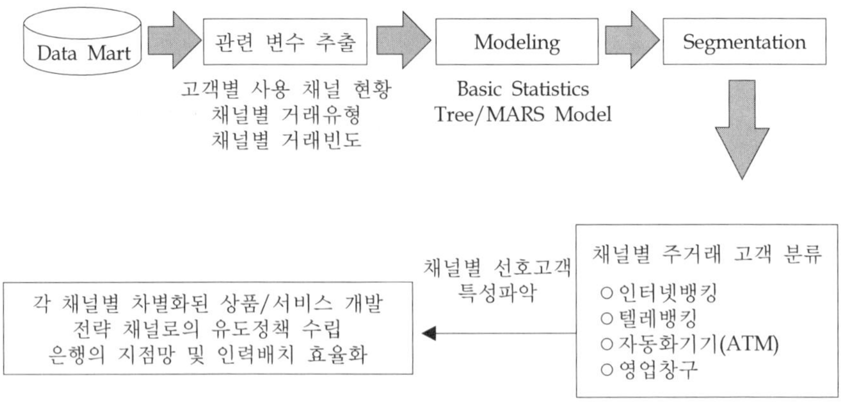

(3) Lifetime Value에 의한 고객 세분화

전통적 고객 세분화 : 단일기준에 의한 직관적 세준화	○ 상품에 의한 세분화 ○ 연령에 의한 세분화 ○ 지역에 따른 세분화 ○ 예치액에 따른 세분화

다기준 스코어에 의한 고객 세분화	○ 모델에 의한 세분화 ○ RFM에 의한 세분화 ○ LTV에 의한 세분화

① 종합적 LTV 산정모델

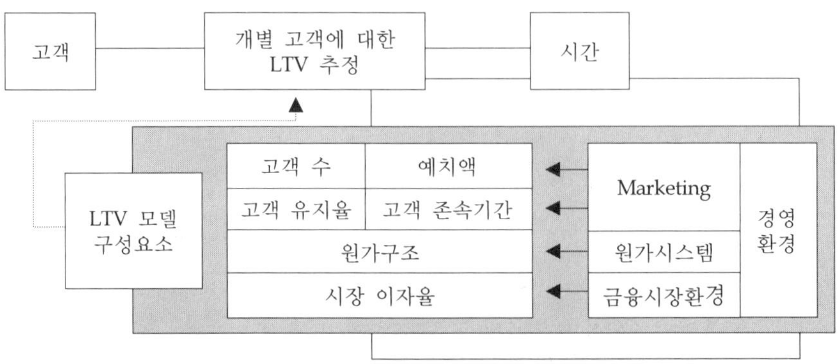

② LTV에 의한 고객 세분화

전체활동 고객 → 고객별 LTV산출 → LTV기준 세분화

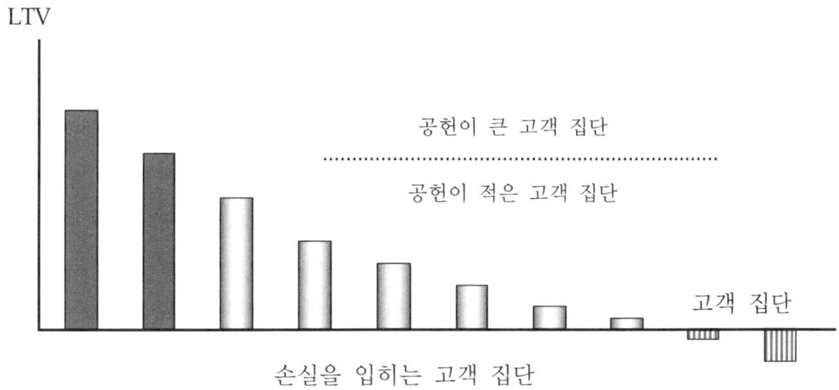

4) Operational CRM

① 운영계와 고객탐색 행동 정보를 Web On-line에 반영하고 실제 Web 상의 고객 행위가 운영계에 반영되는 운영 CRM의 구축

② 궁극적으로 고객이 운영계를 직접 Update하며 은행과 고객이 대화하는 장소로 Web을 인식

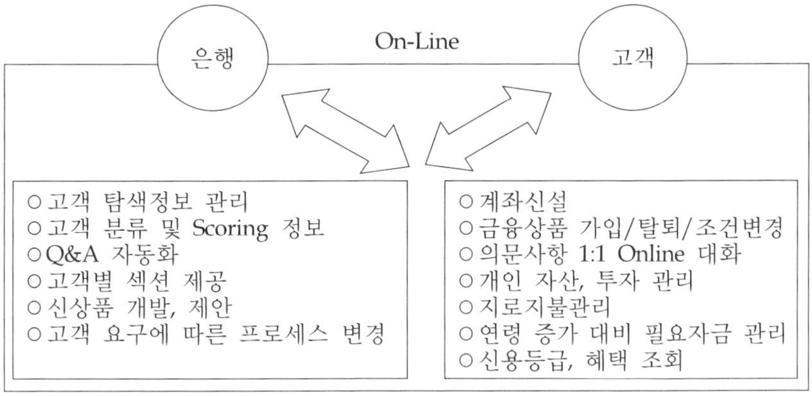

③ Wrap Account

고객의 자산관리 수요 증대와 금융산업 통합 흐름에 따른 도입 필요성 증대. 현재 증권사 중심의 상품 판매가 이루어지고 있으나 향후 시장 확대에 대한 준비 필요

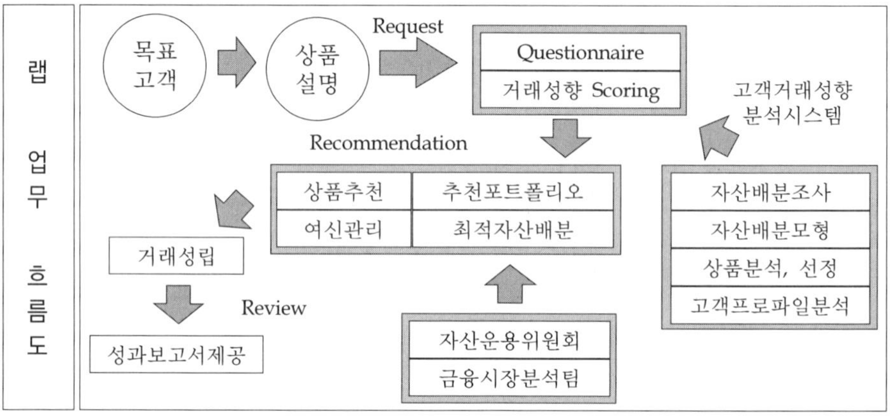

5) Collaborative CRM

(1) 캠페인관리의 구성

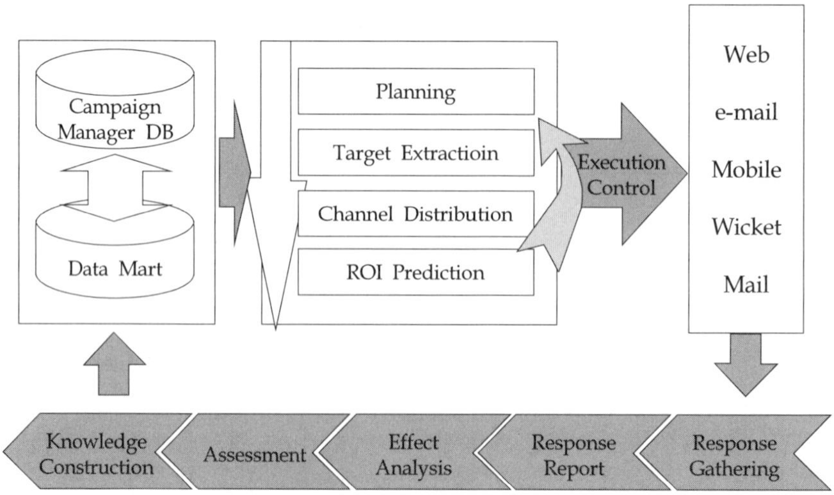

(2) 캠페인 관리의 과정

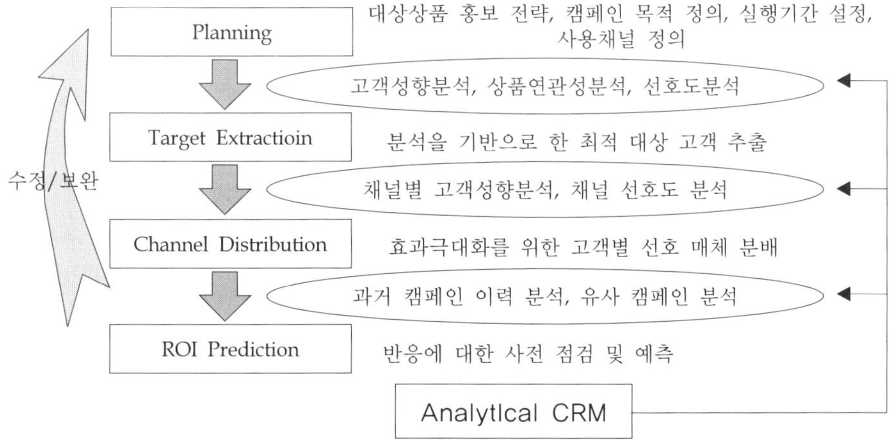

(3) 캠페인 워크 플로우

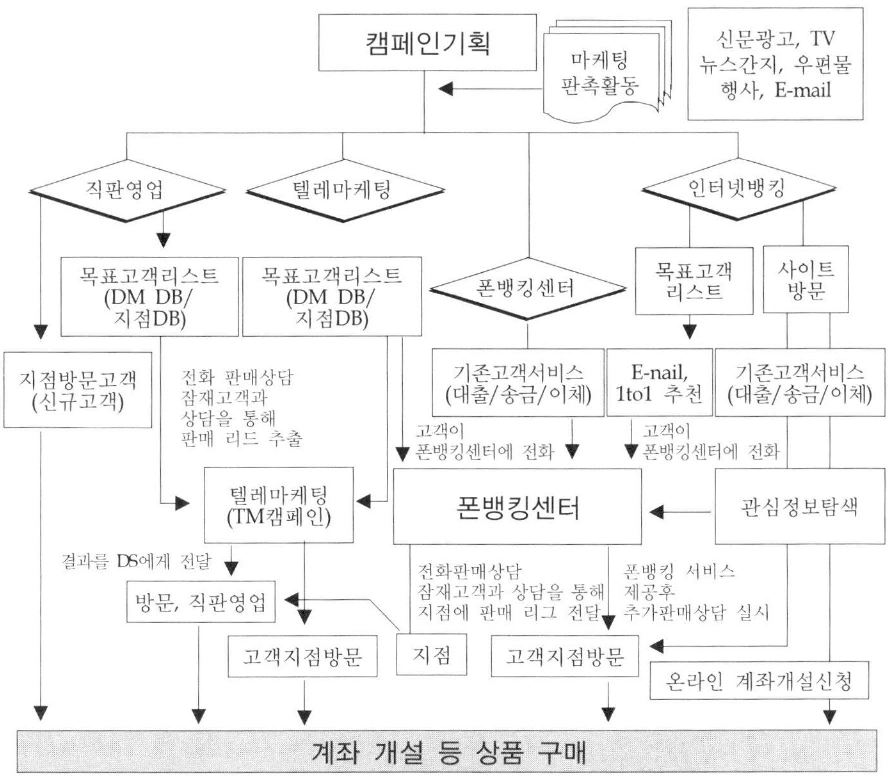

4 조직과 일정

1) 수행조직도

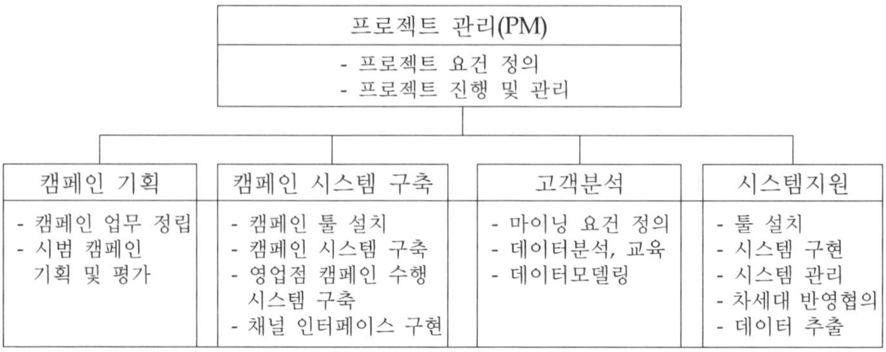

2) 수행절차

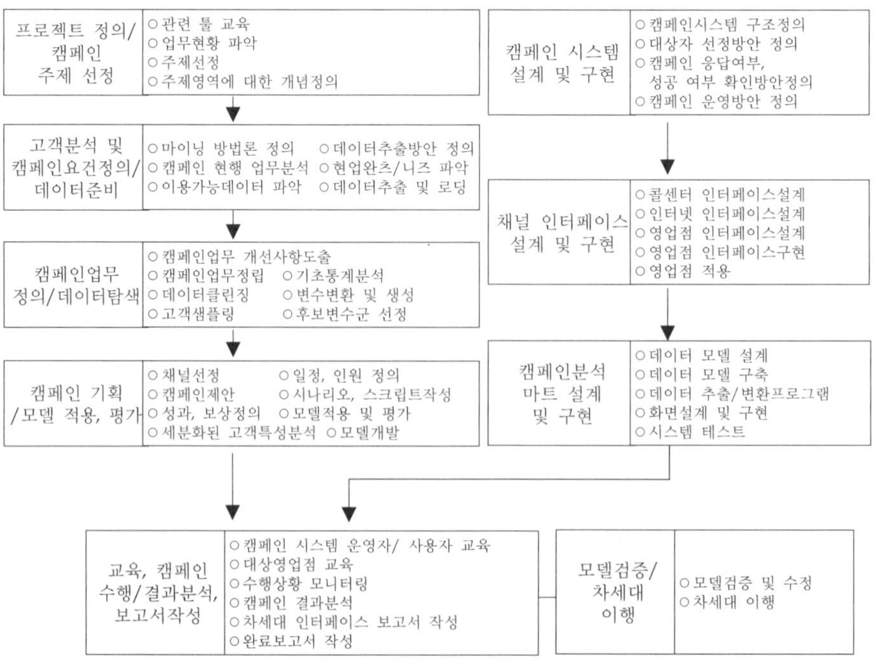

》 3) 수행일정

구분	작업	0	1	2	3	4	5	6	7	8	9	10	11	12	13	14	15	16	17	18	19	20	21	22	23	24
	프로젝트 준비																									
주제선정 및 요건정의	주제선정																									
	업무현황파악																									
	주제선정																									
	주제영역에 대한 개념 정의																									
	고객분석 요건정의					☆ 모델구축계획서																				
	프로젝트 범위 및 마이닝 방법론 정의																									
	데이터추출방안 정의																									
	캠페인 요건 정의						☆ 캠페인 요건 정의서																			
	캠페인 현행 업무 분석																									
	캠페인 업무에 대한 현업 Wants/Needs 파악																									
	캠페인 결과분석 요건 정의							◆ 요건 정의서																		
	체널정의 및 환경분석																									
고객분석	데이터준비				☆ 추출데이터 리스트 및 요청서																					
	이용가능 데이터 파악																									
	각 필드에 대한 이해																									
	추출데이터 정의																									
	데이터추출 및 로딩																									
	데이터탐색											☆ 분포확인서, 변환규칙 정의서														
	기초통계분석																									
	데이터클린징																									
	변수변환 및 derived 변수 생성																									
	고객샘플링										☆			샘플데이터 정의서												
	후보변수군 선정											☆ 통계적 검증표, 후보변수 목록														
	데이터검증																									
	마이닝 기법을 이용한 모델개발														☆ 후보모델 비교분석표											
	모델 적용 및 평가																									
	모델적용을 위한 데이터 추출																									
	모델 정제 및 수정																									
	최종모델선정																									
	세분화된 고객특성분석																									
	세분화 기준이 되는 주요변수 결정																									
	고객스코어링 및 대상고객 선정																									
	대상 고객 특성 분석																									
	완료보고서																									
	보고서작성								최종모델, 프로그램 목록/개요서, 테이블 레이아웃																	
	Mining 결과보고																	☆								
	마이닝 요건차세대 반영방안 협의																	◆ 중간보고서								

		2	3	4	5	6	7	8	9	10	11	12	13	14	15	16	17	18	19	20	21	22	23	24	25	26
캠페인 구현	캠페인업무정의							☆	캠페인업무 흐름도																	
	캠페인업무 개선사항도출																									
	캠페인업무 정립																									
	캠페인 기획														☆	캠페인 실행계획서										
	캠페인실행 채널선정																									
	캠페인스케쥴 /투입인원정의																									
	캠페인 제안선정																									
	캠페인시나리오 /스크립트작성																									
	캠페인 성과/보상정의																									
	캠페인 수행																			캠페인 결과보고서						☆
	캠페인수행상황 모니터링																									
	캠페인 결과분석																									
	캠페인 요건의 차세대 반영방안 협의																									
시스템 구현 및 테스트	시스템설치																									
	H/W설치			계약		test						운영														
	S/W install(SAS)																									
	고객데이터 추출정형화																									
	캠페인시스템 설계 및 구현										☆	캠페인 관리시스템 설계서														
	캠페인 시스템 구조 정의																									
	대상자 선정방안 정의																									
	캠페인 응답여부 확인방안 정의																									
	캠페인 성공여부 확인방안 정의																									
	캠페인 운영방안 정의																									
	채널 interface 설계 및 구현	채널인터페이스설계서							☆		☆	캠페인수행프로그램 설계서														
	Call center interface설계																									
	e-CRM interface 설계																									
	영업점 interface 설계																									
	영업점 interface 구현																									
	영업점 적용																									
	캠페인 분석마트 설계 및 구현																									
	데이터모델설계																									
	데이터모델구축																									
	데이터 추출 /변환 프로그램 작성																									
	화면설계																									
	화면구현																									
	시스템 테스트																☆	테스트계획 및 결과보고서								
	캠페인 수행준비																									
교육 및 보고서작성	운영자교육																									
	사용자 교육																									
	SAS 교육																									
	캠페인수행대상 영업점 교육																									
	보고서작성																									
	차세대 interface 방안작성																						완료보고서			
	완료보고서 작성																									◆

[2] 우체국금융 CRM 실증적 구축방안[1]

1 CRM 구축방법

우체국 금융의 CRM 구축방법은 크게 전략(strategy), 프로세스(process), 그리고 정보기술(information technology)의 세 부분으로 나누어 볼 수 있다.

전략부분에서는 우체국 금융에 대한 비전을 제시하고 우체국 금융의 SWOT분석에 의해서, 환경분석을 한다. 또한 고객은 세분화된 고객으로 분석하여 우체국 예금고객의 특성지표를 만든다. 따라서 환경분석과 고객분석을 한 후에 CRM의 목적을 달성하기 위한 CRM의 전략방향을 설정하게 된다.

프로세스(process)부분에서는 CRM 프로세스를 분석하기 위하여 CRM 프레임 워크와 CRM 시스템를 살펴보고 분석적(analytical) CRM을 설명하게 된다.

정보기술 부분에서는 현행정보시스템을 분석하여 향후 구축하게 될 분석적 CRM 시스템에 대해서 설명하였다.

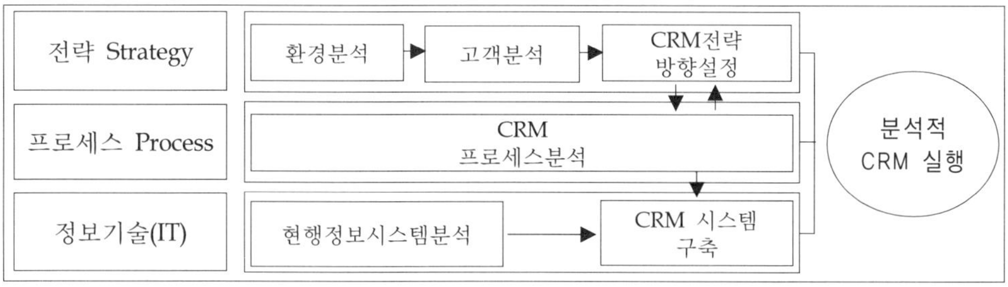

|그림 8-1| 우체국금융의 CRM 구축방법

1) 김연형, '우체국 금융의 선진 마케팅 체제 구축을 위한 고객관리시스템 구축방안 연구'에서 발췌 요약하였음, 2002. 2. 정보통신부.

2 환경분석

1) 비전수립

비전을 개발하고자 할 때 몇 가지 고려해야 할 사항이 있다. 전사적 차원에서 대고객 접촉이나 관리시에 가장 큰 저항요인은 무엇인가? 회사의 발전을 지속하기 위해 어떠한 방법으로 이러한 저항요인을 제거 또는 재조정해야 할 것인가? 최근 여러분의 회사가 직면했던 변화들에 대해 생각해보아야 한다. 당시 회사와 경영자의 반응은 어떠했는가? 그리고 그들은 어떻게 반응했어야 하는가?

우리 스스로에게 자문해 보아야 한다. 조직을 변화시키고자 할 때 가장 큰 조직 내 장애물은 무엇인지 솔직하고 명확하게 판단해 보아야 한다. 그런 다음 이러한 장애물들을 처리할 수 있는 방안에 대해서 생각해 보아야 한다. 또한 함께 일하는 동료들에게 솔직해야 한다. 서비스문화를 달성하기 위해서는 자기 만족에서 벗어나야 한다고 이야기해야 한다. 고객을 알고 개별적으로 대우하는 데이터웨어하우스, 웹어플리케이션 등과 같은 선진기법과 전통적인 구시대의 비즈니스 윤리를 융합시키는 과정이 난해하거나 힘들 수 있다는 점에 대해서 이야기를 해야 한다. 모든 구성원들이 당신의 회사가 장기적으로 나아가야 할 방향을 알고 있지만 변화를 시도하는 과정에서 가끔씩 회사의 일상업무에 미치는 충격이 뜻하지 않게 간과될 수도 있음을 구성원들에게 솔직하게 말해야 한다. 그리고 구성원들에게 실수는 용납될 수 있지만 저항은 용납될 수 없다고 말해야 한다.

마지막으로 구성원들에게 도움을 청해야 한다. 그들이 CRM 등에 관한 지식을 습득하고 이를 이해할 수 있어야 한다. 그들이 회사를 도와 이러한 원리들을 회사의 경영철학, 풍토, 조직구성 원리에 통합시킬 수 있는 방법을 제시할 수 있어야 한다. 또한 항상 그들과 커뮤니케이션 라인을 오픈해 두어야 한다. 이야기를 나누고, 상대방의 말을 기울여 듣고, 찬성·반대를 통해 이를 적절히 다루는 과정은 무엇보다 중요하다고 할 수 있다.

이상에서 설명한 비전수립에 대한 내용을 고려해서 다음과 같은 우체국금융의 비전을 제시할 수 있을 것이다. '고객중심의 디지털 우체국금융확충'은 고객측면에서 우정사업본부의 강점인 우체국망을 통하여 차별화된 고객을 창출하며, 금융분야의 선진적 보편적 서비스를 지속적으로 제공하여 삶의 질 향상에 기여해 줄 것을 기대하며, 국가적 측면에서 공공투자재원의 효율적 제공수단으로써 국민 경제 발전에 이바지해 줄 것을 기대하여 신기술을 최대한 활용해 경쟁력 향상을 하기 위해서는 인터넷뱅킹을 확충할 수 밖에 없을 것이다.

고객중심의 디지털 우체국금융 확충
- 고객중심의 경영 - 종합금융화 - 인터넷 뱅킹 확충

|그림 8-2| 우체국금융의 비전수립

이러한 비전을 달성하기 위해 비전의 확산을 위한 조직문화 재정립에 대한 많은 노력이 필요할 것이며, 가치 창출을 위해 필수적인 경영 자율성 확보를 위한 사업 환경여건을 조성해야 할 것이다. 또한 기존 서비스 및 신규서비스 수요에 효율적으로 대처할 수 있는 내부경영기반을 강화하고, 우체국이 보유한 인적, 물적, 무형의 네크워크상에서 발생하는 다양한 사업기회를 활용할 수 있는 일반 금융기관과 차별화되는 우체국만의 공공성을 이용, 국가경제 및 국민편익에 기여하는 금융서비스 발전전략을 수립하여야 할 것이다. 또한 무엇보다도 중요한 것은 시장에 따라 함께 변신하여야 하며, 신기술을 최대한 활용해 경쟁력 향상을 시켜야 하고 생각과 방법의 혁신적인 변화를 추구하는 행동의 변화가 뒤따라야 할 것이다.

2) 환경분석

기업은 고객을 놓고 시장이라는 환경 속에서 경쟁하는 존재이다. 따라서 기업의 모든 전략은 고객과 환경을 떼어놓고 생각할 수 없다. CRM이 회사만의 외침으로 그치는 것이 아니라 진정 고객으로부터 환영받고 그 결과 고객과 회사와의 관계가 강화되기 위해서는 CRM전략이 고객과 환경에 바탕을 둔 것이어야 한다.

|그림 8-3|의 금융산업 경쟁환경분석에서 외부환경측면에서 보면 세계화에 따른 규제 하에서 대부분의 시장에서 높은 규제가 따르고 있으며 경제환경 하에서는 은행은 경제변화에 고도로 민감하게 반응을 보이고 있다. 경제의 다양화 추세 현상

이며 또한 시장개방에 따른 경쟁이 심화되고 있으며 금융기관의 대형화, 세계화 현상이 가속화되고 있다. 그리고 정보기술의 발달에 따라 인터넷의 급격한 팽창이 되고 있으며 더불어 전략적 제휴시 경쟁력 증대가 가능하게 되었다. 이러한 환경 하에서 진입가능자로서는 증권사, 보험사 등이 있으며 대체자로서는 뮤추얼펀드, 채권, 부동산 등이 있다. 국내 동종업체로는 국민은행, 농협, 신용금고, 국민카드 등이 있다.

그리고, 우체국금융의 SWOT을 분석해 보면, 첫째로, 우체국금융을 둘러싼 환경적 위협(threat)요인은 크게 겸업화·개방화에 따른 금융기관간의 경쟁격화, 금융고객의 금융서비스 수요형태의 변화, 금융고객의 욕구 및 수요형태의 변화를 반영하는 고수익상품개발 등 경쟁주체들의 금융행동변화, 농어촌 경제력의 감퇴 등으로 요약할 수 있다.

정부	진입가능자	경제
○ 대부분의 시장에서 높은 규제 ○ 변화를 감당하기 위한 대책 ○ 세계화에 따른 규제	증권사, 보험사, 캐피탈 회사, 우정사업본부, 보험서비스, 온라인 증권, 신탁회사, 종금사	○ 은행은 경제변화에 고도로 민감 ○ 경제상황은 효율적 서비스에 영향을 미침 ○ 경제의 '다양화' 추세 ○ 시장개방에 따른 경쟁심화 ○ 금융기관의 대형화, 세계화 ○ 금융정보화 확산
시스템제공업체, 인프라제공업체	**산업내 경쟁자**	**고객**
오라클, SAP, SAS, IBM, EDS, Microsoft	국민은행, 신한은행, 하나은행, 신용금고, 농협, 국민카드 등	○ 대부분 제대로 서비스 받지 못하는 상태 ○ 점차 금리에 민감해짐 ○ 금융상품도 일종의 물자 ○ 특권의식의 점차 감소
테크놀러지	**대체자**	**인구통계**
○ 은행외 테크놀러지 기업이 큰 위협 ○ 인터넷의 급격한 팽창 ○ 전략적 제휴시 경쟁력 증대 가능	뮤추얼펀드, 채권, MMF(Money Market Funds), 부동산	○ 세계인구 60억(1999), 69억(2010) ○ 선진국의 인구 고령화 추세 ○ 잠재고객 대부분 미개발국에 존재 - 국가 리스크의 이슈화 ○ 고객의 판단 및 선택능력 증가

|그림 8-3| 금융산업 경쟁환경분석

두 번째로, 우체국금융에게 주어진 기회(opportunity)요인을 살펴보면 국민소득 증가로 인한 금융서비스 수요증대, 금융자율화 등에 의한 업무영역조정 확대가능, 지역생활의 중심지로써 우체국의 역할강화, 종합금융화 등으로 볼 수 있다.

세 번째로, 우체국금융이 가지고 있는 강점(strength)은 국가기업형태에 의한 신뢰성과 안전성, 우편, 예금, 보험의 겸업에 의한 범위의 경제추구가능, 국가기업 형태에 의한 신뢰성, 2,800여 개의 최다 점포망구축이라는 네트워크상의 강점, 예금의 전액보장가능, 대규모 우편고객 존재 등으로 볼 수 있다.

마지막으로, 가장 주의깊게 분석하여야 할 우체국금융의 약점(weakness)은 수신업무만 취급해야 한다는 사업의 자율성 결여, 상품수의 부족 및 상품구조의 취약과 독특성 결여, 금융기관 이미지 취약, 마케팅활동 취약, 조직 탄력성 및 금융업무 전문성 부족, 규모의 경제면에서의 열세 등으로 살펴볼 수 있다.

이러한 SWOT 분석에 의한 마케팅 전략적 대안에는

1. SO전략(강점과 기회를 모두 극대화하는 전략)
2. ST전략(강점을 극대화하고 위협을 극소화하는 전략)
3. WO전략(약점을 극소화하고 기회를 극대화하는 전략)
4. WT전략(약점과 위협을 최소화하는 전략)

이 있다.

우체국금융은 다양한 예금서비스상품의 부재와 예금사업자중 후발주자란 약점과 위협요인을 가지고 있으나, 공기업으로의 안전성과 전자금융화가 확대되는 등 강점과 기회요인을 지니고 있으며, 그에 따라 다음과 같은 전략을 도출해 볼 수 있다. 이는 먼저 우정사업본부 예금업무는 고객 Needs에 부응하는 서비스 제공을 통한 고객만족도 향상과 업무제휴를 통한 대출업무 대행 및 우체국 네트워크 공동이용 등을 통해 '종합금융기관화'를 추진할 수 있을 것이다. 또한 일반 금융기관과의 업무제휴를 통한 사업기반을 강화시켜 나감으로써 우체국을 종합금융기관으로 발전시켜야 할 것이다.

또한 전국적인 우체국 망의 분포는 민간 금융기관의 지점망처럼 수익성에 근거하여 구성되어진 것이 아니라 행정적인 구역에 따라 분포되어 있다. 따라서 우체국은 민간 금융기관이 수익성이 없어 진출하지 않는 농어촌 지역에 상대적으로 많이 분포하고 있어 민간 금융기관과 지역적 보완성을 보이고 있다. 따라서, 민간금융기관과의 업무 제휴를 통한 지점망 공동 이용은 상호간의 영업비용 절감은 물론 이용자 측면에서도 금융거래비용의 절감으로 우리나라 전체의 금융 시스템의 효율성을 높이는 효과를 거둘 수 있을 것으로 보인다. 지금까지의 업무 제휴를 보면 일부 은행과의 입출금 업무에 대한 창구망 공동이용, 신용카드, 회사와의 매출표

접수, 카드 이용대금 이체, CD기를 통한 현금서비스 등의 제휴, 한국컴퓨터사와의 옥외 CD기 공동이용 등이며 앞으로도 이러한 제휴 업무는 확대되어 나가야 할 것으로 보인다.

일반 금융기관도 급속히 대형화되고 겸업화되어가고 있는 현실 속에서 우정사업본부 금융도 전국적인 우체국 망의 존재, 우편, 예금, 보험사업의 겸업화 등의 기반 우위에서 벗어나 적극적인 발전전략을 구사하여야 할 것이다. 다시 말해, 업무제휴 측면에서 기존의 일부 은행과의 업무제휴를 넘어서서 업무 성격상 혹은 지점 구성상 보완성이 있는 여타 금융기관과의 업무제휴를 고려해 보아야 한다.

자금 운용 측면에서의 우체국금융의 역할을 기존의 공익적 자금운용 폭에서 점차 확대할 필요가 있다. 공익적 자금운용이 이자율이 다소 낮다는 단점이 있지만, 다른 한편으로는 여신 운용에 따른 부실이 전혀 없다는 장점도 있다.

		내부환경요인분석	
		강점(Strength) ○국가기업형태에 의한 신뢰성과 안정성 ○우편, 예금, 보험 등의 겸업에 의한 범위의 경제추구가능 ○예금의 전액보호 ○이용의 편리성 ○대규모 우편고객 존재 ○네트워크상의 강점(최다점포망구축)	약점(Weakness) ○사업의 자율성 결여 (수신업무만 취급) ○상품수의 부족 및 상품구조 취약 ○금융기관 이미지 취약 ○마케팅 활동 취약 ○조직탄력성 및 금융업무 전문성 부족 ○규모의 경제면에서 열세
외부환경요인분석	기회(Opportunity) ○국민소득증가로 인한 금융서비스 수요증대 ○금융자율화 등에 의한 업무영역 조정 및 확대가능 ○지역생활의 중심지로써 우체국의 역할 가능 ○종합금융화	○기존 우량금융기관과의 창구공동 이용 ○국제 CD 공동망가입 등의 다양한 업무제휴 ○종합금융기관화 추진 - 일반 금융기관과의 업무제휴를 통한 사업기반 강화	○고객의 정보수집과 편리한 예금, 업무를 위한 체크카드 발급 ○신용카드 서비스 제공 ○편리한 대출서비스 제공
	위협(Threat) ○겸업화, 개방화에 따른 금융기관간의 경쟁 격화 ○금융고객의 금융서비스 수요형태의 변화 ○경영주체들의 금융행동 변화 (고수익 상품개발) ○농어촌 경제력의 감퇴	○우체국예금 우수고객에 대한 우대금리 적용 ○고객에게 다양한 인센티브 제공 ○우체국예금 인터넷뱅킹 시스템도입	○콜센터 등의 도입을 통한 적극적인 마케팅 ○고객중심의 웹사이트 운영 ○종합금융기관화 추진 - 민간금융기관의 업무대행 - 증권·외국환 업무제휴

|그림 8-4| 우체국금융의 SWOT

3 고객분석

1) 고객세분화의 개념

최근 들어 금융시장의 개방화, 자유화의 진전과 더불어 금융기관간의 경쟁이 날로 심화되고 있다. 이에 따라 국내 금융기관들은 고객 확보와 수익증대의 중요성을 새롭게 인식하고 보다 체계적인 마케팅 활동을 통해 효율성을 증대시키는데 주력하고 있다.

마케팅활동의 효율성 제고를 위해서는 시장 및 고객에 대한 정보의 수집과 이를 기초한 고객세분화가 전제되지 않으면 안된다. 이는 소득증대와 함께 점차 다양화, 개성화되고 있는 금융기관 이용 고객들의 욕구(needs)에 대응하여 금융상품이나 서비스도 다양화, 세분화되어야 한다는 것을 의미한다. 고객시장을 세분함으로써 세분시장의 특성에 적합한 마케팅전략을 통해서만이 생존할 수 있기 때문이다.

국내 금융기관들의 세분화방법은 주로 예금금액, 거래실적, 거래기간 등을 기준으로 고객계층을 구분하고 있다. 그러나 이러한 고객세분화방법은 금융상품과 서비스에 대한 고객의 다양한 선호, 구매행동방식, 그리고 고객별 수익기여도의 차이점을 발견하는데 미흡한 실정이다. 또한 과거의 이용실적만을 고려한다는 점에서 금융서비스에 대한 고객의 미래행동을 예측하는 데에도 효율적인 방법이 아니다. 따라서 고객의 다양한 가치추구를 발견하고 효과적인 마케팅활동을 수행하기 위해서는 보다 새로운 고객세분화 방법이 필요하다. 미래의 금융기관 고객은 과거와는 달리 다양화, 차별화될 것으로 예상됨에 따라 금융기관은 고객세분화를 통해 비교우위를 갖고 있는 목표시장을 선정, 이들을 집중공략하는 것만이 생존의 유일한 길이다.

금융기관은 고객을 세분화함으로써 다음과 같은 이점을 얻을 수 있다. 첫째, 고객욕구의 구매동기 등의 관점에서 고객특성을 보다 정확히 파악할 수 있다. 이를 통해 변화하는 고객욕구에 대응할 수 있는 마케팅믹스(Marketing Mix)를 개발함으로써 고객만족과 수익성을 제고시킬 수 있다. 둘째, 자사(自社)의 경쟁적 강점과 약점을 평가하고 가장 유리한 고객계층을 선택하여 효율적인 마케팅활동을 전개해 나감으로써 경쟁력 있는 지위를 획득할 수 있다. 셋째, 고객세분화를 통해서 고객들의 욕구를 정확히 충족시킬 수 있으므로 금융기관에 대한 충성도(brand loyalty)를 제고시킬 수 있다. 또한 마케팅 활동에 대한 고객들의 반응을 손쉽게 파악할 수 있고 그 반응에 적합하게 마케팅자원에 배분함으로써 가장 효과적인 결과를 얻을 수 있다. 넷째, 고객세분화를 통해서 목표시장을 뚜렷이 설정할 수 있게 되며, 마케팅활동의 평가 척도 및 마케팅 계획 작성에 있어 기본적인 자료를 제공해 준다. 그러나 고객세분화를 통해서 마케팅 과정상 일어날 수 있는 모든 문제를 해결할 수 있는 것은 아니며, 마케팅담당자는 고객세분화의 한계점을 인식해야만 한다. 세분화는 단지 특정집단의 복합적인 측면을 고려하는 것으로 세분화된 시장 내의 개별 구매자의 특성과 같은 정보를 포함하고 있지는 못하다. 특히 점차 다양화되고 있는 고객들의 라이프스타일(life style)은 고객세분화를 더욱 어렵게 만들고 있다. 또한 세분화연구가 다른 마케팅 또는 조직의 결함을 치유할 수 있는 구체적 수단은 아니며 최선의 세분화 방법도 정기적으로 평가되고, 새로운 상품(product), 촉진(promotion), 가격(price), 유통(place) 전략이 뒷받침되지 않는 한 효과를 얻기 힘들다.

2) 주 고객층의 설정

고객을 확보하기 위한 전략수립에 있어서 방만하게 계획을 수립해서는 안된다. 회원확보 목표가 너무 높게 책정되거나 숫자 중심의 정책을 전개하다 보면 회원정보의 질, 회원의 고정고객화 정도, 특히 신규고객확보 유지율이 낮아지고 궁극적으로는 일정 시간이 지나면 고객이탈률도 높아지며 기존고객 보유율 또한 떨어지게 마련이다. 따라서 주 고객층을 확정하는 방법에 대해서 |표 8-1|을 참고하여 CRM 경영에서는 '주 고객층'의 범위와 깊이를 동시에 강조하면 된다.

|표 8-1| 주 고객층을 확정하는 방법

- ㅇ개인고객을 상대할 것인가, 법인 단체고객을 상대할 것인가?
- ㅇ지역성을 가질 것인가?(국내외 또는 국내의 특정 지역)
- ㅇ성별, 연령, 직업적인 목표고객을 가지고 있는가?
- ㅇ회원 본인만 상대할 것인가, 본인 이외의 가족에까지 확대할 것인가?
- ㅇ지역거점 제휴망을 별도로 둘 것인가?

또한 고객을 분류하는 방법과 주 고객층을 도출하는 방법에 대해서는 |표 8-2|를 고려해서 활용할 수 있다. 이것은 고객의 자연적 속성(연령, 성별, 지역 등)과 인위적 속성(고객 욕구 특성)을 종합하여 고객의 성향 등을 도출하고 궁극적으로는 주고객층을 설정할 수 있는 토대가 될 것이다.

|표 8-2| 고객분류를 위한 주고객층의 특성 파악 모델

	30대	40대	50대	60대
고객특성	전문직종사자	투자욕구 왕성	경영층	은퇴, 노후생활이나 삶에 대한 관심이 많은 고소득 실버층
고객니즈 특성	ㅇ주 거래우대회원에 관심 ㅇ자동이체 가정 및 자신업무 관련 ㅇ카드론 등의 편리성	ㅇ거래단위가 대규모 ㅇ외식, 동창회 등의 모임 참가빈번 ㅇ증권, 부동산 투자에 높은 관심	ㅇ예금금액 최고 ㅇ기업체 중역의 경우 판공비 결제	연금거래
고정 고객화를 위한 서비스전략	ㅇ여가, 레저, 여행에 관심 ㅇ대출거래 시작단계 ㅇ고정고객화 유도 ㅇ다른 계열사 기관과의 제휴를 통한 서비스 확대	ㅇ자금운용과 조달 상담 ㅇ세무, 절세, 양도세 등의 정보 ㅇ직접적, 개인적인 관계 유지 ㅇ지속적인 관심 (텔레마케팅 등)	ㅇ퇴직 후의 장래, 현 자산의 안정적 관리 운용 ㅇ건강, 취미상담 및 교류	ㅇ퇴직금 관리 ㅇ노후생활의 안정성 위주의 전체적 자산 관리

예를 들어 연령별에 따라서 고객특성, 고객욕구특성 그리고 고정고객화를 위한 서비스 전략을 세워서 고객확보를 위한 전략을 수립하게 된다. 연령별에 대한 고객특성을 고려해서 아동고객, 신세대고객, 실버고객 그리고 특별히 여성고객으로 분류하여 이들 고객들에 대한 고객특성, 고객니즈특성 그리고 고정고객화를 위한 서비스전략을 요약하면 |표 8-3|과 같다.

|표 8-3| 주고객층의 분류

	아동고객	신세대고객	실버고객	여성고객
고객 특성	○아동기에 저축습관 확립 ○용돈활용	○개방적인 사고 ○다양한 매체를 통한 정보 중시 ○개인주의: 개성화, 다양화한 라이프 스타일 추구 ○전자오락, 컴퓨터게임 등에 익숙한 테크노세대	○연금제도의 활성화 ○퇴직금제도의 발전 ○노년층의 저축보유액 증가에 따라 경제력을 지닌 부유한 노령인구 증가	○여성의 경제활동 활성화 ○여성의 고학력화 ○독신여성의 증가 및 이혼율의 상승 ○가정경제권주도
고객 니즈 특성	○아동고객의 호기심충족 ○전자금융관심도 제고 ○아동고객의 신체적·심리적 특성을 고려한 창구환경 조성 ○아동고객전용창구개설 ○거래편리성제고	○소비행동의 개성화, 차별화 추구 ○다기능, 고성능보다는 기능 중시의 구매 ○고감각상품지향 ○물적 재화에 서비스가 결합된 복합소비추구 ○소유가치보다 사용가치를 중시한 소모성소비의 확대	○편리성을 추구 (서비스수요 증세) ○건강지향형 추구 ○교체지향형	○금융지식이 부족하다고 느낌 ○인간적인 요인 중시(담당직원과의 친분, 담당직원에 대한 호감) ○맞벌이 계층의 편의성제고 ○전업주부 ○1대1 대면접촉을 중시 ○위험 회피적 상품을 제공
고정 고객화를 위한 서비스 전략	○교차상품판매 기획의 확대 ○다양한 저축함양 프로그램 개별운영 ○어린이회원제도입 ○미취학 아동대상의 사설교육기관과 연계 ○생일카드발송 ○저축현장견학 ○아동고객의 평생고객화 정착	○금융기관의 이용의 편리성 중시 ○전자금융의 활성화 ○다양한 신상품 및 서비스개발 ○교육관련대출상품 ○스포츠 및 레저관련 상품 ○경품성 상품 ○미래의 고객확보 ○대학생고객의 우대금리적용 ○대학생의 수수료 면제	○24시간 연중무휴 간호상담서비스 제도 도입 ○퇴직금관리 ○노후생활의 안정성 위주의 전체 적자산관리 ○건강프로그램 ○여행프로그램 ○단체 및 클럽활동 프로그램 ○가족중심적인 문화프로그램 ○창구직원과 직접대화 선호 ○세금 및 법률문제 상담 시 무료상담 ○각종 의료서비스 제공	○소매금융시장에서의 경제우위 -소액창업자금대출 ○전담섭 외직원의 1대1 대면접촉에 의한 장기적인 신뢰관계 형성 ○자산관리 ○미용, 요리 등 각종세미나 개최 ○교육프로그램의 제공 ○여성단체들과 제휴하여 시장확대 전략 ○여성전용창구개설 (자산관리 미용, 요리 등 각종 세미나 개최)

3) 고객 세분화 개발 프로세스

고객세분화는 우정사업본부의 경영전략을 효과적으로 달성하기 위한 고객관계활동의 목표를 명확히 하며, 구체적인 관계활동의 타겟을 적시하고 다양한 고객특성정보를 제공함으로써 고객이해 심화에 기반한 고객관계활동을 가능하게 하는 과정이다. 또한 고객세분화를 통해 현재의 고객구성과 특성을 파악한 후 차별화된 고객군별 관리방안을 수립하고, 이를 기반으로 한 고객관계 활동을 수행하여 기존 고객을 차원높은 To-be 고객으로 발전시켜야 한다.

고객세분화 프로세스는 세분화의 전략적 방향 수립, 고객특성지표의 개발, 특성지표에 의한 고객세분화 및 세분고객의 정보를 생성하여 고객관계활동으로 구분할 수 있다. 이러한 일련의 과정에서 생성된 고객정보는 고객관계활동을 통해 유지, 수정, 보완, 발전되어 나아가야 한다.

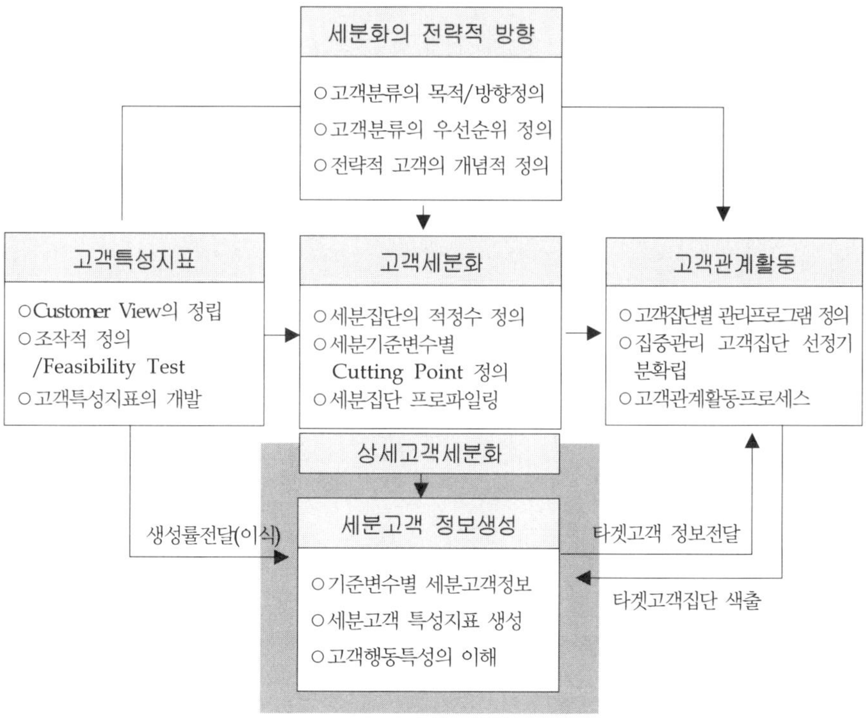

|그림 8-5| 고객세분화 프로세스

4) 우체국 예금 고객 특성지표 개발

고객세분화를 위한 특성지표의 개발은 고객가치와 행동특성을 파악하기 위하여 현재가치, 잠재가치 그리고 행동특성을 범주화하여 개발할 수 있을 것이다. 범주별 고객 특성지표는 고객이해 항목을 전략적 검토와 조작적 정의를 통해 구체화 하며 데이터의 획득가능성과 가능성 검증을 거쳐 개인고객의 현재가치는 기여이익, 평잔액, 거래빈도 등으로 하고, 잠재가치에서는 직업, 소득, 수신액 점유율 등을 선정하고 행동특성의 지표로는 잔액변동율, 금리 민감성, 거래기간, 채널과 캠페인 선호도 등에 의해서 선정될 수 있다. 또한 법인 및 단체 고객인 경우에 현재가치는 기여이익과 평잔액, 잠재가치에는 수신점유율, 성장성 잠재자금수요, 기관특성 등을 그리고 행동특성에는 거래기간, 접촉빈도 금리민감성 등을 선정할 수 있다.

구분	개인고객 특성지표		법인 및 단체고객 특성지표	
	고객특성지표	존재여부	고객특성지표	존재여부
현재가치	◎ 기여이익 ◎ 평잔액 ◎ 거래빈도	× ○ ○	◎ 기여이익 ◎ 평잔액 ◎ 거래빈도	× ○ ○
잠재가치	◎ 직업 ◎ 소득 ◎ 수신액 점유율	△ △ ×	◎ 수신점유율 ◎ 성장성 ◎ 잠재 자금수요 ◎ 기관특성	× × × △
행동특성	◎ 금리민감성 ◎ 잔액변동율 ◎ 거래기간 ◎ 채널/캠페인 선호도	× ○ ○ ×	◎ 금리민감성 ◎ 잔액변동률 ◎ 거래기간	× △ ○

○: 필드 및 데이터 존재 △: 필드 존재, 결측치 다수 ×: 필드미정

|그림 8-6| 예금고객의 특성지표

5) 전략적 고객 세분화

우체국 예금의 요구불성예금과 저축성예금에 대한 금액별 예금수신고를 보면 고객수 14,648천여명 중에 2,000만원 이하가 98.37%로 거의 대부분을 차지하고 있

는 것이 특징이라고 할 수 있다. 1억원 이상은 0.09%로 낮지만 예금 수신고를 보면 20.75%를 차지하고 있으며 2,000만원 이상 1억원 이하인 경우의 고객수는 1.54%이지만 예금수신고는 32.09%를 차지하고 있다. 따라서 2000만원 이상의 예금수신고를 갖는 고객은 1.63%로 낮지만 예금수신고 금액 기준으로 보면 53.83%로 높은 비율을 차지하고 있음을 알 수 있다.

또한 예치기간별 예금수신고를 보면 최단기일인 30일에 9.3%를 나타내고 있으며 6개월 이하는 64.0%의 점유율을 보이고 있는 것도 특징이다. 그리고 1년 예치기간까지 포함하면 88.3%로 대부분을 차지하고 있음을 알 수 있다.

|표 8-4| 예치기간별 수신고 (2000. 09. 30)

(단위: 천계좌, 억원)

종별 / 기간	정기예금		적립식예금		환매채권		계		점유비
	계좌수	잔고	계좌수	잔고	계좌수	잔고	계좌수	잔고	
30일	83	11,727	59	2,534	23	2,311	165	16,573	9.3%
2개월	103	18,571	73	4,409	23	2,978	199	25,959	14.6%
3개월	105	14,792	66	5,790	18	1,128	189	21,710	12.2%
6개월	294	35,817	268	10,881	18	2,853	580	49,551	27.9%
1년	405	32,175	510	9,304	18	1,629	933	43,108	24.3%
2년	74	5,530	326	4,143	31	1,586	431	11,259	6.3%
3년	13	580	164	1,450	48	1,352	225	3,382	1.9%
3년초과	6	128	326	2,049	199	3,967	532	6,145	3.5%
계	1,084	119,321	1,793	40,561	378	17,804	3,254	177,687	100.0%

따라서 금액 규모별 예금수신고현황과 예치기간별 예금수신고현황에 의해서 고객을 최우수 고객(예금액 1억원 이상, 3년이상), 우수고객(2000만원이상～1억원 이하, 1년이상 3년이하) 그리고 보통고객(2000만원 이하, 1년이하) 등 3개 그룹으로 구분할 수 있다.

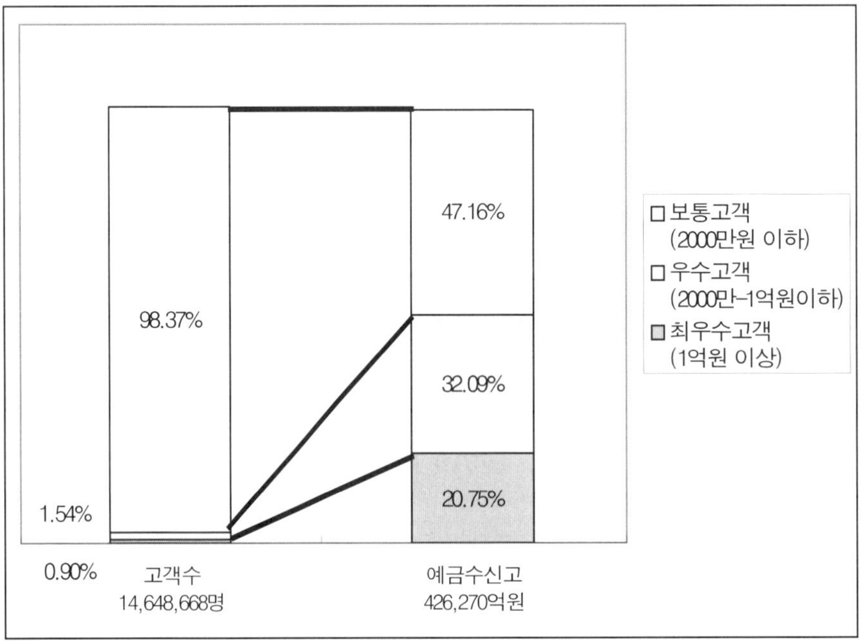

|그림 8-7| 고객별 고객수와 예금수신고 비교

따라서 최고의 수익을 보장하는 최우수고객에 대해서는 고객의 충성도를 유지하고 발전시키기 위한 차별적인 대응이 필요하고 우수고객에 대해서는 Up-selling, Cross-selling 가능고객, 이탈가능고객 식별을, 보통고객에 대해서는 기여이익이 높을 것으로 예상되는 고객발굴, 그리고 고객전환의 방법을 적용한다.

고객 구분	고객 세분화 현황	세분 고객 행동특성		전략적 세분 고객 관리 방향
개인 고객	○ 예금액 1억원 이상	최우수 고객	○ 기여이익 평균 100만원 이상 ○ 50대 이상, 거래기간, 3년이상	○ 잔액과 수익을 동시에 고려한 최우수 고객 개념 적용 ○ 연관성규칙(Association Rule*)을 이용한 Cross-selling ○ 전용창구 이용, 전담직원 지정, Online상에서의 1:1 맞춤서비스 등 고객유지를 위한 다양한 서비스 지원
	○ 예금액 2000만원 이상 1억원 이하	우수 고객	○ 기여이익 10~100만원 이상 ○ 30~40대, 거래기간, 1~2년	○ 상위그룹에 대한 추가 서비스 제공 제의 등을 통한 지속적인 Up-selling 활동 ○ 연관성규칙(Association Rule*)을 이용한 Cross-selling ○ 기여이익이 높을 것으로 예상되는 이탈 고객군 발굴
	○ 예금액 2000만원 미만	보통 고객	○ 기여이익 10만원 이하 ○ 20~30대, 1년이하	○ 기여이익이 높을 것으로 예상되는 잠재 고객군 발굴 ○ 수익성 개선을 위한 채널전환 권유 (ATM, Phone Banking, Internet 이용시 우대) ○ 손실을 줄이기 위한 고객전환 (Customer Migration)
		이탈 고객 **		○ 기여이익이 높을 것으로 예상되는 잠재 고객군 발굴 ○ 이탈가능성이 있는 고객에 대한 서비스 강화

* 연관성 규칙: 함께 구매하는 상품의 조합이나 서비스 패턴을 발견하는데 적용하는 방법
** 이탈고객: 잔액평균이 100만원 미만으로 감소한 고객

|그림 8-8| 고객세분화 현황과 행동특성

4 CRM 전략방향설정

1) CRM목적의 설정

환경분석과 고객분석이 끝나면 CRM의 전략방향을 세울 수 있다. CRM의 전략방향은 CRM을 통해 달성하고자 하는 목적 혹은 기대효과를 명확하게 하고, 이러한 목적을 달성하기 위해 필요한 활동이 무엇인가를 찾아보는 활동이다. 또한 그러한 활동을 누구에게 전개해야 하는지를 결정하는 것도 전략방향에 포함되는 것이 바람직하다고 할 수 있다.

따라서 CRM의 목적은 선진 우체국금융의 실현을 위해서 우체국금융의 특성을 고려한 정보기술 기반의 최적 고객관계 관리시스템 모델을 개발하고 이를 활용한 새로운 마케팅전략을 수립하는 것이다.

2) 우체국금융의 포지셔닝(positioning)

고객지향적 마인드를 획득하고 실천하려면 고객, 즉 시장을 세분(segmentation)하여 특정 시장의 특정 고객만을 타겟(targeting)으로 선정, 포지셔닝(positioning)해야 한다. 왜냐하면 시장의 모든 고객을 전부 만족시킨다는 것은 불가능하기 때문이다. 우체국 금융은 이미 인터넷 뱅킹, 인터넷 보험, 증권사와의 전략적 제휴 등 새로운 사업영역에 대한 출발을 선언했다. 이제는 '무엇(what)을 해야 하는가?'의 고민이 아닌 '어떻게(how) 해야 하는가?'의 고민이 되어야 할 것이다.

우체국 금융의 포지셔닝을 보기 위하여 은행과 우체국 예금과의 관계를 살펴보면 다음과 같다.

첫째, 우체국 예금의 시장점유율은 1996년에 1.37%를 차지한 이래 매년 증가하여 2001년 5월에는 3.37%의 높은 신장률을 나타내고 있음을 볼 수 있다.

둘째, 은행과 우체국 예금의 상품별 수신고를 보면 저축성예금과 RP는 우체국 예금의 수신고 증가율이 은행수신고 증가율 보다 높은 반면 요구불 예금은 은행 수신고 증가율이 더 높게 나타났다. 그리고 요구불 예금은 단기성 상품으로 자금 조달비용이 낮은 반면 저축성 예금은 장기성 상품으로 자금 조달비용이 높다는 성격이 있다. 따라서 우체국 예금은 은행들보다 자금조달비용이 높은 저축성 상품들의 증가율이 높아 수익성이 떨어짐을 의미한다. 그러나 저축성 상품은 장기성 상품이므로 장기적 수신구조는 우체국 예금이 좀더 안정적이라고 생각할 수 있다.

셋째, 은행과 우체국 예금의 상품별 점유율을 보면 시중은행의 경우 정기예금이 46.22%로 가장 높고 다음으로 저축예금(9.55%), MMDA(7.85%)의 순이다. 반면에 우체국 예금은 정기예금이 50.67%로 과반수를 넘고 있는데 이는 우체국 예금의 안정성에 의한다고 볼 수 있다.

넷째, 은행과 우체국 예금 금리를 비교해 보면 우체국 예금의 평균수신금리가 은행의 평균 수신금리보다 낮게 나타나고 있다. 은행과 우체국 예금의 평균 자금 운용 수익률을 보면 우체국 예금의 자금 운용 수익률이 훨씬 낮게 나타나고 있는데 이는 우체국 예금의 특성에 기인한 것으로 보인다.

은행과 우체국 예금의 예대금리차를 비교해보면 은행은 2001년초에 비해 2001년말의 예대금리차가 많이 확대되었으나 우체국 예금은 같은 기간동안 예대금리차가 많이 줄어들었음을 보여주고 있다. 따라서 우체국 예금의 수신고 증가율은 은행들에 비해서 많이 증가하였으나 수익성은 감소하고 있음을 나타내고 있다.

다섯째, 금융상품의 개발 문제이다. 시중은행들은 각종 서비스가 부가된 상품을 자율적으로 개발하고 있는 반면에 우체국 예금의 경우에는 상품개발의 자율성이 결여된 점이 원인이라고 볼 수 있다. 따라서 자율성 확보를 위한 법령을 개정하는 등 제도적 보완을 강구하고 컴퓨터와 통신을 이용한 전자금융서비스와 여러기능이 융합된 복합상품을 개발할 필요가 있을 것이다.

여섯째, 금융기관의 시장세분화를 우체국과 비교하면 은행점포가 주로 도시에 집중된 반면 우체국은 은행들이 비교적 관심을 두지 않는 농어촌 지역에 상대적으로 많이 분포되어 있어 우체국 금융은 농어촌 지역 및 도시서민의 소매금융으로써 자리를 잡아가고 있다.

우체국을 지역에 관련하여 세분화를 하면 **|그림 8-9|**에서 볼 수 있듯이 우체국 금융은 지금까지 자기 접근적 성향이 낮아 급변하는 시장변화에 대처하지 못하고 있었다. 하지만 인터넷을 통한 사이버 금융거래를 시작한다면 아래 그림은 달라져야 할 것이다. 하지만 전국적 지점망을 통해 갖고 있는 우체국 금융의 장점은 사이버 거래가 시작된다면 그다지 큰 효력을 발생하지 못할 수 있다. 즉 단기적으로 전체적인 비용상승을 가져올 수 있고, 소매금융시장에서 지점망의 존립근거가 약화 된다고 볼 수 있다. 하지만 지역에 관계없이 어디에서나 접속이 가능하고, 고소득 고객층의 확보가 용이하며 거래정보의 축적이 용이하고, 거래처리비용이 저렴하여 경비절감을 이룩할 수 있다는 장점도 있다. 그러므로 기존 오프라인 고객을 온라인화 하는 동시에 새로운 온라인 고객을 유치함으로써 신규고객을 전국적 지점망을 통해 등록하게 하여 고객의 충성도를 일찍 확보하는 것이 중요하므로 세분화된 시장을 선정하여 집중된 타겟전략을 실행하는 것이 바람직 할 것이다.

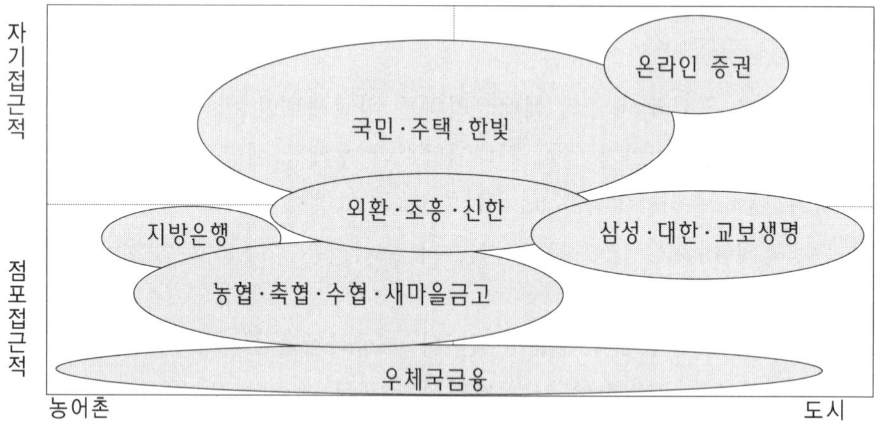

|그림 8-9| 금융기관의 시장세분화

결론적으로 우체국 예금의 포지셔닝을 종합해보면, 우체국 예금의 비중이 전체 예금의 3% 이상을 나타내고 안정적인 증가추세를 보이고 있다. 이러한 추세가 유지, 발전되게 하기 위해서는 우체국 예금의 수익성을 높일 수 있는 정책이 필요하다. 따라서 우체국 예금의 수익성 중심의 경영체제구축과 우체국 예금에 수익을 제공해주는 고객들을 세분화하여 수익성을 극대화할 수 있는 우수고객을 관리하는 것이 무엇보다 더 중요하다고 볼 수 있다.

3) 목표고객 : 우수고객 분석

(1) 목표고객의 설정

목표고객을 설정하는 일은 CRM경영을 실행하기 위한 전략적인 첫 단추임과 동시에 비즈니스 모델을 정립하는 데 결정적인 영향을 미친다. 따라서 목표고객의 설정은 효율적이고 장기적인 이익 추구를 염두에 두고 전개해야 한다.

목표고객을 설정할 때는 기업전략, 시장, 제품 또는 서비스 제공, 컨텐츠, 지역, 정보기술, 수익성 등의 적합성을 종합적으로 고려해야 효과적이다.

시중은행들이 IMF 이전까지는 도매금융 또는 기업금융에 치중하던 은행경영이 주를 이루어 왔으나 기업여신의 대형부실화로 각 금융기관들은 소매금융사업에 역점을 두기 시작하였다. 금융산업의 구조조정에 따른 은행의 수익성 중심의 경영체제 구축과 이에 따른 소매금융 강화로 각 은행들은 자행에 수익을 제공해주는 소수고객들을 세분화하여 차별적 서비스를 제공하기 시작하였으며, 특히 시중은행들은 수익성을 극대화하기 위하여 은행이익에 크게 기여하는 소수고객을 위하여 자산관리 및 기타 개인적 니즈에 부합하는 프라이빗뱅킹 서비스를 제공하고 있는 실정이다. 따라서 시중은행과의 경쟁에서 생존하기 위해서는 우체국이 수익성 중심의 경영체제를 구축하고 또한 수익성을 극대화할 수 있는 우수고객관리 시스템의 도입이 절대적으로 필요하다고 본다.

(2) 은행별 우수고객 정책 현황

IMF 이전까지는 도매금융 또는 기업금융에 치중하던 은행경영이 주를 이루어 왔으나 기업여신의 대형부실화로 각 금융기관들은 소매금융사업에 역점을 두기 시작하였다. 금융산업의 구조조정에 따른 은행의 수익성 중심의 경영체제 구축과 이에 따른 소매금융 강화로 각 은행들은 자행에 수익을 제공해 주는 소수고객들을 세분화하여 차별적 서비스를 제공하기 시작하였으며, 특히 시중은행들은 수익성을 극대화하기 위하여 은행이익에 크게 기여하는 소수고객을 위하여 자산관리 및 기타 개인적 니즈에 부합하는 프라이빗뱅킹 서비스를 제공하고 있는 실정이다.

최근, 은행들은 자체 평가한 우수한 고객에게 전용창구를 이용하게 하며 대출 한도를 늘려주고 대출금리를 일부 감면해 주는 등 이자와 수수료 등을 차등 적용하여 대우해 주는 것은 일반적인 현상이다. 특히, 특이한 서비스로는 법률이나 세무상담을 무료로 해주거나 민원서류를 대행해 주는 곳도 있으며 휴대폰 문자 서비스를 해주며 전용상담전화도 열어주며 골프상해보험가입, 골프클리닉 이용권도 제공해 주는 은행들도 있다.

따라서 시중은행들이 우수고객을 분류하는 방법, 우수고객 선정기중, 고객등급 평점 산출기준, 우수고객 서비스 정책등을 살펴보고 우체국 금융에 대한 우수고객 선정기준과 서비스정책 등을 제안하기로 한다.

하나은행

① 우수고객구분

고객등급	평 점	수신규모
Hana Super VIP	1000점이상	5억원이상
Super VIP	600점이상	3억원이상
Gold VIP	300점이상	1억5천만원 이상
VIP	100점이상	5천만원 이상
POTENTIAL VIP	20점이상	1천만원 이상
일반	20점미만	1천만원 미만

② 개인고객등급 평점 산출 기준

과목	기간	기준	상한선	마진률
순수통장	3개월평잔	100만원당 10점		4.0 ~ 5.0%
저축성예금	3개월평잔	500만원당 10점		0.5%
신탁 및 기타	3개월평잔	500만원당 10점		0.1 ~ 1.5%
대출	3개월평잔	500만원당 10점	200점(1억원)	2.0%
신용카드	3개월실적	100만원당 10점	200점(2천만원)	사용실적의 1%(년간 4%)
환전송금	3개월실적	100$ 10점	400점($40,000)	사용실적의 1%(년간 4%)
주거래가산	1개월실적	주거래고객 50점 수신강화 10점	주거래고객 50점 수신강화 10점	

③ 기타요건

가) 적용환율은 기준월말 환율적용

나) 실적은 세대구성원 전체의 실적 합산

다) 지점에서 개별 변경이 가능(3개월 유효)

라) 순수통장은 신자유저축, 슈퍼플러스, MMDA 제외

마) 총 수신 = 총 계정 총 수신 + 수익증권 + 후순위채 + 뮤추얼펀드 + 외화예금

바) 기타 예금은 신 자유, 슈퍼플러스, MMDA, 수익증권, 뮤추얼펀드, 후순위채

사) 환전송금은 USD$기준으로 합산하며 신용카드는 요구불 결제계좌 결재액 기준

아) 매월정기 일괄갱신하며 그 이후에는 Household 변경/고객등급 변경에 의하여 온라인 고객등급 변경 가능

자) 특정 한 명의 고객등급이 변경되면 해당 Household 구성원은 전부 동일하게 변경(세대동일 고객등급 원칙적용)

④ 개인고객등급 우대서비스율 테이블

<table>
<tr><th colspan="2">구 분</th><th>Hana Super VIP</th><th>Super VIP</th><th>Gold VIP</th><th>VIP</th></tr>
<tr><td rowspan="9">온라인 서비스</td><td>타행환 송금 수수료</td><td>100%</td><td>100%</td><td>50%</td><td>30%</td></tr>
<tr><td>CD공동망 송금수수료 자행본</td><td>100%</td><td>100%</td><td>50%</td><td>30%</td></tr>
<tr><td>자행환 송금 수수료</td><td>100%</td><td>100%</td><td>70%</td><td>50%</td></tr>
<tr><td>기타수수료</td><td>100%</td><td>100%</td><td>-</td><td>-</td></tr>
<tr><td>자기앞발행 수수료</td><td>면제</td><td>면제</td><td>면제</td><td>면제</td></tr>
<tr><td>환율우대</td><td>spread 1/3</td><td>spread 1/3</td><td>spread 1/6</td><td>spread 1/6</td></tr>
<tr><td>외화송금수수료</td><td>50%</td><td>30%</td><td>20%</td><td>10%</td></tr>
<tr><td>마이너스대출수수료</td><td>면제</td><td>면제</td><td>면제</td><td>-</td></tr>
<tr><td>신용카드연회비</td><td>70%</td><td>30%</td><td>-</td><td>-</td></tr>
<tr><td rowspan="4">비 온라인 서비스</td><td>세무</td><td colspan="2">1) 세무상담
2) 양도소득/상속/증여세 신고수수료 최고 50%까지 당행부담(최고 50만원까지)</td><td colspan="2">세무상담</td></tr>
<tr><td>법률</td><td colspan="2">1) 무료법률 서비스 무료상담
2) 법률대행수수료 최고 50%까지 당행 부담(최고 50만원까지)</td><td colspan="2">법률상담</td></tr>
<tr><td>정보제공</td><td colspan="2">1) 클럽뉴스-클럽뉴스정보 제공
2) FAX정보-FAX금융정보제공
3) 계간하나-계간하나은행 정보제공</td><td colspan="2">법률상담</td></tr>
<tr><td>기타</td><td colspan="3">1) 골프상해보험
2) 골프클리닉
- 삼성동 고객센터 무료
- 강의수강시 실비부담(₩150,000)</td><td></td></tr>
</table>

가) CD/ATM, Phone, PC뱅킹 처리시는 타행환/자행환에 준함
나) 송금수수료중에 당행에서 수취하지 않고 타행으로 지급되는 금액은 감면대상에서 제외됨
다) 기타수수료는 통장/카드 재발급, 잔액증명서 및 각종 증명서 발급, 대여금고이용수수료, 보관어음취급수수료, 부도처리수수료(단, 대금추심수수료제외) 전산적으로 온라인 개발 부문은 전산적으로 자동 처리되나 전산 미개발 부문은 창구에서 수동으로 비온라인 입금 처리해야 함.
라) 대출 수수료 감면은 본인명의 대출에 한함(영업점 창구에서 수수료율 직접투입)
마) 비자신용카드 연회비는 전산 자동 처리됨(단, 프레티늄 카드 연회비, Save 카드 특별연회비, BC신용카드 연회비는 제외) * BC카드는 BC카드사 개발후 적용예정.
바) 영업점 창구단말 수수료면제 입력코드에 의한 면제는 고객등급우대서비스에 우선하여 적용됨.
사) 환전송금인 경우 영업점장 전결에 의한 우대가 가능하며 고객등급과 우대율이 상의할 경우 고객에게 유리한 조건으로 자동 감면됨.
아) 주주우대서비스와 고객등급우대서비스가 경합시는 주주우대서비스가 우선함.
자) 자기앞 발행 수수료는 발행 수수료 및 타지발행자기앞 지급수수료 포함하여 자동 적용됨.

(3) 우체국 우수고객 선정방안

① 우수고객 구분

고객 구분은 예금액(평잔)과 이익기여금 기준으로 다음과 같이 구분하였다.

구 분	예금액(평잔)기준	이익기여금
최우수고객	1억원 이상	100만원 이상
우수고객	200만원 이상 1억원 미만	10만원~100만원 이하
보통고객	2000만원 이하	10만원 이하

- 두 기준 중 하나에 해당되면 선정됨
- 예금액 : 최근 3개월 평잔(가족실적포함)

② 선정방법 : 최근 3개월 예금 또는 기여이익액으로 자동선정(신용정보 불량 거래자는 선정 제외)

③ 선정월 : 매분기말일 기준으로 분기말 익월(1, 4, 7, 10월)선정

④ 적용기간 : 선정 월 다음날부터 3개월

⑤ 우수고객 우대서비스 제공(안)

우대서비스 종류		우대서비스 범위		
구분	종류명	최우수고객	우수고객	보통고객
금리	○ 재가입 및 추가가입시 예금 우대금리(정기예금)	0.3%	0.2%	0.1%
수수료	○ 송금수수료 면제(자,타행)	면제		
	○ 송금수수료 면제(자행)	면제	면제	면제
	○ 자기앞수표 추심료	면제	면제	
	○ 자기앞수표 발행 수수료	면제	면제	면제
	○ 통장·증서 재발행 수수료	면제	면제	면제
	○ 제증명 발급 수수료	면제	면제	면제
	○ 인터넷·폰뱅킹 수수료	면제	면제	면제
	○ 자동화기 이용 수수료	면제	면제	면제
우체국 특화 서비스	○ 보험과 연계			
	○ 우편주문 상품 확인			
	○ 우편 및 택배 요금할인			
기타	○ 사은품 제공	고객별 상품종류 차등화		
	○ 수련원, 콘도 이용원 제공	제공		
	○ 문화행사 참여	제공		
※고객관리는 주민등록번호에 의거 관리하며, 관련 정보는 전산시스템과 금융콜센터를 활용				

⑥ 부가 우대서비스 제공

구 분	자격내용	우대서비스
급여이체	○ 이체신청 및 기이체자	자동화기기 이용수수료 면제
자동 이체	○ 공과금, 계좌 자동이체 실적 월 10회 이상	자동화기기 이용수수료 면제
인터넷 등	○ 인터넷·홈뱅킹 가입신청자	당분기 인터넷, 홈뱅킹 송금 수수료 무료
	○ 인터넷·홈뱅킹 이용 분기 10회 이상 고객	익분기 인터넷, 홈뱅킹 송금 수수료 무료
공공 서비스	○ 도서, 벽지우체국 이용 고객	자기앞수표 발행수수료 면제

5 CRM 프로세스분석

1) CRM 프레임 워크

우리는 CRM을 전체적으로 조명하고 각 기능의 역할과 관계를 명확하게 정의하기 위하여 |그림 8-10|과 같이 CRM 프레임 워크를 정의하기로 한다. 이와 같은 CRM 프레임 워크는 고객 DW를 기반으로 하고 있으며 두 개의 영역으로 구분하였다. 첫 번째 영역인 고객지식관리는 고객정보를 수집하여 분석하고 마케팅 담당자의 의사결정을 지원하기 위한 하부구조이며 두 번째 영역인 고객 상호작용은 고객과의 지속적인 커뮤니케이션을 지원하기 위한 하부구조이다.

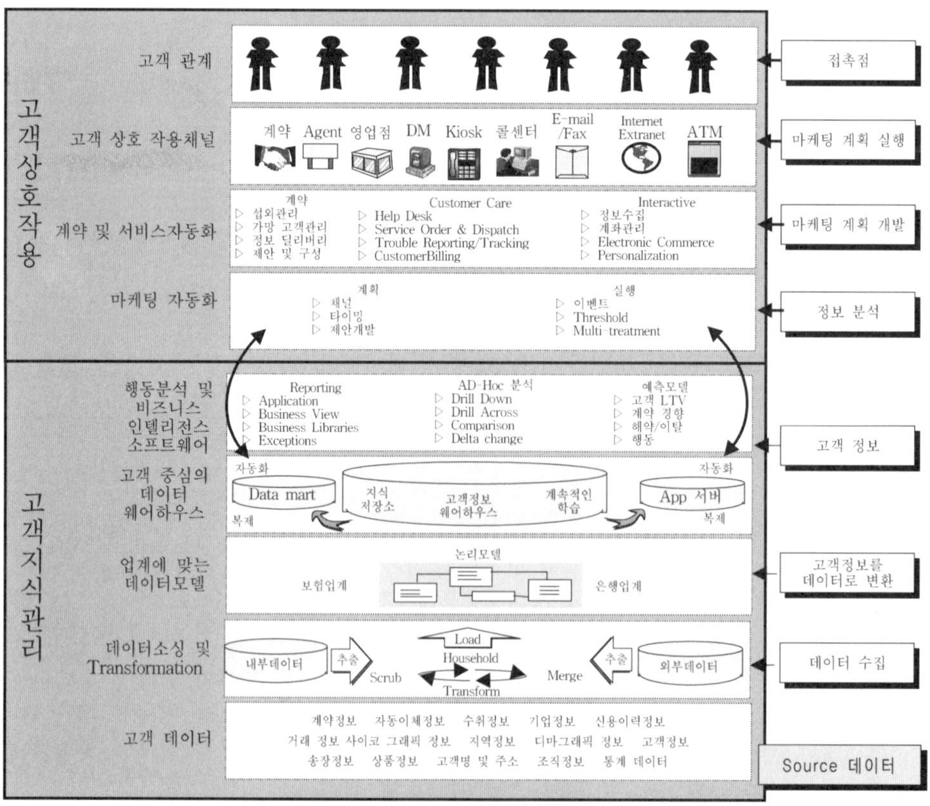

|그림 8-10| 고객 관계 관리(CRM) 프레임워크

고객 지식관리와 고객 상호작용에 대한 비즈니스 프로세스 단계를 요약하면 다음과 같다.

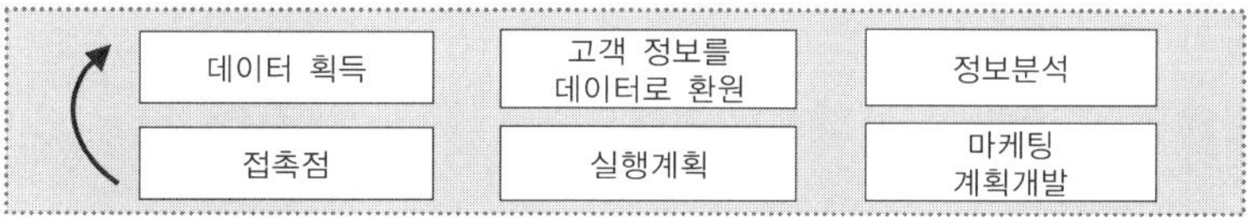

궁극적으로 CRM 프로세스는 고객 로열티 증대를 위해 고객과의 접촉점에서 발생하는 각종 이슈를 전략중심, 통합중심, 리얼타임 중심으로 분석하여 새로운 고객관계 프로세스를 설계하는 것이다.

2) CRM 시스템

(1) CRM 시스템 프레임워크

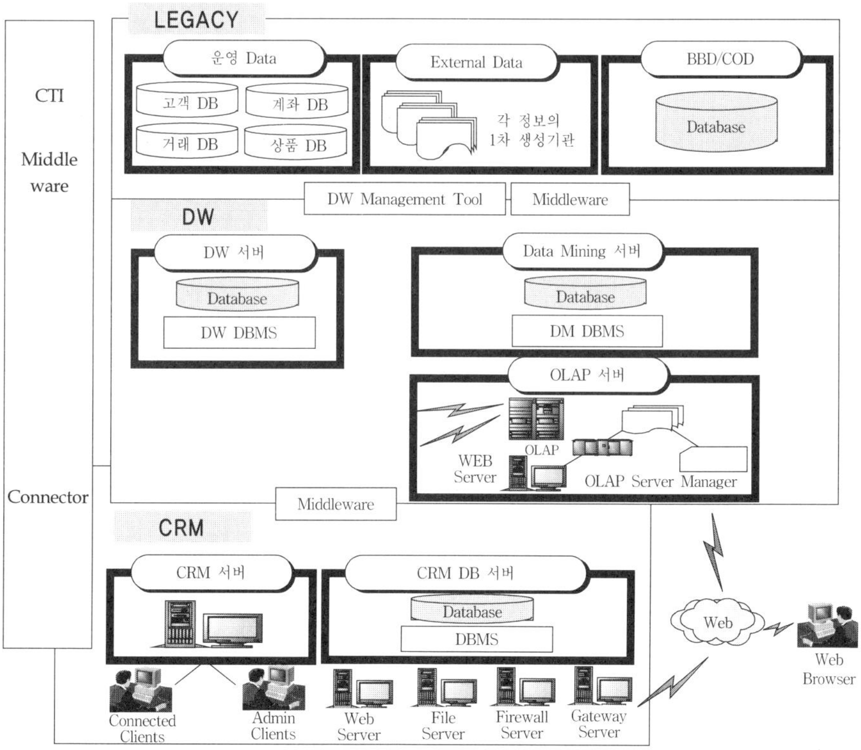

CRM 시스템 프레임워크는 통합된 CRM 아키텍처의 구성요소들을 상세히 보여주는 기능적 도표로 이해할 수 있다. 즉, 다양한 채널을 통해 고객과의 상호작용 결과가 고객정보로 구축되고 이를 활용할 수 있는 모델의 개발이나 혹은 실제 캠페인에 적극 활용하는 일련의 과정이라고 말할 수 있다.

(2) CRM 시스템 아키텍처

CRM 시스템 아키텍처는 설정된 CRM 시스템 프레임워크에 필요한 기능을 지원하기 위한 하드웨어나 소프트웨어의 선정을 가시화한 것들이다.

① 하드웨어

시스템의 하드웨어는 |그림 8-11|과 같이 예를 들면 Analytical CRM Mart는 NCR WM4850으로 하고 Mining Server는 COMPAQ Pro800R이다.

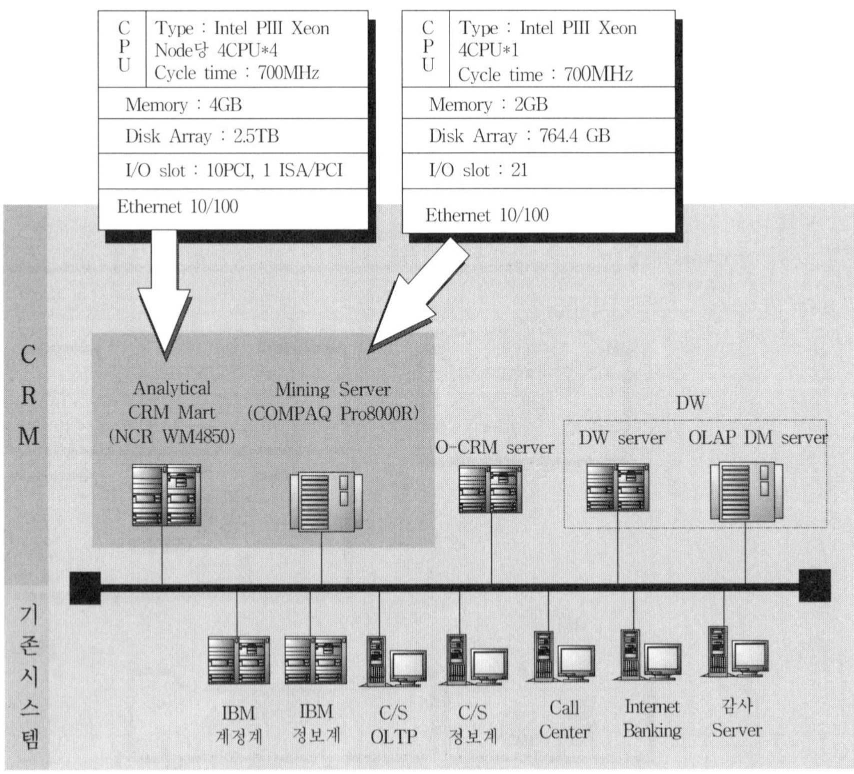

|그림 8-11| 하드웨어 구성안

② 소프트웨어

Analytical CRM 서버에 탑재되는 소프트웨어는 예를들면 Unix MP-Ras, Teradata DBMS이다. 또한 4Node의 RDBMS시스템을 BYNET이라는 최신 병렬 Connection으로 연결한다.

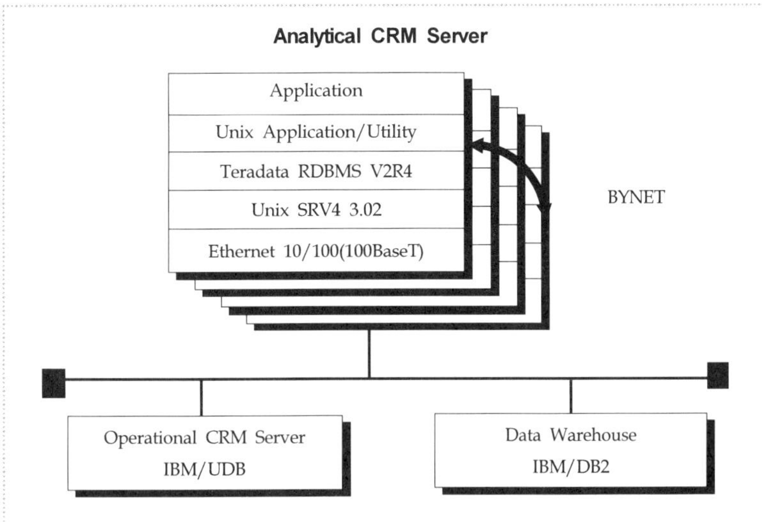

|그림 8-12| 소프트웨어

6 분석(analytical) CRM

1) 개요

CRM의 본질은 고객만족을 통한 장기적인 관계를 형성하여 기존의 마케팅 방법보다 더 높은 수익을 얻고자 하는 것이다. 이를 위해서는 고객의 구매욕구에 부합하는 상품과 서비스의 품질과 이에 대한 가격, 접근 편의성등을 향상시키는 본원적인 경쟁수단을 고려하지 않고 부분적인 전략을 전개하는 것으로는 CRM의 취지를 달성할 수 없을 것이다. 따라서 성공적인 CRM 구현을 위해서는 CRM의 개념을 정확히 구현할 수 있는 방법론을 적용하는 것이 매우 중요하다고 볼 수 있다.

따라서 고객관계관리를 위한 분석 CRM의 실행은 고객이해를 위한 다음과 같은 고객 통합 관점에서 시작되어야 한다.

첫째는 상품, 서비스와 채널정보 등 고객관련 정보가 고객 중심의 관점에서 통합되어야 한다. 둘째는 내부데이터, 외부데이터, 고객상담결과, 접촉정보 등 다양한 정보가 통합되어야 한다. 셋째는 데이터의 가공수준별 정보(기본정보, 요약정보, scoring 정보)가 통합되어 제공되어야 한다. 이러한 통합고객정보는 고객기본정보와 요약정보를 활용하여 모델링과정을 거쳐 고객특성을 점수화한 Scoring 정보로 발전되고. 이러한 통합고객정보로부터 도출된 고객니즈를 기반으로 고객관계관리 활동이 이루어지며 그 결과는 피드백 되어 모형을 보완하고 정교화에 기여하게 될 것이다.

따라서 분석 CRM 시스템은 통합고객정보에 의한 고객가치분석, 분석 CRM Mart의 구축, 그리고 캠페인 관리와 고객예측시스템 구축의 세부과제로 수행되어진다.

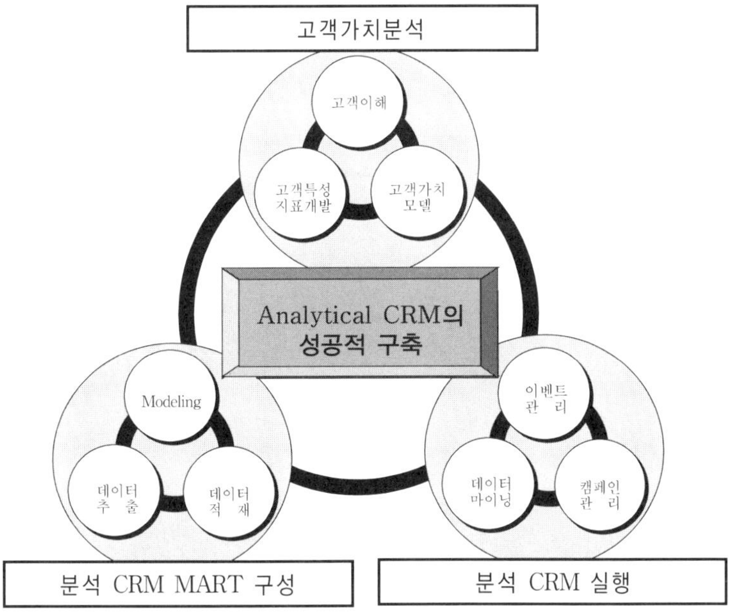

|그림 8-13| 분석 CRM의 개요

2) 고객가치분석

(1) 고객가치선정

고객가치는 |그림 8-14|와 같이 현재가치(profit), 잠재가치(opportunity), 충성도(loyalty)의 세 축으로 파악해야 한다. 그리고 상품/서비스의 특성에 따라 세 축을 정의할 수 있는 고객이해항목(customer view)을 다양하게 고려해야 한다.

현재가치는 고객의 평 잔액, 이용량, 기여이익, 유지기간, 가입상품수, 구매빈도 등으로 구성되며 잠재가치는 고객의 소득, 직업, 수신액 점유율, 소개, 브랜드 선호도, 교차판매 등으로 구성된다. 그리고 충성도는 임직원 유무, Inbounding Call 수, 반응율, 이탈가능성 등으로 나타낼 수 있다.

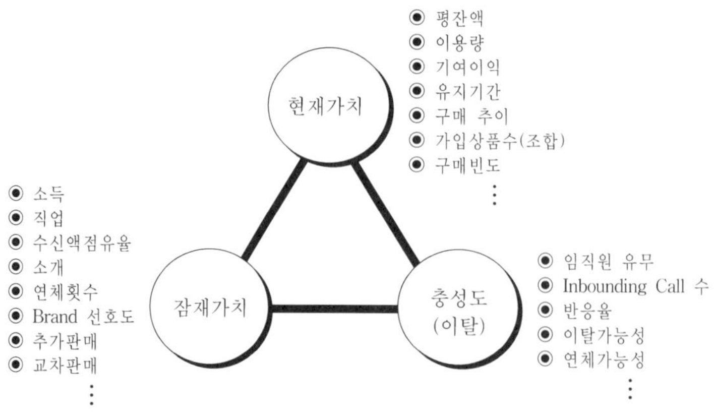

|그림 8-14| 고객가치의 분류

(2) 고객가치모델분석

고객가치모델(customer value model; CVM)은 개인고객의 미래에 예측되어지는 가치 또는 수익성을 측정, 평가하고 고객의 로열티를 반영하는 미래에 발생 가능한 이탈의 확률을 점수화하여 고객별로 차별화된 평생가치(LTV)를 산출하고 Wallet Share의 관리·추정을 통해 특화된 상품 및 서비스를 제공하는데 필요한 의사결정 기준을 통계·수리적 개발방법론을 통해 제시하는 모델이다.

고객가치모델은 우정사업본부내 각종 정보를 이용하여 수익성 평점, 이탈평점, LTV, Wallet Share 등을 예측하며 주요 모델 항목은 다음과 같다.

○ 수익성 평점 : 단기수익성 예측
○ 이탈평점 : 단기이탈가능성 예측
○ LTV : 수익성 평점과 이탈평점을 기반으로 거래기간을 반영하여 고객 대표 수익성 지수(profitability index) 산출

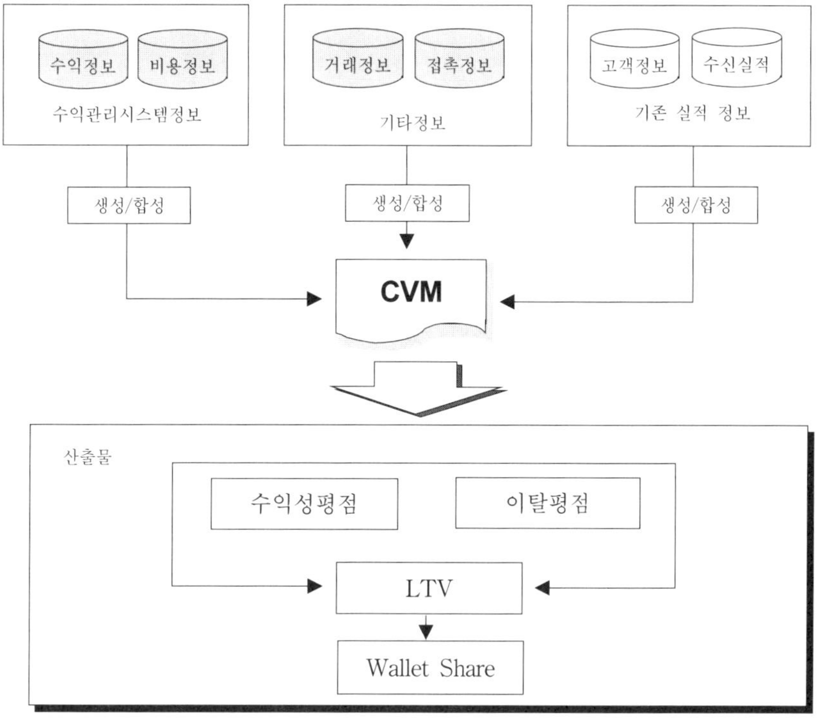

|그림 8-15| CVM의 구성 및 산출물

① 수익성 예측모형

고객의 미래수익성을 예측하기 위한 절차는 |그림 8-16|과 같이 피드백 된다.

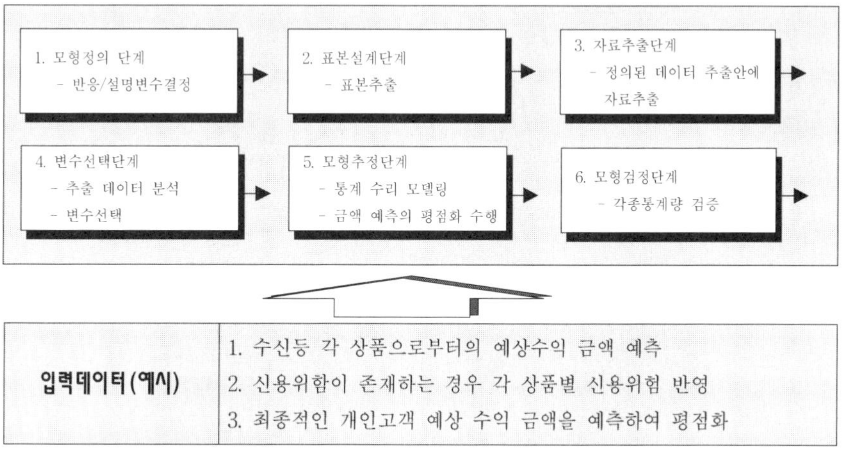

|그림 8-16| 수익성 예측 모델링 절차

② 고객이탈 예측모형

가. 현황분석

본 연구는 우체국 예금 현업 담당자를 통해 고객의 해지 사유를 조사하고 이를 정보시스템의 데이터와 Mapping 작업을 통해 고객 해지 예측모형의 구축에 필요한 기본적인 자료를 구할 수 있다. 우체국에서는 현황분석을 통해 예금과에서 파악된 해지요인, 문제점과 정보시스템에서 활용 가능한 데이터를 확인할 수 있다. 다음 자료는 고객 관련 자료에 대한 해지요인을 파악하기 위한 설문조사의 예이다.

|표 8-5| 해지 요인에 대한 설문조사

분류	요인	해지요인이라 판단한 사유	필요 데이터	데이터 원천			활용 가능성
				내부 보유	파생 가능	미 보유	
고객 대응 체계	고객 질의에 대한 친절도	고객이 콜센터나 지점에 궁금사항을 문의했을 때 응답자의 응답태도가 해지에 영향을 줌	고객불만			○	×
			고객불만 유형			○	×
			고객불만 원인			○	×
	고객의 편의성	고객이 양질의 서비스를 다양하게 제공받는데 불편함을 느끼거나 요구사항의 처리가 지연 될 때	고객서비스 불만			○	×
			요구사항 처리 대응의 신속성			○	×
	지역별 점포수	지역별 점포수의 편차로 인하여 해지에 영향을 줌	지역별 점포수		○		○
상품/서비스	상품 경쟁력	동일한 금융서비스에 대한 상품이 경쟁사에 비하여 경쟁력이 낮다고 판단되었을 때	금융상품 분류	○			○
			금융상품 선택	○			○
			금융상품 만족도			○	×
	고객상품 종류 및 경쟁력	원하는 상품 서비스가 없고 현재의 상품 서비스가 불만스럽다고 판단되었을 때	서비스 분류	○			○
			고객사용 서비스	○			○

나. 고객 이탈모형 프로세스

고객이탈 예측모형은 상품별 이탈모형에서 출발하여 최종적으로 고객별 이탈 Score 모델 개발로 완료된다. 모형개발은 이탈의 개념을 정의하고 기초분석을 수행하는 상품이탈 패턴분석단계, 상품별 이탈 파생 Measure 개발단계, 개인별 이탈 Score Model 개발, 타당성 검증 단계를 거치게 된다. 그리고 상품 종류별 Weight와 상품별 이탈 Score를 기반으로 고객 개인별 이탈 Score Model을 개발하며 선정된 모형은 타당성 검증을 거쳐 피드백되어 수정·보완된다. 이탈예측모형의 방법론으로는 Logistic Regression, 판별분석, Decision Tree 등이 있으며 모형 타당성 검증을 통해 가장 신뢰도가 높은 방법론을 선택하게 된다.

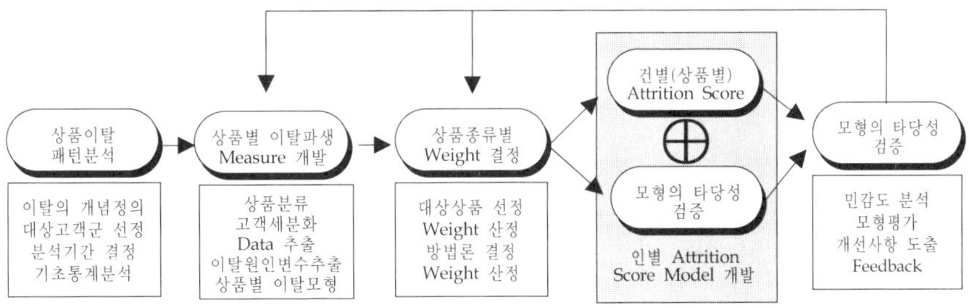

다. 이탈모형 결과의 활용

고객의 기본정보로부터 데이터 마이닝 작업을 수행하게 되면, 이탈이 많이 발생한 고객에 대한 규칙을 생성할 수 있다. 특히, 데이터마이닝 방법 중 의사결정 나무방법은 이러한 규칙들을 자동으로 생성하게 된다.

예시 Decision Tree를 이용한 요구불예금 이탈 모형

- 모형개발 대상고객 : 2001/6/30일 기준 수신평잔 1000만원 이상인 고객
- 관찰시점 : 2001/6/30일 기준 정상유지계약을 대상으로 7~9월까지의 3개월간 관찰
- 이탈 주요 원인 변수 : 최근 3개월내 입금건수, 최근 3개월내 지급건수, 2전월대비 1전월대비 입금건수 변화율, 2전월대비 1전월 지급건수 변화율

중요발견규칙 : 100만원이상 고객 중에서 최근 3개월간 입금건수가 0.5보다 작은 경우 이탈율이 53.7%이며 2전월 대비 1전월 입금건수 변화율이 -1보다 작은 경우 이탈율은 19.3%이다.

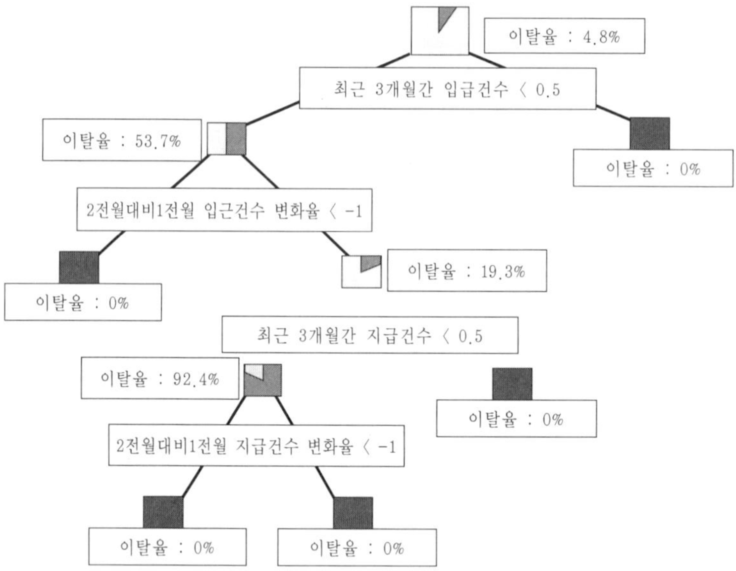

라. 생성 이탈 스코어의 마케팅 활용

최종적으로 전체 고객에 대한 이탈확률이 개개인별로 산출이 되면, 이 스코어는 마케팅, 고객의 가치평가, 고객 세분화등에 활용이 가능하다. 특히 이탈방지 마케팅을 수행하는데 있어 이탈스코어는 중요한 정보로 제공될 수 있다. 즉, 전체고객을 대상으로 이탈방지 캠페인을 수행하는 것 보다 높은 효과를 나타내는 고객 Quantile이다. 높은 이탈율을 보이는 고객을 대상으로 집중적인 마케팅을 수행함으로써 비용대비 효과가 우수한 마케팅을 펼칠 수 있다.

③ 평생가치(LTV) 예측모형

개인고객의 수익성 금액 예측, 예측유지율, 거래기간등을 반영한 수익성 지수(profitability index) 산출을 통한 평생가치를 추정하는 모형이다. 이 모형은 위험을 고려한 고객별 수익성 금액 및 이탈 가능성을 예측하여 모형에 반영한다. 또한 수익 및 이탈 등의 전략적 요인을 반영하여 세분화한 후 평균거래기간을 산출하므로 고객별 차별화된 거래기간을 산출할 수 있다. 따라서 차별화된 평생가치를 산출할 수 있다.

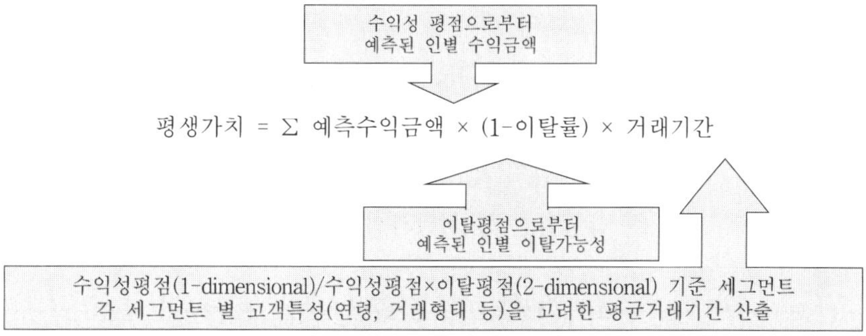

|그림 8-17| LTV 산출방법

④ Share of Wallet

우량고객과 고수익 고객의 자산 풀(pool)에 대한 고객 유치율의 극대화한 개념이다. 이 개념은 고수익 및 우량고객 대상으로 고수익 발생상품을 권유함으로써 개인적인 자산관리 서비스를 제공하는 것이다.

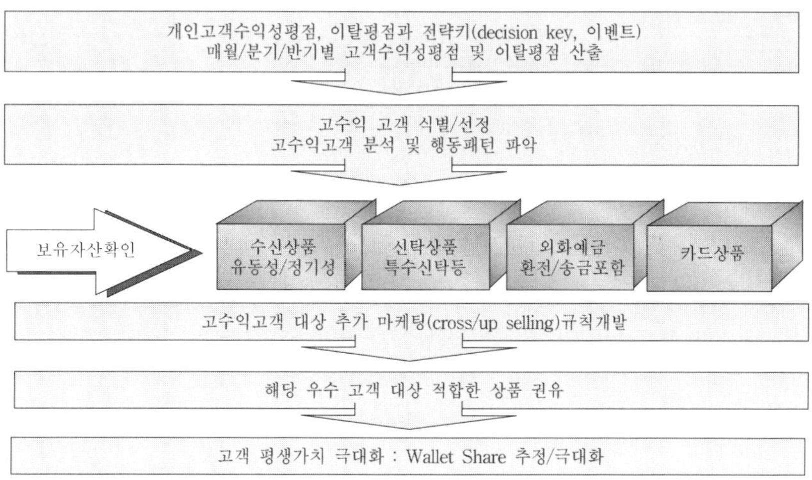

|그림 8-18| Share of Wallet 방법론

3) 분석(analytical) CRM 실행

(1) 캠페인 시스템

분석적(analytical) CRM 시스템 구축을 위한 캠페인 시스템의 도입은 고객에게 필요한 상품과 서비스를 최적의 채널을 통해 적기에 제공할 수 있도록 지원하기 위하여 이벤트 기반의 캠페인 시스템을 구축함으로써 마케팅 프로세스의 자동화를 달성하고자 하는 것이다.

캠페인 관리 시스템의 기능은 캠페인 기획 및 관리, 고객 리스트관리, 다채널 캠페인 수행 지원, 세일지 리드 생성 및 관리, 이벤트 계획 및 관리 등의 기능과 실행 및 분석을 담당하는 시스템과의 인터페이스 기능 등이 있다.

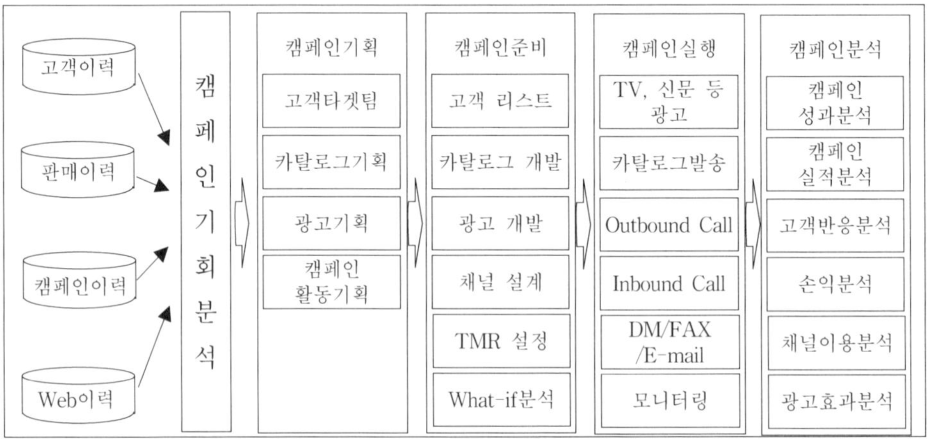

|그림 8-19| 캠페인 관리 프로세스

캠페인 관리 시스템을 이용하여 실제로 기업에서 실시할 수 있는 활동은 매스 마케팅에서의 프로모션 활동과 차이가 있다. 고객 데이터베이스로부터 캠페인이 가능한 고객을 여러 조건으로 추출하여 다양한 채널을 이용하여 캠페인을 실시한다.

|표 8-6| 금융기관의 캠페인 관리 항목

구 분	내 용	사 례
마케팅 캠페인	고객분석을 통해 DB에서 추출한 목표고객을 대상으로 캠페인을 기획	고수익 투자상품 유치 캠페인 고객추천 캠페인 휴면고객활성화 캠페인 카드사용 촉진 캠페인
이벤트 탐지	고객과의 거래 또는 커뮤니케이션 과정에서 탐지한 이벤트를 토대로 마케팅 기회를 포착하여 대상고객에게 캠페인을 전개	고액거래, 신규계좌 개성, 계좌 해지 정기예금 만기, 마이너스 통장 개설 급여이체 개시, 급여이체 중단 고객등급 변화, 주소변경 불만사항 접수
안내 서비스	고객과의 관계를 강화하고 고객 편의성을 증진시켜 고객 만족을 이끌어 낼 수 있는 서비스 활동을 전개	대출만기일 도래 안내 연체안내 기념일 축하 서비스 VIP 신규 진입 고객 감사안내

이벤트 기반 마케팅을 위해서는 시장을 형성하고 있는 고객을 세분화하고, 이 세분화된 고객집단, 또는 개별 고객과의 가장 적절한 마케팅 커뮤니케이션이 가능하도록 하는 캠페인 시스템을 구축함으로써 고객에 대한 우정사업본부의 마케팅 능력 및 수익성 확대, 그리고 고객가치 증대를 도모할 수 있어야 한다. 이를 위해서 호주 국립은행 등에서 대고객 캠페인 관리 성능의 탁월함을 검증받은 바 있는 NCR의 Relationship Optimizer(RO)를 우정사업본부 Analytical CRM의 캠페인 관리 시스템으로 제안한다. Relationship Optimizer는 비즈니스 규칙을 토대로 하여 구축된 시스템 상에서 동적인 이벤트 감지를 통해 이벤트 중심의 캠페인을 가능케 하는 캠페인 관리 시스템으로 타 솔루션과는 차별화된 이벤트 감지능력과 이에 따른 다중 캠페인 관리 기능을 지원함으로써 우정사업본부의 대고객 캠페인 관리의 성공적 수행을 보장할 수 있을 것이다.

NCR의 캠페인 관리 솔루션인 RO(relationship optimizer)는 전통적인 캠페인 관리 툴의 성능과 효율을 극대화 시킨 제품으로 제품중심의 마케팅에서 고객의 주요 행동 변화를 자동으로 감지하여 고객의 요구에 맞는 최적의 상품을 최적의 타이밍에, 최적의 채널을 통해 능동적인 방법으로 캠페인을 전개할 수 있도록 지원한다. RO의 모듈은 크게 EDM(event detective manager)와 CVM (communication vector manager)로 구성되며 이들 모두 CRM 데이터 Mart에 탑재되어 이벤트 감지, 채널별 분리, 우선도 조정, 채널 피드백 관리 등의 기능을 수행하게 된다.(|그림 8-20|참조)

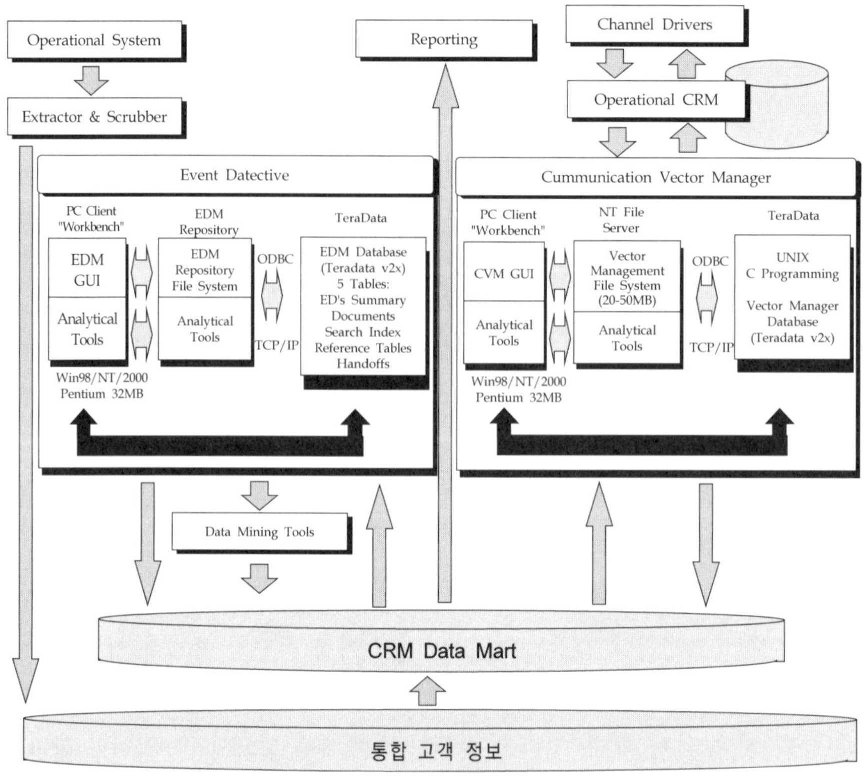

|그림 8-20| RO 아키텍쳐

(2) 데이터마이닝 시스템

① 데이터마이닝 모델링 프로세스

데이터 마이닝 기술은 고객 개개인에 대한 특성을 예측하여, 고객 행동의 예측 및 분석을 통해 마케팅에 활용할 수 있는 데이터베이스 마케팅의 핵심 기술로 활용되고 있다. 우체국 예금에 적용되는 데이터 마이닝의 절차는 크게 2가지의 프로세스로 진행된다.

첫 번째 단계는 모델링 프로세스로 원천시스템과 DW내의 시스템에서 데이터를 표본추출 후 분석, 모델링을 하는 단계이다. 두 번째 단계는 Scoring 단계로, 구축된 모형 중 가장 좋은 성능을 가진 모형에 우체국예금의 전체고객에 적용해 점수화하게 된다. 데이터 마이닝의 결과에 따라 예측된 고객 행동에 맞는 마케팅을 실시하면, 비용대비 높은 마케팅의 효과를 얻을 수 있다.

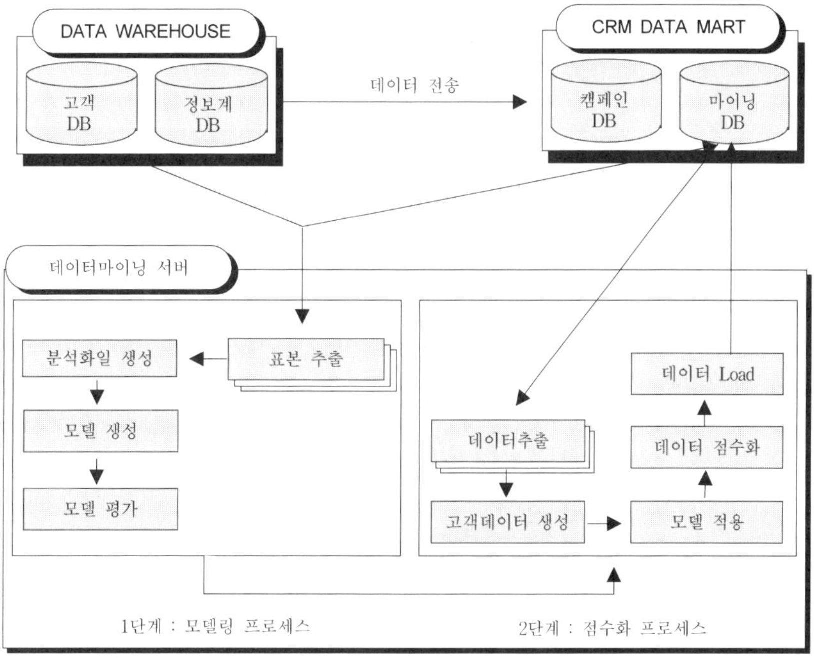

|그림 8-21| 데이터 마이닝 프로세스

② 데이터 마이닝 구축과정

데이터 마이닝은 SAS의 E-Miner를 사용하여 데이터의 분석 및 예측모형을 구현하게 된다. 데이터 마이닝 시스템은 현황분석 및 주제영역 도출, 자료 샘플링 및 요약 정제, 모델링 수행, 모형 적용, 마케팅 적용의 5단계를 거처 구축되게 된다.

단 계	구축내용
1. 현황분석 및 주제영역 도출	○ 형황 분석하고 마케팅 목적에 맞는 주제영역을 도출 ○ 주제 영역에 맞는 분석변수의 리스트를 작성
2. 자료추출 및 요약 정제	○ 고객표본을 추출하고 추출된 고객에 대한 자료를 추출 ○ 추출된 자료를 요약하고 이상치를 정제 ○ 모델링에 필요항 각종 파생변수를 생성하고 변수 변환을 수행
3. 모델링	○ 선정된 주제영역에 맞는 모델링을 통계모델 Decision tree, 신경망으로 수행 ○ 수행된 모형을 Lift Chart를 이용하여 평가
4. 모형의 적용	○ 생성된 모형을 전 고객에게 적용 ○ 고객 개개인에 대한 점수화 점보 Quantile 정보들을 CRM Data Mart에 적용
5. 마케팅의 적용	○ 생성된 결과로부터 마케팅을 수행 ○ 마케팅의 결과를 보고서를 통하여 조회 ○ 결과를 데이터마이닝 모델로 피드백

|그림 8-22| 데이터 마이닝 구축과정

(3) 고객가치 분석 방법

① 고객 이해의 단계 분석

고객, 상품/서비스 채널에 대한 분석을 통해 고객을 이해하는 기초 단계이며 고객분석을 위해서는 고객기본정보, 거래정보 이외에 외부데이터(통계청, 한국은행 등)와 이를 보완하기 위한 Survey 결과, 캠페인 반응정보, 제휴사 정보(제휴카드사, 제휴은행), 다양한 채널을 통한 정보(전화상담)등이 필요하며 이에 대한 분석방법과 분석내용 등을 요약하면 다음과 같다.

분석방법	분석내용	필요 Data
잔액추이분석	월/분기/년 단위 잔액 변동 분석	고객별 상품별 기간별 Summary Data
평잔추이분석	월/분기/년 단위 잔액 변동 분석	고객별 상품별 기간별 Summary Data
기여이익분석	고객별 수익비용 Mapping에 의한 고객의 수익성분석	각 상품별 수익, FTP, 업무원가 Data
개인고객특성 분석	성, 연령, 직업, 소득, 거주지, 금융자산, 취미, 학력 등 기본 특성분석	고객의 Demo Data의 정합성 유지 필요
세대별분석	세대기준에 의한 고객분석	세대구분 Data, 세대별 평잔
상품구성분석	고객별 Cross-Sell 수, 상품별 잔액 비중	고객관계활동 전개시 활용가능한 상품종류의 범주화 필요
금리 민감도 분석	금리 변동에 따른 상품 평잔액 변동 분석	금리변동 추이, 상품별 평 잔액

② 고객 특성 지표의 개발방법

고객의 심층적인 이해를 위해 Modeling Scoring 등을 이용하여 고객을 설명할 수 있는 지표를 개발하는 단계를 요약하면 다음과 같다.

Modeling	내 용	필요 Data	예 시
잠재가능성	개인고객의 상품구매 확률	연령, 소득, 직업, 금리민감도, 금융자산 규모, 주택소유여부, 보유금융상품	Logiistic Regression Prob(상품구매) = a+b연령+c소득+d직업+...
이탈확률	고객의 거래중지, 타행 이동을 예측	만기일, 고객만족도, 금리 등	Logiistic Regression, 판별분석 Prob(이탈) = a+b만기일 +c고객만족도+d금리+...
교차판매 가능성	Cross-Selling 가능성	상품구성 수, 상품별 잔액, 평잔	Association Rule Prob(신뢰도) = P(A|B)
생애가치 (life time value)	고객의 Life Stage 상태에 따른 고객가치	연령, 직업, 소득, 자녀 수, 결혼유무, 주택 소유유무, 거래실적	Regression Model (고객가치) = a+b직업 +c소득+d연령+자녀수+...
투자성향	개인고객의 투자행태 파악	금리민감도, 거래주기, 거래기간 등	Clustering, Decision Tree

③ 고객관계활동

고객기초분석과 점수화(scoring) 결과를 조합하여 고객을 고객가치(평잔, 직업, 소득, 기여이익 등), 행동특성(투자성향, 채널선호, 금리민감도, 상품선호 등), 충성도(거래기간, 점유율, 연체율, 이탈율 등) 측면에서 입체적으로 이해하고 활용하는 단계를 의미한다.

그리고 세분화된 고객집단별 고객특성을 파악하여 고객관계활동을 전개한다. 또한 고객관계활동과정에서 수집된 고객반응정보를 기반으로 성과분석을 실시하고 성과분석의 결과는 고객특성지표의 보완을 위하여 피드백 되어야 한다.

고객통합 View		고객세분화		고객관계활동
고객 가치	평잔, 직업, 소득, 기여이익	기여 이익	최우수고객, 우수고객, 보통고객	최우수고객이며 점유율이 높고, 생애가치 높은 고객군에 대해 loyalty 실시
행동 특성	투자성향, 채널선호, 금리민감도, 상품선호	거래 특성	잠재고객, 휴면고객, 이탈고객, 가망고객	점유눌 낮고 잔액추이 감소하는 이탈가능 고객군에 대해 이탈방지 실시
충성도	거래기간, 점유율, 연체율, 이탈율	투자 성향	안정형, 성장형, 철새형	기여이익이 높은 성장형 고객군에 대해 Cross-Sell 실시

4) 우수고객 관리 시스템 도입

(1) 우수고객 관리의 필요성

금융기관들이 소매금융에 집중함에 따라 경쟁이 치열해졌으며 예금신규고객 확보 보다는 기존 우량고객의 유지가 핵심과제로 등장하게 되었다. 우체국 예금의 비중이 시중은행과 비슷한 규모로 성장하였고 소수고객의 수신점유비율이 50%이상이 된 현상에서 이들에 대한 특별한 특별관리가 필요하게 되었다. 또한 보편적 금융서비스를 표방하던 우체국이 다름 금융기관과 경쟁에서 살아남기 위해서는 수익기여도에 따른 고객을 세분화하여 우수고객에 대한 마케팅 전략이 필요한 시점에 있다고 볼 수 있다.

현재 우수고객분류에 대한 평가시스템 및 우수고객에 대한 조회 및 등록 table은 구성되어 있으나 항목 입력내용은 없으며 배점방법과 산정방법 등 필드 각각에 대해서 좀더 구체적인 정의가 필요할 것으로 보인다.

현 시스템의 우수고객관리화면은 아래 그림과 같게 나타난다.

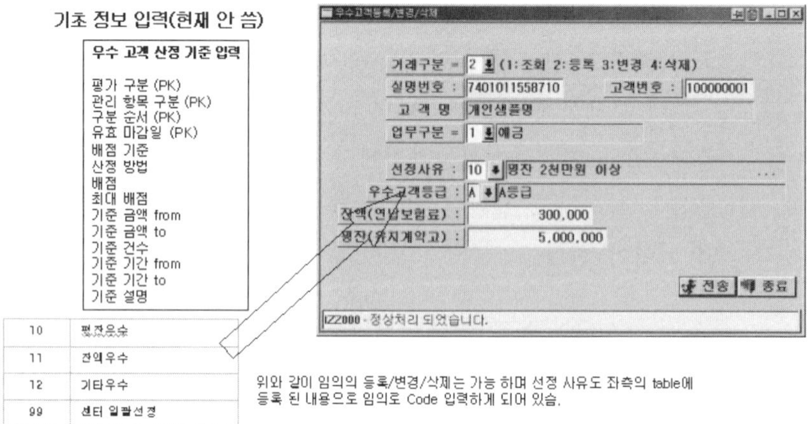

(2) 우수고객 선정의 방향

① 현행 거래위주의 우수고객 선정에서 월별 평 잔액, 보험료 등의 Field를 추가하고 이를 위해 평잔 등에 대한 평가 Routine(월 Batch)을 추가할 필요가 있다.

② 현행 평가주기가 반기별(6월 말, 12월 말)로 계획되어 batch작업이 반기별로 되어 있으나, 평가를 위해 사용 중인 자료가 월간 data임을 감안하면 추가되는 필드부분은 다른 table로 구성하여도 무방하다.(평가 주기 및 배치작업의 문제)

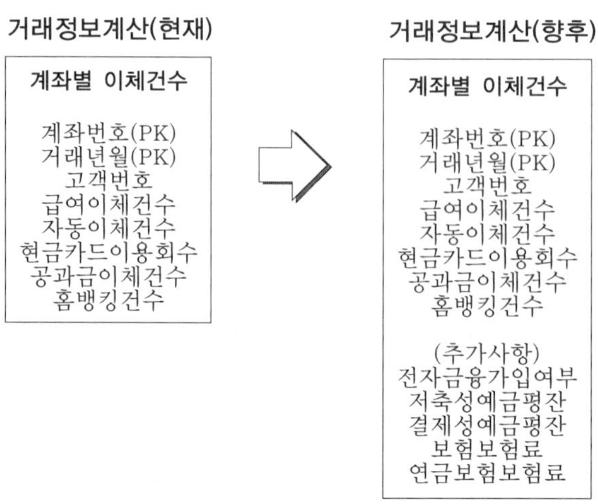

③ 기초 정보에 평가 항목별, 고객별 점수가 산정이 되며 반기별로 고객을 평가하는 시점에는 이 정보를 합계가 필요한 부분은 합계하고, 평균이 필요한 부분은 평균을 산출하여 최종 고객 점수를 산정한다.

기초정보입력

우수고객 산정 기준입력
평가구분(PK) 관리항목구분(PK) 구분순서(PK) 유효마감일(PK) 배점기준 산정방법 배점 최대배점 기준금액 from 기준금액 to 기준건수 기준기간 from 기준기간 to 기준설명

거래정보계산(월)

계좌별 이체건수
계좌번호(PK) 거래년월(PK) 고객번호 급여이체건수 자동이체건수 현금카드이용회수 공과금이체건수 홈뱅킹건수 (보완/추가사항) 전자금융가입여부 저축성예금평잔 결제성예금평잔 보험보험료 연금보험보험료

우수고객평가(분기-현재는 반기)

④ 현행 고객의 수신기여도를 금액으로 환산하는 Batch Process를 전산에 반영하여 우수고객을 나누는 지표로 사용할 것을 검토할 필요가 있다. 그리고 현재 우수고객 분류를 위한 전산 Batch에 없고, 주관적 판단에 의해 우수고객을 임의로 등록하고 있다. 이는 기존의 건수(송금건수, ATM사용 건수 등) 방식으로는 고객의 수신기여를 설명할 수 없으며, 향후 우체국 경영환경의 변화에서 고객의 수신기여도가 우수고객의 분류 기준으로 크게 대두할 가능성이 크다.

현재의 결산(예)

A. 예금이익	
1. 저축성예금	
가) 상품코드	이익 ×××
2. 결재성 예금	
3. 송금수수료	×××
합계	×××××

고객별 결산

A. 고객 a의 예금이익	
1. 저축성예금	
가) 상품코드	이익 ×××
2. 결재성 예금	
3. 송금수수료	×××
고객 a의 이익계	×××××

최종적으로는 고객의 충성도를 평가할 수 있는 예금액(평잔)과, 이익 기여금을 평가할 수 있는 부분으로 나누어서 시행하도록 방향을 잡는 것이 바람직하다고 볼 수 있다.

구분	예금액(평잔)기준	이익기여금
최우수고객	1억원 이상	100만원 이상
우수고객	200만원 이상 1억원 미만	10만원 ~ 100만원 이하
보통고객	2000만원 이하	10만원 이하

(3) System Architecture

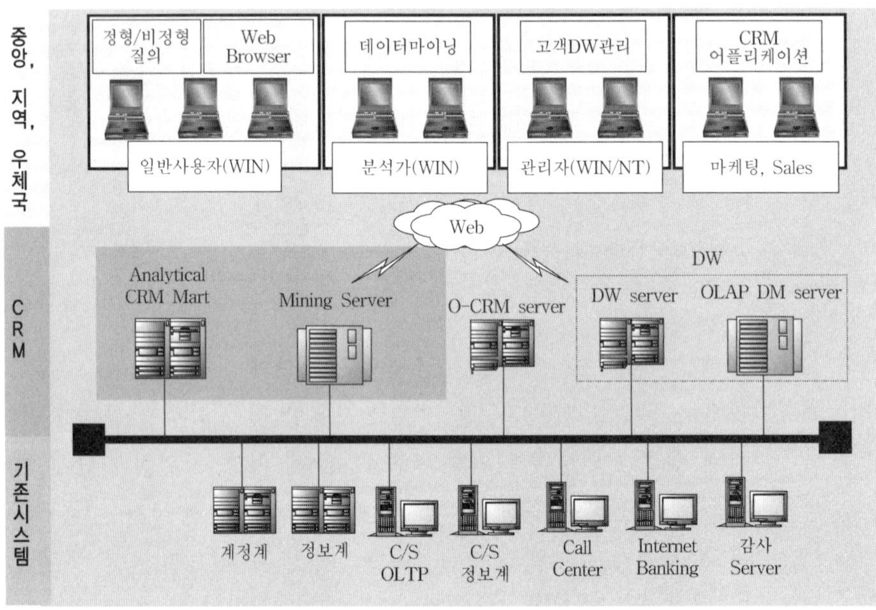

(4) Data Warehouse

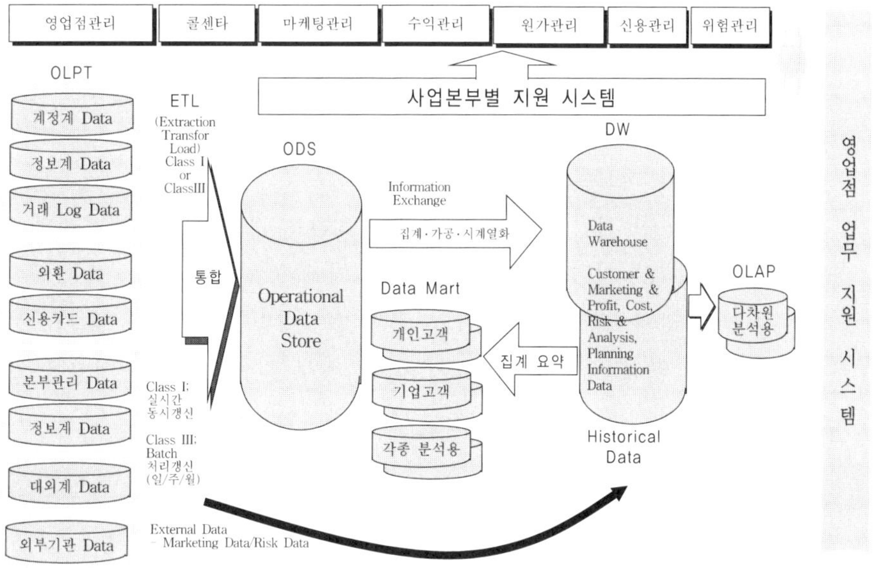

(5) Data Flow

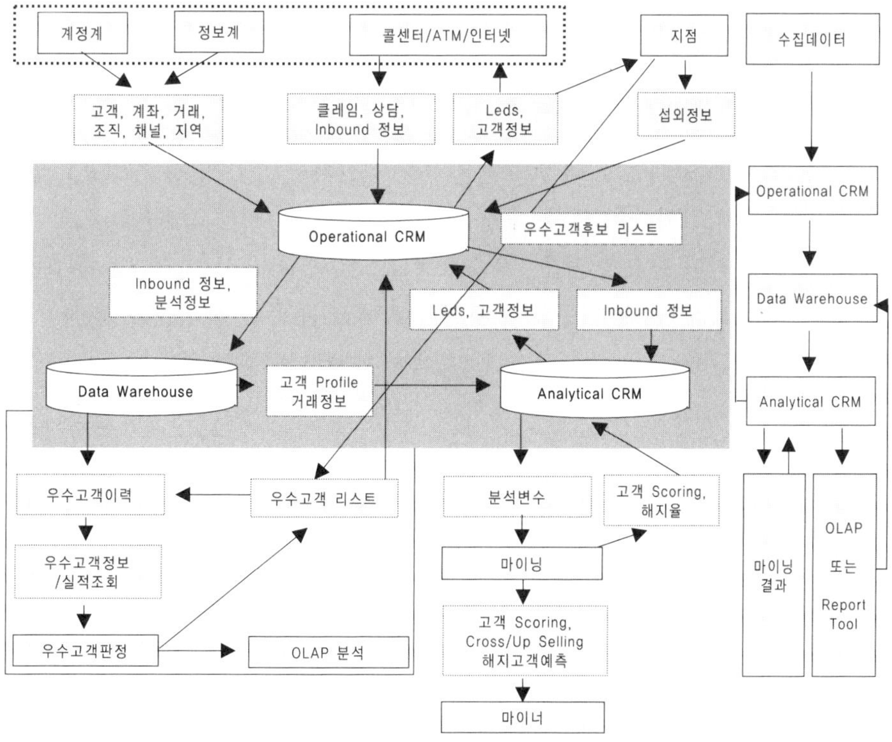

(6) 리스트 관리방안

① 문제점

- ○ 주기적으로 전 고객을 대상으로 정해진 기준에 따른 (예를 들어, 평잔 1억이상) 고객을 추출할 경우 1400여만명의 고객 전체의 평잔을 계산하여야 하므로 상당한 시간이 소요.
- ○ 상당한 시간과 막중한 업무를 요하는 작업이므로 계정계와 정보계에서 수시로 자료를 모아오는 작업 자체가 거의 불가능 함.
- ○ 따라서, 계산속도가 거의 들지 않는 방법(예를 들면, 월 평잔을 이용하여 년 평잔을 계산하는 방법)이나, 창구에서 일정금액 이상을 입금하는 고객의 리스트를 시스템에 뿌려 주어야 함.

② 해결책

- ○ 월 평잔을 이용하여 년 평잔을 계산하는 방법 또한 상당한 시간이 소요되므로 창구에서 일정금액 이상을 입금하는 고객의 리스트를 시스템에 뿌려 주는 방법이 현실적

(7) 데이터수집방법

- ○ 우수고객관리 시스템 자체에서는 우수고객 후보들의 리스트만 보유
- ○ 전체 고객들을 대상으로 평잔을 계산하는 것은 일정주기(분기별)에 한번만 작업하여 리스트를 수정
- ○ 분석이 필요할 경우 우수고객리스트에 남아 있는 고객들에 대해서 고객정보와 거래내역 등의 정보를 DW에서 추출하여 평잔을 계산
- ○ 기준이상(예, 평잔 1억)인 고객에 대해서는 분석리스트에 그대로 남기고 그렇지 않은 고객에 대해서는 우수고객 후보 리스트에서 삭제.
- ○ 수집된 정보를 이용하여 각종 현황을 분석

(8) 시스템의 기능 요소

① 시스템의 개념도

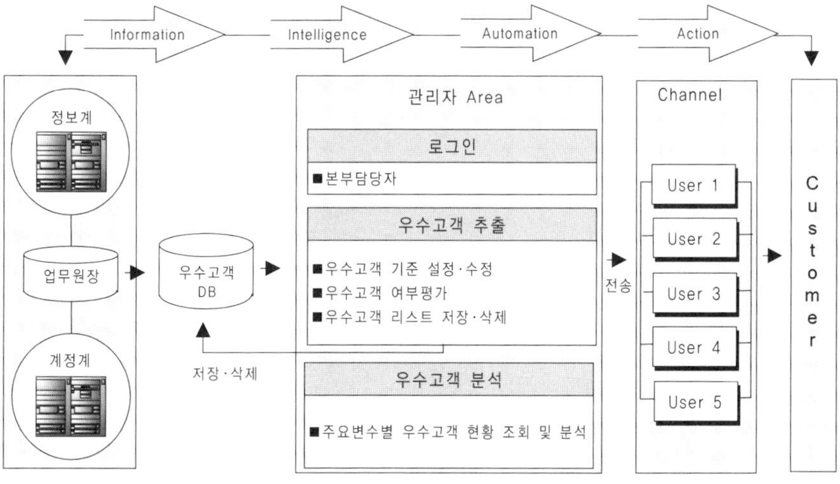

(9) 우수고객에 대한 실증분석

① 데이터의 특성

- Data Size
  - ○ 1억 이상 고객 : 7,492명
  - ○ 1억 미만 고객 : 75,136명(표본추출)
- Factors
  - ○ 독립 Factors : C1(고객구분코드), D1(과세코드), G1(거래자구분코드), S1(소득자 구분코드), J1(잠재고객구분), P1(우편물 주소구분), 청, 연령, 연령대, 성별, 도(Province), Diff (기준시점-정보등록일), CNT(6월~10월 거래 여부) 단, CNT는 거래 있을 경우 1, 거래 없을 경우 0.
  - ○ 종속 Factors : 1억 이상일 경우 1, 1억 미만일 경우 0.
- Data Partition
  - ○ Training Data : 41,314명(50%)
  - ○ Test Data : 41,314명(50%)
- Analysis Tool
  - ○ SAS E-Miner V8

② 분석결과

우체국 예금고객중에서 1억원 이상과 미만 고객을 분류하는 분석용(training) 분류 정확도를 보면 분류 정확도가 94.7%로 매우 높게 나타났으며 또한 이 자료에 대한 검증용(test) 분류 정확도 역시 94.5%로 높게 나타났다. 다만 1억 이상인 고객에 대한 예측 정확도가 대략 55%로 다소 낮게 나타났다.

Training 분류정확도

빈 도		실제값	
		1억이상	1억미만
실제값	1억이상	2094 (54.95%)	1717 (45.04%)
	1억미만	482 (1.29%)	37021 (98.71%)
분류정확도	94.68%		

Test 분류 정확도

빈 도		실제값	
		1억이상	1억미만
실제값	1억이상	2000 (54.33%)	1681 (45.67%)
	1억미만	591 (1.54%)	37052 (98.46%)
분류정확도	94.52%		

이제 데이터를 의사결정 나무(decision tree)방법으로 분석한 결과를 보면 다음과 같은 중요한 규칙(rule)을 발견할 수 있다.

"연령이 23.5세 이상이고 고객등록일이 555.5일보다 작고 최근 3개월동안은 거래실적이 없는 일반공무원, 회사원, 서비스업, 상업, 외국인이 1억이상 고객일 확률이 95.3%이다."

반응 변수	고 객 특 성	예 측 확 률		
		회원수	1억 이상	1억 미만
1억 이상 여부	Diff<555.5 & G1 in (13 14 16 17 18 19 20) & CNT=1	86	25(29.1)	61(70.9)
	Diff<555.5 & G1 in (13 14 16 17 18 19 20) & CNT=0 & 연령<23.5	28	12(42.9)	16(57.1)
	Diff<555.5 & G1 in (13 14 16 17 18 19 20) & CNT=0 & 연령>=23.5	1,128	1,075 (95.3)	53(4.7)
	Diff>555.5 & G1 in (1 2 3 4 5 6 8 12 15) & 도 in (경남 대구 대전 서울 울산 제주 충남)	1191	124(64.9)	67(35.1)
	Diff>555.5 & G1 in (1 2 3 4 5 6 8 12 15) & 도 not in (경남 대구 대전 서울 울산 제주 충남) & S1 = 331 332	55	29(52.7)	26(47.3)
	Diff>555.5 & G1 in (1 2 3 4 5 6 8 12 15) & 도 not in (경남 대구 대전 서울 울산 제주 충남) & S1 <> 331 332	1,454	99(6.8)	1,355 (93.2)
	555.5<= Diff < 1313 & G1 in(4 8 13 15 17 19 20) & 연령 < 36.5	1,151	102(8.9)	1,049 (91.1)
	555.5<= Diff < 1313 & G1 in(4 8 13 15 17 19 20) & 연령 >=36.5 & CNT=0 & 도 in (강원 전남 전분 충북)	286	63(22.0)	223(78.0)
	555.5<= Diff < 1313 & G1 in(4 8 13 15 17 19 20) & 연령 >=36.5 & CNT=0 & 도 not in (강원 전남 전분 충북)	1,119	812(72.6	307(27.4)
	555.5<= Diff < 1313 & G1 in(4 8 13 15 17 19 20) & 연령 >=36.5 & CNT=1	345	27(7.8)	318(92.2)
	555.5<= Diff < 1313 & G1 in(1 2 3 5 6 7 11 12 14 18) & 도 in (경남 대전 울산 제주)	40	23(57.5)	17(42.5)
	555.5<= Diff < 1313 & G1 in(1 2 3 5 6 7 11 12 14 18) & 도 not in (경남 대전 울산 제주)	3,493	86(2.5)	3,407 (97.5)
	Diff>=1313 & G1 in (4 8 11 13 15 17 19 20) & 연령대 in (50대 60대)	3,330	595(17.9)	2,735 (82.1)
	Diff>=1313 & G1 in (4 8 11 13 15 17 19 20) & 연령대 not in (50대 60대) & 도 in (경남 광주 대구 대전 서울 울산 인천 제주 충남) & D1 in (3 4 11)	43	31(72.1)	12(27.9)
	Diff>=1313 & G1 in (4 8 11 13 15 17 19 20) & 연령대 not in (50대 60대) & 도 in (경남 광주 대구 대전 서울 울산 인천 제주 충남) & D1 in (1 2)	2,897	297(10.3)	2,600 (89.7)
	Diff>=1313 & G1 in (4 8 11 13 15 17 19 20) & 연령대 not in (50대 60대) & 도 not in (경남 광주 대구 대전 서울 울산 인천 제주 충남)	9,739	273(2.8)	9,466 (97.2)
	Diff>=1313 & G1 not in (4 8 11 13 15 17 19 20)	15,929	138(0.9)	15,791 (99.1)

|그림 8-23| 의사결정나무 규칙(1)

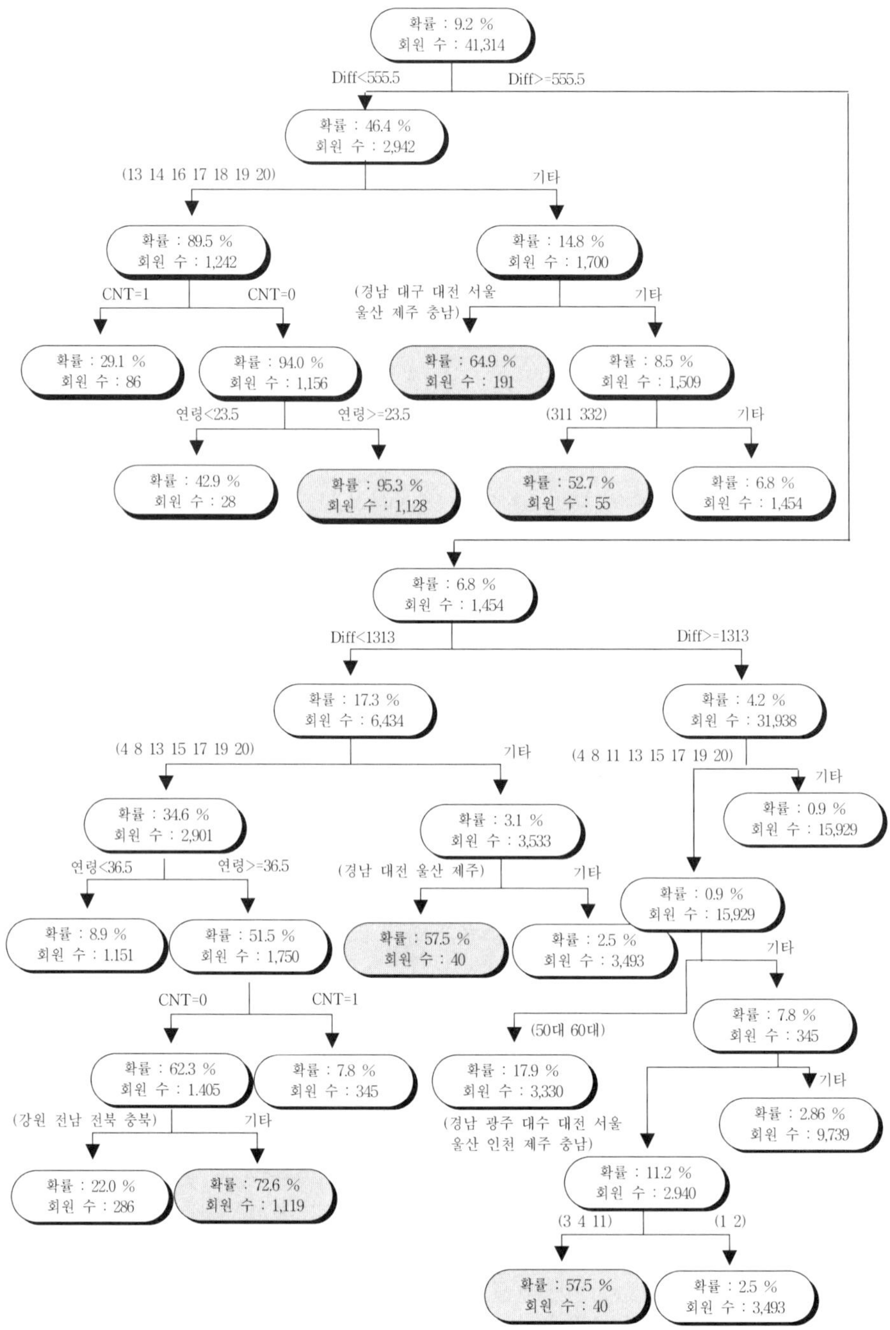

|그림 8-24| 의사결정나무 규칙

③ 신경망 분석

신경망 분석결과에 의하면 의사결정나무 분석방법과 동일한 결과가 예측되었다.

Training 분류정확도

빈 도		실제값	
		1억이상	1억미만
실제값	1억이상	2075 (54.45%)	1736 (45.55%)
	1억미만	433 (1.15%)	37070 (98.85%)
분류정확도 94.75%			

Test 분류 정확도

빈도		실제값	
		1억이상	1억미만
실제값	1억이상	1993 (54.14%)	1688 (45.86%)
	1억미만	497 (1.32%)	37136 (98.68%)
분류정확도 94.72%			

④ Logistic Regression 방법

독립변수는 연령, 지역, CNT, Diff, 성별, J1, G1, S1이며 의사결정나무분석방법과 신경망 분석방법과 거의 동일한 결과를 얻었지만 분석용과 검증용 분류 정확도에서는 약간 떨어진 결과를 보이고 있다.

Training 분류정확도

빈 도		실제값	
		1억이상	1억미만
실제값	1억이상	1976 (51.85%)	1835 (48.15%)
	1억미만	545 (1.45%)	36958 (98.55%)
분류정확도 94.24%			

Test 분류 정확도

빈도		실제값	
		1억이상	1억미만
실제값	1억이상	1866 (50.69%)	1815 (49.31%)
	1억미만	561 (1.49%)	37072 (98.51%)
분류정확도 94.25%			

⑤ 결론

세 가지 분석방법을 이용해서 1억 이상 고객에 대한 분석결과를 요약하면 다음과 같다. 첫째, 고려된 Factors를 가지고 모델링 한 결과 Training/Test 분류 정확도가 약 95%로 높게 나타났다. 둘째, Logistic Regression인 경우, Tree와 Neural Network 보다 다소 정확도가 낮게 나타났다. 셋째, 1억 미만자의 분류 정확도는 대략 98.5%로 매우 높게 나타난 반면 1억 이상인 경우 대략 51~55%로 낮은 편이다.

이는 제한된 Factors로 인한 결과로 사용된 독립 Factors외에 고객 정보(결혼여부, 주거형태, 년소득, 학력 등), 거래 상세 내역(입금, 출금관련 Factor 등)과 평균잔액 같은 필드가 고려 되어진다면 분류 정확도는 보다 향상 될 것이라 생각된다.

7 CRM 단계별 구축 방안

CRM 아키텍쳐가 다소 간략하게 소개되어 이를 실제 우체국예금에 적용하는 것도 간단한 것으로 오해하기 쉽지만 CRM을 실행하면서 배우고 또 배우면서 실천하는 우정사업본부 프로세스의 점진적인 개혁이므로 CRM 아키택처는 단기적으로 완성될 수 있는 것이 절대적으로 아니다. 많은 기업들은 CRM을 빨리 도입해서 시스템을 구축하려고 많은 일을 한꺼번에 그것도 단시일에 하려고 하지만 CRM 시스템 구축은 최소한 1년 또는 몇 년에 걸쳐 진행되는 것이므로 철저한 준비작업과 분석 등이 요구된다.

우리가 원하는 CRM 아키텍처를 구축하기 위해서는 계획이 필요하고 이 계획이 바로 CRM 로드맵(CRM roadmap)이다. 즉 CRM 아키텍처구축의 각 단계를 살펴보고 한 단계를 수행한 후에 또 어떤 것을 구축할지를 생각하게 하는 안내도 역할을 수행하는 것이 CRM 로드맵이다.

CRM 로드맵은 CRM을 위한 비즈니스 솔루션을 찾을 때 이를 지원할 CRM 아키텍쳐에 따라 단계별로 구축해 나갈 CRM 시스템을 안내하기 위한 것이다.

따라서 CRM 시스템을 구축하기 위한 순차적인 단계를 **|그림 8-25|**에서 보는 바와 같이 Pilot 단계, CRM 기반 구축단계, 그리고 CRM 전사확대 단계로 각각 구분하여 고객의 주요 요구사항, 전략측면과 기술측면에 대해서 설명하였다.

CRM의 추진은 고객의 주요 요구사항에 대해서 전략측면과 기술측면이 동시에 고려되면서 체계적으로 접근을 해야 한다. 또한 각 단계별로 시스템의 구축과정을 설명하였다. 첫 번째 단계에서는 CRM 전략의 방향을 수립하여 DW 구축과 우수고객관리시스템을 하며 CRM 기반 구축 단계에서는 CRM 시스템을 구축하고 최종단계에서는 전사적인 CRM 시스템을 구축하는 것으로 되어 있다.

첫번째 단계인 예비단계에서는 주요 요구사항으로는 Scoring에 의한 고객정보, 우수고객관리, 이탈고객관리, 캠페인관리, 영업분석 정보제공 등 기본적인 고객관리를 위한 정보획득의 의미가 있다. 전략측면에서는 고객관리를 위한 고객 세분화, 세분화 집단별 캠페인 및 영업전략, 모델개발 기준 및 원칙, 그리고 조직의 교육과 훈련체계를 구비하는 단계이며 기술적인 측면에서는 고객정보 DB 설치, 데이터마트의 구축, 캠페인 관리 시스템 구축 등이 있다.

두 번째 단계인 CRM 기반 구축단계의 주요 요구사항은 1단계를 유지발전시키며, 신규고객정보를 제공, 고객분석에 의한 영업관리 및 시장관리체제를 구축하는 것이다. 전략측면에서는 1단계 개발모형의 개선 및 확장을 하며 가망고객의 프로파일을 분석하고 적용대상 캠페인의 실행 그리고 조직의 정비를 한다. 기술측면에서는 모든 고객상호작용에 관한 고객정보 DB화, 통합된 데스크탑 도구의 구비가 되어야 한다.

마지막 단계인 CRM전사확대 단계의 주요 요구사항은 통합금융서비스 상품개발, 전사적 CRM 체제를 구축하며 전략측면에서는 모든 채널에 고객정보를 실시간 제공, 개인화, 맞춤화된 고객과 상호작용을 구현하며 기술측면의 경우에는 캠페인 관리시스템 기능 완성 및 실행, 모든 고객정보 실시간 제공 등이 실시된다.

	Pilot 단계	CRM 기반구축단계	CRM 전사확대단계
주요요구사항	- Scoring에 의한 고객정보 - 우수고객관리 - 이탈고객관리 - 캠페인관리 - 영업분석 정보제공 - 기타	- 신규고객정보제공 - 고객분석에 의한 영업관리 - 시장관리 체제 구축 - 1단계 유지발전 - 기타	- 기업고객, 일반고객 영업 - 종합 금융서비스 상품개발 - 전사적 CRM 체제 구축
전략측면	- 고객세분화(Segmentation) - 세분집단별 캠페인 및 영업전략 - 모델개발 기준/원칙 (상품믹스/ 고객별/ 세대별) - 조직의 교육과 훈련체제 구비	- 가망고객 프로파일 분석 - 1단계 개발모델의 개선, 확장 - 적용대상 캠페인 실행 - 조직의 정비	- 모든채널에 고정정보 실시간 제공 - 개인화, 맞춤화된 고객과 상호작용 구현 - 상품/서비스 개발능력구비
기술측면	- 고객정보 DB 설치 - 데이터마트의 구축 - 캠페인 관리시스템 기능 실행	- 모든고객 상호작용에 관한 데이터의 고객정보 DB화 - 통합된 데스크탑 도구의 구비 - 이메일과 웹을 통해 커뮤니케이션 설치	- 캠페인 관리시스템 기능 완성 및 실행 - 모든고객 정보 실시산 제공 - 이메일과 웹을 통해 커뮤니케이션 실행
구축과정	CRM 비젼과 전략수립 DW 구축 우수고객관리시스템	CRM 시스템구축 Campaign Mgmt 시스템 유지관리	전사적 CRM 시스템구축

|그림 8-25| CRM 로드맵

8 우체국금융의 마케팅 전략

시장의 개방으로 인한 국경없는 무한경쟁으로 인해 금융산업도 고객지향적 경영으로의 패러다임 변화가 이루어져야만 치열한 경쟁속에서 생존·성장할 수 있다는 사실은 자명하다. 이에 따라 현재 국내에 진출해 있는 외국의 유수한 금융기관들도 철저하게 고객중심적인 사고로 마케팅을 중시함으로써 국내 고객들을 빠른 속도로 확보해 가고 있다. 이에 반해 국내의 금융산업은 정부의 보호와 통제 하에 나름대로 안정적으로 비약적인 성장을 하였기 때문에 IMF 체제 이전까지는 고객지향적인 마케팅 마인드의 구축이 미비한 실정이었고 그만큼 경쟁력을 갖추지 못하였다. 특히, 우체국금융의 경우 일반금융기관과 달리 정부 조직 아래에서 운영되고 있어 전형적인 공무원 조직문화를 소유하고 있다. 이로 인해 기업경영 마인드가 부족하고 독창적인 사업아이디어를 개발, 고객지향을 추구하기 보다는 업무 편의주의적 경향이 다분하다. 따라서 조직의 탄력성이 다소 떨어져 환경의 변화나 고객의 욕구 변화에 민감하게 반응·적응하는 능력이 떨어짐으로써 상품 및 서비스 제공에서 고객지향적인 마케팅이 전혀 고려되지 않고 있다. 그 결과로 별도의 마케팅 팀이 구성되지 않아 보다 체계적이고 조직적인 고객지향적인 마인드 구축과 이에 따른 마케팅 활동이 타금융기관에 비해 확고하지 못한 것으로 인식되고 있다.

따라서, CRM을 구축하므로써 고려될수 있는 우체국 금융에 대한 마케팅전략을 설명하면 다음과 같다.

1) 우체국금융의 장기적 비전을 제시하는 것이 중요하다.

우체국금융의 궁극적인 목표와 비전이 제시되지 못한 상태에서 단순히 보편적 서비스와 공익성에만 호소하는 것은 우체국금융의 존재와 활성화를 위한 논리적 설득력이 약하다. 내부적으로도 세부 추진사업간의 상호충돌을 최소화하고, 내부 구성원에 대해서도 적극적으로 동기부여를 하기 위해서는 우체국금융의 명확한 향후 진로의 설정과 이에 대한 청사진이 제시되어야 할 것이다. 공사화(민영화)계획과 같은 중·장기적인 향후 계획을 명확히 제시하여 현재와 같이 단기적인 관점에서의 외부 비판에 대처할 수 있는 방안을 모색할 필요도 있다. 그리고 구조조정이 성공적으로 이루어진 장기·안정적 경쟁구도 하에서 공정경쟁을 하여야 한다는 점을 고려하여, 우체국금융에 가해지고 있는 영업활동상의 제약을 완화시키는 노력도 필요하다.

2) 우체국금융의 역할과 실상을 보다 적극적이고 체계적으로 홍보하여 우체국 이미지와 브랜드를 강화해야 한다.

우체국금융이 안전성이 보장되는 국영금융이라는 단순한 형태의 홍보에 그치지 말고, 경영내용과 실상을 정확히 알림으로써 우체국금융의 기능과 역할 그리고 존재 이유를 정당화하는 노력이 필요하다. 체계적인 홍보는 외부 비난의 허구성에 대해 자연스러운 답변을 제공할 것이다. 정보 접근의 용이성을 고려하여 정보공개의 수단으로 인터넷 홈페이지 등을 적극적으로 활용하며, 공개하는 정보의 내용도 초기 수준의 원시자료 자체가 아니라 공개의 목적에 적합하게 가공되고 정제된 형태로 제공되어야 할 것이다.

그리고, 투명성과 건전성을 알리기 위하여, 내·외부 감사 결과와 경영정보를 수시 및 정기적으로 공시하는 것도 매우 중요하다. 특히, 자금의 운용내용을 소상하고 정확하게 공개할 필요성이 높으며, 금융업무에 대한 전문성 향상을 위한 노력도 적극적으로 외부에 알려야 한다. 예금과 운용에 대한 대외 신뢰도를 높이기 위하여, 외부의 금융감독을 자발적으로 수검하는 것도 하나의 방안이 될 수 있다. 현재 감사원감사와 기획예산처의 평가 등을 거치고 있지만, 전문성이 요구되는 금융사업에 대하여 행정위주의 감사만으로 외부의 불신과 의혹을 완전하게 해소하기 어렵다. 또한, 정례적인 금융감독에 자발적으로 참여함으로써 대외 공신력을 강화함과 동시에 운영의 투명성과 건전성을 확보하는 기회로 활용할 수 있다. 금융기관의 전문성과 건전성을 우선적으로 평가하는 금융시장의 관행에 비추어 볼 때, 우체국금융의 경영내용과 실상, 그리고 자금운용상의 투명성과 전문성 제고 노력을 현재보다 더 가시적으로 나타날 수 있게 하여야 할 것이다.

3) 우체국 인터넷뱅킹의 저변확대전략이 필요하다.

우체국 금융은 인터넷뱅킹을 통한 경쟁력 제고와 수익성 향상이라는 목표와 고객들에게 보다 양질의 서비스를 제공하는 개념에서 출발하여야 한다. 따라서 우수고객을 확보하기 위한 전략으로 전국적인 조직망을 갖고있는 우체국을 최대한 활용할 필요가 있다. 우체국의 입지 분포는 대체적으로 중심지보다는 주변지역에 위치하고 있기 때문에 지역에 따라서 이용정도가 크게 차이가 나고 있다. 따라서 우체국 입지의 지역간 거점간 분배를 통하여 직장인들이나 오프라인 금융고객을 온라인 고객화하는 노력이 필요하다. 또한 고객이 이용할 수 있는 업무를 단순히 예금이나 보험과 같은 소수의 상품에 국한시키지 말고 대출이나 월급의 자동이체 등 다양한 서비스의 제공이 필요하며, 국민 PC 보급사업과 연계하여 오프라인 고객을 온라인 고객화할 필요가 있으며, 신속성과 안전성을 바탕으로 한 CD/ATM기의 보급확대를 통한 무인점포의 확대 등이 필요하다. 그리고 우체국금융 이용률이 낮은 이유는 대체로 상품 및 서비스의 다양성 결여와 월급의 타금융기관 이체 등 판매전략에 있어서의 마케팅전략의 부재현상이 나타나고 있다. 따라서 이러한 현상을 타파하기 위해서는 고객의 라이프 스테이지 단계별로 적절한 상품과 서비스를 연속적으로 판매하고 관리하는 라이프 스테이지 마케팅(life-stage marketing)과 기존고객의 과거 거래시점을 출발점으로 하여 누적된 과거 거래기록 정보에 의한 인과관계분석을 통해 적절한 상품과 서비스를 제공하는 시퀀셜 마케팅(sequential marketing) 등을 활용한 크로스세일 등 고객의 DB를 적극적으로 활용할 수 있는 전략이 필요하다.

이러한 상황을 타개하기 위하여 나타난 것이 대량의 고객정보를 축적한 거대한 데이터웨어하우스를 구축하는 전략이다. 그 안에는 계산계 시스템에서 얻어진 거래명세뿐 아니라 개별고객이 어느 금융상품에 관심을 갖고 있는지, 각종 이벤트에서 어떠한 반응을 나타냈는지에 관한 상세한 정보가 축적된다. 문제는 그 정보를 분석하여 수익과 연결될 수 있는 마케팅 전략에 어떻게 활용하느냐이다. 즉 다양한 측면에서 분석하여 고객별 특성에 맞는 상품이나 서비스를 개발하고 가장 효율적인 판매채널을 이용해 판매하는 전략을 수립하는 것이다. 이러한 방법은 복잡하고 시간도 오래 걸리며 상당한 투자비용이 소요되지만 고객의 니즈에 맞지 않고 충성도도 높지 않은 상태의 인터넷뱅킹을 확대하는 것은 결코 수익으로 연결되지 않을 것이다.

4) 일반 금융기관과의 업무제휴를 통한 사업기반을 강화시켜 나감으로써 우체국을 종합금융기관으로 발전시켜야 할 것이다.

1999년 11월 4일 이른바 '금융서비스 현대화법안'이 미국의 상원과 하원을 통과함으로써 1933년 제정된 이후 은행-증권-보험회사의 칸막이 노릇을 해왔던 미국의 글래스-스티걸법은 무대의 뒤편으로 사라지게 되었다. 새로 상정된 법안의 핵심은 은행, 보험, 증권 상호간의 진입장벽을 철폐한 것이다. 진입장벽이 사실상 없어짐에 따라 미국에서 금융기관간 인수·합병(M&A)도 활성화될 것으로 보인다. 이 같은 미국금융환경의 근본적인 변화는 국내 금융기관에도 영향을 미쳐 업무영역간 장벽을 철폐하는 방향으로 법개정이 이루어질 전망이다. 이에 따라 금융기관간 인수·합병 및 업무제휴가 활성화될 것으로 전망된다.

따라서 우체국금융도 증권사, 투신사 등 타 금융기관과의 업무제휴를 통한 종합금융서비스를 제공함으로써 고객만족도를 향상시키고, 우체국 네트워크의 개방에 따른 수수료 수입의 확대로 금융사업의 내실화를 도모할 필요성이 있으며 또한 우체국을 '종합금융기관화'함으로써 우체국 창구망을 국가금융인프라로 활용할 필요가 있다.

5) 금융정보화를 통한 전자금융의 실현이다.

즉, 전자금융 및 분산망을 기반으로 한 고도의 정보서비스 제공기관으로 발전하여야 할 것이다. 정보통신기술의 발달은 금융서비스의 제공경로 및 서비스 내용에 직접 영향을 미쳐 전자금융을 출현시켰으며, 전자금융의 발달은 금융산업의 범위 및 경쟁을 심화시켜 금융기관의 경영스타일을 변화시키고 있다. 해외 선진국의 금융기관들은 최근 인터넷뱅킹, 전자화폐 등의 추진으로 전자상거래를 지원하려 하고 있다. 이것은 금융기관의 전자금융 추진이 기존의 업무처리비 절감, 고객 편리성 향상 차원에서 새로운 인터넷사업으로 인식하고 고객에 대한 대규모 데이터웨어하우스를 구축하여 지원함으로써 정보산업화하고 있는 것이다. 국내금융기관들도 1980년대까지는 CD/ATM의 도입, 자행내 온라인화 등 주로 개별 금융기관의 업무자동화를 추진하였으며, 그 후 1998년까지는 금융기관간, 고객과 금융기관간 폰뱅킹 추진과 신용카드 및 직불카드 도입 등으로 원격지금융(remote banking)

네트워크를 구축하였으며, 최근에는 인터넷뱅킹 도입, 전자화폐 도입 추진 등으로 사이버뱅킹을 추진하고 있다. 우체국금융은 현재 금융상품안내, 환율조회, 자기앞수표 사고신고 및 조회서비스를 제공하고 있고, 예금업무는 잔액조회, 무통장거래내역 조회 및 계좌이체 업무 등을 추진하고 있으며 금융결제원의 ARS공동망을 이용할 수 있다. 한편 지불결제수단 측면에서 살펴보면, 우체국금융분야의 경우 현금인출을 위한 현금카드만이 유일한 도구이며, 전자금융시대에 활용될 수 있는 지불 수단은 전혀 없는 실정이다. 우체국금융은 금융정보화 측면에서 은행 등에 비해 뒤떨어져 있다. 따라서 우체국금융은 인터넷뱅킹 및 전자화폐 등 전자금융서비스의 도입 및 고도화를 통해 경쟁력을 제고시켜 나가야 할 것이다. 또한 장기적으로는 고객에게 다양하고 편리함 금융정보서비스를 제공하는 정보서비스 산업으로 거듭나야 한다.

따라서 우체국금융도 단기적으로는 금융사업 이미지 제고와 경영합리화 차원에서 CD/ATM, 자체 폰뱅킹시스템 및 콜센터 구축, 인터넷뱅킹 도입 등 고객접점을 강화하고 장기적으로는 분산망을 활용한 대규모 고객 데이터 웨어하우스의 구축 및 전자화폐의 도입으로 고도의 정보서비스를 제공하는 금융기관으로 거듭나야 할 것이다.

6) 경영층의 인식전환과 조직정비이다.

CRM 구축이 성공하기 위한 첫 번째 요건이 경영자의 확고한 의지라고 생각된다. 경영자의 새로운 변화에 대한 적응이 가장 중요하기 때문이다. 경영자의 고객에 대한 분명한 이해와 명확한 고객중심적 비전은 조직 구성원이 고객중심적 기업문화를 명확히 이해하도록 도와야 한다. 또한 경영자의 리더쉽은 조직 구성원을 움직이는 원동력으로써 사내 분위기 조성을 이끄는 구심점이 된다. 이때 경영자의 리더십은 조직구성원으로부터 나오는 것이므로 경영자는 조직구성원의 활동을 적극적으로 지원하고 그들이 높은 충성도를 형성할 수 있도록 자원을 효율적으로 배분하여 관리해야 한다.

이와 같이 경영의 패러다임이 변화함에 따라 이에 적응하고 생존하기 위한 경영자의 첫 번째 단계는 조직을 변화시키는 것이다. CRM은 저절도 이루어지는 것이 아니다. 그것은 의식적인 신중한 조치들과 고객관계구축을 위한 조직내 사람들의 주도력으로부터 나오기 때문이다. 그러므로 CRM활동이 고객에게 최대한의 가치를 부여하고 고객을 중심으로 이루어지기 위해서는 인위적인 조직구조의 변화가 필요하게 된다. 기능중심조직에서 고객중심조직으로 변화는 마케팅전략을 재설정하는 것이다. 즉 기존의 조직도를 완전히 버리고 전혀 새로운 조직의 구조를 그리는 것을 의미한다.

고객중심 조직은 조직의 마케팅 활동이 마케팅 부서에만 국한되지 않고 고객과 관련된 모든 활동을 고객 중심으로 조직화하는 것을 말한다. 이를 위해선 고객 데이터분석을 통한 고객의 분류 및 선별작업이 선행되어야 하며 이 작업을 통해 도출된 고객 포트폴리오는 고객중심조직의 기본단위가 될 것이다. CRM에서 이러한 고객중심 조직은 고객 규모와 고객 유형별 조직에서 고객 획득과 고객유지의 조직으로 발전해 나아갔을 때 비로소 고객 포트폴리오내에서 우수고객을 양성할 수 있고 각 개인별 고객의 생애가치를 증대시킬 수 있을 것이다.

7) 지역 밀착형 CRM 전략이다.

국가운영에 따른 높은 신뢰도와 안전성을 갖고 있는 2816개의 우체국은 전국 산간도서지역까지 골고루 분포되어 있으며 전국 우체국 온라인망을 구축하여 농어촌에서도 도시와 같이 균질의 금융서비스를 제공함으로써 지역간의 불균형이 시정되고 자금결제망이 산간도서지역까지 확대되어 신속한 자금의 송·수금 및 보험가입이 가능하도록 주민들의 금융업무 이용을 용이하게 하고 또한 우편, 생활정보 및 유통정보를 제공할 수 있는 종합봉사창구로써의 역할을 수행하는 등 금융기관 최대의 점포망을 가지고 있다. 또한 은행점포가 주로 도시에 집중된 반면 우체국은 은행들이 비교적 관심을 두지 않는 농어촌 지역에 상대적으로 많이 분포되어 있어 우체국금융은 농어촌 지역 및 도서서민의 소매금융으로 자리 잡아가고 있다.

이와 같은 전국적인 우체국망을 최대한 활용하면 비용의 부담이 그다지 크지 않으면서도 고객에게 심리적인 안정감과 충족감을 줄 수 있는 인센티브를 개발할 수 있고 이를 통해 단기적으로는 물론 장기적으로도 우수고객의 만족도를 극대화시킬 수 있을 것이다. 예를 들면 각 우체국에서 수금원 제도를 활용하면 현대인의 바쁜 생활, 도서산간 지방의 지역적 조건 등으로 우체국 점포까지 방문하지 않아도 세금의 예입 등을 우체국 집배원을 통하여 할 수 있으리라 본다. 또한 우수고객들은 비교적 경제적 여유가 있는 계층으로 금전적 보상보다는 심정적 보상을 더 선호할 가능성이 크고 따라서 잘 구성된 비금전적 인센티브는 고객의 충성도를 이끌어 내는데 매우 효과적인 방법이 될 수 있을 것이다.

8) 기존고객에 관한 마케팅전략이다.

사례 은행들에서 전사적으로 실시하고 있는 기존 고객 대상전략은 대부분 우수고객 프로그램이다. 이러한 우수고객 프로그램은 등급별 인센티브를 제공함으로써 구매빈도를 증가시키고 고객 스스로 등급향상을 위한 노력을 유도하는 전략으로 주로 장기적인 관점에서 전개되는 전략의 가장 전형적인 형태라고 할 수 있다.

이러한 인센티브를 운영할 때에는 제공하는 인센티브가 금융상품의 가치를 증진시키고 다음의 구매를 촉진시킬 수 있어야 하며 고객 입장에서 거래 실적에 따른 혜택이 가시적으로 이루어질 수 있어야 한다. 그렇지만 사례은행에서 운영하고 있는 프로그램 대부분이 실제적으로 고객이 인센티브를 얻기위해 다음의 구매를 유도할 정도의 가시적인 목표나 적극적인 촉진활동을 하지 않는다. 단지 거래관계를 지속하기 위하여 등급별로 서비스로 차별화하는 수준인 것이다.

따라서 장기적인 관점에서 우수고객의 선정기준에서 설명한 바와 같이 수익기여도로 계산되는 포인트점수나 매출액을 기준으로 고객 등급을 세분화하고 이에 따른 인센티브 차별화 뿐만 아니라 고객이 가시적인 목표와 그에 따른 구매동기를 갖게 하는 단기적인 차원의 기존고객 활성화 방법이 필요할 것으로 보인다.

9) 우수고객 프로그램의 차별화 전략이 필요하다.

현재 사례 은행들에서 고객 관계 형성을 위해 제공되고 있는 우수고객 프로그램은 수익성 있는 고객을 유지하기 위하여 제공되고 있지만 이러한 우수고객프로그램이 은행간에 경쟁적 차별화의 요소로 작용하지 못하고 있을 뿐만 아니라 고객 활성화 전략으로 작용하지 않고 있다. 따라서 저렴한 비용으로 고객의 가치를 극대화시킬수 있는 차별적 경쟁우위를 확보할 수 있는 제휴 및 구조적인 네트워크 형성으로 시스템적인 차별화를 이룩해야 한다. 전국적인 우체국 네트워크를 이용하여 일정금액 이상의 자산을 보유한 부유층을 신규고객으로 유도할 수 있는 직원들의 공격적인 마케팅 전략을 개발해야 한다.

프라이빗 뱅킹(private banking)과 우수고객우대프로그램과 혼용되어 사용되기도 하지만 두 프로그램은 여러 가지 측면에서 뚜렷이 구별된다. 우수고객 우대 프로그램은 과거의 거래실적이 우수한 고객을 대상으로 일정한 혜택을 제공함으로써 이른바 고객 평생가치(lifetime value)를 극대화시키는 것을 주 목적으로 하지만 프라이빗 뱅킹의 경우는 대상고객의 선정기준이 과거의 거래실적이 아닌 자산의 보유정도이며, 또한 장기적인 릴레이션십의 구축보다는 수수료의 확보가 우선적인 목적이 된다. 따라서 거래실적이 전혀 없더라도 자산이 많은 고객은 얼마든지 프라이빗 뱅킹의 대상이 될 수 있기 때문에 프라이빗 뱅킹고객이 거래 실적을 기반으로 하는 우수고객의 개념에 반드시 포함되는 것은 아니다. 다만 은행들이 프라이빗 뱅킹대상고객의 기준으로 예치자산의 최소한도를 상당히 큰 액수로 정해놓고 있기 때문에 유지만 제대로 된다면 프라이빗 뱅킹고객은 100% 우수고객으로 전환될 수 있다고는 할 수 있다.

〉〉 10) 기존고객에 대한 교차판매전략이 필요하다.

기존고객들이 선호하는 교차구입 상품의 조합이 무엇인가를 파악하여 이를 근거로 어느 고객에게 어떠한 상품을 프로모션 할 것인가를 분석해내는 것이 교차판매 전략의 요체가 된다. 그런데 이러한 기존 고객의 선호와 더불어 상품조합별 수익성 분석을 반영하면 우체국 예금의 수익성제고에 보다 도움이 되는 교차판매 전략을 전개할 수 있다.

많은 우체국 예금 상품가운데 저축예금 계좌의 보유여부는 타상품 교차판매의 성공여부에 많은 영향을 주는 것으로 알려지고 있다. 이는 저축예금이 은행의 가장 기본적인 상품으로 고객과의 릴레이션 구축에 가장 필수적인 상품이기 때문이라고 할 수 있다. 우체국 예금 중 저축예금의 비중이 82.8%로 대부분을 차지하고 있기 때문에 저축예금의 전략적 의미에 대해서 생각해 볼 필요가 있다. 즉, 개별상품으로서 저축예금의 유치가 수익성 측면에서 우체국 예금에 부정적인 영향을 미치는 경우라도 저축예금이 여타 상품의 교차판매를 촉진시켜주는 역할을 하기 때문에 전체적으로는 우체국 예금에 플러스적인 영향을 미칠 수도 있는 점이다. 따라서 상품별 수익성이 아닌 가구별 수익성의 관점에서 보면 저축예금의 유치를 위해 상당한 마케팅 노력을 기울이는 것도 훌륭한 전략이 될 수 있다. 기존의 고객을 대상으로 저축예금 계좌를 개설하도록 유도하기 위해서는 다음과 같은 방법이 사용될 수 있다. 먼저 고객 DB의 분석을 통해 저축예금의 잔고가 높은 고객들의 상품구매 특성이나 인구통계적 특성을 파악한다. 그런 후에 고객 DB에서 저축예금잔고가 높은 고객들의 특성을 지니고 있음에도 불구하고 저축예금 계좌를 가지고 있지 않은 고객들을 파악하고, 이들을 대상으로 DM 등을 통해 1~2만원 정도의 예금잔고를 제공한다든지 등의 강력한 제안을 통해 가입자를 확보하는 전략을 구사할 수 있다.

11) 마케팅 단계별 전략을 구축하여야 한다.

고객 마케팅 단계별 전략은 고객가치모델에 의한 정밀한 개인고객 수익성 예측 및 이탈 평점, 평생가치 등의 산출을 통해 최적의 세분화를 함으로써 고객 세분화별 차별화된 관리전략을 의미하며 다음과 같이 3단계 전략을 이용할 수 있다.

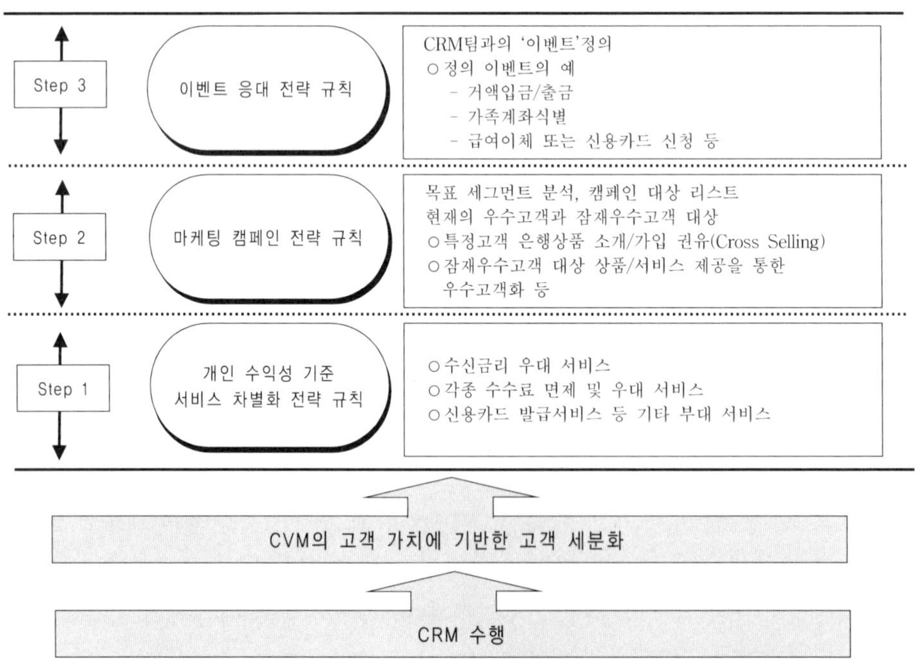

|그림 8-26| 단계별 전략

(1) 1단계 : 서비스 차별화 규칙

서비스 차별화 규칙에서는 고객서비스를 위한 기본적인 응대전략이 제시되며 아래와 같은 항목에 집중된다.

고객 가치 모델에 기반한 차별화 전략 규칙

- ○ 각종 수신금리 우대 서비스
- ○ 각종 수수료 현실화/차별화 : 우체국예금의 수익기반 확대/다변화
- ○ 각종 PFM 서비스 제공 다양화

1억이상 예금 고객을 수익성 평점 기준으로 9개의 세그먼트로 세분화한 경우

의사결정 등급 / 규칙	1	2	3	4	5	6	7	8	9
송금수수료	○	○	○	△	△	△	×	×	×
대금추심수수료	○	○	○	△	△	△	×	×	×
외화송금수수료	○	○	○	○	○	△	△	×	×
외화환전율 우대서비스	0.5%	0.5%	0.4%	0.3%	0.2%	×	×	×	×
수신금리우대서비스	0.5%	0.4%	0.3%	0.2%	0.1%	×	×	×	×
신용카드 발급서비스	P	P	G	G	W	W	일반	일반	일반

(○: 면제, △: 50%면제, ×: 면제안됨)

|그림 8-27| 서비스 차별화규칙(예시)

(2) 2단계 : 마케팅 캠페인 전략 규칙

마케팅 캠페인 전략 규칙에서는 무차별 적인 캠페인 관리에서 탈피하여 정밀 고객 분석을 통한 캠페인 규칙 발견, 개인별 최적상품 포트폴리오 관리를 통해 예금 수익을 극대화 할 수 있는 캠페인 관리 전략을 제시한다.

여신미실행 고객중 고수익 & 높은 이탈가능성 고객군인 경우
: 고수익상품 권유, 장기릴레이션십 유지 가능 상품 권유

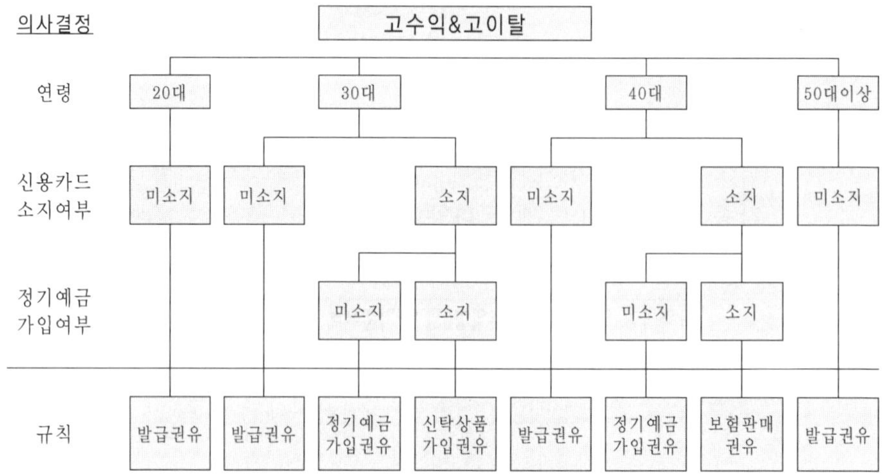

|그림 8-28| 마케팅 캠페인 전략규칙(예)

1억이상 고객중 저수익 & 높은 충성도 고객군인 경우
: 고수익유도, 릴레이션십 유지

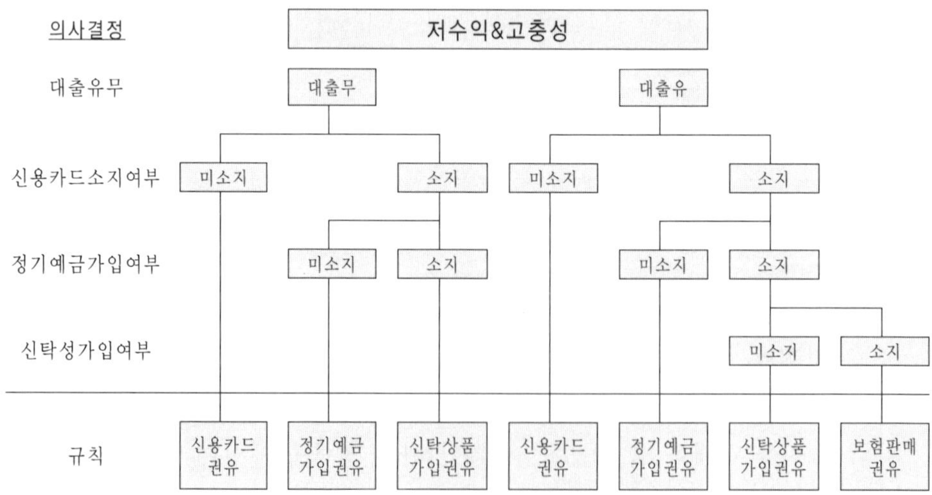

|그림 8-29| 마케팅 캠페인 전략규칙(예)

(3) 3단계 : 이벤트 응대 전략 규칙

이벤트 응대 전략규칙에서는 고객가치모델에 의해 세분화된 고객군 별로 차별화된 이벤트 관리 전략이 제시 된다. Step3의 장점은 동일한 이벤트의 발생이라도 그 관리는 고객의 예측수익성평점 및 이탈평점에 따라 차별화 하여 이벤트의 실질적인 효과를 기대할 수 있다.

예를 들면 국립 호주은행의 경우 20,000달러 이상의 거래는 모두 이벤트로 정의하였고, 일년간 거래금액의 180%이상이 한꺼번에 입출금이 되면 이 또한 이벤트로 정의하였다. 급여이체의 개설 혹은 중단과 갑자기 거래가 빈번해 지는 것, 계좌의 개설/해지, 당좌 차월, 적금/정기예금 만기 등도 이벤트로 간주하였다. 또한 전화로 혹은 직접 방문하여 대출을 문의 하거나 수신 상품을 상담하는것도 이벤트로 정의하였다. 이렇게 정의된 이벤트는 평균 600여가지이며 캠페인 상황에 따라서 내용과 항목이 수시로 바뀠다. 이러한 이벤트의 정의는 마케팅 담당자가 직접 했다. 비전산 전문가인 현업담당자도 손쉽게 정의하고 변경할 수 있도록 도구가 지원되어 있어서 이벤트로 정의되어 있으면 야간이라도 자동으로 감지되었다. 이러한 채널의 용량은 제한적이기 때문에 철저하게 우선순위를 조정하여 처리될 수 있도록 자동으로 시스템이 가동된다. 이러한 캠페인이 가동되는 동안에 그 고객에 대해서는 특별관리할 수 있게 모든 채널에서 파악하도록 되어있어, 중복적인 접촉이나 일정기간 반복적으로 캠페인 하는 것을 방지하고 있다. 아울러 캠페인 결과는 다시 데이터 웨어하우스에 추가하여 보다 풍부하고 영양가 많은 데이터로 활용될 수 있다.

국립호주은행에서는 이와 같은 이벤트 중심의 캠페인 관리가 성공을 할 수 있었던 요인은 여러 가지를 들 수 있다. 거래를 포함한 대용량 정보속에서 빠르고 간단하게 추출할 수 있는 데이터웨어하우스, 고객에 관하여 의미있는 트랜드 양상, 상관관계를 발견할 수 있는 마케팅 담당자의 경험, 채널비용효과를 감안하여 활용할 수 있는 정보를 실제로 사용할 수 있는 사람들에게 제공할 수 있는 능력 등이 그것이다. 이와 같은 의미 있는 이벤트의 발굴은 고객과의 장기적인 관계형성의 가치를 증가시킬 수 있는 중요한 방법이 될 것이다. 따라서 단순히 시스템을 구축하면 CRM을 할 수 있다는 생각보다는 시스템의 구축과 더불어 담당자의 경험이 축적되어 고객의 의미있는 트랜드나 행태를 분석할 수 있는 능력이 함께 고려되어져야 한다.

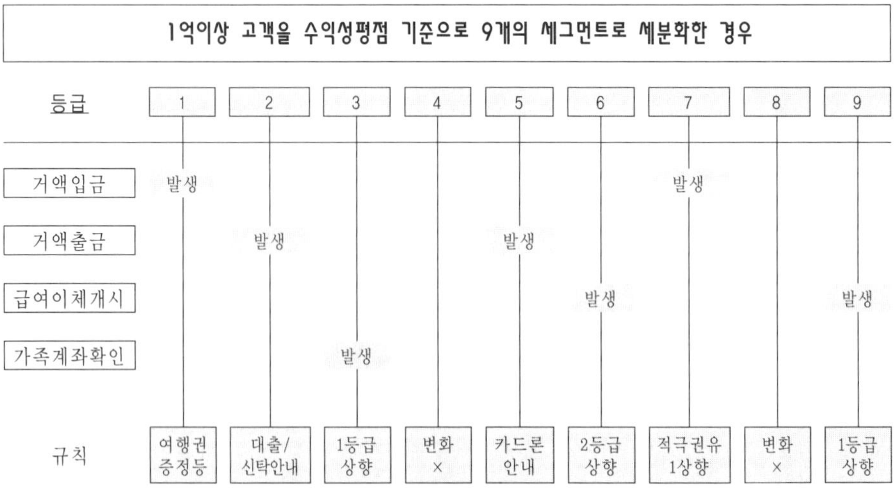

|그림 8-30| 이벤트 응대전략규칙

12) CRM은 단계별로 구축되어야 한다.

CRM이 필요하다고 판단되더라도 CRM을 추진하기 전에 과연 어느 수준의 CRM이 필요한지 분석되어져야 한다. CRM의 수준은 첫째로 CRM을 마케팅 활동에서 구현하는 수준이다. 즉 우수고객관리나 교차판매 등 CRM의 핵심적인 활동을 수행한다. 그러나 이를 위해 특별한 정보기술시스템을 구축하지 않고 기존의 정보기술시스템을 수정·보완해서 활용하는 단계를 말한다. 두 번째는 CRM을 구현하기 위한 시스템을 구축하는 수준이다. 이 수준은 2개의 수준으로 구분하여 CRM 기반구축단계와 CRM 전사확대단계로 나눌 수 있다. 이와 같이 CRM 시스템 구축단계에서는 고객들의 주요 요구사항과 기술측면 및 전략측면을 고려하여 단계별로 구축되어져야 한다.

우체국 금융을 위한 CRM 구축단계는 CRM 로드맵에서의 파이롯(Pilot)단계 즉, CRM 비전과 전략을 수립하고 CRM을 마케팅 활동에서 구현하는 수준에서 결정되었으면 한다.

참고문헌

국내문헌

강계영, 고객평생가치를 이용한 세분화에 따른 백화점 고객분석에 관한 연구, 아주대학교 대학원, 2003. 2

강현철외 4인,「데이터마이닝-방법론 및 활용」, 자유아카데미, 2001.

구혜림, 서비스업에서 종원업가치가 고객만족에 미치는 영향, 경희대 대학원, 2005. 8.

권순홍, 쇼핑몰의 지각된 가치가 고객만족과 신뢰, 충성도에 미치는 영향에 관한 연구, 성균관대학교 경영대학원, 2005. 6.

권순홍, 김태웅, 이용기, 인터넷 쇼핑몰의 지각된 가치가 고객만족과 신뢰, 충성도에 미치는 영향에 관한 연구, 경영과학, 제 20권 제 1호, 2003.

권태경, 양경미,「CRM(고객관계관리)」, 대청, 2000.

김광용외 인, 로그분석과 e-CRM 시대의 창, 2002.

김기서,「선진금융으로 가는 고객세분화 마케팅」, 고원, 1999.

김명식 역,「1대1 마케팅 필드북」, 김영사, 2001.

김병도,「CRM을 이끄는 세계적 기업21」, 서울대학교출판부, 2001.

김승욱외 4인,「고객관계관리」, 형설출판사, 2004.

김정구,「미래형 e 마케팅」, 영진Biz.com, 2000.

김정수,「통합 데이터베이스 마케팅 시스템」, 범우사, 1997.

김재문,「e-비즈니스 모델에 맞는 eCRM 구축실행가이드」, 거름, 2001.

김 훈, 이동통신산업에 있어 기술혁신이 고객가치와 고객만족에 미치는 영향에 관한 연구, 충남대 대학원, 2003. 10.

노시평외 3인, 「행정서비스마케팅」, 법문사, 2000.

박동균, 호텔고객의 지각된 서비스 품질과 가치, 만족, 애호도, 재이용 의도간의 관계연구, 동아대 대학원, 2002.

박재석외 3인, 「우체국금융 이용자 성향분석 및 발전방향」, 2000.

박찬욱, 「금융기관의 데이터베이스 마케팅」, Sigma Insight Group, 2000.

박홍수, 하영원, 「신제품 마케팅」, 학연사, 2001.

변학섭, 고객의 지각된 가치가 고객만족과 재이용도에 미치는 영향, 경북대 대학원, 2004. 12.

백승, e-CRM 환경에서의 최적 고객관리를 위한 고객지원시스템 도입방안에 관한 연구, 건국대학교 대학원, pp.39-46.

송지연, 고객데이터분석을 통한 고객유지 및 이탈관리를 위한 CRM 전개방안 연구, 고려대 대학원, 2004.

송현수, 「고객정보통합시스템 구축실무, 새로운 제안」, 1999.

송현수, 「e-CRM 구축과 운용전략」, 새로운 제안, 2001.

신영석, 「관계가치경영, 넥서트웨이브 감수」, 세종서적, 2000.

오재신, 대형할인점의 서비스 품질이 지각된 가치와 고객만족 그리고 고객충성도에 미치는 영향, 경상대 대학원, 2006. 2.

우정사업본부 금융사업단, 「21C 선진우정 창출을 위한 2001년도 금융사업 추진전략」, 2001.

유영일 외, 「데이터 웨어하우스 구축 방법론」, 홍릉과학출판사, 1997.

유지원, 배은경 역, 「디지털 시대의 CRM」, 정보문화사, 2001.

이외순, 고객만족과 고객만족을 위한 지출 및 기업가치의 관계에 대한 연구, 연세대 대학원, 2001. 12.

이재민, 생명보험회사 고객관계관리를 위한 고객분석에 관한 연구, 경희대 대학원, 2005. 2.

이주연 역, 「앞서가는 1:1 마케팅 기업」, 김영사, 2001.

장동인, 「실무자를 위한 데이터 웨어하우스」, 대청, 2000.

전기홍, 80:20 법칙, 전주대신문.

전성훈, 최현희, 「eCRM 실무지침」, 삼각형프레스, 2001.

정보통신부, 「정보통신백서」, 2000.

정상훈, 고객의 평생가치에 관한 연구, 경상대 대학원, 2002. 8.

정헌용, 고객만족과 기업가치의 관계에 관한 연구, The Journal if Namseoul Univ. Vol. 7, 2001.

최유경, 고객만족경영과 고객충성도와의 상관성 연구, 연세대 교육대학원, 1998.

최용선, 지각된 가치와 고객만족을 통한 고객유지전략에 관한 연구, 연세대 대학원, 1999.

최정환, 이유재, 「죽은 CRM 살아 있는 CRM」, 한언, 2001.

최정환, 최종학, 「CRM을 위한 데이터베이스 마케팅」, 다산출판사, 2001.

최종록 역, 「1:1 마케팅 리더」, 김영사, 2001.

최종후외 5인, 「데이터마이닝-기능과 사용법」, 자유아카데미, 2001.

프라이스워터하우스쿠퍼스 컨설팅 코리아 CRM 그룹 역, 「세계최고기업들의 CRM 전략」, 21세기북스, 2001.

PSI 컨설팅, 「우정조직문화혁신 프로그램」, 1999.

신희철, 고객불만의 확산경로, 한국경제신문.

한국소프트웨어 산업협회, 「2001년도 소프트웨어산업 부문별 시장·기술 전망 세미나」, 2001. 2

한국오라클, 「성공적인 비즈니스를 위한 통합 고객관리솔루션」.

한국 NCR CRM 컨설팅 그룹, 「CRM의 이론과 사례」, 한국능률협회, 2001.

한국은행, 「조사통계월보」, 2001. 8.

한국전자통신연구원, 「CRM 기술/시장보고서」, 1994.

한국정보처리학회 우정기술연구회, 「우정기술 워크샵」, 2001.

한동균, 고객관계관리가 고객충성도에 미치는 영향에 관한 연구, 연세대 정경대학원, 2005.

허준, 최병주, 「데이터마이닝」, SPSS 아카데미, 2002.

홍성완외 역, 「CRM을 위한 데이터마이닝」, 대청, 2000.

황진수, 지각된 서비스 품질과 지각된 가치가 고객만족과 재구매의도에 미치는 영향, 충남대 대학원, 2003. 2.

국외문헌

Bielski, Lauren, "Building a Bridge to the Customer", ABA Banking Journal, December 1998.

Brock, Robert C., "Bank United Decentralizes Its Branches' Database Marketing", Journal of Retail Banking Services, 1996.

Cline, Kenneth, "Call Center : The Heart of Direct Banking", Banking Strategies, November/December 1997.

Cline, Kenneth, "Database Marketing at Wells : Execution Matters", Banking Strategies, November/December 1997.

Courtheoux, Richard J., "Database Techniques : How to Tap a Key Campany Resource", In Brown, Herbert E. and Bruce Buskirk(eds.) Readings & Cases in Direct Marketing, NTC Business Book, 1989.

Duboff, Robert S., "Customized Customer Loyalty", Marketing Management, Summer 1997.

Flectcher, Keith, "Strategic and Organizational Determinants of Information System Sophistication : An Analysis of the Uptake of Database Marketing in the Financial Services Industry", European Journal of Information Systems, 1997.

Flectcher, Keith, and George Wright, "Organizational, Strategic and Technical Barriers to Successful Implementation of Database Marketing", International Journal of Information Management, 1995.

Lingle, Shawn, "How Much is a Customer Worth?", Bank Marketing, August 1995.

Morrall, Katherine, "Database Marketing : Leaves Marketing to the Branches", Bank Marketing, 1994.

Orenstein, Alison F. "Internet Banking", Bank System_Technology, February 1998.

Platts, Douglas, "Mining the Database for Gold", US Banker 1995.

Roberts, Mary Lou, "Expanding the Role of the Direct Marketing Database", Journal of Direct Marketing, 1992.

Stomeman, Bill, "No Guarantees in Database Marketing", Banking Strategies, Jannuary/February 1998.

The Economist, "Watch Out for the Egos", April 1998.

찾아보기

ㄱ

ㄴ

ㄷ

ㄹ

ㅁ

ㅂ

ㅅ

ㅇ

김연형

현재 : 전주대학교 여론정보 통계학과 교수
한국통계학회 부회장
21세기 정책·정보 연구원장

〈주요 논문 및 저서〉
· 경기순환의 주기추정에 관한 스팩트럴 분석
· 시계열예측(형설출판사, 2001)
· 통계학의 이해와 응용(형설출판사, 2004)
· SPSS와 사회과학자료분석(교우사, 2006)
· 통계학의 개념과 응용(교우사, 2007)

김재훈

전주대학교 교양학부 객원교수
현재 : 노동부 노동통계팀 통계사무관
〈저서〉 SPSS와 사회과학자료분석(교우사, 2006)

이석원

현재 : 오케이캐쉬백서비스(주) 전략사업팀 부장
전주대학교 여론정보통계학과 겸임교수

[개정판]

고객관계관리와 데이터마이닝

2006년 8월 10일 초 판 발행
2022년 7월 25일 개정판 3쇄 발행

저 자 / 김연형 · 김재훈 · 이석원
발행자 / 오판근
발행처 / 교우사

주 소 / 서울 동대문구 제기2동 148-19
전 화 / 925-2861, 929-4865
팩 스 / 925-2860
E-mail /kyowoo@kyowoo.co.kr
http: // www. kyowoo. co. kr
등록 / 1994. 3. 24 제6-0256호

ISBN 978-89-8172-624-9 (93310)

값 **28,000**원

ⓒ 2022. Kyo Woo Sa
※ 이 책의 무단전재, 복제를 금합니다.